FIFTH EDITION

Handbook of VETERINARY ANESTHESIA

William W. Muir, DVM, MS, PhD, DACVA, DACVECC
VCPCS
Columbus, OH 43201

John A. E. Hubbell, DVM, MS, DACVA
Professor
Department of Veterinary Clinical Sciences
College of Veterinary Medicine
The Ohio State University
Columbus, Ohio

Richard M. Bednarski, DVM, MS, DACVA
Professor
Department of Veterinary Clinical Sciences
College of Veterinary Medicine
The Ohio State University
Columbus, Ohio

Phillip Lerche, BVSc, PhD, DACVA
Assistant Professor-Clinical
Department of Veterinary Clinical Sciences
College of Veterinary Medicine
The Ohio State University
Columbus, Ohio

ELSEVIER

ELSEVIER

Higashi-Azabu 1-chome Bldg. 3F
1-9-15, Higashi-Azabu,
Minato-ku, Tokyo 106-0044, Japan

HANDBOOK OF VETERINARY ANESTHESIA

ISBN: 978-0-323-08069-9

This translation of ***Handbook of Veterinary Anesthesia, Fifth Edition*** by **William W. Muir, John A. E. Hubbell, Richard M. Bednarski, Phillip Lerche** was undertaken by Interzoo Publishing Co., Ltd., and is published by arrangement with Elsevier Inc.

本書，**William W. Muir, John A. E. Hubbell, Richard M. Bednarski, Phillip Lerche** 著：***Handbook of Veterinary Anesthesia, Fifth Edition*** は，Elsevier Inc. との契約によって出版されている．

獣医臨床麻酔オペレーション・ハンドブック 第5版, by **William W. Muir, John A. E. Hubbell, Richard M. Bednarski, Phillip Lerche.**

ISBN : 978-4-89995-921-2

注意

獣医学分野における知識と技術は日々進歩している。新たな研究や治験による知識の広がりに伴い，研究や治療，治療の手法について適正な変更が必要となることがある。

獣医療従事者および研究者は，本書に記載されている情報，手法，化合物，実験を評価し，使用する際には自らの経験と知識のもと，自身と職務上責任を負うべき他者の安全に留意すべきである。

医薬品や製剤に関して，読者は（i）記載されている情報や用法についての最新の情報，（ii）各製剤の製造販売元が提供する最新の情報を検証し，投与量や処方，投与の手法や投与期間および禁忌事項を確認すべきである。獣医療従事者の経験および知識のもとに診断，適切な投与量の決定，最善の治療を行い，かつ安全に関するあらゆる措置を講じることは獣医療従事者の責務である。

本書に記載されている内容の使用，または使用に関連した人，動物，財産に対して被害や損害が生じたとしても，法律によって許容される範囲において，出版社，著者，寄稿者，編集者，および訳者は，一切の責任を負わない。そこには製造物責任の過失の問題，あるいはいかなる使用方法，製品，使用説明書についても含まれる。

獣医臨床

麻酔

オペレーション・ハンドブック

第5版

Handbook of VETERINARY ANESTHESIA

– FIFTH EDITION –

訳　山下和人・久代‐バンカー季子

William W. Muir, III

John A. E. Hubbell

Richard Bednarski

Phillip Lerche

ELSEVIER

interzoo

訳者まえがき

本書は1989年に第1版が刊行され，1995年，2000年，2007年，2013年と改訂されて現在は第5版となった。私は本書の第2版で獣医麻酔学を学び，本院麻酔科では第3版そして第4版を麻酔管理の基本マニュアルとして利用してきた。本書には“獣医師や動物看護師にとって実際的ですぐに使える情報”が見やすく掲載されており，本院麻酔科の麻酔管理を支えてきた良書である。

私は，第3版，第4版，および第5版の翻訳に携わらせて頂いた。第3版から第4版への改訂はマイナーチェンジであったのに対し，今回の改訂はフルモデルチェンジの様相がある。もちろん，基本コンセプトの“獣医師や動物看護師にとって実際的ですぐに使える情報提供に重きを置くこと”はしっかり踏襲されている。今回はオハイオ州立大学獣医教育病院麻酔科のスタッフに加え，2009～2013年にDr. Muirが最高医務責任者を勤めたニューヨークアニマルメディカルセンターのスタッフ，Dr. Muirが共著者として参加した獣医疼痛管理の良書『Handbook of Veterinary Pain Management』の著者であるDr. Gaynorが主催するコロラドスプリングス・ピークパフォーマンス獣医グループのスタッフ，さらには近年注目を集めている犬猫の局所ブロックを世界的に先導しているDr. Campoyと彼が所属するコーネル大学獣医教育病院麻酔科のスタッフが加わり，大幅な改訂を実現している。

本書は，動物の麻酔と痛み治療の改善に継続して努め，すべての動物の生活の質を向上させることに献身する獣医師や動物看護師の皆さんに役立つ良書であると確信する。獣医臨床に身を置く獣医師や動物看護師の方々には，本書で獣医臨床麻酔の知識をアップデートしていただき，獣医臨床に進もうとする獣医学生ならびに動物看護学生の皆さんには，本書で正しい獣医麻酔の知識を身につけていただきたい。

2016年3月吉日

山下 和人

序　文

『獣医臨床 麻酔オペレーション・ハンドブック 第5版』には，前版を改訂し，内容を拡充するための著者や編集者らの最大限の努力が表れており，動物を不動化または麻酔をするために必要となる重要な新情報が，持ち運びに便利なこのハンドブックの中に盛り込まれている。

どのような改訂版でもそうであるように，麻酔の歴史を尊重することと，使用中止になったいくつかの麻酔薬（ハロタン，チオペンタール）との折り合いをつけることが課題であった一方で，導入されたものの今のところはまだ広く適用されていない新薬および新技術に関する新たな情報を提供している。我々はいくつかのテーマをまとめて整理するために章立てを再編成した。疼痛および疼痛管理，輸液療法，ならびに麻酔下の動物のモニタリングに関しての章を拡充し，気管挿管，麻酔中の体温管理，およびラクダ類の麻酔に関する章を新たに追加し，適切な情報を提示することで内容を充実させ，編成を改変した。

本書は一般的な在来種を治療する獣医師および動物看護師が“すぐに使える”関連性のある題材を提供することに焦点をあてているが，時としてエキゾチック種および鳥類のケアを依頼されることもある。我々の目標は，獣医学診療における麻酔を改善すること，および動物の疼痛や苦痛を軽減することである。

今回の第5版は，ニューヨーク州のAnimal Medical Center of New York，コロラド州のthe Peak Performance Veterinary Group of Colorado Springs，およびオハイオ州立大学およびコーネル大学のthe Section of Anesthesiology of the Department of Veterinary Clinical Sciencesに所属する多数の個人および教授陣のひらめき，助言，および労働の成果である。とくにDr. Turi Aarnes DVM, DACVAには，「第17章　麻酔中の体温管理：麻酔関連低体温症および高体温」の寄稿について，Drs. James S. Gaynor, DVM, MS, DACVA,

DAAPMおよびLeilani Alvarez, DVM, CVA, CCRT, CVCHMには，統合医療および鍼療法に対する論評および寄稿について，Dr. Katherine Quesenberry, DVM, MPH, DAVBPには，エキゾチックアニマルにおける麻酔の手順に関する図表の概説および寄稿について，そしてDr. Luis Campoy, LVCert VA, MRCVS, DECVAには，犬および猫における局所麻酔の図表に関する寄稿について，感謝の意を述べる。麻酔や疼痛管理を常々改善しようとする皆のひらめきに感謝するが，全動物の生活の質を改善するための献身に感謝するところが大きい。

William W. Muir
John A.E. Hubbell

目　次

■ 注意 ■

本書に記載されている薬剤の投与量等は，今後変更される可能性があります。したがって，本書に記載されている薬剤を使用する際には，必ず薬剤の購入時点における添付文書をご確認のうえ，ご利用ください。

また，本書に記載されている薬剤の商品名（欧文表記）は，主に米国で販売されている名称です。日本で販売されている同種，同効果の商品についても，できる限り併記するよう配慮しましたが，すべてを網羅しているわけではありません。詳細につきましては，販売店，製薬会社におたずねください。

第1章

麻酔入門

"There are no safe anesthetic agents; there are no safe anesthetic procedures; there are only safe anesthetists."

ROBERT SMITH

概要

獣医臨床麻酔は，(1) 動物における麻酔薬の効果を示す用語，(2) 麻酔薬やその拮抗薬の薬理作用，薬力学，薬物動態，および毒性，(3) 最新の麻酔法や麻酔効果の評価法，および (4) 麻酔合併症に対する適切な治療法や救急処置を全般的に理解することを基本としている。本章では，一般的な用語，一般的に用いられる麻酔薬，および動物の不動化や麻酔に使用される麻酔薬や薬物の組み合わせの投与ルートについて概説する。

総論

Ⅰ. 麻酔や化学的保定は可逆的な処置である；麻酔の目的は，内科治療や外科治療において，これらの処置を円滑に進めるために便利で安全かつ経済的な化学的不動化状態を提供するとともに，症例や麻酔医に生じるストレス，疼痛，不快感，および副作用を最小限にすることである

Ⅱ. 薬物およびテクニックの選択基準

A. 症例の動物種，品種，年齢，大きさ

B. 態度

C. 症例の健康状態とその疾患の進行状況

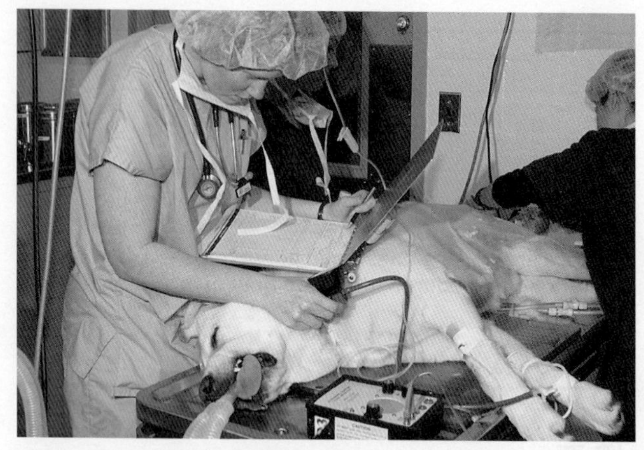

図1-1　注意深く献身的で油断しない麻酔医に勝るものはない。

D．痛みの原因，位置，および程度
E．最近の薬物治療歴
F．麻酔医の知識と経験（図1-1）
G．利用できる器材への精通度
H．実施する手術や処置の種類と，それに要する時間

Ⅲ．投与量や麻酔法は“平均的かつ正常で健康な”動物で決められたものであり，個々の症例の反応は様々である；したがって，症例の全身状態（米国麻酔医協会；ASA）に合わせて麻酔薬とその投与量および麻酔法を選択することが不可欠である

A．クラスⅠ：正常に健康な症例
B．クラスⅡ：軽度の全身性疾患をもつ症例
C．クラスⅢ：重度の全身性疾患をもつ症例
D．クラスⅣ：持続的に生命が脅かされている重度の全身性疾患をもつ症例
E．クラスⅤ：外科手術を実施しなくても生存が期待できない瀕死の症例

Ⅳ. 定義

A. 臨床麻酔に使用される医学用語：多くの場合，「麻酔」の定義には，感覚の消失（無痛）および／または意識の消失（無意識）が含まれている。筋弛緩およびストレス反応の減少も利点として加えられる

- **はり（鍼）治療**：東洋医学に基づいた経穴（ツボ）への刺激
- **相加的**：二つの薬物を併用したときの効果が，個々の薬物を単独投与したときの効果の総和と等しい場合
- **アゴニスト（作動薬）**：特異的な受容体に作用して効果を発揮する薬物（例：オピオイド作動薬のモルヒネ）
- **運動不能**：運動神経の遮断によって生じる運動反応（動き）の喪失
- **異痛**：通常は痛みを引き起こさない刺激によって生じる痛み
- **覚醒薬**：中枢神経系（CNS）の刺激薬または呼吸刺激薬
- **無痛覚（鎮痛）**：疼痛感覚の喪失
- **麻酔**：体の一部または全身の完全な感覚喪失であり，一般的には局所的（末梢性）または全身的（中枢性）に神経組織の活性を抑制する薬物によって引き起こされる；通常，麻酔の作業は，麻酔前および麻酔後の期間を含む段階に分けられる（囲み記事参照）

麻酔の5段階

Ⅰ．麻酔前あるいは導入前の期間
Ⅱ．麻酔導入
Ⅲ．麻酔維持
Ⅳ．麻酔回復
Ⅴ．麻酔後の期間

バランス麻酔：2種類以上の薬物や麻酔法を組み合わせ，各々がもつ薬理学的作用によって外科麻酔を得

る麻酔法；トランキライザ，オピオイド，笑気，筋弛緩薬，吸入麻酔薬などを併用する

解離性麻酔薬：カタレプシー，無痛覚，および意識変化が特徴的な中枢神経系（CNS）の状態；ケタミンやチレタミンなどの薬物によって生じる

全身麻酔：(1) 感覚喪失を伴う意識喪失，(2) 理想的には催眠，筋弛緩，無痛覚，およびストレスの抑制を得られた状態；単独の薬物または複数の薬物の組み合わせによって作り出せる

局所麻酔：麻酔薬が投与された局所領域に限定された無痛覚

伝達麻酔：感覚神経の遮断による局所領域に限定された無痛覚

外科麻酔：疼痛や動物の動きがなく，外科手術を実施可能な十分な筋弛緩と無痛覚を伴った意識と感覚の喪失

- **アンタゴニスト（拮抗薬）**：受容体を占拠するが，作用が最小限か全く作用がない薬物（例：オピオイド拮抗薬のナロキソン）
- **カタレプシー**：四肢の伸展性の強直を認める状態。通常，動物は聴覚，視覚，あるいは弱い疼痛刺激に対して無反応である
- **中枢感作**：CNSの神経組織，とくに脊髄における興奮性と反応性の増大
- **苦痛**：(1) ストレスによる生物学的損失が動物の健康を危うくするほど生物機能に負の影響を及ぼしたときに生じる状態，(2) 痛みや苦しみ，不快を生じること
- **安楽死**：痛み，苦痛，不安，あるいは心配を生じることなく意識を消失させ，死に至らせること
- **ホメオスタシス（恒常性）**：生体内での平衡状態
- **痛覚過敏**：通常，痛みを生じる刺激に対する反応性の

増大または誇張。損傷部位（一次痛覚過敏）または周囲の非損傷組織（二次痛覚過敏）に生じる。刺激された侵害受容器は，閾値が低下して侵害刺激に強く反応する

- **催眠**：十分な刺激で動物が目を覚ます人工的な睡眠または昏睡様睡眠。全身麻酔や外科麻酔では動物は目を覚ますことはない
- **MAC（最小肺胞濃度）**：（1）侵害刺激に反応して動くことを50％の動物で抑制できる吸入麻酔薬の最小肺胞濃度を示す用語，（2）人の外来麻酔診療において，麻酔管理としてモニタリングされることは稀である
- **マルチモーダル治療**：適切な鎮痛を得るために複数の異なる作用機序の薬物を使用すること
- **ナルコーシス**：催眠を伴うまたは伴わない薬物による，意識のもうろうとした状態や鎮静状態
- **神経遮断無痛**：神経遮断薬（例：トランキライザ）と鎮痛薬の組み合わせによる催眠と無痛覚
- **痛み**：実際の組織損傷や潜在的な組織損傷に関連する嫌悪感覚や嫌悪感

適応性疼痛（adaptive pain）：治癒や回復を促進する行動を引き起こす痛み

炎症性疼痛（inflammatory pain）：組織損傷や免疫細胞の侵入に関連する痛み。治癒が生じるまで痛覚過敏を引き起こすことで治癒を促進し得る

不適応性疼痛（maladaptive pain）：実際の組織損傷の範囲を超えて生じる傾向にある痛みであり，組織損傷が治癒しても痛みが持続し，痛み自体が問題となる

病的痛み（pathologic pain）：神経組織の損傷（神経因性疼痛）あるいは異常な機能（機能障害）によって引き起こされている病的状態。病的痛みは不適応性疼痛であり，通常，異痛を引き起こす末梢感作，

中枢感作，および痛覚過敏を生じている
機能障害性疼痛（dysfunctional pain）：神経系の異常機能によって引き起こされる痛みであり，しばしば疾患の存在しない状況で生じる痛みと見なされる
神経因性疼痛（neuropathic pain）：神経系のいずれかの部位に影響する損傷や疾患によって引き起こされる
生理的痛みまたは侵害受容疼痛（physiologic or nociceptive pain）：侵害刺激に対する正常な反応であり，動物が組織損傷を最小限にするため（戦闘または逃亡反応），または修復期に外部刺激を避けるために防御機能として生じる

- **周術期**：外科手術およびその前後の期間。症例が外科手術のために動物病院に来院してから退院するまでの期間
- **末梢感作**：末梢神経終末の活性，興奮性，および反応性の増大
- **生活の質（QOL）**：動物の生活を定義づける特徴や特性。通常，優秀さの程度として主観的に評価される。各個体がその生活環境にどの程度慣れ親しみ，個々の満足度を明確に示す正常な行動パターンからどの程度逸れることなく過ごしているかを示す
- **鎮静**：動物は目が覚めているが穏やかであるCNS抑制状態；しばしば精神安定という用語の代わりに用いられる；強い刺激によって動物は目を覚ます
- **ストレス**：ホメオスタシスが混乱または脅かされた状況に対抗しようとする動物の生物学的反応。ストレッサーは，物理的，化学的，または感情的要因であり（例：痛み，外傷，恐怖），うまく適応できないと生理的緊張が引き起こされ，疾患を生じる原因となる
- **相乗的**：二つ以上の処置（通常，薬物）を併用した際

に得られる効果が，単独で用いた場合の個々の作用の総和よりも大きいこと

- **精神安定，アタラキシア，神経遮断**：動物がリラックスし，動くのを好まず，目は覚めているが周囲を気にしない，軽度の疼痛に対して無関心な，精神安定と落ち着きのある状態；強い刺激で動物は目を覚ます

V. 臨床用語

- **バッグ**："動物をバッグした。" 麻酔中に動物の肺を膨らませるため，麻酔器の再呼吸バッグを押しつぶすこと
- **ブロック**："肢をブロックした。" 特定の部位，局所，領域を局所麻酔すること
- **ボーラス**："チオペンタールをボーラス投与した。" 特定の量の薬物を一気に静脈内投与すること
- **ブレス**："動物を1分間に6回ブレスした。" 肺を用手的または人工呼吸器で膨らませること
- **バッキング**："動物が人工呼吸時にバッキングする。" 症例が人工呼吸（用手または人工呼吸器）に抵抗すること。人工呼吸の吸気周期または呼気周期に症例が息を吐き出そうとする
- **クラッシュ**："動物はクラッシュした。" 麻酔薬の投与により，顕著なCNS抑制と心肺抑制を示すこと。"動物をクラッシュ導入した。" 静脈麻酔薬や吸入麻酔薬により，急速に麻酔導入すること
- **深い**："動物の麻酔が深くなった。" 麻酔薬により，重度のCNS抑制が生じたこと。CNS抑制の程度が大きいほど麻酔は深くなる。この用語は，CNS抑制が少ないことを意味する "浅い" という用語の対語。麻酔が "浅い" 動物では，角膜反射と眼瞼反射が強く，眼球振盪があり，しばしば頭や肢を持ち上げる
- **ダウン**：動物を "ノックダウンした。" あるいは "プットダウンした。" 動物に投薬して横臥にすること。プットダウンは安楽死を意味する際にも用いられる

- **ドロップ**：“動物をドロップした。” 横臥を引き起こす薬物を動物に投与すること
- **抜管**：“動物は抜管された。” 気管チューブを気道から抜き取ること。この用語は “挿管する” の対語
- **静脈にあたる**：“私は1回で静脈にあたった。” 静脈穿刺に成功すること
- **導入**：“動物を導入した。” 動物を全身麻酔する薬物を投与すること
- **挿管**：“動物に挿管した。” 口または鼻腔を介して気管内に気管チューブを挿入すること
- **IVドリップ**：“動物にIVドリップした。” 薬物を混合した，またはしていない輸液剤を，静脈内に投与すること
- **マスク導入**：“動物をマスク導入した。” 吸入麻酔薬で麻酔導入するためにフェイスマスクを用いること
- **PIVA**：“動物にPIVAまたは部分的静脈麻酔を用いた。” 吸入麻酔薬の使用量を減らすために注射麻酔薬を使用して吸入麻酔薬の効果を増強する麻酔法
- **前あるいは後**：“麻酔前投薬を投与した。” 麻酔の前に投与または実施されるすべてを麻酔前の時期にあると考える。麻酔薬投与を中止した時点から後は麻酔後
- **先取り**：“症例を先取り鎮痛した。” 治療（この場合は鎮痛）が必要となる出来事の前に，故意にその治療をすること。予防の一つ
- **プッシュ**：“チオペンタールをプッシュした。” 静脈内投与する薬物や輸液剤を急速投与または通常より多い量を投与すること
- **記録用紙を走らせる**：“記録用紙を走らせた。” 心電図を記録すること
- **リバース**：“動物をリバースした。” 特異的な拮抗薬を投与して薬物の作用を拮抗すること。たとえば，オピオイド拮抗薬のナロキソンを投与することで，モルヒネの作用を拮抗できる

- **スパイク**：“動物が熱をスパイクした。”または“輸液にカリウムをスパイクした。”臨床的状況によって“スパイク”は突然の急激な増加，またはある物質（この場合K^+）や薬物を輸液剤に加えることを意味する
- **安定**：“動物は安定した。”または“動物は安定した状態にある。”心肺系の数値や麻酔“深度”が許容範囲に戻ったこと，または許容範囲内にあること
- **昏睡**：“動物が昏睡状態にある”。大きな痛み刺激以外に動物が無反応で意識の抑制されたレベル。眼は開いたままか，動く物体を追っている
- **TIVA**：“動物にTIVAを用いた。”全静脈麻酔（吸入麻酔を用いない）
- **トゥーエフェクト**：求める目的の効果を得るまで実施する（薬物を投与する）
- **トップオフ**：“動物をチオペンタールでトップオフした。”要求される効果を得るために薬物を追加投与すること。この用語は最初に計算した投与量が要求される効果を得るために不十分であったことを意味している
- **チューブ**：“動物をチューブした。”口または鼻腔を介して気管内に気管チューブを挿入すること（「挿管」参照）
- **ウィーニング**：“動物をウィーニングする。”人工呼吸を徐々に中止して自発呼吸を回復させること

麻酔薬の用途

I．不動化

A．理学的検査および画像診断（超音波検査，X線検査）

B．体を洗う，トリミング，歯科の予防治療（スケーリング）

C．生検，放射線治療，バンデージ，副子，キャストの適用

D．エキゾチックアニマルや野生動物の捕獲

E．搬送

F．処置

1．カテーテル留置
2．創傷処置
3．産科

G．補助呼吸または調節呼吸

Ⅱ．麻酔（定義：「麻酔」参照）

A．内科治療や外科治療を容易にする

Ⅲ．痙攣のコントロール

Ⅳ．安楽死

麻酔薬の投与ルートと投与方法による効果

Ⅰ．静脈内投与（図1-2，図1-3）：作用発現が速やか；最大効果が急速に得られる；作用時間が短い；ほかの投与ルートよりも効果が強い

麻酔のタイプ（投与ルート別）		
刺鍼術	骨内	経口*
粘膜*	腹腔内	直腸
電気麻酔	精巣内	脊髄（クモ膜下）
硬膜外*	胸腔内	皮下*
浸潤*	静脈内*	外用（塗布）*
吸入*	局所および領域*	低体温麻酔
筋肉内*	点眼	経皮*

*獣医学領域で一般的に用いられる投与ルート

Ⅱ．筋肉内投与または皮下投与：作用発現までに10～15分；最大効果をなかなか得られず，注射部位，薬物吸収，薬物代謝速度によって最大効果を得られるまでの時間が左右される；作用時間はⅣルートよりも延長する

Ⅲ．経皮投与：数時間経っても全身性の最大効果を得られない

Ⅳ．投与速度：一般的に急速投与では強い効果を得られ，とくに心拍出量が低いときに顕著である

Ⅴ．溶液の濃度

A．薬物は単位/kg（例：mg/kg）または体表面積当たりの

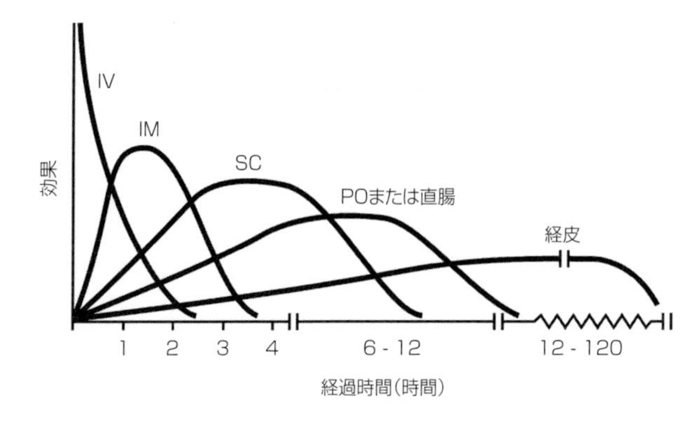

図1-2　投与ルート別による効果の強さと作用時間。

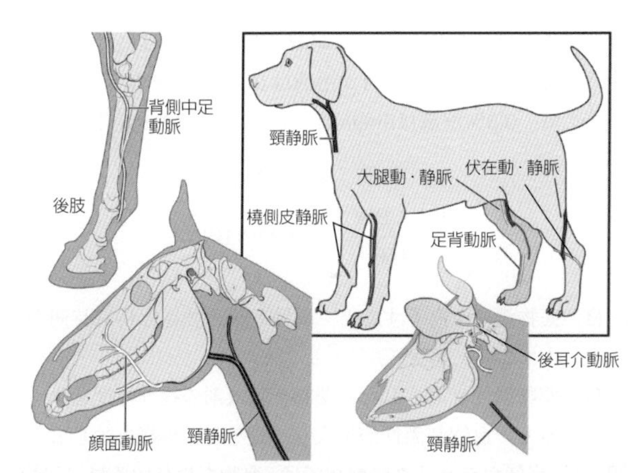

図1-3　頸静脈，橈側皮静脈，外側伏在静脈が輸液剤や薬物の静脈内投与に用いられる。観血的動脈血圧測定や血液ガス分析用の動脈血の採取が必要な場合には，背側中足動脈および顔面動脈（馬），後耳介動脈（牛，羊，山羊，ラクダ類），および足背動脈（犬）が用いられる。

単位（BSA，例：mg/m^2）を基本として投与する（**表1-1**）；ほとんどの薬物の濃度は単位/mL（例：mg/mL）

表1-1　変換係数

動物種	投与量をmg/kgからmg/m²に変換するために乗ずるK_m
マウス	3
ハムスター	5
ラット	6
フェレット	7
モルモット	8
サル	12
ウサギ	12
犬または猫	20
ミニブタ	35

このK_mはあくまでも参考値である。

または百分比（%）で記載されている；百分比は単位/mLに換算できる（1%溶液は10mg/mLを含有；したがって，0.5%溶液は5mg/mL，3%溶液は30mg/mLを含有）

体重（BW）はkg

$$\frac{K_m \times BW^{0.67}}{100} = \text{犬猫のBSA}$$

B．薬物濃度を高くすると，即時効果の強さと持続時間が増大する

C．薬物濃度を高くしたり薬物や輸液剤の投与速度を早くすると，血管刺激性が増大し，投与時に疼痛を生じる

Ⅵ．量：病気やショックの動物では，薬物を投与する量（用量：mg/kg）を減らすべきである

Ⅶ．吸入薬の作用発現は，肺胞換気，心拍出量，およびCNSへの血流分布に左右される。揮発性吸入麻酔薬とガスの肺（肺胞）から血液への吸収は，死腔換気や換気－環流比の不均衡によって減少する

Ⅷ．薬物の作用持続時間は，原則的にその薬物の薬理動態の特徴（代謝と排泄）によって決まるが，薬物の投与時間の長

さによっても大きく影響を受ける（context-sensitive half-time）。血流動態（血流分布）または体温（低体温）の変化や薬物の総投与量も，薬物の作用に影響を及ぼす

第2章

症例の評価と準備

"There is no short cut to achievement. Life requires thorough preparation—veneer isn't worth anything."

GEORGE WASHINGTON CARVER

概要

麻酔薬を投与することだけが麻酔ではない。安全に麻酔するためには，症例の全身状態を評価すること，最近の薬物治療歴を確認すること，個々の処置に応じた適切な薬物を選択すること，および麻酔薬とその潜在的毒性そして麻酔に関連する副作用に対する治療法に精通していることが要求される。本章では，麻酔を実施する前の術前評価について概説する。

総論

Ⅰ. 麻酔前の評価（病歴, 全身状態, および理学的検査）によって使用する麻酔薬とその投与量を決める

Ⅱ. 症例の評価では病歴と理学的検査が基本である；理学的検査での異常所見や身体機能の変化が予測される病歴によって，追加検査の必要性を決定する

Ⅲ. 検査室検査は徹底した理学的検査の代用にはならない

Ⅳ. 要求される薬物投与量は注意深く検討されるべきであり，動物の健康状態，薬物治療歴（薬物が相互作用を示す可能性もある），および全身状態をもとに決定する

A. 削痩した動物や肥満した動物では，薬物投与量を減らす

べきである

B．体重を基準とした投与量（mg/kg）よりも，体表面積を基準とした投与量（mg/m^2）の方が理想的な投与量を求められる

犬猫の体表面積（BSA）を求める計算式（表1-1参照）

$$\frac{K_m \times BW^{0.67}}{100} = \text{犬猫のBSA}$$

Ⅴ．すべての動物で気道の開存性を維持しなければならない

Ⅵ．リスクの高い症例では，必ず血管確保しなくてはならない

Ⅶ．病歴や全身状態から，可能性のある状況の悪化を予期する

Ⅷ．適切な解毒剤や拮抗薬を入れたエマージェンシーカートを常備しておく（第28章，第29章参照）

症例の評価

Ⅰ．症例の確認

A．症例番号や個体確認

B．シグナルメント

1．動物種

2．品種

3．年齢（3カ月齢より上？，8歳未満？）

4．性別（避妊去勢の有無）

C．体重

Ⅱ．症例の稟告と既往（病歴）

A．病状の期間と程度

B．同時に起こっている症状や疾患

1．下痢

2．嘔吐

3．出血

4．痙攣

5．心不全（発咳，運動不耐）

6．腎不全（排尿頻度に変化はないか？）

C．活動性（運動不耐）

D．最近の食事

E．過去および現在の薬物投与歴

1．有機リン剤（殺虫剤）

2．鎮痛薬の投与（非ステロイド系抗炎症薬，フェンタニルパッチ）

3．犬糸状虫の予防薬

4．抗生物質

a．サルファ薬

b．ゲンタマイシン，アミカシン，ポリミキシンB

5．行動変容薬（レセルピン，クロルプロマジン，クロミプラミン）

6．心臓薬

a．変力薬（ジギタリス配糖体，ホスホジエステラーゼ）

b．β-遮断薬（エスモロール）

c．抗不整脈薬（例：リドカイン，ソタロール）

d．カルシウムチャネルブロッカー（後負荷減少薬）

e．ACE（アンギオテンシン変換酵素）阻害薬またはたアンギオテンシン阻害薬（エラナプリル）

7．利尿薬

8．過去の麻酔歴とその反応

当日の理学的検査

I．全身状態

A．ボディコンディションスコア（1～5）

1．1＝削痩

2．2＝痩せている

3．3＝理想的

表2-1 正常な心拍数と平均動脈血圧の範囲

動物種	心拍数（回/分）	平均動脈血圧（mmHg）
犬	70-100	70-100
猫	100-200	80-120
馬	30-45	70-90
子馬	50-80	60-80
牛	60-80	90-140
羊，山羊	60-90	80-110
豚	60-90	80-110

4．4＝太っている

5．5＝肥満

B．妊娠

C．水和状態（粘膜は乾燥していないか？ 皮膚はテント上にならないか？）

D．体温（感染？ ストレス？ 環境？）

Ⅱ．心血管系

A．心拍数と平均動脈血圧の範囲（**表2-1**）

B．脈圧の性状とその規則性

C．動脈血圧，中心静脈圧

D．毛細血管再充填時間（CRT，＜1.5秒）および色調（敗血症？）

E．聴診（心雑音または肺音の増加）

Ⅲ．肺

A．呼吸数，呼吸の深さと努力性

1．通常，小動物で12～25回/分，大動物で8～20回/分

2．1回換気量は安静時に10～14mL/kg

B．可視粘膜の色調

1．蒼白（貧血または血管収縮）

2．チアノーゼ（呼吸不全，酸素化されていないヘモグロビン濃度が5g/dL未満）

C．聴診（胸壁から呼吸音が聴取できるかできないか？）

D．上部気道閉塞（いびき？ 喘鳴？）

E．胸部打診（鼓音？ 濁音？）

Ⅳ．肝

A．黄疸（黄色い頬粘膜）

B．血液凝固不全

C．昏睡，痙攣

Ⅴ．腎

A．膀胱を触知する（膨張？ 無傷？）

B．嘔吐

C．尿量減少／無尿

D．多尿／多渇

E．努力性排尿（尿閉？）

Ⅵ．胃腸

A．下痢または排便がない

B．嘔吐，胃内容逆流，嚥下困難

C．腹部膨満

D．腸音の聴診

E．歯や歯肉の状態

F．適切な場合には直腸検査

Ⅶ．神経系と特殊感覚

A．態度

1．静穏または興奮

2．神経質または心配している

3．攻撃的または不活発

B．痛み

1．急性または慢性

2．痛みの評価法（第20章参照）

C．痙攣

D．失神

E．昏睡

F．盲目

G．麻痺または虚弱
H．斜頸
Ⅷ．代謝と内分泌
A．体温（低体温，高体温）
B．脱毛
C．甲状腺機能亢進／甲状腺機能低下
D．副腎皮質機能亢進／副腎皮質機能低下
E．糖尿病（白内障？）
Ⅸ．外皮
A．水和状態
B．腫瘍（肺転移）
C．皮下気腫（肋骨骨折）
D．寄生虫（ノミ，ダニ）；貧血
E．脱毛
F．火傷（水分と電解質の喪失）
G．外傷
Ⅹ．筋骨格筋
A．筋肉の量（体脂肪率）
B．弱々しさ
C．電解質平衡失調（低カリウム血症，高カリウム血症；低カルシウム血症）
D．歩行可能か不可能か
E．骨折
F．ヘルニア

術前の検査室検査

Ⅰ．最小限の検査室検査（表2-2）
A．血漿タンパク濃度（浸透圧，輸液投与の受け入れ能力）
B．赤血球沈殿容積（PCV）またはヘモグロビン濃度（酸素運搬能）
Ⅱ．その他の検査室検査（表2-2～表2-5参照）

表2-2　正常な血液検査値

	犬	猫	馬	牛	羊	豚
血漿タンパク濃度（g/dL）	5.7-7.2	5.6-7.4	6.5-7.8	7.0-9.0	6.3-7.1	6-7.5
PCV（%）	36-54	25-46	27-44	23-35	30-50	30-48
Hb濃度（g/dL）	11.9-18.4	8.0-14.9	9.7-15.6	8.3-12.3	10-16	10-15
RBC（$\times 10^{12}$/L）	4.9-8.2	5.3-10.2	5.1-10.0	5.0-7.5	—	—
総白血球数（$\times 10^{9}$/L）	4.1-15.2	4.0-14.5	4.7-10.6	3.0-13.5	4-12	6.5-20
好中球一分葉核（$\times 10^{9}$/L）	3.0-10.4	3.0-9.2	2.4-6.4	0.7-5.1	1-6	3-15
好中球一杆状核（$\times 10^{9}$/L）	0.0-0.1	0.0-0.1	0.0-0.1	0.0-0.1	0-0.1	0-0.5
リンパ球（$\times 10^{9}$/L）	1.0-4.6	0.9-3.9	1.0-4.9	1.1-8.2	2-8	2-12
単球（$\times 10^{9}$/L）	0.0-1.2	0.0-0.5	0.0-0.5	0.0-0.6	0-0.6	0-0.6
好酸球（$\times 10^{9}$/L）	0.0-1.3	0.0-1.2	0.0-0.3	0.0-1.5	0-1	0-0.6
好塩基球（$\times 10^{9}$/L）	0.0	0.0-0.2	0.0-0.1	0.0-0.1	0-0.1	0-0.1

PCV：赤血球沈殿容積，Hb：ヘモグロビン，RBC：赤血球数

表2-3　血清生化学検査

	単位	犬	猫	馬	牛	羊	豚
カルシウム	mg/dL	9.3-11.6	8.4-10.1	11.1-13.0	8.6-10.0	8.1-9.5	−
リン	mg/dL	3.2-8.1	3.2-6.5	1.2-4.8	3.8-7.7	3.5-6.7	5.3-9.6
血糖値	mg/dL	77-126	70-260	83-114	55-81	50-80	60-100
クレアチニン	mg/dL	0.6-1.6	0.9-2.1	0.8-1.7	0.7-1.6	−	1.0-2.7
総ビリルビン	mg/dL	0.1-0.4	0.1-0.4	0.6-1.8	0.0-0.4	−	−
間接ビリルビン	mg/dL	0.0-0.1	0.0-0.1	0.1-0.3	0.0-0.0	−	−
アルブミン	g/dL	2.9-4.2	2.5-3.5	2.8-3.6	2.7-4.6	2.4-3	−
総タンパク濃度	g/dL	5.1-7.1	5.6-7.6	6.4-7.9	6.4-9.5	6.3-7.1	−
BUN	mg/dL	5-20	13-30	13-27	4-31	5-20	8-24
コレステロール	mg/dL	80-315	65-200	51-97	40-380	−	−
ALP	IU/L	15-120	15-65	80-187	20-80	−	−
アミラーゼ	IU/L	150-1,040	400-1,300	−	−	−	−
CK	IU/L	50-400	70-550	150-360	90-310	−	−
SDH	IU/L	−	−	4-13	14-80	−	−
AST	IU/L	12-40	10-35	170-370	50-120	−	−
ALT	IU/L	10-55	20-95	−	−	−	−
Na	mEq/L	143-153	146-156	132-142	133-143	140-145	139-152
K	mEq/L	4.2-5.4	3.2-5.5	2.4-4.6	3.9-5.2	4.9-5.7	4.4-6.7

Cl	mEq/L	109-120	114-126	97-105	98-108	–	100-105
Ca^{2+}	mg/dL	5.0-6.1	4.9-5.5	6.0-7.2	4.7-5.4	–	9.5-12.7
Mg	mg/dL	0.53-0.89	0.6-1.0	0.53-0.91	0.6-1.1	–	–
pH	Units	7.27-7.43	7.25-7.33	7.32-7.45	7.32-7.45	–	–
PO_2（静脈血）	mmHg	25-46	31-49	24-39	24-39	–	–
PCO_2（静脈血）	mmHg	28-49	35-49	34-53	34-53	–	–
HCO_3	mEq/L	18-25	18-22	23-31	23-31	–	–
ベースエクセス	mEq/L	−6.0-0.5	−6.0-−3.0	−1.0-5.0	−1.0-4.2	–	–
コルチゾル 0時間	μg/dL	1.0-11.0	1.0-13.5	2.0-14.0	0.7-1.4	–	–
コルチゾル ACTH後1時間	μg/dL	5.0-26.0	6.8-12.1	2.7-6.0	2.7-6.0	–	–
T_3（RIA）	ng/dL	30-130	40-75	20-160	60-190	–	–
T_4（RIA）	μg/dL	0.5-2.1	1.0-3.0	0.6-2.7	1.7-5.8	–	–

ACTH：副腎皮質刺激ホルモン，ALP：アルカリホスファターゼ，ALT：アラニンアミノトランスフェラーゼ，AST：アスパラギン酸トランスフェラーゼ，BUN：血液尿素窒素，CK：クレアチンキナーゼ，SDH：ソルビトール脱水素酵素，T_3：トリヨードサイロニン，T_4：サイロキシン

表2-4　動脈血液ガス

	正常値（空気［21% O_2］）	麻酔中に通常観察される値
pH	7.4±0.2	7.30-7.45
$PaCO_2$ mmHg	40±3	30-60*
PaO_2 mmHg	94±3	250-500（100% O_2） 250まで（50% O_2）
ベースエクセス	0±1	−4-−10

*麻酔中に呼吸性アシドーシスとなるのは一般的である。その程度は，使用した薬物，麻酔深度，麻酔時間，動物種，症例の状態に左右される。

A．全血球計算（CBC）（水和？ 貧血？ 感染？）
B．血液ガス分析と血液pH（呼吸不全？ ショック？）
C．止血能（出血？ 皮下出血？）
D．アルブミン濃度（浮腫？ 血漿タンパク異常？）

Ⅲ．血液生化学検査（**表2-3**参照）

A．電解質（Na^+，K^+，Cl^-，Ca^{2+}）（ショック？ 新血管虚脱？ 内分泌疾患？）
B．血液尿素窒素（肝疾患？）
C．クレアチニン（脱水？ 腎疾患？）
D．アスパラギン酸アミノトランスフェラーゼ（AST），アラニンアミノトランスフェラーゼ（ALT）（外傷？ 肝疾患？）
E．胆汁酸塩（黄疸？ 肝機能？）

Ⅳ．尿検査（括弧内に正常所見を示した）

A．尿比重（1.010～1.030）
B．物理化学検査
　1．pH（肉食動物7.0～7.5，草食動物7.0～8.0）
　2．タンパク，アセトン，ビリルビン，潜血反応（陰性）
C．尿沈渣の顕微鏡所見
　1．尿円柱（陰性または稀）
　2．赤血球（RBC）（陰性）；採尿方法によって観察されることがある
　3．白血球（WBC），上皮細胞，細菌（陰性）

表2-5　凝固系と体温

	単位	犬	猫	馬	牛	羊	豚
血小板	×10^9/L	106-424	150-600	125-310	192-746	250-800	200-700
PT	秒	6-7.5	8-11.5	8-10	12-18.5	13-17	−
APTT	秒	9-21	8-17	30-39	24-57	35-50	−
正常体温							
	℃	38.5-39.2（小型犬）37.5-38.6（大型犬）	37.8-39.2	37.5-38.6（子馬）37.2-38（成馬）	38.6-39.8（1歳未満の子牛）37.8-39.2（1歳以上の成牛）	38.9-40	38.9-40（子豚）37.8-38.9（成豚）

PT：プロトロンビン時間，APTT：活性化部分トロンボプラスチン時間

追加実施する術前検査

Ⅰ．心電図
- A．外傷を受けた症例（心筋損傷や不整脈）
- B．理学的検査時の不規則な調律

Ⅱ．X線検査
- A．胸部（外傷？ 転移？）
- B．腹部（膨満？ 異物？）

Ⅲ．超音波検査
- A．心雑音
- B．腹部膨満

症例の準備

Ⅰ．絶食
- A．絶食は動物種による（動物種別の推奨を参照）
- B．新生子，トイ犬種，体重5kg未満の動物，鳥では過剰に長時間絶食しない

Ⅱ．矯正または代償する項目
- A．脱水または血液量減少（麻酔前の輸液）
- B．貧血，血液喪失，または低タンパク血症（輸血）
- C．酸－塩基平衡と電解質の異常（麻酔前の輸液，尿路閉塞の解除）
- D．心不全（利尿薬，変力作用薬）
- E．呼吸困難（あらかじめ酸素化，胸郭チューブの設置）
- F．腎不全（麻酔前の輸液，利尿薬，尿路閉塞の解除）
- G．凝固異常（血漿または全血の輸血）
- H．体温（加温または冷却）

Ⅲ．予定されている処置に対する特別な準備
- A．胸部外科（あらかじめ酸素化，人工呼吸器の準備）
- B．腹部外科（迅速な気管挿管，絶食時間を長くする？）
- C．整形外科（鎮痛，不動化？）

D．眼科（神経筋遮断？）

E．神経外科（痙攣制御，鎮痛）

Ⅳ．その他に考慮する点

A．麻酔中と麻酔後の輸液とカロリー要求量

B．特別な投薬（変力薬，抗不整脈薬）

C．手術時間

D．外科医の要求

麻酔管理の計画

Ⅰ．系統立てた麻酔管理計画

A．外科処置（特別な要求，例：調節呼吸）

B．保定体位

C．薬物の選択：術前，術中，術後すべての期間で疼痛制御に重点を置く

D．気道管理

E．輸液管理

F．体温管理（小動物，開腹術や開胸術）

G．モニタリング（動物種，麻酔時間，処置内容による）

H．可能性のある副作用や問題となる反応性の予想

Ⅱ．救急薬と器材の準備（第28章参照）

症例の全身状態

クラスⅠ：臓器疾患のない正常な動物
クラスⅡ：軽度の全身性疾患のある動物
クラスⅢ：重度の全身性疾患に罹患して活動が制限されているが，全く動けなくなるような状態ではない動物
クラスⅣ：全身性疾患で活動できず，常に生命が脅かされている動物
クラスⅤ：手術実施に関係なく24時間生存することが期待できない瀕死の動物
緊急手術では，適当な全身状態の分類の後に“E”をつける

米国麻酔医協会（American Society of Anesthesiologists）の分類より転用

第3章

麻酔前投薬に用いる薬物

“No animal should ever be anesthetized without the benefit of preanesthetic medication.”

WILLIAM WALLACE MUIR, Ⅲ

概要

麻酔前投薬および麻酔後投薬（周術期投薬）は安全な麻酔管理に不可欠である。適切な周術期投薬によって，ストレス，心肺抑制，そして注射麻酔薬や吸入麻酔薬によって引き起こされる有害作用を最小限にできる。ほとんどの場合，麻酔前投薬によって注射麻酔薬や吸入麻酔薬の要求量が軽減され，麻酔後投薬によって麻酔回復の質が改善される。

麻酔前投薬は，一般的に下記のカテゴリーに分類される。抗コリン作動薬（アトロピン，グリコピロレート）は過剰な唾液分泌や嘔吐を抑制して徐脈（とくに迷走神経緊張性徐脈）を予防する。フェノチアジン系トランキライザ（アセプロマジン）は不安を軽減し（抗不安），動物を落ち着かせ，一般的にほかの麻酔薬の中枢神経系（CNS）抑制作用や鎮痛作用を増強する。ベンゾジアゼピン（ジアゼパム，ミダゾラム）は抗不安作用，抗痙攣作用，および筋弛緩作用を生じる。α_2-作動薬（キシラジン，デクスメデトミジン）は鎮静，昏迷，鎮痛，筋弛緩を生じるが，全身麻酔を生じることはない。オピオイド（モルヒネ，ブトルファノール）は鎮痛を生じ，一部は鎮静を生じる。オピオイドとα_2-作動薬またはトランキライザの組み合わせ（神経遮断無痛）によって非常に落ち着いて筋弛緩した無痛状態を得られ，とくに若齢動物や老齢動物では浅い全身麻酔を得られる。麻酔後投薬とは，一般的に麻酔回復を促進しその質を改善する目的で薬物を投与することであり，呼吸興奮薬（ドキサプラム），中枢神経刺激薬，オピオイド，非オピオイド鎮痛薬（メロキシカム，トラマドール），特異的な拮抗薬（ベンゾジアゼピンに対するフルマゼニル，α_2-作動薬に対するアチパメゾール，オピオイドに対するナロキソン，末梢性神経筋遮断薬に対するネオスチグミン）などが含まれる。

麻酔前投薬と麻酔後投薬の目的

Ⅰ．麻酔前投薬
- A．動物の行動を変化させて保定を容易にする（図3-1）
  - 1．動物は物理的操作に抵抗しない
  - 2．周囲環境に無関心になる
  - 3．動きたがらなくなる
- B．不安，恐怖，およびストレスを減らす
- C．筋弛緩作用を得る
- D．外科手術の術前，術中，術後の疼痛を予防する
- E．鎮静，筋弛緩，鎮痛，全身麻酔を得るために使用される危険な薬物の要求量を減らす
- F．麻酔の導入，維持，回復を安全かつ円滑にする
- G．同時に投与する薬物の有害作用や毒性を最小限にする
- H．交感神経または副交感神経系由来の自律神経反射活性を最小限にする

Ⅱ．麻酔後投薬
- A．動物を従順で痛みのない状態する
- B．術後管理を容易にする
- C．痛みを軽減または予防する
- D．同時に投与する薬物の副作用や潜在的毒性を最小限または防止する
- E．交感神経あるいは副交感神経由来の自律神経活性を調整する

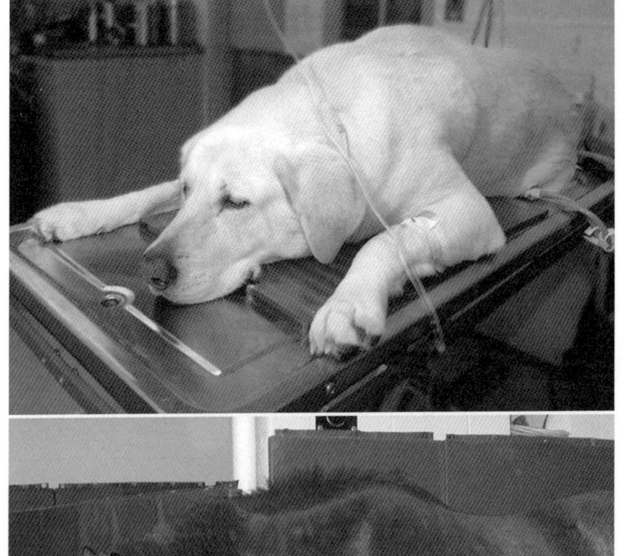
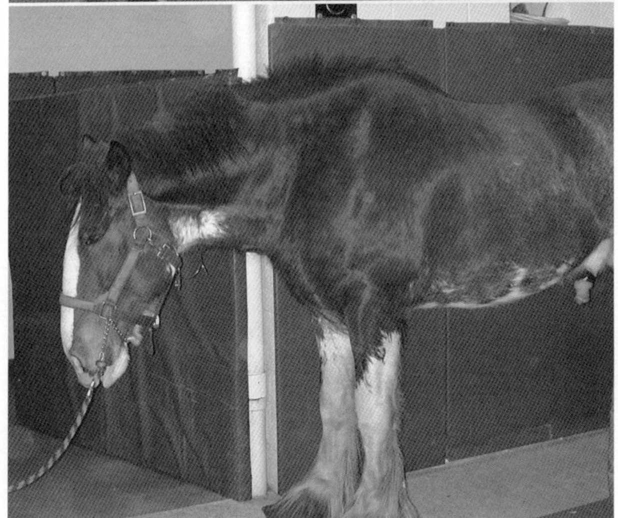

図3-1　精神安定や鎮静を生じる薬物を投与することによって，動物は動きたがらなくなり，周囲環境に無関心になって作業が容易になるとともに，麻酔要求量が減少する。

薬物カテゴリー

I．抗コリン作動薬（例：アトロピン，グリコピロレート）

A．副交感神経（コリン作動性）節後線維で神経支配された部位や，神経支配はないがアセチルコリンの影響下にある平滑筋において，アセチルコリンを競合拮抗する；副交感神経遮断薬，抗コリン作動薬，鎮痙薬と呼ばれる

B．主に唾液分泌抑制と徐脈防止または心拍数の増加を目的に用いられる

C．迷走神経緊張の増大（例：喉頭または眼球刺激や迷走神経反射）による徐脈を抑制する

1．一般的に，心拍数の増加は動脈血圧や心拍出量を増加させる

2．副交感神経遮断は洞性頻脈を引き起こすか，しばしば心室性不整脈に陥ることがある。抗コリン作動薬は，速い洞性調律が確立する前に，第1度および第2度房室ブロックを伴う洞性徐脈を引き起こすことがある（図3-2）

3．硫酸アトロピンは延髄の迷走神経核を刺激し，初期に洞性徐脈を引き起こすことがある；この反応はグリコピロレートでは認められない

4．腹腔臓器の牽引や眼科手術によって引き起こされる迷走神経反射は副交感神経遮断薬で治療できるが，常に効果があるとは限らない

5．全身麻酔薬，オピオイド，α_2-作動薬，ジギタリス配糖体，高カリウム血症，アシドーシス，カルシウム塩の投与は，迷走神経性作用を増大し，徐脈を引き起こす

a．オピオイドとα_2-作動薬は副交感神経緊張を高め，洞性徐脈や第1度および第2度房室ブロックを引き起こすことがある

b．イソフルラン，セボフルラン，バルビツレートは，

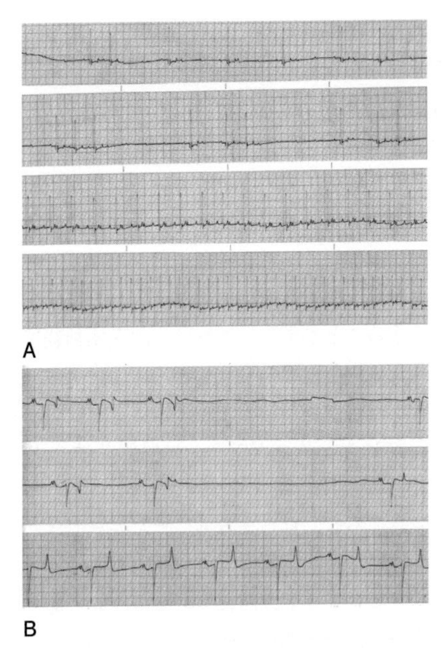

図3-2 落ち着いた犬（A：上段の四つの心電図）や馬（B：下段の三つの心電図）では，正常でも第2度房室ブロック（P波に続くQRSが認められない）を伴う洞性徐脈や第2度房室ブロックを伴わない洞性徐脈を生じることがあり，多くの薬物によってもこれらの不整脈が引き起こされることがある（オピオイド，α_2-作動薬）。心室拍動速度が遅くなりすぎないように注意する必要がある。通常，アトロピンまたはグリコピロレートによる治療が効果的である（Aでは上から3段目と4段目の心電図，Bでは3段目の心電図）。しかし，緊急事態でない限り，アトロピンやグリコピロレートをα_2-作動薬と同時に投与すべきではない。

交感神経緊張の抑制により，間接的に副交感神経性作用を高める

c．フェノチアジン系トランキライザは稀にCNS誘導性コリン作動性作用を生じ，洞性徐脈が顕著になることがある

D．胃のpHが上昇する（すなわち酸性度の低下）；胃腸管

運動と膀胱や子宮の収縮が減少する；馬では腸管運動が数時間にわたり低下することがあり，疝痛を引き起こす可能性がある。反芻動物では第一胃アトニー（鼓脹）が起こり得る

E．気道，胃腸管，口腔，鼻腔の腺分泌を減少する
　1．小動物（例：猫）の口腔内に過剰な分泌物が貯留すると，上部気道閉塞や喉頭痙攣を起こしやすい
　2．副交感神経遮断薬の作用が消失した後に分泌活動が増進することがある；これは“副交感神経遮断後跳ね返り現象”として知られている

F．気管支拡張（生理学的死腔の増加）と散瞳が起こる

G．アトロピンとスコポラミンは嗜眠状態を引き起こし，CNS抑制薬の作用を増強する；高用量では大脳領域を刺激し，不安，見当識障害，せん妄を引き起こす。これらの作用は反芻動物や象で一般的である

H．グリコピロレートは四級アンモニウムであり，血液－脳関門や胎盤を通過しない

利点　■抗コリン作動薬

- アセチルコリン（迷走神経緊張）を競合拮抗する
- 迷走神経緊張を減弱することによって徐脈を防止する；洞性頻脈を引き起こすことがある
- 腺分泌の抑制；胃pHの上昇；胃腸管運動の抑制
- 気管支拡張と散瞳
- アトロピンとスコポラミンは嗜眠状態を引き起こす
- グリコピロレートは血液－脳関門または胎盤を通過しない

I．筋肉内投与（IM）または皮下投与（SC）する（緊急時には静脈内投与［IV］）
　1．小動物では，アトロピン（20～40μg/kg）またはグリコピロレート（10μg/kg）で心拍数増加と分泌抑制を得られる。アトロピンの作用時間は60～90分間；グリコピロレートの作用時間は2～4時間

2. 馬では副作用（鼓腸，疝痛），牛では効果がないために，副交感神経遮断薬の価値は疑問視されている
 a. 馬：徐脈に対する対応としてアトロピン（20〜40μg/kg）；グリコピロレート（3.3〜6.6μg/kg IV）
 b. 反芻動物：唾液分泌抑制には推奨されない；アトロピンは一時的に分泌を抑制するが，唾液の粘稠度が高くなる；咽頭の唾液貯留や唾液の吸引を防止するためには，頭と頸を適切にポジショニングすることが最も重要である
 c. 豚：アトロピン（20〜40μg/kg）；グリコピロレート（3.3μg/kg）

投与量　■抗コリン作動薬

薬物	動物種	投与量	作用持続時間
アトロピン	小動物	20-40μg/kg	60-90分間
	馬	20-40μg/kg	
	豚	20-40μg/kg	
グリコピロレート	小動物	5-10μg/kg	2-4時間
	馬	3.3-6.6μg/kg	
	豚	3.3μg/kg	

J. 都合の悪い反応
1. アトロピンはIV投与直後に一時的な徐脈を引き起こすことがある
2. 心不整脈：アトロピンとグリコピロレートのIV投与後には，第1度および第2度房室ブロックから洞性頻脈へと進行する変化を認めることがある；アトロピンのIV投与後には心室性不整脈が生じることがある
3. 洞性頻脈は心筋の酸素消費量を増大し，心血管疾患をもつ症例では心不全や肺水腫に移行することがある
4. 犬猫では，アトロピンは抑うつを引き起こすことがあ

る；反芻動物や象では不安，せん妄，見当識障害を引き起こすことがある

5．腸管内通過時間を遅くし，馬ではイレウスや疝痛を生じると考えられている

注意点 ■抗コリン作動薬

- アトロピンのIV投与直後には，徐脈を生じることがある
- アトロピンとグリコピロレートのIV投与では，洞性頻脈を生じる前に第1度および第2度房室ブロックを生じることがある
- アトロピンのIV投与は，心室性不整脈を生じることがある
- アトロピンは，犬猫に抑うつ，反芻動物に不安を引き起こすことがある
- アトロピンは，馬では疝痛，牛では鼓脹を生じることがある
- アトロピンは眼内圧を上昇させる可能性がある

Ⅱ．トランキライザと鎮静薬（例:フェノチアジン，ブチロフェノン，ベンゾジアゼピン，α_2-作動薬：**表3-1**）

A．フェノチアジン（例：アセプロマジン，プロマジン），ブチロフェノン（例：ドロペリドール）

1．作用機序

a．落ち着きや神経学的変化は，網様体賦活系の抑制やCNSにおける抗ドパミン作動性活性を介して生じる

b．交感神経系の抑制（中枢性および末梢性カテコールアミン動員の抑制）

c．フェノチアジン系トランキライザはてんかんをもつ動物の発作閾値を下げるが，薬物によって化学的に誘発される痙攣を抑制する（例：ケタミン）

d．フェノチアジンとブチロフェノンは，延髄の化学受容引き金帯（CTZ）におけるドパミン相互作用を抑制して制吐作用を引き起こす

2．物理的特性

a．水溶性

表3-1　一般的に使用されるトランキライザと鎮静薬の静脈内投与量

薬物	犬	猫	馬	牛	山羊	豚
メジャートランキライザ						
アセプロマジン*	0.05-0.20	0.05-0.20	0.01-0.04	0.01-0.02	0.02-0.04	0.1-0.2
プロマジン	2.0-6.0	1-3	0.2-1.0	0.2-1.0	0.2-1.0	1-3
マイナートランキライザ						
ジアゼパム	0.2-0.4	0.2-0.4	0.02-0.10	0.4-1.1	0.4-1.1	0.5-2.0
ミダゾラム	0.2-0.4	0.2-0.4	0.01-0.04	–	–	0.1-0.5
鎮静薬						
デトミジン	–	–	0.01-0.02	0.01-0.02	–	–
メデトミジン	0.005-0.020	0.01-0.04	0.005-0.020	–	–	–
デクスメデトミジン	0.005-0.020	0.01-0.04	0.005-0.020	–	–	0.005-0.020
ロミフィジン	0.04-0.09	0.09-0.18	0.07-0.12	–	–	
キシラジン	0.4-1.0	0.4-1.0	0.4-1.0	0.02-0.10	0.02-0.07	1-2
抱水クロラール	–	–	60-100	40-70	30-60	40-70

投与量の単位はmg/kgである。
*犬の麻酔前投薬として使用する際のアセプロマジンの最大投与量は4mgである。

b．ほかの水溶性薬物と混合できる（例：アセプロマジンとヒドロモルホン;アセプロマジンとケタミン）

3．精神的な落ち着き，運動活性の低下，外的刺激に対する反応性閾値の上昇を引き起こす

a．鎮痛作用はないが，鎮痛薬の鎮痛効果を増強する

b．フェノチアジンやブチロフェノンの過剰投与は顕著な不随意性（錐体外路性）筋骨格作用を生じ，動物種によっては（とくに馬）幻覚を生じる

c．静かに落ち着いた状態は，適度な刺激によって一時的に逆転される；興奮した動物や不安の強い動物では高用量が必要となることがあり，これによって見当識障害や運動失調，逃げ出そうとすることがある

利点　■フェノチアジン，ブチロフェノン

- 抗不整脈作用
- 制吐作用
- 抗ヒスタミン作用
- 交感神経抑制作用
- 落ち着きと筋弛緩
- 作用は4～8時間持続し，最長48時間持続する
- 肝臓で代謝される
- 鎮痛薬の効果を増強する

4．心肺系への作用

a．α-アドレナリン作用遮断の結果，血管拡張と血圧低下を生じる（低血圧）。続いてエピネフリンを投与すると，α-受容体が遮断されていることから，矛盾した血圧低下を生じる（β_2作用）

(1) 興奮した動物や不安の強い動物で低血圧が生じやすい。低血圧に対しては反射性頻脈が生じる。静脈内輸液またはα-アドレナリン

作動薬（フェニレフリン，後述）で治療する

(2) 重症の場合，失神を引き起こすような低血圧や（稀に）死につながる徐脈（ボクサー犬で報告されている）が生じる

(3) 重度の低血圧では，フェニレフリン（α_1-作動薬）と輸液で昇圧する

b．動物がおとなしくなるとともに心拍数は通常低下する；しかし，低血圧では反射性頻脈が生じる

c．抗不整脈作用：フェノチアジンはα_1-受容体を遮断し，キニジン様の作用を生じ，中枢性交感神経，神経節，および末梢（副腎）活性を減少することで心不整脈の発生を抑制する

d．用量依存性の心筋および血管平滑筋を抑制する

5．呼吸数減少；高用量を投与した際には，1回換気量が減少することがある；CO_2増加に対する呼吸中枢の感受性減少

6．α_2-作動薬，オピオイド，および全身麻酔に用いられる薬物の換気抑制と心血管抑制作用を増強する

7．制吐剤として有用である。オピオイド投与の15分前にアセプロマジンやドロペリドールを投与すると，嘔吐の発生率を減少できる

8．多くが抗ヒスタミン作用をもつ；フェノチアジンやブチロフェノンはアレルギー皮膚試験の際の鎮静処置には用いるべきでない

9．ほとんどのフェノチアジン系トランキライザが胎盤を比較的ゆっくり通過する

10．アセプロマジンやプロマジンなどの多くのフェノチアジン系トランキライザは，種牡馬や去勢馬で勃起（持続勃起）や一時的あるいは恒久的な陰茎露出を引き起こすことがある。ベンズトロピン（20 μg/kg IV）で拮抗できる可能性がある

11．ブチロフェノン系トランキライザは，落ち着きと制

第3章

表3-2　一般的に使用されるオピオイドと神経遮断無痛薬の静脈内投与量

薬物	犬	猫	馬	牛	山羊	豚
オピオイド作動薬と部分的作動薬						
モルヒネ	0.4-1.0	0.1-0.2	0.04-0.10	0.04	0.04	0.05-0.1
メペリジン	1-5	0.5-1.0	2-4	2-4	–	0.4-1.0
ヒドロモルホン	0.1-0.2	0.1	0.02-0.1	–	–	–
オキシモルホン	0.1-0.2	0.1	0.02-0.1	–	–	–
メサドン	0.5-1.0	0.1（猫では勧めない）	0.05-0.10	–	–	0.1-0.2
フェンタニル	2-6μg/kg	1-3μg/kg	0.07-0.15	–	–	–
ペンタゾシン	0.5-2.0	0.5-1.0（猫では勧めない）	0.3-0.9	–	–	0.5-2.0
ブトルファノール	0.2-0.4	0.2-0.4	0.01-0.2	0.1	0.1	0.1-0.2
ブプレノルフィン	0.02	0.02	0.01	–	–	–
神経遮断鎮痛薬						
アセプロマジン－ヒドロモルホン	0.05-1.0（アセプロマジン）* 0.1（ヒドロモルホン）*					
アセプロマジン－オキシモルホン	0.05-0.1（アセプロマジン）* 0.1（オキシモルホン）*					
キシラジン－モルヒネ	0.1-0.5（キシラジン） 0.1-0.3（モルヒネ）					

特別な記載がない投与量の単位はmg/kgである。
IM投与ではIV投与量の同量～2倍量を用いる。病気の動物には低い用量を用いる。
*犬と猫のみ。

吐作用を生じる（前述）

12. 主な代謝臓器は肝臓である；中等度～重度の肝疾患や肝内シャントまたは肝外シャント（門脈－体循環）をもつ動物への使用は避けるべきである
13. 臨床的効果は4～8時間持続するが，老齢動物や肝疾患（門脈－体循環シャント）のある動物では48時間以上持続することがある
14. 安全で一般的に用いられているフェノチアジンにはアセプロマジンとプロマジンがある；米国の獣医学領域でのブチロフェノン系トランキライザの使用は稀である（**表3-1**，**表3-2**）
15. 副作用
    a．頻脈または（稀に）徐脈
    b．低血圧; 血圧低下は赤血球容積（PCV）や総血漿タンパクの一時的な現象を生じることがある
    c．低体温は末梢血管拡張の結果，二次的に生じる
    d．アセプロマジンは重度の血小板数減少を引き起こし，血液凝固能を低下させる；しかしながら，正常な動物では止血異常を生じることはない。フォン・ヴィレブランド病やその他の凝固異常のある動物への使用は避ける
    e．静坐不能：動物が常に動いていないといけないような不安状態
    f．急性失調反応：ヒステリー，痙攣，ふらつき
    g．トランキライザは行動を変化させ，一般的に落ち着きや抑制を生じるが，不安を増大し落ち着かなくさせることもあり，犬猫では時々攻撃的になることもある。とくに老齢動物では，脳橋や延髄の網様体への作用（錐体外路作用）によってアキネジー（無動症；運動開始時の不安定性）やアカシジア（静座不能；じっとしていられない）を生じ得る

注意点 ■フェノチアジン，ブチロフェノン

- 低血圧
- 低体温
- 血小板凝固阻害
- 鎮痛作用はない
- 過剰量のフェノチアジンやブチロフェノンは，顕著な不随意性筋骨格筋作用や幻覚を生じる
- 時々徐脈（例：ボクサー犬）
- 作用時間が長い（例：肝内シャント，肝外シャント）

B．ベンゾジアゼピン化合物（例：ジアゼパム，ミダゾラム，ゾラゼパム）は中枢性に作用する筋弛緩薬である（**表3-1参照**）

1．作用機序

a．ベンゾジアゼピンが$GABA_A$受容体のベンゾジアゼピン結合部位に結合し，Clチャネルを開口して細胞膜を過分極させることでCNS抑制性伝達物質（γ-アミノ酪酸［GABA］，グリシン）の活性を促進し，多くの薬理作用を発揮する。この作用は，CNSのベンゾジアゼピン受容体（BZ1，BZ2）に結合して作用を生じる。これらの作用はベンゾジアゼピン拮抗薬のフルマゼニルで拮抗できる

b．大脳辺縁系，視床，視床下部を抑制し（交感神経系アウトプット減少），軽度の落ち着きを生じる

c．多シナプス性反射活性を減少して筋弛緩と抗痙攣作用を生じる

d．食欲と異食を刺激する

2．物理学的性状

a．ジアゼパム製剤は40％プロピレングリコール，エチルアルコール，安息香酸ナトリウム，または安息香酸に溶解されている；IV投与が急速すぎると，稀に低血圧，徐脈，無呼吸を引き起こす

b．ミダゾラムとゾラゼパムは水溶性である

c．ジアゼパムとミダゾラムは，口腔粘膜，食道粘膜，胃粘膜から吸収される。薬液やシロップからの薬物吸収は，pHがわずかに上昇（pH 4～6）することで増加する

利点　■ベンゾジアゼピン

- CNS抑制性伝達物質（γ-アミノ酪酸，グリシン）の活性を増強する；CNSのベンゾジアゼピン（BZ）受容体に結合する
- 筋弛緩
- 抗痙攣作用
- 軽度の落ち着き；犬猫では不安を生じ，神経質になることもある
- 犬，猫，アルパカ，馬では，心肺系への作用が最小限である
- 食欲と異食を刺激する
- ミダゾラムとゾラゼパムは水溶性である
- フルマゼニルで拮抗できる

3．推奨される投与量では，正常な動物を落ち着かせることはできない；病気の動物や抑うつまたは衰弱した動物ではおとなしくなる

a．筋弛緩

b．抗痙攣

c．軽度の落ち着き

4．心肺系への作用

a．IV投与後に最小限の低血圧作用を生じる

b．急速IV投与後には徐脈と低血圧を生じる

c．呼吸数と1回換気量への影響は最小限である

d．交感神経系活性の抑制により，ある程度の抗不整脈作用を生じる

5．動物ではすぐれた筋弛緩作用を生じ，筋痙縮や痙性を減少する；全身麻酔を得るために用いられるほかの薬物（例：バルビツレート，プロポフォール）と相加または相乗作用を生じる

6. 痙攣閾値を上昇させる；持続投与しない限り，効果は一過性である
7. 胃腸管への影響は確定していない
8. 妊娠動物への使用は検討されていない
9. ジアゼパムは肝臓で代謝後，尿や便に排泄される；作用時間は1～4時間
10. 猫や反芻動物でジアゼパムは食欲増進する（おそらく，すべての動物種）
11. 投与量（**表3-1**参照）
12. 副作用
    a. ふらつき，とくに大動物で顕著である
    b. 矛盾した不安の増大により，猫では攻撃的になることがある
    c. 新生子ではCNS抑制の可能性がある
    d. 急速IV投与により，徐脈と低血圧を生じる
13. 拮抗薬：ベンゾジアゼピン化合物の作用はベンゾジアゼピン拮抗薬で拮抗できる（例：フルマゼニル0.01～0.1mg/kg IV；**表3-3**）

注意点 ■ベンゾジアゼピン

- 見当識障害や動揺，興奮を生じることがある（とくに猫）
- ジアゼパムのIM投与は痛い

C. α_2-作動薬（キシラジン，デトミジン，ロミフィジン，メデトミジン，デクスメデトミジン）（**表3-1**参照）

1. 作用機序
    a. CNSと末梢のシナプス前後の両方のα_2-アドレナリン受容体の刺激によってCNS抑制を生じる；これによりノルエピネフリン放出が中枢性および末梢性に減少し，上行性の侵害受容伝達が減少する；正味に起こることは，CNS交感神経出力の減少と循環血液中のカテコールアミンやほかのス

表3-3　ベンゾジアゼピン拮抗薬，α_2-拮抗薬，オピオイド拮抗薬*

薬物	投与量
ベンゾジアゼピン拮抗薬	
フルマゼニル	0.01-0.1 IV
α_2-拮抗薬	
ヨヒンビン	0.1-0.3 IV
	0.3-0.5 IM
トラゾリン	0.5-5.0 ゆっくりIV，IM
アチパメゾール	0.05 IV
オピオイド拮抗薬	
ナロキソン	5-15 μg/kg IV
ナルメフェン	0.25-30 μg/kg
ナルトレキソン	0.05-0.1 SC
ナロルフィン	0.05-0.1 IV

特別な記載がない投与量の単位はmg/kgである。
*拮抗薬は薬物の拮抗が望ましい場合に使用される。鎮痛作用も拮抗される。

トレス関連物質の量の減少である；α_2-作動薬のCNS作用はα_2-受容体拮抗薬（例：ヨヒンビン，トラゾリン，アチパメゾール）で拮抗できる

b．α_2とα_1-受容体の選択性の比較

α_2-作動薬の選択性

薬物	α_2：α_1-選択性
クロニジン	220：1
デトミジン	260：1
メデトミジン	
デクスメデトミジン （メデトミジンの右旋性S-エナンチオーマー）	1,620：1
ロミフィジン	340：1
キシラジン	160：1

c．多シナプス性反射を抑制するが（中枢性筋弛緩作用），神経筋接合部は影響されない

d．睡眠様作用を生じる（昏迷）；特定の動物種（とくに馬）では驚きやすいので，注意して近づくべきである

e．馬ではキシラジンおよびデトミジン投与後に脱抑制（攻撃性）が報告されている

f．CNSのα_2-受容体刺激により，鎮痛作用を生じる

g．化学的保定（鎮静）や全身麻酔を目的に使用されるほかの鎮静薬や鎮痛薬（例：オピオイド）とは相加作用があり，相乗作用を示すこともある

2．一般的性状

a．落ち着き／鎮静，筋弛緩，および鎮痛作用を生じる

(1) デトミジン：90～120分間 IV

(2) デクスメデトミジン：45～90分間 IV

(3) メデトミジン：45～90分間 IV

(4) ロミフィジン：45～90分間 IV

(5) キシラジン：20～40分間 IV

b．頬粘膜に投与できる（デトミジンは最も効果がある）。局所鎮痛や脊髄分節鎮痛を目的に，硬膜外やクモ膜下に投与できる

利点 ■ α_2-作動薬

- 強力な鎮静作用
- 筋弛緩作用
- 鎮痛作用
- 不安緩解
- 頬粘膜，硬膜外またはクモ膜下に投与できる
- α_2-受容体拮抗薬で拮抗できる：ヨヒンビン，トラゾリン，アチパメゾール

3．心肺系への作用

a．CNS交感神経出力の減少と副交感神経活性の増大により心拍数が減少する；洞性徐脈，第1度ま

たは第2度房室ブロックを生じることがある。補充収縮を伴う完全（第3度）房室ブロックは稀である。重度の洞性徐脈や洞停止に引き続いて心室性徐脈や頻脈が生じやすい

b．ハロタン麻酔下では，キシラジンはカテコールアミン誘導性心不整脈に対する心臓の感受性を増加する；この作用は投与後初期に一過性に生じ，おそらくα_1とα_2-受容体刺激により生じる；この作用には血圧上昇が同時に生じるが，デトミジン，メデトミジン，デクスメデトミジンまたはロミフィジン投与後には観察されない

c．心拍出量は30～50％減少することがあり，心拍数の減少と末梢血管抵抗の増大が同時に起こる

d．動脈血圧は薬物投与後短時間で上昇し（α_1とα_2-受容体刺激作用による末梢血管抵抗の増大）；この作用はキシラジンでは一過性であるが，ほかのα_2-作動薬では延長する

e．初期の血管収縮によって可視粘膜は蒼白となり，IVカテーテル留置が困難になる

f．呼吸中枢を中枢性に抑制し，低換気や無呼吸が生じる

g．PCO_2増加に対する呼吸中枢の感受性が低下する；高用量のIVでは1回換気量と呼吸数の減少により，分時換気量が減少する。低換気によって$PaCO_2$や終末呼気二酸化炭素濃度（$ETCO_2$）の増加が生じる

h．CO_2閾値が上昇すると，その結果，顕著な呼吸抑制を生じる

i．上部気道閉塞のある馬や短頭犬種では，喘鳴や呼吸困難を示すことがある

4．その他の臓器

a．唾液分泌，胃分泌，胃腸管の運動性を抑制する；

低用量では異食と食欲を刺激することがある

b．犬猫では嘔吐を生じ，大型犬や馬では反復投与や長時間の投与によって胃腸管の運動性が低下し，胃空虚化時間が延長することで鼓腸を生じやすくなる

c．嚥下反射を抑制する

d．手術のタイミングを遅らせ，疾患の重症度を隠してしまうことがあるが，胃腸管の疼痛（疝痛）への治療効果はすぐれている

e．膵臓のシナプス前 α_2-受容体刺激によりインスリン分泌を抑制し，その結果，血糖値が増加して糖尿を生じる

f．抗利尿ホルモンの分泌抑制と心房性ナトリウムペプチド因子の分泌増加によって水分とナトリウム排泄が増加し，利尿が促進される

5．吸収，代謝，排泄

a．筋肉内投与，皮下投与，または経口投与後に急速に吸収される

b．肝臓で比較的急速に代謝され，尿中に排泄される

c．活性のある代謝産物が生じる可能性がある；20種類以上確認されている

6．その他

a．犬，猫，子馬，小型の反芻獣に対して，強力な睡眠作用がある

b．胎盤を通過するが，妊娠した犬，猫，または馬では流産は認められない；妊娠や分娩に対する影響は観察されていない；牛ではキシラジンによって早産することがある；反芻動物ではオキシトシン様作用がある；この作用は犬，猫，または馬では報告されていない

c．非常に興奮した動物や神経質な動物では，極端なふらつきによって逆に反応し，触ったり近寄ろう

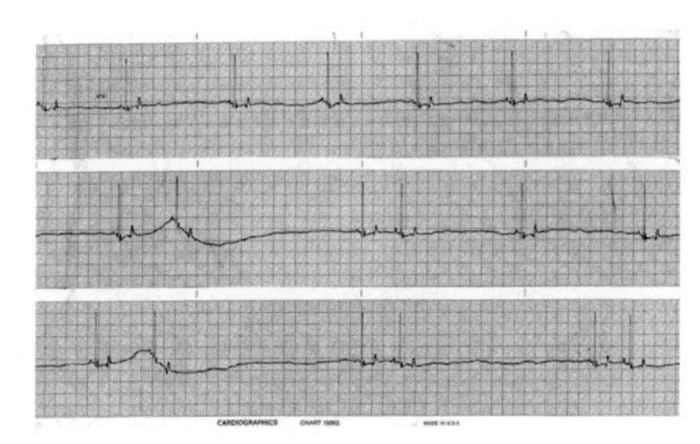

図3-3　α_2-作動薬は顕著な徐脈を生じる（メデトミジン，デクスメデトミジン）。心拍数×1回拍出量＝心拍出量（CO）であることから，心拍数減少によってCOが減少する。

とすると凶暴になることがある。また，十分な作用を得られないこともある

d．豚では，キシラジンが比較的急速に代謝されるため，その臨床的価値には疑問がある。デクスメデトミジン（20～40μg/kg）やロミフィジンが代替薬となる

7．副作用

a．徐脈性不整脈（**図3-3**）

b．低血圧（長時間作用）

c．組織灌流の減少

d．呼吸抑制（呼吸性アシドーシス）

e．嘔吐

f．ふらつき

g．利尿

h．馬では発汗

i．時折予期しない作用；驚く，攻撃性，大きな音に対する反応性増大

j．馬や牛に皮下投与すると，重度の炎症反応を生じることがある

8．α_2-拮抗薬（**表3-3**参照）

a．ヨヒンビン（0.1～0.3mg/kg IV，0.3～0.5mg/kg

IM）

b．トラゾリン（0.5〜5mg/kg ゆっくり IV）

c．アチパメゾール（0.2mg/kg IV）

d．塩酸ドキサプラム（0.1〜0.4mg/kg）；呼吸刺激薬であり，興奮薬である；ドキサプラムは α_2-拮抗薬ではない；呼吸抑制と軽度の鎮静を回復する

注意点 ■ α_2-作動薬

- 洞性徐脈，第1度または第2度房室ブロック
- 犬においてキシラジンは，カテコールアミン誘発性不整脈（心室性不整脈）に対する心臓の感受性を一時的に高めることがある。ほかの α_2-作動薬には認められない
- 心拍出量（および組織灌流）の低下，末梢血管抵抗の増大
- 犬ではイレウスや“鼓腸”；馬では疝痛
- 血管収縮による可視粘膜蒼白
- 呼吸抑制
- ふらつき
- 犬猫では嘔吐
- インスリン放出の抑制
- 利尿
- 反芻獣ではオキシトシン様作用

オピオイドの分類

- オピオイド作動薬：1種類以上の受容体に結合して確実に作用する（例：モルヒネ）
- 作動－拮抗薬：作動薬としての作用と拮抗薬としての作用をもつ（例：ブトルファノール）。低用量のブトルファノールはオピオイド作動薬と相加効果をもつが，高用量では拮抗効果を生じる
- 部分的作動薬：作用が弱い（オピオイド作動薬に比較して部分的な作用）；（例：ブプレノルフィン）。部分的作動薬とオピオイド作動薬を併用すると，部分的作動薬は競合拮抗薬として作用する
- 拮抗薬：1種類以上の受容体に結合するが，どの受容体にも作用を引き起こさない。オピオイド受容体から作動薬を競合的に置き換えることから（競合拮抗薬），拮抗薬は作動薬の作用を効果的に“拮抗”する（例：ナロキソン）

D．オピオイド（表3-2参照）

1．作用機序

a．脳や脊髄内にある1種類以上の特異受容体（すなわち，μ，κ）の逆転可能な組み合わせによって作用し，鎮痛，鎮静，多幸感，不快気分，および興奮などの様々な効果を生じる

2．オピオイドには，作動薬，部分的作動薬，作動－拮抗薬，拮抗薬がある

a．様々な天然化合物（アヘン剤）や合成薬物がある

b．オピオイド受容体に対する活性，鎮痛活性や付加的効果によって分類される

c．一般的に使用されているオピオイドには，モルヒネ，メサドン，メペリジン，ヒドロモルホン，オキシモルホン，フェンタニルがある

d．オピオイド作動－拮抗薬（ペンタゾシン，ブトルファノール）または部分的作動薬（ブプレノルフィン）は，作動薬（例：モルヒネ）に比較して鎮静作用が弱い

■鎮痛の力

モルヒネ：1
メサドン：1
メペリジン：0.5
ヒドロモルホン：7
オキシモルホン：5～10
フェンタニル：100
レミフェンタニル：50
ブトルファノール：0.5～3
ブプレノルフィン：25

3．オピオイドによって以下の感覚はあまり抑制されない

a．触覚

b．振動

第3章

c．視覚
d．聴覚
e．嗅覚

4．鎮痛を目的に，術前（先取り鎮痛），術中（付加的），または術後（救済鎮痛）に使用する。通常，フェンタニル，スフェンタニル，ヒドロモルホン，およびオキシモルホンは，バランス麻酔法の一部として術中に用いられる
   a．鎮痛を目的として，術前または術後にフェンタニルパッチを用いることができる。フェンタニルパッチとは，経皮的薬物デリバリーシステムである。犬や猫の投与量は2～5μg/kg/時；パッチサイズには，12.5，25，50，75，100μg/時がある。貼付後8～12時間目に最大効果を得られる
   b．局所鎮痛や脊髄分節鎮痛を目的として，保存剤不含のモルヒネを硬膜外投与やクモ膜下投与に用いることができる
5．鎮痛効果を生じる能力は，痛みの程度に左右される。オピオイド投与後に鎮痛効果を示さない動物もいる。特定の動物種（とくに猫と馬）では，高用量のオピオイド投与によって，不安，落ち着きのなさ，動揺，興奮，および身体的違和感を示すことがある
6．鎮痛以外の作用
   a．行動の変化（例：鎮静，多幸感，不快気分，興奮；動物が飼い主を認識しなくなることがある）
   b．外部刺激に対する反応性の変化（例：音）
   c．犬と豚では縮瞳；猫と馬では瞳孔散大
   d．犬では，体温制御中枢のリセットとパンティングによって体温が低下する
   e．猫では高体温；機序は不明
   f．発汗，とくに馬
   g．嘔吐，便秘，および尿貯留

7．一般的に，オピオイドはトランキライザや鎮静薬との併用（神経遮断無痛）や注射麻酔や吸入麻酔の付加鎮痛（バランス麻酔）を目的として投与される（**表3-2**, **表3-4**）。犬では鎮静を得られるが，急速にIV投与すると興奮することがある；猫や馬ではオピオイドによる興奮作用がとくに起こりやすい；この興奮状態の猫では活動亢進あるいは身体的違和感が特徴的であり，馬では歩行活動や歩調合わせの増加が特徴的である。オピオイド投与で生じた興奮状態は，鎮静薬（アセプロマジン）やα_2-作動薬の投与でコントロールできる

8．心肺系への作用

a．延髄迷走核の刺激により徐脈が引き起こされる。興奮した状態（猫，馬）では頻脈を生じる

b．ヒスタミン放出により，低血圧を生じる可能性がある（モルヒネ，メペリジン）

c．低用量では，変力作用は最小限である

d．呼吸抑制（呼吸数と1回換気量）は用量依存性であるが，動物がすでに抑制状態や無意識の状態にある場合や頭部に外傷を受けた場合でなければ滅多に観察されない；呼吸中枢のPCO_2閾値を上昇する

利点　■オピオイド

- 固有感覚や意識を消失することなく鎮痛作用を得られる
- 犬ではすぐれた鎮静作用を得られるが，興奮を示す動物種もある。とくに猫と馬
- 肝臓で代謝され，腎臓で排泄される
- 法的に制限を受けた薬物である

9．胃腸管への作用

a．流涎

b．悪心，および犬猫では嘔吐

c．推進力のない胃腸管の運動亢進（“ropy guts”），

表3-4 一般的に静脈内投与（IV）で使用される鎮痛薬とトランキライザの組み合わせ*

動物種	薬物	推奨IV投与量	都合の悪い作用
犬	アセプロマジンーメペリジン	0.1-0.2（アセプロマジン） 0.1-0.2（メペリジン）	低血圧
	アセプロマジンーヒドロモルホン	0.1-0.2（アセプロマジン） 0.1-0.2（ヒドロモルホン）	低血圧
	アセプロマジンーオキシモルホン	0.1-0.2（アセプロマジン） 0.1-0.2（オキシモルホン）	低血圧
	アセプロマジンーブトルファノール	0.1-0.2（アセプロマジン） 0.2-0.4（ブトルファノール）	徐脈 低血圧
	ジアゼパムーフェンタニル	0.2-0.4（ジアゼパム） 0.01（フェンタニル）	徐脈
	ブトルファノールーデクスメデトミジン	0.2-0.4（ブトルファノール） 0.005-0.01（デクスメデトミジン）	徐脈
猫	アセプロマジンーヒドロモルホン	0.2（アセプロマジンIM） 0.05（ヒドロモルホン）	興奮
	アセプロマジンーオキシモルホン	0.2（アセプロマジンIM） 0.05（オキシモルホン）	興奮
	アセプロマジンーブトルファノール	0.1（アセプロマジン） 0.2-0.4（ブトルファノール）	徐脈（アセプロマジン） 低血圧（ブトルファノール）
馬	キシラジンーモルヒネ†	0.6（キシラジン） 0.2-0.6（モルヒネ）	徐脈（キシラジン） 低血圧（モルヒネ）

	キシラジン－メペリジン	0.6（キシラジン） 0.6（メペリジン）	低血圧
	キシラジン－ブトルファノール	0.6（キシラジン） 0.02（ブトルファノール）	ふらつき
	キシラジン－アセプロマジン	0.6（キシラジン） 0.05（アセプロマジン）	低血圧
	メペリジン－アセプロマジン	0.5（メペリジン） 0.02-0.05（アセプロマジン）	低血圧
反芻獣			
牛	キシラジン	0.04-0.1	呼吸抑制，徐脈
羊	キシラジン	0.1-0.2	
山羊‡	キシラジン	0.01-0.1*	

特別な記載がない投与量の単位はmg/kgである。
*病気の動物には低い用量を用いる。
†馬ではキシラジンの代わりにデトミジン（10～420μg/kg IV）を用いることができる；犬猫ではキシラジンの代わりにデクスメデトミジン（5～20μg/kg IV）またはロミフィジン（0.02～0.09mg/kg IV）を用いることができる。
‡反応は様々である。

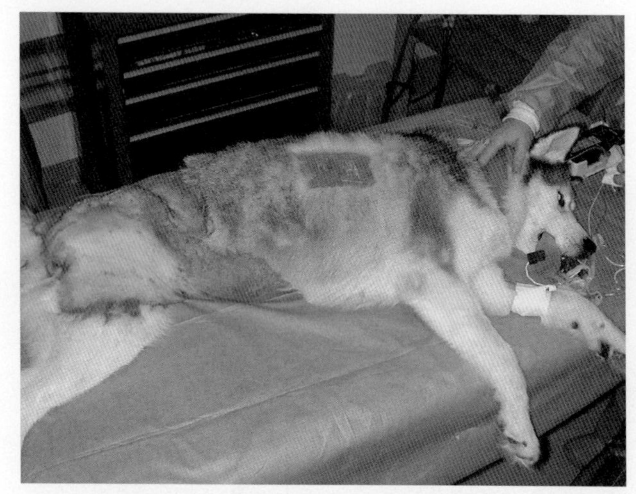

図3-4 経皮投与できる薬物（例：フェンタニル）や頬粘膜投与できる薬物（例：ブプレノルフィン）もある。フェンタニルはオピオイド鎮痛薬であり，経皮的に吸収される。フェンタニルパッチを犬猫の胸壁外側に貼付することができる。ブプレノルフィン（犬，猫，フェレット）およびデトミジンは頬粘膜投与できる。

括約筋緊張の増加

d．初期に排便，続いて便秘

10. 尿貯留とADH放出増加による尿産生抑制
11. 胎盤通過は比較的ゆっくり；抑制作用を拮抗できるので帝王切開術に有用である
12. 急速に吸収される；IV，IM，SC，経口（頬粘膜），経皮（フェンタニルパッチ［**図3-4**］），または直腸投与が可能である。分布容積が大きい；初期通過効果が非常に大きいため，経口または直腸投与では生物学的利用能が低い。肝臓でかなり代謝され，代謝産物は尿中に排泄される；オピオイド作動薬の生物学的半減期は様々である；ほとんどの動物種で30分～3時間の作用時間である；ほとんどのオピオイド（とくにブプレ

ノルフィン）は頬粘膜投与した際の生体利用率が良い

13. 連続投与により，耐性が発現する
14. オピオイド拮抗薬（**表3-3**参照）
    a．作用機序
        (1) オピオイド拮抗薬は，オピオイド作動薬や部分作動薬と特異的受容体を競合するが，受容体を活性化することはない。オピオイド拮抗薬はオピオイド受容体を遮断し，オピオイド受容体がオピオイド製剤や内因性オピオイドに反応できないようにする
        (2) 部分的拮抗薬は，オピオイド拮抗薬と同様に作用するが，一般的に拮抗作用は弱い
        (3) いくつかのオピオイド拮抗薬（ナロルフィン，ナルメフェン）の自律神経系作用，内分泌系作用，鎮痛作用，および呼吸抑制作用には動物種差がある
        (4) 麻酔薬の呼吸抑制作用を増強する可能性がある
    b．肝臓で代謝される
    c．投与量（**表3-3**参照）
        (1) ナロキソン：5～15μg/kg IV
        (2) ナルメフェン：0.25～30μg/kg IV
        (3) ナルトレキソン：0.05～0.1mg/kg SC
        (4) ナロルフィン：0.05～0.1mg/kg IV
15. 副作用
    a．徐脈
    b．無呼吸
    c．嘔吐
    d．興奮，不快気分

注意点 ■オピオイド

- 徐脈
- ヒスタミン放出（モルヒネ，メペリジン）；ヒドロモルホンにはない
- CNS 抑制または頭部外傷を伴った動物における呼吸抑制
- 嘔吐
- 脱糞後の便秘
- 尿閉
- 耐性の発現
- 用量依存性，オピオイド誘発性神経興奮

E．神経遮断無痛

1．トランキライザまたは鎮静薬と鎮痛薬の組み合わせによってCNS抑制と無痛を得た状態；犬，猫，馬，および豚で有用（第1章の定義の項を参照）；犬猫は意識が残っている場合と意識がない場合があり，聴覚刺激には少し反応する；多くの動物で脱糞し，嘔吐する場合もある。馬は昏迷状態となり，木挽き台姿勢を示す

2．神経遮断無痛の作用

a．鎮静－鎮痛，ふらつき，犬猫では横臥することもある；大動物では昏迷状態（馬）

b．換気抑制（無呼吸を生じることもある）

c．徐脈

d．脱糞と鼓脹

3．過剰投与では通常，顕著な徐脈と呼吸抑制を生じる；一般的に呼吸抑制はオピオイド拮抗薬で拮抗できる（例：ナロキソン）

4．犬猫の神経遮断無痛はプロポフォール投与と組み合わせることができ，これによって大きな音による刺激作用が排除され，より良い筋弛緩を得られる

a．ジアゼパム－ヒドロモルホン投与後にプロポフォール（1～3mg/kg）を投与する

原則　■神経遮断無痛

- 催眠と無痛覚
- 意識や刺激に対する反応性は，残っている場合と消失する場合がある
- 短時間の外科処置や帝王切開術に有用である

5．オピオイドとトランキライザの組み合わせ

a．犬の神経遮断無痛では，アセプロマジン（0.05～0.2mg/kg）とモルヒネ（0.4～0.8mg/kg IVまたはSC），メペリジン（1～2mg/kg IVまたはSC），ヒドロモルホン（0.1～0.2mg/kg IVまたはSC），またはオキシモルホン（0.1～0.2mg/kg IVまたはSC）の組み合わせが用いられている；犬猫では，ジアゼパムまたはミダゾラム（0.2mg/kg IV）とヒドロモルホン（0.1～0.2mg/kg IVまたはSC）またはオキシホルモン（0.1～0.2mg/kg IVまたはSC），またはアセプロマジン（0.05～0.2mg/kg IM）とブトルファノール（0.2～0.4mg/kg IVまたはIM）が用いられている

b．α_2-作動薬（キシラジン，メデトミジン，デクスメデトミジン）とオピオイド（モルヒネ，ヒドロモルホン，ブトルファノール，ブプレノルフィン）や解離性麻酔薬（ケタミン）との組み合わせも，犬猫の神経遮断無痛に用いられている

（1）犬では，メデトミジン（4～20μg/kg）またはデクスメデトミジン（2～10μg/kg IM）と，モルヒネ（0.2mg/kg IM）やほかのオピオイドとの組み合わせ

（2）短時間の単純な外科処置を行う猫では，モルヒネ（0.2mg/kg IM），メデトミジン（60μg/kg IM），およびケタミン（5mg/kg IM）の組み合わせ

（3）通常，デクスメデトミジンの投与量は5～10

第3章

μg/kg IV；15〜40μg/kg IMの範囲である

(4) デクスメデトミジン－ブトルファノール－ケタミン（“キティーマジック”）の組み合わせが，猫における短時間の外科処置に用いられる：猫にデクスメデトミジン10〜30μg/kgにブトルファノール0.2〜0.6mg/kgとケタミン0.1〜0.3mg/kgをIM投与することで，深い鎮静〜全身麻酔（卵巣子宮全摘出術，爪切除術，腹部処置が可能）を得られる。

(5) 歯科処置や馬の立位外科処置では，キシラジン（0.6mg/kg IV）またはデトミジン（20〜60μg/kg IV）に，モルヒネ（0.2〜0.4mg/kg IV）またはブトルファノール（0.02〜0.04mg/kg IV－馬では低用量を用いる）の組み合わせが一般的に用いられている

6．短時間の内科および外科処置に有用である

7．副作用

a．呼吸抑制

b．徐脈

c．ふらつき

d．興奮

注意点　■神経遮断無痛

- 呼吸抑制
- 徐脈

緊急治療　■神経遮断無痛

- オピオイド拮抗薬（ナロキソン）やα_2-拮抗薬（アチパメゾール）を投与する

F．周術期に投与されるその他の薬物（**表3-5**，**表3-6**）

1．周麻酔期に使用される麻酔薬以外の薬物には，麻酔薬

表3-5　非ステロイド系抗炎症薬とその投与量

薬物	投与量（mg/kg） 犬	猫	馬	反芻獣	投与経路	投与間隔（時間）	承認された適用	注意事項
サリチル酸								
アスピリン	10-35	10-15			PO	8-12（犬） 48-72（猫）		胃腸関係の副作用（潰瘍，出血），腎不全
				100	PO	12		
プロピオン酸								
カルプロフェン*	4.4 2.2 4.4				PO（sid） PO（bid） SC	sid bid		骨関節炎に関連する痛みと炎症および軟部組織または整形外科手術に関連する痛み
		2			SC，PO	12（犬） 40（猫）		
			0.05-1.10		IV	24		
ケトプロフェン	0.5-2.2	0.5-2.2			IM（犬），SC，PO	24；約2日（猫）		胃腸関係の副作用（潰瘍，出血），腎不全
			1.1-2.2		IV	24		
				2	IV	12		
エトドラク*	10-15	使用しない			PO	24（sid）	骨関節炎に関連する痛みと炎症	12カ月齢以下の犬，繁殖犬，妊娠犬。授乳中の雌犬では安全性は評価されていない

第3章

表3-5　非ステロイド系抗炎症薬とその投与量（続き）

薬物	投与量（mg/kg）				投与経路	投与間隔（時間）	承認された適用	注意事項
	犬	猫	馬	反芻獣				
フェナム酸								
フルニキシンメグルミン	0.25-1	使用しない			IV，IM	24，反復投与しない		
			0.2-1.1		IV	24		
				1	IV	12		
メクロフェナム酸	1-2	使用しない			PO	24		
ピラゾール								
フェニルブタゾン	10-22（最大800mg/日）	4-20			IV，PO	8-12（犬） 24-48（猫）		
			2-4		IV	24		
			2-4		PO	12		
				5	PO	24		
テポキサリン*	負荷用量：10または20 維持用量：10	使用しない			PO	sid	骨関節炎に関連する痛みと炎症	6カ月齢以下の犬，繁殖犬，妊娠犬。授乳中の雌犬では安全性は評価されていない

オキシカム系						
ピロキシカム	0.2-0.4	使用しない	PO	48		
メロキシカム*†	負荷用量：0.2 維持用量：0.1	術前に0.3	負荷用量IVまたはSC 維持用量PO	sid sid	骨関節炎に関連する痛みと炎症	6カ月齢以下の犬，繁殖犬，妊娠犬。授乳中の雌犬では安全性は評価されていない
	負荷用量：0.2 維持用量：0.1	負荷用量：0.2 維持用量：0.1	SC，PO	24（犬） 11-21（猫）		
コキシブ系						
デラコキシブ*	骨関節炎：1-2	使用しない	PO	sid	骨関節炎に関連する痛みと炎症および軟部組織または整形外科手術に関連する痛み	4カ月齢以下の犬，繁殖犬，妊娠犬。授乳中の雌犬では安全性は評価されていない
	術後3-4		PO	sid（最長7日間）		
フィロコキシブ*	2-5	使用しない	PO	sid	骨関節炎に関連する痛みと炎症	10週齢以下の犬，繁殖犬，妊娠犬。授乳中の雌犬では安全性は評価されていない

表3-5　非ステロイド系抗炎症薬とその投与量（続き）

薬物	投与量（mg/kg）				投与経路	投与間隔（時間）	承認された適用	注意事項
	犬	猫	馬	反芻獣				
ロベナコキシブ[†]	0.5-1.0	1.0（PO），6日未満 2.0（SC）×1			PO	sid	痛み：術後疼痛と炎症	ほかのコキシブ系と同様
フェナセチン誘導体								
アセトアミノフェン	10-15				PO	8-12		肝不全

*北米で犬への使用が承認されている非ステロイド系抗炎症薬。
[†]北米で猫への使用（術前のみ）が承認されている非ステロイド系抗炎症薬。

表3-6　周術期に使用される麻酔薬以外の薬物

薬物	投与量（mg/kg）	注意事項
非ステロイド系抗炎症薬（NSAID）	本文のNSAIDの項目および表3-5参照	本文のNSAIDの項目および表3-5参照
制吐剤		
メトクロプラミド	犬：0.5 PO，tid 猫：0.2 PO，tid	胃腸管閉塞の症例を避ける
マロピタント	犬：1.0 IV 猫：確定していない	潜在的な鎮痛効果がある
H_2拮抗薬		
シメチジン		
ラニチジン	犬猫：1-2 PO，bid	眠気，元気消失
ファモチジン	犬猫：0.5-1.0 PO，bid	
プロトンポンプ阻害薬		眠気，元気消失
オメプラゾール	犬猫：0.5-0.7 PO，sid	
H_1拮抗薬		
ジフェンヒドラミン	犬猫：0.5-2.0 IV，IM	眠気，元気消失
糖質コルチコイド		
デキサメタゾン	犬：0.5-2 SC，IV，IM 猫：0.125-0.5 SC，IV，IM	感染症，心不全，糖尿病，またはNSAIDを投与した症例を避ける

に関連する副作用を予防または最小限にする目的で用いられるもの，または鎮痛作用や抗炎症作用を付加して全身麻酔の質を全体的に改善する目的で用いられるものがある

a．非ステロイド系抗炎症薬（NSAID）（**表3-5**）

b．制吐剤

c．ヒスタミン（H_1およびH_2）拮抗薬

d．プロトンポンプ阻害薬

e．糖質コルチコイド

2．NSAID：NSAIDは，炎症と痛みを緩和するために麻酔前または麻酔後にしばしば投与される。いくつかのNSAIDが吸入麻酔薬の要求量を減少することが示されているが，その臨床的効果は疑問視されている

a．単回投与であれば，急性の副作用は最小限である

b．毒性は胃腸管潰瘍および腎不全に関連している
c．フェニルブタゾンは馬に用いられる（主にCOX-1選択性）
(1) 痛みの治療や様々な骨格筋の炎症に用いられる
(2) 犬，猫，および馬（とくに子馬）では潜在的毒性がある（胃潰瘍，腎壊死，貧血）
d．フルニキシンメグルミン
(1) 馬に用いられる（PO，IV）。IM投与すると刺激性がある
(2) COX-2選択性ではない
(3) 骨格筋傷害や軽度の疝痛に用いられる
(4) 吸収されたエンドトキシンの作用を和らげる
(5) 犬猫には毒性がある（眼の炎症には時々単回投与で用いられる）
e．カルプロフェン
(1) 犬に用いられる（PO，SC）
(2) 犬ではCOX-2選択性である
(3) 慢性関節炎や軽度の周術期疼痛に適用される
(4) ラブラドール・レトリーバーでは肝毒性が報告されている（投与中止で解消）
f．ケトプロフェン
(1) 米国では馬に承認されている（IV）
(2) 犬猫の周術期疼痛管理に使用される（IV，IM，SC）
g．メロキシカム
(1) 犬猫に使用されている（PO，IV，SC；猫ではSCのみ）
(2) 犬ではCOX-2選択性である
(3) 犬の慢性関節炎や軽度の周術期疼痛に適用

される
(4) 米国では猫において術前の1回投与が承認されている
h. デラコキシブ
(1) 犬猫に使用されている(PO)
(2) COX-2選択性である
(3) 骨格筋傷害に使用されている
i. フィロコキシブ
(1) 犬,猫,馬に使用されている(PO)
(2) COX-2特異的である
(3) 骨格筋傷害に使用されている
3. 制吐剤は,術後の悪心嘔吐(PONV)の危険性を軽減し,誤嚥や誤嚥性肺炎の発生を制限するために用いられる
a. メトクロプラミドは制吐剤および消化管運動改善薬であり,CNSの化学受容引金帯(CTZ)にあるドパミン(D_2)受容体を遮断することで効果を発揮すると考えられている。セロトニン(5-HT_3)受容体の遮断も制吐作用に関与している。消化管運動改善薬は胃の空虚化を促進し,その結果,逆流する可能性のある胃液の量を減少させる。また,下部食道括約筋の緊張を高め,胃から食道への逆流を減少する
(1) メトクロプラミドは,悪心嘔吐を軽減するために,制吐剤として用いられる。また,メトクロプラミドは胃食道逆流症の抑制や治療に用いられ,胃の空虚化を促進する
(2) メトクロプラミドの投与量
(a) 犬:0.5mg/kg PO,1日3回(tid)
(b) 猫:0.2mg/kg PO,tid
(3) 短期間投与では副作用は一般的でないが,元気消沈,活動過多,または見当識障害を認め

ることがある（猫）

(a) メトクロプラミドは，トランキライザ，オピオイド，α_2-作動薬，および麻酔薬によるCNS抑制を増強する

(4) 胃腸管閉塞のある犬猫，全身痙攣の経歴のある犬猫，または褐色細胞腫のある犬猫にメトクロプラミドを投与してはならない

b．マロピタントはニューロキニン（NK_1）受容体拮抗薬であり，犬の乗り物酔いや嘔吐の治療薬として開発された。犬猫におけるマロピタントのPONVに対する効果に関しては実証が必要である。犬において，マロピタントの内臓痛に対する鎮痛効果によって，吸入麻酔薬の要求量を減少することが示されている。マロピタントの鎮痛効果は，臨床的には確定されていない

(1) マロピタントの投与量

(a) 犬1.0mg/kg；麻酔1時間前に投与する。4mg/kgで麻酔要求量を軽減できる

(b) 猫：確定されていないが，犬と同様である

(2) 副作用には，過剰な流涎，無気力，食欲不振，および下痢がある

4．H_2拮抗薬は，胃の壁細胞に対するヒスタミンの作用を遮断し，胃酸産生を減少する

a．H_2拮抗薬は胃の酸性度を低下させ，胃食道逆流を減少する。その結果，炎症や組織損傷（胃，食道，喉頭，咽頭，気管）が軽減され，逆流（視認されるものや視認されないもの）と逆流物の誤吸引が少なくなる

(1) 肥満細胞腫が大量のヒスタミンを産生することから，肥満細胞腫のある犬猫ではしばしばH_2拮抗薬が投与される

b．シメチジン，ラニチジン，およびファモチジンは，犬猫に使用されているH_2拮抗薬である。シメチジンは肝酵素（P450）も阻害することから，現在ではその使用は推奨されていない。ラニチジンとファモチジンは，肝酵素に対する影響が少ないことから，より好ましい。犬猫における投与量：

(1) ラニチジン：1～2mg/kg PO，1日2回（bid）

(2) ファモチジン：0.5～1.0mg/kg PO，bid

c．副作用は稀であるが，元気消沈，アレルギー反応（瘙痒，下痢），および食欲不振がある

5．プロトンポンプ阻害薬は，水素／カリウム アデノシン三リン酸分解酵素（H^+/K^+ ATPアーゼ）“プロトンポンプ”を不可逆的に阻害し，胃内への酸（H^+）分泌を減少する

a．プロトンポンプ阻害薬は胃内pHを上昇させ，胃炎や胃潰瘍，胃食道逆流症および逆流または誤吸引による組織損傷を制限することを目的に用いられる

b．オメプラゾールは，獣医療において最も一般的なプロトンポンプ阻害薬である。犬猫の投与量は：

(1) オメプラゾール：0.5～0.7mg/kg PO，1日1回（sid）

c．副作用はH_2拮抗薬に類似している：元気消沈，アレルギー反応（瘙痒，下痢），食欲不振

6．H_1拮抗薬または抗ヒスタミン薬は，ヒスタミン受容体をヒスタミンと競合し，血管透過性の増加，炎症，および痛みといったアレルゲンの作用を減弱する

a．抗ヒスタミン薬は，H_1受容体でのヒスタミンの作用を競合拮抗し，虫刺されやアレルギー反応の軽減を目的として投与される。また，肥満細胞腫の外科的切除の際にも，その投与が推奨されている

b．ジフェンヒドラミンは，犬猫の肥満細胞腫の外科的切除の全身麻酔の際に投与される最も一般的な抗ヒスタミン薬である。ジフェンヒドラミンは，犬の制吐剤や乗り物酔いの酔い止めとしても用いられる

(1) ジフェンヒドラミン：0.5～2.0mg/kg IV, IM, bid

c．副作用には，鎮静，尿貯留，下痢，嘔吐，および食欲不振がある。鎮静作用は全身麻酔を目的とすると不十分である

(1) 老齢犬や老齢猫では，鎮静作用を生じやすい

(2) 全身痙攣の経歴のある動物では，ジフェンヒドラミンを注意して投与する

7．糖質コルチコイドは，周術期に組織炎症と痛みを軽減する目的で時々投与される

a．糖質コルチコイドは，糖質コルチコイド受容体に結合して抗炎症作用と鎮痛作用を発揮し，細胞核内で抗炎症タンパクの発現量を増加し，細胞質基質の炎症性タンパクの発現を減少させる

b．デキサメタゾンは，免疫介在性溶血性貧血または血小板減少症などの免疫介在性疾患，がん，猫の“喘息”を含むアレルギー反応，および炎症性疾患に使用される

(1) 犬：2～5歳で0.5～1mg SC，IM，またはIV，6～12歳で1～2mg SC，IM，またはIV，12歳以上で2～4mg SC，IM，またはIV

(2) 猫：1～9歳で0.125～0.500mg SC，IM，またはIV，9歳以上で0.5～1.0mg SC，IM，またはIV

c．感染に関する注意が必要であり，創傷治癒の遅延の可能性があるが，しばしば大げさに取り上げら

れており，一般的に単回投与あるいは短期間の使用では副作用は認められない。しかし，NSAIDを投与している症例や胃腸管炎や細菌感染／ウイルス感染の病歴があり，免疫機能が抑制されている症例では，その周術期に糖質コルチコイドを投与することは避けるべきである

(1) NSAIDと併用すると，胃腸管潰瘍が生じ得る

(2) 糖尿病や心不全のある症例にはデキサメタゾンを投与すべきでない

第4章

局所麻酔薬とそのテクニック

"And don't give me any of those local anesthetics. Get me the imported stuff."

FROM THE CARTOON "HERMAN"
UNIVERSAL PRESS SYNDICATE

概要

局所麻酔薬は，皮膚表面（表面麻酔），組織（浸潤麻酔および周囲麻酔），局所構造（伝達麻酔，経静脈内局所麻酔）に脱感覚と無痛を生じる。局所麻酔法は，静脈麻酔や吸入麻酔の代用またはその補助として利用できる。多くの局所麻酔薬を利用できるが，その作用の強さ，毒性，費用は様々である。最も一般的に使用されている局所麻酔薬は，リドカイン，メピバカイン，およびブピバカインである。リドカインでは，作用増強と持続時間延長を目的として，しばしば血管収縮薬（エピネフリン）を添加して用いる。ヒアルロニダーゼを添加すると，組織浸潤性が増強されて作用発現が速くなる。

Ⅰ．局所ブロックを実施する理由

- A．効果的な先取り鎮痛（予防鎮痛）とマルチモーダル鎮痛を得る
- B．麻酔維持に要する吸入麻酔薬や注射麻酔薬の投与量を減らす
- C．外科的侵襲によるストレス反応を軽減する
- D．中枢感作が成立する潜在的可能性を減らす

総 論

Ⅰ．滅菌した薬液と注入器材，無菌的手技を用いる
Ⅱ．炎症部位には注入しない（可能な限り）
Ⅲ．実用範囲のできるだけ細い針を用いる
Ⅳ．局所麻酔薬を注入する前に血液吸引の有無を確認する
Ⅴ．局所麻酔薬を目的の効果を得られる最も低い有効濃度で用いる
Ⅵ．作業を進める前に無痛を得られるまで待つ

局所麻酔薬

Ⅰ．細胞膜とインパルス伝達のメカニズム
　A．局所麻酔薬は細胞膜安定剤である
　B．局所麻酔薬は，ナトリウム（Na^+）イオンが出入りする細胞膜チャネルに侵入して占拠する（極性に関連）
　C．主な直接作用は，Na^+の流入阻止とそれに続くイオン流の阻止である
　D．神経細胞の脱分極を阻止し，神経インパルス伝達を遅延または停止する
Ⅱ．取り込み
　A．局所麻酔薬塩基の塩（えん）はイオン化した四級アミン塩であり，それ自体には麻酔作用はほとんどない
　　1．水溶性を得るために局所麻酔薬は塩として製剤化されている
　　2．塩は脂溶性ではない
　　3．塩は神経の細胞膜に吸収されない
　B．局所麻酔の塩が組織内に注入されると解離し，麻酔薬塩基（B）は以下のように活性化される：

$$BH^+Cl^- \Leftrightarrow Cl^- + BH^+ \Leftrightarrow B + H^+ + Cl^-$$

塩　陰イオン　陽イオン　塩基

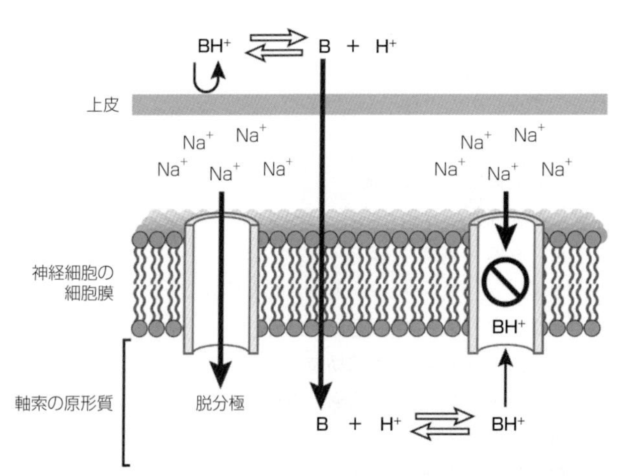

図4-1 荷電していない（非イオン化）局所麻酔薬（B）が細胞膜を超えて神経細胞の中に吸収され，その後イオン化してナトリウムチャネルを遮断することで細胞膜の脱分極を阻害し，局所麻酔作用を引き起こす。組織の酸性度が上昇する（アシドーシス：組織pHの減少）と，局所麻酔薬の効果は減少する。

C．遊離した麻酔薬塩基は神経脂質外膜に吸収される。麻酔薬塩基は神経細胞内の水素イオンと結合し，Na^+を遮断する（**図4-1**）

D．組織pHの作用；局所麻酔薬の酸のイオン化定数（pK_a）は，通常8と9の間である（例外：ベンゾカインは2.9）

1．局所麻酔薬はpHが低いほど（酸性であるほど）イオン化している（吸収されにくい）

2．感染組織や炎症組織は酸性に傾いており，緩衝能力に

欠けている；遊離塩基の生じる量が少なく，局所麻酔薬の効果は小さくなる

Ⅲ. 吸収

A. 局所麻酔薬は正常な皮膚から吸収されにくい

B. 局所麻酔薬は以下の部位から吸収される：

1. 粘膜
2. 漿膜面
3. 呼吸器の上皮
4. 筋肉内投与
5. 皮下投与
6. 損傷された皮膚

Ⅳ. 神経線維の分類と機能（**表4-1**）

A. 有髄A-線維

1. α（アルファ）：運動，固有感覚
2. β（ベータ）：運動，触覚
3. γ（ガンマ）：筋紡錘
4. δ（デルタ）：疼痛，温度

B. 有髄B-線維：節前交感神経

C. 無髄C-線維の伝達

1. 疼痛，温度
2. 節後交感神経

Ⅴ. 局所麻酔効果の感受性（耐性の弱い線維から強い線維の順）

A. C-線維＞Aδ-線維＞Aα-線維

B. 感覚は以下の順で消失する：痛覚，冷覚，温覚，触覚，関節，深部圧

C. 運動機能はすべての感覚が消失しても維持され得る

Ⅵ. 遮断の質

A. 力価（強さ）は脂溶性に比例する：脂溶性の高い局所麻酔薬ほど効果が強い

B. 潜伏時間は薬物注入から最大効果が発現するまでの時間

C. 作用時間

1. 受容体タンパクへの結合親和性；タンパク結合能の高

表4-1　神経線維の分類

筋線維	解剖学的位置	線維の種類と直径	機能	遮断感受性
A-線維		有髄線維		
Aα	筋肉や関節へ遠心性と求心性	6-22μm	運動，固有受容	＋
Aβ	筋肉や関節へ遠心性と求心性	6-22μm	運動，触覚，固有受容	＋＋
Aγ	筋肉紡錘へ遠心性	3-6μm	痛み，温度，筋緊張	＋＋
Aδ	知覚根	1-4μm	痛み，温度，筋緊張	＋＋＋
B-線維	節前線維交感神経	＜3μm有髄線維	血管運動，内臓運動	＋＋＋＋
C-線維	節後線維交感神経，知覚根	0.4-1.2μm無髄線維	血管運動，内臓運動，痛み，温度，触覚	＋＋＋＋

い局所麻酔薬は作用時間が長い；Na^+チャネル内の受容体に確実に結合できる（ブピバカイン，ロピバカイン＞テトラカイン＞リドカイン＞プロカイン）

2．局所麻酔薬の濃度を2倍にすると，作用時間は約30%増加する（薬物濃度の対数に比例）

D．回復時間は正常な感覚が戻るまでの時間

1．局所麻酔薬が神経膜から流出拡散し，徐々に放出される速度に依存する

2．作用発現時間より2～200倍長いこともある

Ⅶ．塩酸塩のアンプルは120℃で20～30分間の蒸気滅菌（オートクレーブ）が可能であり，蒸気滅菌しても麻酔作用の強さに影響はない

血管収縮に使用される薬物

Ⅰ．血管収縮の効果

A．血管収縮薬は吸収を遅らせる－毒性を軽減し，安全域を

増加させる

B. 血管収縮薬は局所麻酔薬の作用を増強し，作用時間を延長させる（5倍まで）

C. 血管収縮薬の使用によって血行障害が生じる可能性がある（例：爪先，陰茎，耳）

D. 血管収縮薬は心不整脈や心室細動の危険性を高める可能性がある

E. 投与量：エピネフリン5 μg/mL（1：200,000）

局所麻酔の作用発現を早めるために使用される薬物

I. ヒアルロニダーゼ

A. 拡散領域を増大し（約2倍），脱感覚の起こる総領域を大きくする

B. しばしば急速に麻酔効果が発現する

C. 血管収縮薬を併用しないと吸収が増加するので，作用時間は短縮される

D. 全身への吸収や毒性を増大する可能性がある

E. 正確なテクニックの代用ではない；筋膜面は拡散の障壁となる

F. 投与量：局所麻酔薬1mLに対して5単位（混濁－減少単位）を添加する

個々の局所麻酔薬

I. エステル型（表4-2）

A. コカイン

B. プロカイン（国内商品名：オムニカインほか）

1. ほかのすべての局所麻酔薬の原型
2. 麻酔効果を比較する際の標準薬
3. 偽コリンエステラーゼによって血漿中で加水分解される

表4-2　局所麻酔薬

局所麻酔薬（一般名）	商品名（製造販売）	化学名	力価（プロカイン＝1）
エステル型			
プロカイン	国内商品名：動物用塩プロ注（共立製薬）ほか	ジエチルアミノエタノールのp-アミノ安息香酸エステル	1：1
テトラカイン	国内商品名：テトカイン（杏林製薬）	p-ブチルアミノ安息香酸－ジメチルアミノエタノール－塩酸	12：1
ベンゾカイン＋ブタンベン＋テトラカイン	国内類似薬：アミノ安息香酸エチル（山善製薬）ほか	4-エチル－アミノ安息香酸（ベンゾカイン） 4-アミノ安息香酸ブチル（ブタンベン）	
アミド型			
リドカイン	国内商品名：キシロカイン（アストラゼネカ）ほか	ジエチルアミノ酢酸-2,6キシリド	2：1
メピバカイン	国内商品名：カルボカイン（アストラゼネカ）ほか	1-メチル-2',6'-ピペコールオキシリド－塩酸	2.5：1
ブピバカイン	国内商品名：マーカイン（アストラゼネカ）	1-ブチル-2',6'-ピペコールオキシリド－塩酸	8：1
ロピバカイン	国内商品名：アナペイン（アストラゼネカ）	S-（-）-1-プロピル-2',6'-ピペコールオキシリド－塩酸－水化物	8：1
リドカイン＋プリロカイン	国内商品名：エムラクリーム（佐藤製薬）	2-プロピルアミン－メチル－プロピオンアニリド－塩酸（プリロカイン）	

表4-2 局所麻酔薬（続き）

局所麻酔薬（一般名）	毒性の強さ（プロカイン=1）	薬液濃度（%）	安定性	備考
エステル型				
プロカイン	1：1	1-2：浸潤麻酔／神経ブロック	水溶液は熱耐性，細菌で変質	肝臓と血漿エステラーゼで加水分解
テトラカイン	10：1	0.1：浸潤麻酔／神経ブロック；0.2：表面麻酔	粉末と水溶液を蒸気滅菌しない	麻酔作用の発現は遅い（5-10分）；2時間持続；点眼用
ベンゾカイン＋ブタンベン＋テトラカイン			火気，高温，アルカリ，アルカリ土類金属，酸化物から遠ざける	注射厳禁：急速な作用発現（30秒）；作用持続時間30-60分間：メトヘモグロンビン血漿を生じ得る（ほとんどが猫）
アミド型				
リドカイン	0.5% 1：1 1% 1.4：1 2% 1.5：1	0.5-2.0：浸潤麻酔／神経ブロック；2-4：表面麻酔	水溶液は熱に安定；複数回の蒸気滅菌が可能	すぐれた浸透性：作用発現はプロカインの2倍速い；エピネフリン併用で2時間持続
メピバカイン	リドカインよりも毒性が低い	1-2：浸潤麻酔／神経ブロック	酸／アルカリの加水分解に耐性：複数回の蒸気滅菌が可能	血管拡張作用がないので，血管収縮薬の併用は不要
ブピバカイン	リドカインよりも安全域が広い	0.25：浸潤麻酔；0.5：神経ブロック；0.75：硬膜外ブロック	安定	中等度の作用発現時間，4-6時間持続
ロピバカイン	ブピバカインよりも安全域が広い	0.2：浸潤麻酔；0.5：神経ブロック；0.75と1.0：硬膜外ブロック	安定	中等度の作用発現時間，4-6時間持続
リドカイン		（塗り広げない：薬剤を厚く塗る）		皮膚傷害の可能性あり。メトヘモグロビン血

4．効果（力価）は弱いが，毒性は最小限である

5．吸収性が乏しいため，表面麻酔には推奨されない

C．塩酸テトラカイン（国内商品名：テトカイン）

1．プロカインの10〜15倍の効果

2．プロカインの1.5〜2倍の作用時間

3．比較的毒性が高い

4．麻酔効果は延長する

5．偽コリンエステラーゼによって加水分解される

6．表面麻酔に有用である

D．ベンゾカイン／ブタンベン／テトラカイン合剤（国内類似薬：アミノ安息香酸エチル）

1．ベンゾカインは膜膨張によって生じる圧力でNa^+チャネルを遮断し，直接チャネルを阻害するわけではない

2．pK_a：2.9（ベンゾカイン），2.5（ブタンベン）

3．作用発現が急速（約30秒）で作用持続時間が短い（30〜60分間）

4．喉頭や咽頭に用いると，メトヘモグロビン血症を生じることがある

5．血漿コリンエステラーゼで代謝される

6．表面麻酔に使用される

7．局所アレルギー症状を生じることがある（例：紅斑，瘙痒）

Ⅱ．アミド型

A．塩酸リドカイン（国内商品名：キシロカイン，ペンレスほか）

1．アミド型の中で最も安定している；煮沸，酸，アルカリによって変質しない

2．プロカインよりも浸透性がすぐれている：作用発現が速い（1/3の時間で作用発現）；1.5倍長く作用が持続する；広範囲に麻酔される

3．組織損傷や刺激は最小限である

4．アレルギー反応や過敏症はない

第4章

5．静脈内投与（IV）した場合には，軽度の鎮静作用（麻酔薬減量効果）がある
6．抗不整脈作用
7．IV投与では胃腸管の運動調整作用がある
8．抗炎症作用
9．抗ショック作用があるが，IV投与では低血圧を生じる動物種もある
10. 肝臓で代謝される
11. 吸入麻酔の際に同時に持続IV投与することで鎮痛作用を増強できる

B．塩酸メピバカイン（国内商品名：カルボカインほか）
1．リドカインに類似する
2．組織損傷や刺激は最小限である
3．肝臓で代謝される

C．ブピバカイン（国内商品名：マーカイン）
1．鎮痛効果発現にはリドカインよりも時間がかかる
2．麻酔効果はリドカインよりも長く持続する（3〜10時間）
3．肝臓で代謝される
4．中枢神経系および心臓に毒性を生じることがある

D．ロピバカイン（国内商品名：アナペイン）
1．作用持続時間はブピバカインと同様であるが，作用発現はより速やかである
2．ブピバカインより心毒性が少ない

表面麻酔薬

I．一般的に用いられている表面麻酔薬
A．ブタカイン（国内未販売）
B．テトラカイン（国内商品名：テトカイン）
C．ピペロカイン（国内未販売）
D．プロパラカイン（国内未販売）

表4-3 局所麻酔薬の毒性反応

全身性反応
心血管系（低血圧，不整脈）
中枢神経系（痙攣）
メトヘモグロビン血漿（ベンゾカイン，プリロカイン）
呼吸器系（無呼吸）
局所性または全身性
アレルギー反応（プロカイン）

E．ベンゾカイン／ブタンベン／テトラカイン合剤（国内類似薬：アミノ安息香酸エチル）

F．EMLAクリーム（リドカインとプリロカインの合剤，国内商品名：エムラクリーム）

Ⅱ．血管作用：コカイン（血管収縮作用）を除き，局所麻酔薬には局所性，時に全身性の血管拡張作用がある

Ⅲ．毒性（**表4-3**）は以下の因子に左右される：

A．吸収速度

B．代謝速度

局所麻酔薬の適用法（表4-4）

Ⅰ．表面麻酔

A．粘膜（口，鼻，喉頭）に噴霧またはブラシで塗布する

B．眼に点眼する

C．尿道に注入する

D．滑膜に注入する

E．胸膜腔に注入する

Ⅱ．浸潤麻酔

A．術野に浸潤拡散させる

1．高感受性の組織：皮膚，神経幹，血管，骨膜，滑膜，孔周囲の粘膜（口，鼻，直腸，肛門）

a．多くの動物種で超音波ガイド法が利用可能であり，

表4-4 局所麻酔薬の投与法

手技	臨床応用
浸潤麻酔	裂傷，生検，術創
スプラッシュブロック	特定の場所－表面麻酔
指（趾）神経ブロック	指（趾）の外科手術や断指（趾）術
経静脈内局所麻酔（Bierブロック）	四肢端の修復や外科手術
局所への間欠的または持続投与（ペインバスターソーカー）	外傷や術創の疼痛管理

より少ない投与量の局所麻酔薬で特定の神経ブロックを容易に達成でき，局所麻酔薬による毒性を軽減できる

2．低感受性の組織：皮下，脂肪，筋，腱，筋膜，骨，軟骨，臓側腹膜

B．浸潤テクニック

1．ブレブ（少量の局所麻酔薬をごく局所に皮下注入）

2．組織層ごとに浸潤

C．適用

1．痛みを最小限または防止する

2．外科手術を容易にする

a．皮膚切開

b．体表の腫瘍切除

c．創傷治療

Ⅲ．伝達（神経周囲）麻酔

A．線状ブロック

B．周囲浸潤麻酔

C．末梢神経ブロック

D．傍脊椎ブロック

E．神経ブロック：神経叢，神経節，神経幹に局所麻酔薬を注入

F．硬膜外ブロック

G．脊髄麻酔：硬膜下腔への投与

Ⅳ. 関節内麻酔
Ⅴ. 滑膜下麻酔
Ⅵ. 経静脈内局所麻酔
Ⅶ. 冷凍または低体温麻酔

α_2-アドレナリン受容体作動薬の硬膜外投与による鎮痛効果

クロニジン，キシラジン，デトミジン，メデトミジン，デクスメデトミジン，およびロミフィジンなどの α_2-アドレナリン受容体作動薬（α_2-作動薬）は，鎮静，鎮痛，抗不安，麻酔要求量の軽減，および循環動態の安定化といった作用を期待して使用されている；牛や馬ではキシラジン，デトミジン，メデトミジン，またはロミフィジンの硬膜外投与によって，最小限の運動機能障害で後方（S3－尾骨）に限局した鎮痛を得られる

注釈
オピオイドとケタミンも硬膜外に投与することで鎮痛作用を得られる

Ⅰ. 作用部位
A. α_2-作動薬を硬膜外やクモ膜下に投与した際の抗侵害受容作用の発生機序：
1. 脊髄内の α_2-受容体刺激によってノルエピネフリンの放出が阻害され，背角ニューロンの過分極とサブスタンスP（痛みに関連する神経伝達物質）の放出抑制が生じ，その結果，鎮痛作用が生じる
2. 一次求心性神経内のインパルス伝導の阻害；C-線維（痛み，反射，節後交感神経伝達）は，A-線維（体性運動機能と固有感覚）よりも強く遮断される
B. 硬膜外やクモ膜下に投与された α_2-作動薬の抗侵害受容作用は，オピオイド受容体機能とは全く独立している
C. リドカインを含む溶液にキシラジンを添加して硬膜外投

第4章

与すると，鎮痛持続時間が延長する

Ⅱ. α_2-作動薬（キシラジン，デトミジン，メデトミジン，デクスメデトミジン）の硬膜外投与。注釈：キシラジンについて述べるが，新しい α_2-作動薬も局所麻酔薬（ブピバカインまたはロピバカイン）およびオピオイド（モルヒネ）との組み合わせで犬猫に硬膜外投与されている

A. キシラジンは，牛，馬，および豚の硬膜外投与に最も一般的に使用される α_1 および α_2-作動薬である（**表4-5**）；犬猫ではメデトミジンとデクスメデトミジンを硬膜外投与できる

1. キシラジンは α_1 および α_2-受容体に高い親和性と選択性をもつ
2. キシラジンには α-アドレナリン作動性刺激とは独立した局所麻酔特性がある

B. キシラジン硬膜外投与の臨床応用

1. 牛：キシラジン（0.05mg/kgを滅菌生理食塩液で最終体積5mLに希釈）を第一尾椎間または仙尾椎間から硬膜外投与することによって，肛門および会陰部の外科手術や産科処置のための麻酔を得られる（**表4-5**参照）
   a. 牛のキシラジン後方硬膜外麻酔には，以下の副作用がある
      (1) 顕著な鎮静（頭部下垂）
      (2) 軽度なふらつき
      (3) 徐脈
      (4) 低血圧
      (5) 呼吸抑制とこれに続く呼吸性アシドーシス
      (6) 低酸素血症
      (7) 一時的な第一胃運動停止（牛）
      (8) 利尿
      (9) 流涎（牛）
   b. 牛における副作用は用量依存性であり，トラゾリ

表4-5　牛，山羊，ポニー，馬，豚，ラマ，犬，および猫における硬膜外鎮痛：キシラジン，キシラジン／リドカイン，デトミジン，メデトミジン，モルヒネ，デトミジン／モルヒネ，およびケタミン

動物種	作動薬	投与量（mg/kg）	希釈液の体積（mL）
牛	キシラジン	0.05	生理食塩液 5mL
	メデトミジン	15μg/kg	滅菌水 5mL
山羊	キシラジン	0.15	滅菌水 5mL
	メデトミジン	20μg/kg	滅菌水 5mL
ポニー	キシラジン	0.35	－
馬	キシラジン	0.17	滅菌水 6mL/450kg
	キシラジン	0.17	2%リドカイン溶液 5mL/450kg（0.22mg/kg）
	キシラジン	0.25-0.35	生理食塩液 8mLまたは6mL/450kg
	キシラジン +リドカイン	0.17 0.22	滅菌水 6mL/454kg
	デトミジン	0.06	滅菌水 10mL/500kg
	モルヒネ	0.05	生理食塩液 10mL/450kg
	モルヒネ +デトミジン	0.2 0.03	生理食塩液 8mL/450kg
	ケタミン	2	生理食塩液 10mL/450kg

表4-5　牛，山羊，ポニー，馬，豚，ラマ，犬，および猫における硬膜外鎮痛：キシラジン，キシラジン／リドカイン，デトミジン，メデトミジン，モルヒネ，デトミジン／モルヒネ，およびケタミン（続き）

動物種	作動薬	投与量（mg/kg）	希釈液の体積（mL）
豚	キシラジン	2	生理食塩液 5mL
	キシラジン	1：大型種豚＞180kg 2：小型の豚＜50kg	2%リドカイン溶液 10mL
	デトミジン	0.5	生理食塩液 5mL
ラマ	キシラジン	0.17	滅菌水 2mL/150kg
	キシラジン	0.17	2%リドカイン溶液 1.7mL/150kg（0.22mg/kg）
犬	メデトミジン デクスメデトミジン	15μg/kg	生理食塩液 0.1mL/kg
猫	メデトミジン デクスメデトミジン	10μg/kg	生理食塩液 1mL

表4-5　牛，山羊，ポニー，馬，豚，ラマ，犬，および猫における硬膜外鎮痛：キシラジン，キシラジン／リドカイン，デトミジン，メデトミジン，モルヒネ，デトミジン／モルヒネ，およびケタミン（続き）

動物種	注入部位	鎮痛領域	鎮痛作用		
			発現（分）	持続時間（分）	副作用
牛	Co1-Co2間	S3-尾骨	10	＞120	鎮静，ふらつき，心肺抑制，第一胃運動低下，利尿
	Co1-Co2間	尾，会陰部，後肢	5-10	420	軽度～中等度の鎮静，中等度のふらつき，流涎，利尿，時々横臥
山羊	腰仙椎間	膁部，会陰部，前肢，頭部	5	＞180	顕著な鎮静，様々な程度の心肺系抑制，横臥
	腰仙椎間	会陰部，胸部，前肢，頸部，頭部	3-6	40	鎮静，心肺系抑制，横臥
ポニー	Co1-Co2間	S3-尾骨	20-30	240	軽度のふらつき
馬	S5-Co1間	S3-尾骨	30	200	－
	S5-Co1間	S3-尾骨	5	300	軽度のふらつき
	Co1-Co2間	S3-尾骨	13	160-180	最小限の心肺抑制，頭部下垂
	Co1-Co2間	尾，会陰部	20	240	軽度の一時的なふらつき
	S5-Co1間	尾の両側	5	300	軽度の鎮静，発汗
	Co1-Co2間	T15-S3-尾骨	10-15	130-150	鎮静，ふらつき，心肺抑制，利尿
	Co1-Co2間	S3-尾骨	20	180	－
	Co1-Co2間	S3-尾骨	＜5	330	軽度の鎮静，時々横臥
	Co1-Co2間	腰仙椎領域	20-480	480-780	軽度の鎮静，低血圧，時々蕁麻疹

表4-5　牛，山羊，ポニー，馬，豚，ラマ，犬，および猫における硬膜外鎮痛：キシラジン，キシラジン／リドカイン，デトミジン，メデトミジン，モルヒネ，デトミジン／モルヒネ，およびケタミン（続き）

動物種	注入部位	鎮痛領域	鎮痛作用		
			発現（分）	持続時間（分）	副作用
豚	L6-S1（カテーテル）	後肢全域	60	>360	顕著な鎮静，軽度のふらつき，徐脈，呼吸数減少
	仙骨中央（S2-S3），カテーテル	尾，会陰部，後肢上部	5-15	80	軽度の鎮静，軽度のふらつき
	腰仙椎間	臍－尾骨	5	>120	鎮静，不動化
ラマ	腰仙椎間	臍－尾骨	5-10	300-480	－
	腰仙椎間	臍－尾骨	10	<30	アチパメゾール（0.2mg/kg IV）で鎮静拮抗
犬	腰仙椎間	－	－	7時間	徐脈，血圧上昇
猫	腰仙椎間	後肢，前肢	15	前肢：120 後肢：240	鎮静，嘔吐

特別な記載がない投与量の単位はmg/kgである。

ン（国内商品名：イミダリン）（0.3mg/kgをゆっくりⅣまたはIM）によって部分的に拮抗できる

2．馬：キシラジン（0.2～0.4mg/kg）または デトミジン（30～60μg/kg）を滅菌生理食塩液で最終体積6～10mLに希釈した溶液を第一尾椎間から硬膜外投与することによって，最小限のふらつきで肛門および会陰部の外科手術や産科処置のための麻酔を得られる（**表4-5**参照）

a．副作用（上記参照）

3．豚：キシラジン（2mg/kgを最終体積0.5～1.0mL/10kgに滅菌生理食塩液で希釈）を腰仙椎間，仙尾椎間，または第一尾椎間から硬膜外投与することによって，最小限の心血管抑制で臍より後方の両側膁部の外科麻酔，および両後肢の鎮痛と麻痺を生じる（**表4-5**参照）

a．低用量の硬膜外キシラジン（<1mg/kg）では外科麻酔を得られない

b．高用量の硬膜外キシラジン（>3mg/kg）では後肢のふらつきが36時間以上続く

4．山羊（成獣）：キシラジン（0.15mg/kgを滅菌生理食塩液で最終体積5mLに希釈）を腰仙椎間から硬膜外投与することによって，膁部と会陰部に鎮痛作用を得られるが，鎮痛領域は頭部や前肢に広がることもあり，しばしば横臥する

5．犬，猫：硬膜外鎮痛を得るためにメデトミジンまたはデクスメデトミジン（5～10μg/kg；滅菌生理食塩液1mL/2.5kg）を局所麻酔薬および／またはオピオイドに添加し，硬膜外投与できる

C．硬膜外鎮痛の発現と持続時間

1．鎮痛徴候は10～30分以内に発現する（リドカイン硬膜外投与で5～10分）

2．キシラジンとリドカインの混合液によって効果発現までを5分程度に短縮し，鎮痛作用を約5時間まで持続

できる（**表4-5参照**）

a．キシラジン－リドカイン併用の作用時間は，各々単独で用いるより長い

b．硬膜外投与後の鎮痛作用の持続時間は様々である（**表4-5参照**）

(1) リドカインでは110分間

(2) キシラジンでは220分間

(3) キシラジン－リドカイン併用では330分間

c．ほかの麻酔薬を追加することなく外科処置や産科処置を開始できる

D．α-拮抗薬

1．キシラジンを硬膜外投与した豚では，強力なα_2-受容体拮抗薬のアチパメゾール（0.1～0.2mg/kg）を静脈内投与しても，その鎮痛効果や不動化を拮抗できなかった

2．α_1およびα_2-受容体拮抗薬のトラゾリン（0.3mg/kg）を静脈内投与しても，牛のキシラジン硬膜外鎮痛を拮抗できなかった

E．デトミジンの硬膜外投与

1．馬：デトミジン（0.06mg/kgを滅菌生理食塩液で10mLに希釈）を第一尾椎間で硬膜外投与することで，様々な程度の鎮痛作用を得られる。鎮痛作用は尾骨から第三仙椎（S3），および尾骨から第十四胸椎（T14）の脊髄分節に及ぶ（**表4-5参照**）

a．馬のデトミジン後方硬膜外鎮痛に関連する副作用：

(1) 顕著な鎮静，頭部下垂

(2) 第2度房室ブロックを伴った徐脈

(3) 低血圧

(4) 高炭酸ガス血症（呼吸抑制に続く呼吸性アシドーシス）

(5) 利尿

2．これらの副作用は用量依存性に発現し，アチパメゾー

ル（0.2mg/kg IV）によって部分的に拮抗できる

注釈

α_2-作動薬はしばしば低用量の局所麻酔薬（リドカイン0.3～0.5mg/kg；ブピバカイン0.25～0.3mg/kg）またはオピオイド（モルヒネ0.1mg/kg）と組み合わせて硬膜外投与される

F．メデトミジン，デクスメデトミジンの硬膜外投与

1．牛：メデトミジン（15μg/kgを滅菌生理食塩液で最終体積5mLに希釈）を第二尾椎間から硬膜外投与することで，様々な程度の鎮痛を得られる（**表4-5参照**）

a．鎮痛作用は5～10分で発現し，7時間まで持続する

b．牛のメデトミジン後方硬膜外鎮痛に関連する副作用

（1）軽度の鎮静

（2）中等度のふらつき

（3）流涎

（4）利尿

2．山羊：メデトミジン（20μg/kgを滅菌生理食塩液で最終体積5mLに希釈）を腰仙椎間から硬膜外投与することで，膁部と会陰部に適切な鎮痛作用を得られる

a．鎮痛作用は胸部，前肢，頸部，および頭部に及び，様々な程度の心肺抑制を生じる

b．作用持続時間は2時間である

c．鎮痛と心肺系抑制作用はアチパメゾール（80μg/kg IV）で拮抗できる

3．犬：メデトミジン（またはデクスメデトミジン）15μg/kgを腰仙椎間から硬膜外投与することで，様々な程度の鎮痛を得られる

a．犬のメデトミジン後方硬膜外鎮痛では，第2度房室ブッロクを伴う徐脈などの副作用を認めること

がある
    b．鎮痛作用の持続時間は7時間である
4．猫：メデトミジン（またはデクスメデトミジン）10 μg/kgを生理食塩液で最終体積1mLに希釈して腰仙椎間から硬膜外投与することで，様々な程度の鎮痛を得られる
    a．後肢の疼痛域値が投与後20～245分間上昇する
    b．前肢の疼痛域値も投与後15～120分間上昇する
    c．短時間（3～10分間），軽度の鎮静を生じる

注釈

保定：硬膜外鎮痛／硬膜外麻酔では，頭，肩，および前肢の動きは抑制されない。したがって，物理的保定や化学的保定（鎮静）によって動物の動きをコントロールすべきである

G．キシラジンのクモ膜下投与
1．山羊：キシラジン（50 μg/kg）を腰仙椎間からクモ膜下投与することで，後躯，会陰部，および腓部と，軽度のふらつきに，中等度の鎮痛作用および鎮静作用を得られる
    a．血行動態や血液学的，生理学的，および血清生化学的パラメータへの影響は最小限である
    b．鎮静作用は10分以内に発現し，2時間持続する
H．デトミジンのクモ膜下投与
1．馬：デトミジン（30 μg/kgを生理食塩液で最終体積3mLに希釈）を仙椎中央（カテーテル法）にクモ膜下投与することで，デトミジン硬膜外投与（60 μg/kg）と同程度の鎮痛作用を得られ，副作用を生じる
    a．徐脈と呼吸数低下を除き，副作用のほとんどはアチパメゾール（0.1mg/kg IV）で拮抗できる
    b．鎮痛作用の持続時間（2時間）は硬膜外投与（2.5時間）より短い

Ⅲ. メデトミジンのクモ膜下投与

A. 山羊：メデトミジン（10 μg/kg）を腰仙椎間からクモ膜下投与することで，キシラジン（50 μg/kg）と同等の効果を得られる

第5章

反芻獣と豚の局所麻酔法

"The pain of the mind is worse than the pain of the body."

PUBLILIUS SYRUS

概要

反芻獣において最も一般的に使用される局所麻酔法は，表面麻酔，浸潤麻酔，神経ブロック（伝達麻酔），硬膜外麻酔，および経静脈内局所麻酔である。反芻獣では，横臥位にすると鼓腸症，流涎，第一胃内容物の逆流，および神経や筋の損傷といった合併症を生じる可能性があることから，起立位での外科手術が適している。

適切に鎮静された豚に最も一般的に用いられる局所麻酔法は，浸潤麻酔，腰仙椎硬膜外麻酔，および精巣内投与である。

反芻獣：起立位での開腹術のための局所麻酔法

Ⅰ. 反芻獣の膁部には4種類の局所麻酔法が用いられる：
  A. 浸潤麻酔
  B. 近位の傍脊椎麻酔（腰椎側神経麻酔）
  C. 遠位の傍脊椎麻酔（腰椎側神経麻酔）
  D. 背側腰椎分節硬膜外麻酔
Ⅱ. これらの局所麻酔法で実施される腹部外科手術：
  A. 第一胃切開術
  B. 盲腸切開術
  C. 胃腸管変位の整復術

D．腸閉塞
E．腸捻転
F．帝王切開術
G．卵巣摘出術
H．肝または腎生検

Ⅲ．浸潤麻酔

A．線状ブロック（ラインブロック）

1．ブロックされる領域：切開線に沿った皮膚，筋層，および壁側腹膜
2．注射針：18G，長さ7.6～10.2cm
3．麻酔薬：2％リドカイン10～100mL
4．方法：長さ2.54cmの20G注射針を用いて，複数箇所に1～2cm間隔で局所麻酔薬0.5～1mLを皮下投与する；続いて，脱感覚した皮膚を通して筋層と壁側腹膜に局所麻酔薬を浸潤させる
5．利点
 a．手技が最も簡単である
 b．日常診療で使用されるサイズの注射針（皮膚のブロックには長さ2.5cm，20G以下；筋層と腹膜には長さ7.6～10.2cm，18G）
6．欠点
 a．大量の局所麻酔薬が必要である
 b．筋弛緩できない
 c．腹壁深部のブロックが不完全である
 d．切開線に沿って血腫を生じる
 e．局所麻酔薬の投与量が多くて費用がかかり，時間がかかる
7．合併症
 a．腹腔内に大量の局所麻酔薬を使用した場合に毒性発現の危険性がある（すなわち，2％リドカインを450kgの牛に250mL［5g］，または山羊の成獣に10mL［200mg］を腹腔内投与）

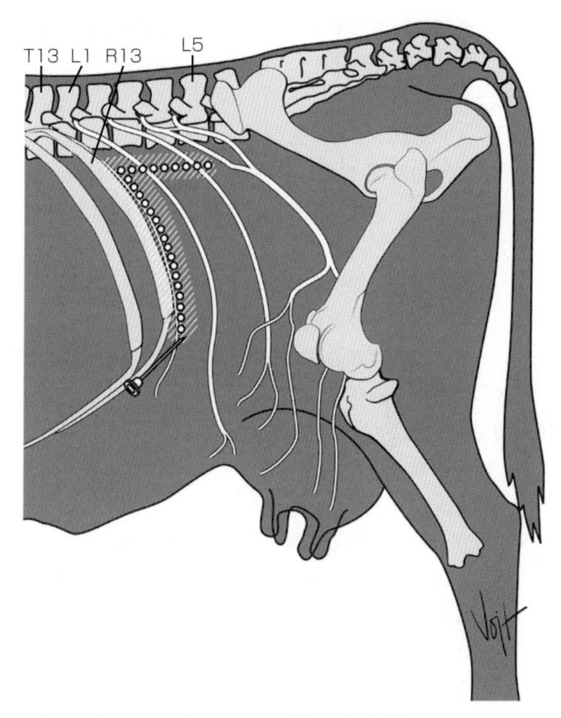

図5-1　逆L字ブロックを用いた牛の左膁部の浸潤麻酔。

b．創傷治癒を阻害する

B．逆L字ブロック（**図5-1**）

1．ブロックされる領域：投薬部位の膁部の尾側と腹側
2．部位：最後肋骨の尾側縁に沿った線と最後肋骨から第四腰椎までの腰椎横突起の腹側を結んだ線に沿って注入する（逆L字）
3．注射針：18G，長さ7.6cm
4．麻酔薬：成牛では2％リドカイン100mLまでを均質に浸潤させる
5．方法：最後肋骨の背尾側縁と腰椎横突起の腹外側面の

組織に局所麻酔薬を注入し，切開部位を囲むように麻酔薬の壁を作る

6．利点

a．線状ブロックと同様

b．切開線には局所麻酔薬を注入しないことから，浮腫，血腫，創傷治癒の阻害が最小限である

7．欠点

a．大量の局所麻酔薬が必要である

b．局所麻酔薬の投与に時間がかかる

c．腹壁深部のブロックが不完全である（とくに腹膜）

8．合併症：線状ブロックと同様

Ⅳ．特定の神経に対する局所麻酔

A．近位腰椎側神経麻酔（ファーガソン法，ホール法，またはケンブリッジ法）

1．ブロックされる領域：投薬した側の膁部

2．ブロックする神経：T13，L1，L2（時にL3およびL4）神経の腹側枝と背側枝（L3およびL4の脱感覚によって，帝王切開術の術野となる傍腰椎窩の後部のほとんどの領域や同側の前乳房と乳腺を無痛化する；L3およびL4をブロックすると，ふらつくことがある）

3．部位：正中から2.5～5cm（**図5-2**）；T13神経はL1横突起の直前にある；L1神経はL2横突起の直前にある；L2神経はL3横突起の直前にある

4．注射針：14G，長さ1.3cmの注射針をガイドにして，その中に16Gまたは18G，長さ3.81～15.2cmの注射針を刺入する

5．麻酔薬：各部位に2%リドカイン20mL

6．方法：脱感覚する側の脊柱上の皮膚を剪毛，消毒する；L5から頭側に向けて腰椎横突起を触知する；L1の触知は困難な場合がある；正中から5cm離れた平行仮想線を引く；腰椎棘突起を触知する；棘突起の間で90度の角度で注入する；腰椎横突起の頭側縁に針先が当

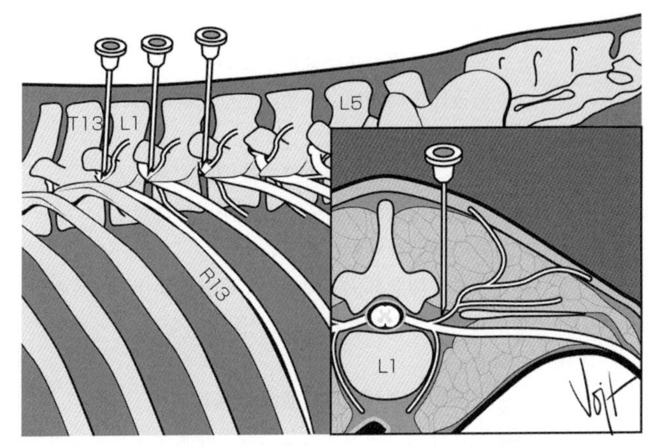

図5-2 牛の近位腰椎側神経麻酔における注射針の刺入位置。左側面および頭側から見た椎間孔レベルにおける第一腰椎横断面。R13は最後肋骨，T13，L1，L5はそれぞれ最後胸椎，第一腰椎，第五腰椎の棘突起を示す。

たるまで注射針を垂直に刺入し，横突間靭帯を穿孔するように針を進める；2%リドカイン10～15mLを横突間靭帯下部に注入して神経の腹側枝をブロックする（注入抵抗は最小限）；背側枝をブロックするために針を1～2.5cm引き抜き，横突間靭帯の上部で横突起背側表面に2%リドカイン5mLを注入する（注入抵抗がある）；第一腰椎横突起が触知できない場合には，ほかの神経を先にブロックし，その2カ所の注入部位間の距離からT13神経をブロックする部位を計測する

7．羊や山羊では，T13，L1，L2神経を牛と同様にブロックするが，正中からの仮想線の距離は2.5～3cmとし，投与量も減らす（各部位2～3mL）

8．局所ブロックに勝る利点

a．麻酔作用は皮膚，筋，腹膜に及ぶ；広範囲に均質な無痛化と筋弛緩を得られる

b．保定を追加する必要がない

c．局所麻酔薬の必要量が少ない

d．術後回復期が短い；切開部位を避けられる

9．欠点

a．太った牛や肉牛の一部では困難である

b．背筋群の麻痺によって脊椎が弓状になる

c．腹腔臓器は麻酔されない

d．腹壁が切開部位に向かって弓状に突出し（片側性ブロックの場合），閉創が困難になる

10．合併症

a．大動脈を穿刺する可能性がある

b．胸背静脈（尾側）または後大静脈を穿刺する可能性がある

c．尾側に麻酔薬が浸潤すると，後肢の運動麻痺（大腿神経ブロック）を生じる

B．遠位腰椎側神経麻酔（マグダ法，カカラ法，またはコーネル法）

1．ブロックされる領域：投薬した側の膁部

2．ブロックする神経：T13，L1，L2神経の腹側枝と背側枝

3．部位：L1，L2，L4の横突起遠位端（図5-3）

4．注射針：18G，長さ7.6cm

5．麻酔薬：各部位に2%リドカイン10〜20mL

6．方法：脱感覚する側の脊柱上の皮膚を剪毛，消毒する；目的とする腰椎横突起先端の腹側に注射針を刺入する；扇状に麻酔薬を注入する（20mLまで）；注射針を少し引き抜き，横突起の背尾側に再刺入して麻酔薬を約5mL注入する

7．遠位腰椎側神経麻酔が近位腰椎側神経麻酔に勝る利点

a．日常的に使用されているサイズの注射針を使用できる

b．大血管を穿刺する可能性が最小限である

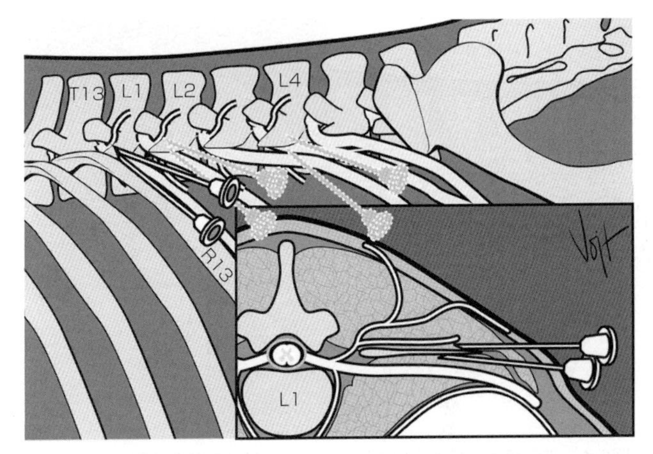

図5-3　牛の遠位腰椎側神経麻酔における注射針の刺入位置。左側面および頭側から見た椎間孔レベルにおける第一腰椎横断面。R13は最後肋骨，T13，L1，L2，L4はそれぞれ最後胸椎，第一腰椎，第二腰椎，第四腰椎の棘突起を示す。

c．脊柱側弯が起こらない

d．後肢のふらつきが最小限である

8．欠点

a．使用する局所麻酔薬の量が多い

b．効果発現が一定しない（とくに神経走行に解剖学的個体差がある場合）

9．合併症：なし

C．背側腰椎分節硬膜外麻酔（アーサーブロック）

1．ブロックされる領域：T13またはL1棘突起より尾側の皮膚および両膝部

2．ブロックする神経：T13神経と頭側の腰神経（麻酔薬の総投与量に依存）

3．部位：L1-L2間の硬膜外腔（**図5-4**）

4．注射針：スパイナル針が好ましい。18G，長さ12.7cm

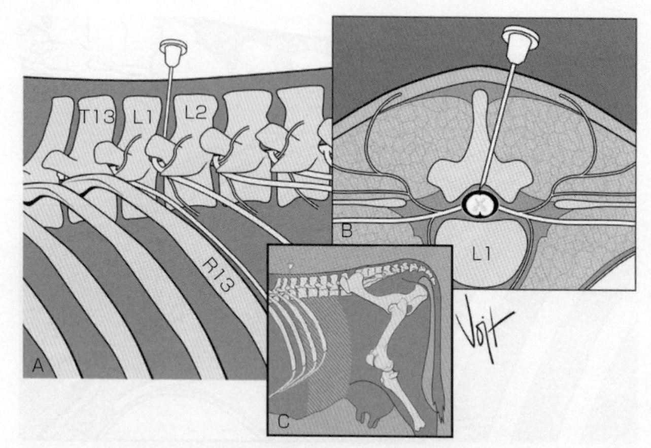

図5-4 背側腰椎分節硬膜外麻酔における注射針の刺入位置。A：左側面，B：頭側から見た椎間孔レベルにおける第一腰椎横断面，C：（挿入図）分節硬膜外麻酔で脱感覚される領域。R13は最後肋骨，T13，L1，L2はそれぞれ最後胸椎，第一腰椎，第二腰椎の棘突起を示す。

5．麻酔薬：500kgの牛で2％リドカイン8mL，羊や山羊では2％リドカイン1mL/50kgを超えない

6．方法：脊柱上の皮膚を剪毛，消毒する；硬膜外腔へアプローチするため，スパイナル針を腹頭側に向けて垂線から10～15度の角度で8～12cm刺入する；関節間靭帯を貫通する際には少し抵抗感がある；針先が硬膜外腔に位置していれば，血液や脳脊髄液（CSF）は吸引されず，麻酔薬注入時にも抵抗感がない；出血した場合にはスタイレットを針に戻し，2～3分後に針を引き抜く

7．近位または遠位腰椎側神経麻酔に勝る利点

a．麻酔薬の注入が一度だけ

b．麻酔薬の量が少ない

c．均質な麻酔効果と皮膚，筋，腹膜の弛緩を得られる（投薬後10～20分で発現し，45～120分持続す

る）

8．欠点

a．技術的に困難である

b．脊髄または静脈洞を損傷する可能性がある

9．合併症

a．過剰投与やクモ膜下腔投与によって後肢の麻痺が起こる

b．過剰投与やクモ膜下腔投与によって生理学的障害が起こる

c．脊髄や静脈洞を損傷する可能性がある

産科処置やしぶり（テネスムス）を改善するための局所麻酔

Ⅰ．反芻獣では，産科処置，尾の外科処置，しぶりに対する補助治療のために，後方硬膜外麻酔や陰部神経の局所麻酔が用いられる；豚ではこれらのテクニックは有効ではない

Ⅱ．牛

A．後方硬膜外麻酔

1．ブロックされる領域：肛門，会陰，外陰部，腟

2．ブロックする神経：尾骨神経および尾側の仙骨神経

3．部位：第一尾椎間（Co1-Co2：**図5-5A**；より一般的で簡単）または仙尾椎間（S5-Co1）

4．注射針：18G，3.8～5.1cm（平均的な乳牛の場合）

5．麻酔薬：2％リドカインまたはその他の薬剤を5～6mL（**表4-2**参照）

6．方法：脊柱上の皮膚を剪毛，消毒する；尾を上下に動かして仙尾関節の位置を確認する；この関節はほとんど動かず，肛門ヒダのすぐ頭側に位置する；第一尾椎間関節はその動きで簡単に確認できる；第一尾椎間関節はよく動き，肛門ヒダの尾側にある；第一尾椎間の正中で皮膚面に対して垂直に針を刺入する（垂直から

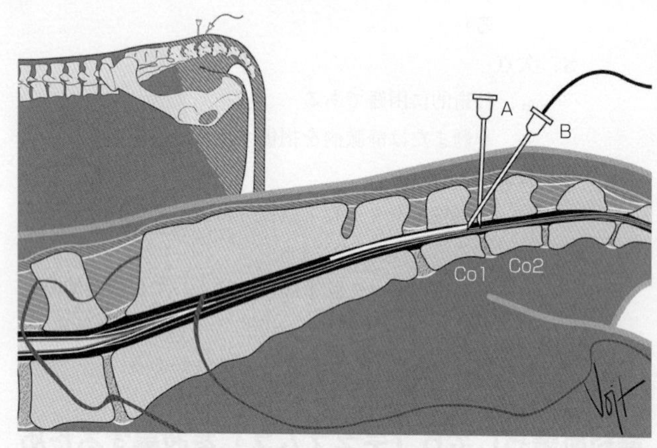

図5-5 A：牛の後方硬膜外麻酔，B：持続硬膜外麻酔における注射針の刺入位置。Co1は第一尾椎，Co2は第二尾椎。脱感覚される皮膚領域を斜線で示した。

約10度の角度をつける)；神経管底面の関節間靭帯に達するまで2～4cm腹側に針を押し入れる；針先を硬膜外腔に入れるため針をわずかに引き抜き（約0.5cm），空気1mLを注入して針先の位置を確認する；針先が硬膜外腔にあれば，抵抗なく空気を注入できる

7．利点

a．心血管系および呼吸器系への影響が最小限である

b．臓器系に対する作用がほとんどない

c．毒性に関する問題がほとんどない

d．良好な筋弛緩

e．良好な術後鎮痛

f．速やかな回復

g．比較的簡単

h．安価

8．欠点

a．Co1-Co2間を確認できないと，技術的に困難であ

る

b．老齢牛で仙尾椎間が石灰化していると，技術的に困難である

9．合併症

a．稀

b．感染によって瘻管や恒久的な尾の麻痺が起こる

c．過剰投与によって，ふらつきや虚脱を生じる可能性がある

d．静脈洞を穿刺すると出血する

B．持続的後方硬膜外麻酔

1．適応症：持続的な重度の緊張を引き起こす疼痛を伴う膣脱や直腸脱

2．ブロックする神経：尾骨神経，仙骨神経の尾側

3．部位：第一尾椎間；Co1-Co2（または仙尾椎間；S5-Co1）（**図5-5B**）

4．注射針：16Gまたは17G，長さ7.6cm，壁が薄いヒューバーポイント方向針またはハスティード針

5．カテーテル：長さ30cmの医療用ビニルチューブ（外径0.036cm）または市販の長さ目盛の付いた硬膜外カテーテルキット（国内商品名：エピニード）

6．麻酔薬：4～6時間ごとに2％リドカイン3～5mL

7．方法：脊柱上の皮膚を剪毛，消毒する；前述のように第一尾椎間関節を確認する；皮膚と針の刺入路を局所麻酔薬で浸潤麻酔する；スタイレットを入れた状態で針の開口部を頭側に向け，垂線に対して45度の角度でスパイナル針を刺入し，刺入抵抗が突然消失するまで5～8cm進める；スタイレットを針から取り除き，2％リドカイン3mL（試験投与）を注入する（適切な位置であれば，注入抵抗はほとんどない）；この試験投与で針先が脊柱管内に正しく位置していることを確認する；カテーテルを無菌的に操作して針の内腔に通し，脊柱管内へ挿入し，カテーテル先端を針先から頭側に

約3～4cmまで進める（図5-5B参照）；針を引き抜き，カテーテルを留置する；4～6時間ごと，または必要に応じて局所麻酔薬をカテーテルで投与する；体外のカテーテル端にカテーテルアダプターを取り付ける；カテーテルの皮膚刺入部に粘着テープを巻き，縫合糸で固定する；麻酔薬投与を長時間持続投与するため，体外に出ているカテーテル端を滅菌ガーゼで包んで保護する

8．利点

a．後方硬膜外麻酔と同様

b．局所麻酔薬を少量ずつ反復投与できる

c．標準的な硬膜外麻酔を反復した場合に生じる硬膜外領域の線維化が生じない

9．欠点

a．後方硬膜外麻酔と同様

b．器具に費用がかかる

c．反復投与による急性耐性の発現

10．合併症

a．後方硬膜外麻酔と同様

b．カテーテルの折れ曲がりやカテーテル先端のフィブリンによる閉塞

C．陰部神経ブロック

1．適応症

a．検査のためのペニスの無痛化と弛緩

b．膣脱や子宮脱に関連するしぶりの改善

2．ブロックされる神経：陰部神経（S3，S4神経の腹側枝），後直腸神経（S4，S5神経の腹側枝），骨盤内臓神経

3．部位：直腸検査で確認する（図5-6）

4．注射針：スパイナル針が好ましい。18G，長さ10.2cm

5．麻酔薬：片側に2％リドカイン35mLまで

6．方法：直腸検査で小坐骨孔（仙坐靭帯内の軟らかい限

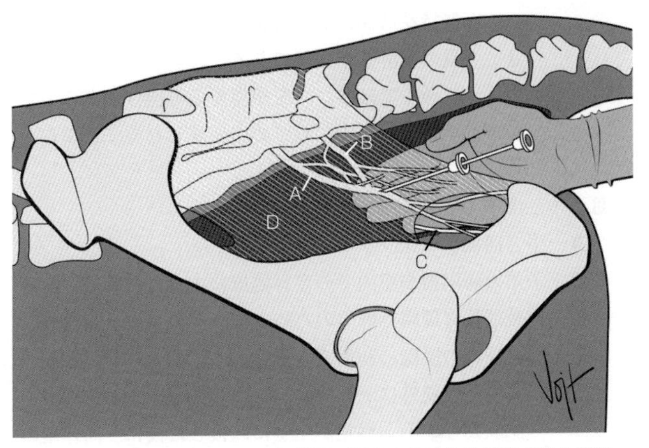

図5-6　左骨盤の内側にある陰部神経に添えた右手と注射針の刺入位置。
A：陰部神経，B：骨盤内臓神経，C：陰部動脈，D：仙坐靭帯。

局性の陥凹）を確認する；この陥凹内の外陰部動脈の背側に位置する指1本程度の太さの神経を確認する；坐骨直腸窩の皮膚を消毒し，皮膚面から針を刺入する；神経周囲に2％リドカインを最大25mLまで注入する；尾背側に針を2～3cm引き抜いて，骨盤内臓神経領域に2％リドカイン10mLを注入する；骨盤の反対側にも同様の処置を実施する

7．利点
　a．尾力の消失がない
　b．坐骨神経が影響されない
　c．膣をバルーンで膨らますことで，膣脱整復後の再脱出防止に役立つ

8．欠点
　a．技術的に困難で，注入部位を直腸検査で確認する必要がある
　b．子宮頸は麻酔されない

c．麻酔持続時間は3～6時間

d．大量の麻酔薬が必要である

9．合併症：種牛ではペニスを損傷する可能性があるので，必ずペニスを包皮内におさめて保護しなくてはならない

Ⅲ．羊と山羊：後方硬膜外麻酔

A．牛と同様

B．子羊の断尾術や腟内での産科処置にすぐれた効果がある

C．持続的後方硬膜外麻酔のための硬膜外アルコール投与

1．長期間の脱髄に利用できる

2．まず，硬膜外に2％塩酸リドカイン 0.5～1mL/50kgを試験投与する；感覚が完全に回復した後に，同体積の70～95％エチルアルコールまたはイソプロピルアルコールと2％リドカイン混合液を注入する；骨盤と会陰領域の無痛化と尾の麻痺が2～3日から数カ月持続する

3．蝿が集るので，炎症，壊死，および化膿が生じる可能性がある

D．陰部神経ブロック

1．注射針：スパイナル針。18G，長さ3.8cm

2．麻酔薬：各部位に2％リドカイン3～5mL

3．方法：手袋をはめた指を直腸に挿入し，スリット状の坐骨孔を確認する；一致する皮膚面から注射針を刺入し，針先を坐骨孔へ向けて麻酔薬3～5mLを注入する；針を引き抜き，注射部位をマッサージする；骨盤の反対側にも同様の処置を実施する

前方硬膜外麻酔

Ⅰ．前方硬膜外麻酔は横隔膜から後方のすべての処置に利用できる；子牛，羊，山羊では，通常触知できることから腰仙椎間が一般的に用いられる；豚では，腰仙椎間でしか前方

硬膜外麻酔を実施できない；成牛では，比較的技術的に簡単で脊髄や髄膜を損傷する可能性が少ないので，仙尾椎間や第一尾椎関節間が注入部位に選択される；適切な技術によって以下の領域に麻酔できる

A．会陰部

B．鼠径部

C．膁部

D．臍より後方の腹壁

Ⅱ．麻酔薬の投与量（体積×濃度）を増やせば，麻酔領域も広くなる

A．体積増加によって，多くの分節へ大きく広がる

B．濃度増加によって，鎮痛作用と運動麻痺はより速やかに，より強く，より長くなる

Ⅲ．硬膜外への麻酔薬の急速投与は，合併症を予防するために避ける

A．動物の不快感

B．血管吸収速度が増加し，神経の麻酔薬の取り込みが減少する；神経の麻酔薬の取り込みが減少する結果，以下の事項が引き起こされる：

1．作用時間の減少

2．不完全な麻酔効果が高率に認められる

3．脊髄分節への麻酔薬の広がりが制限される

Ⅳ．以下の状態の症例には禁忌である：

A．重度の心血管疾患

B．出血障害

C．ショックまたは毒血症，交感神経系のブロックによって低血圧を生じる

Ⅴ．過剰投与やクモ膜下投与によって，以下の合併症が生じ得る

A．一過性の意識消失

B．屈筋痙攣

C．急激な筋収縮

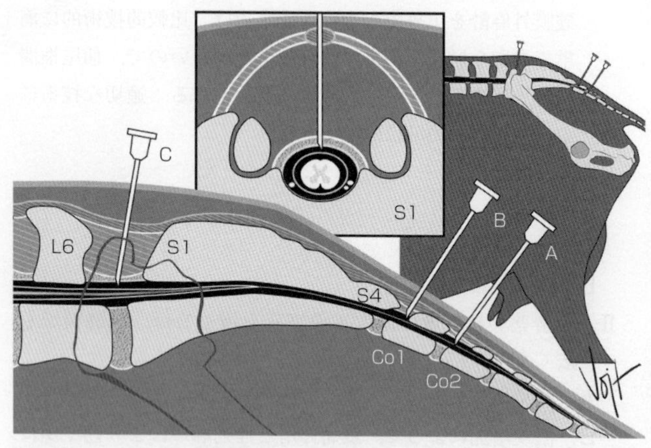

図5-7 山羊の後方硬膜外麻酔（AとB）および前方硬膜外麻酔（C）における注射針の刺入位置。側面と頭側から見た第一仙椎横断面。針の刺入位置Aは第一尾椎間，Bは仙尾椎間，Cは腰仙椎間。

D．痙攣
E．呼吸麻痺
F．低血圧
G．低体温
H．硬膜外穿刺後に頭痛を生じる可能性がある（CSF圧の変化）

Ⅵ．小型の反芻獣（羊や山羊）

A．腰仙椎間硬膜外投与におけるランドマークと技術は，犬と同様である（**図5-7**）；通常，注射針の刺入部位は両側の腸骨頭側縁を結んだ線のすぐ後ろの正中に陥凹として触知できる
B．投与量：2%リドカイン0.2mL/kg
C．効果
1．後躯麻痺は2～15分で発現する
2．一般的に，恥骨から臍までの3/4に及ぶ麻酔が得られる
3．持続時間：1～2時間

4．半量（0.1mL/kg）を2～3秒間に1mLの速度でクモ膜下投与することによって同様の麻酔効果と持続時間を得られる（脊髄液を注射筒で吸引できる腰椎間で投与）；真のCSF麻酔では1～3分以内に後躯麻痺を生じ，60～90分間持続する；麻酔効果は最後肋骨まで得られる

5．CSF中への麻酔薬の拡散ではなく，重力が麻酔効果の広がりを決定する

6．整形外科処置後には，モルヒネ（0.1mg/kg）を生理食塩液で5mLに希釈して硬膜外投与することによって，心肺系の合併症を伴うことなく9時間以上の鎮痛と鎮静効果を得られる

Ⅶ．豚

A．適用

1．帝王切開術

2．直腸脱，子宮脱，腟脱の修復

3．臍ヘルニア，鼠径ヘルニア，陰嚢ヘルニアの修復

4．精索断端腫の外科手術

5．包皮，陰茎，後肢の外科手術

B．腰仙椎間硬膜外投与におけるランドマークと技術は，犬や小型の反芻獣と同様である（**図5-8**）

C．2％リドカインの投与量：豚の体重または体長当たりで計算する

1．体重当たりで計算

a．1mL/5kg

b．体重50kgまでは1mL/7.5kg，それ以上ではさらに1mL/10kgを追加する

2．体長当たりで計算

a．尾根部までの背中の長さが40cmまでは1mL，それ以上ではさらに1.5mL/10cmを追加する

図5-8 豚の硬膜外麻酔における注射針の刺入位置。L6は第六腰椎椎体，S1は第一仙椎の椎体。

豚の腰仙椎硬膜外麻酔

起立位での去勢術	帝王切開術
4mL/100kg	10mL/100kg
6mL/200kg	15mL/200kg
8mL/300kg	20mL/300kg

D．効果

1．一般的に5分以内に麻酔効果を発現する

2．15～20分で最大効果

3．持続期間は120分

4．ほとんどの豚で後躯麻痺を生じる

除角のための局所麻酔法

I．牛

A．ブロックされる領域：角と角の基底部

B．ブロックする神経：頬骨側頭神経の角枝（涙腺神経），

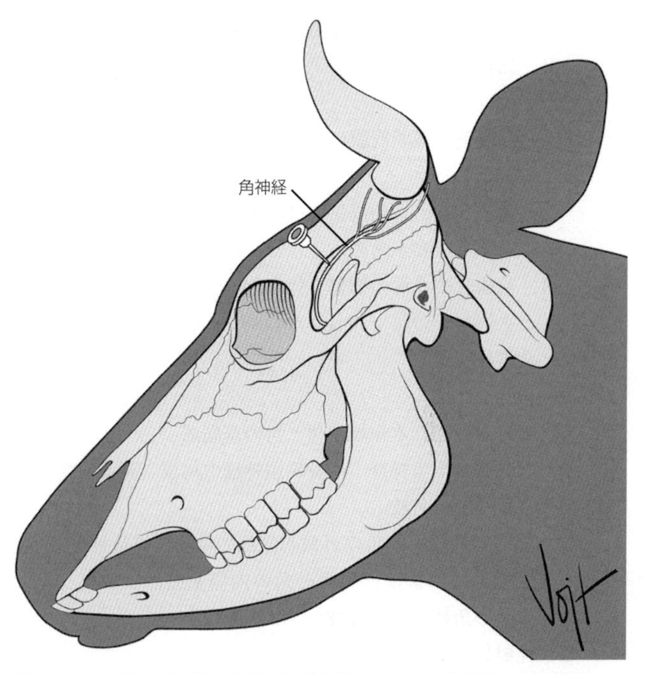

図5-9　牛の頬骨側頭神経角枝を局所麻酔するための注射針の刺入位置。

三叉神経の眼神経分枝

C．部位：側頭線，角の基底部から2～3cm（図5-9）；注射針の刺入は小型の牛で1cm，大型の種牛で2.5cm

D．注射針：18G，長さ2.54cm

E．局所麻酔薬：2％リドカイン5～10mL

F．方法：前頭骨の側頭線を触知する；神経は比較的表層に位置している。側頭線の上1/3で深さ7～10mmにあり，薄い前頭筋と側頭筋の間を走行し，通常，これらの筋間で触知できる；吸引して注射針の先端が血管内にないことを確認する；角の2～3cm前方に注入する

G．利点

1．心肺系への全身性作用が最小限である
2．比較的簡単

H．欠点

1．麻酔薬を側頭筋膜に深く投与すると，角の麻酔を得られない
2．角の発達のよい成牛では，角の後部に麻酔薬を追加投与する必要がある
3．前頭骨や鼻洞の損傷を伴う角の骨折の麻酔では，ピーターソンの眼ブロックが必要である

I．合併症：なし

Ⅱ．山羊

A．ブロックされる領域：角と角の基底部

B．ブロックする神経：頬骨側頭神経の角枝（涙腺神経）と滑車神経の角枝

C．部位：外眼角と角の外側基底部の中間（涙腺神経）（図5-10A），および内眼角と角の内側基底部の中間（滑車神経の角枝）（図5-10B）

D．注射針：22G，長さ2.54cm

E．局所麻酔薬：成山羊では各部位に2％リドカイン2～3mL：7～14日齢の幼山羊の角基底部の輪状ブロックでは各部位に2％リドカイン0.5mL（または1％リドカイン1mL）までとする

F．方法：頬骨側頭神経角枝のブロックでは，眼窩上縁の尾側梁にできるだけ近い部位で1～1.5cmの深さに注射針を刺入する（図5-10A）；滑車神経角枝のブロックでは，眼窩の背内側辺縁に平行に注射針を刺入する；この神経は分枝が多いので，麻酔薬を線状に注入する（図5-10B）

G．利点

1．成獣の断角の際の疼痛緩和
2．幼獣の除角の際の疼痛緩和

H．欠点

図5-10　山羊のA：頬骨側頭神経（涙腺神経）角枝，B：滑車神経角枝を局所麻酔するための注射針の刺入位置。

1．除角時に前頭洞に侵入する際には動物の鎮静が必要である
2．副作用を防止するため，総投与量が10mg/kg（2％溶液0.5mL/kgまたは1％溶液1mL/kg）を超えてはならない

Ⅰ．合併症：リドカインの過剰投与による毒性と以下のような臨床徴候
1．興奮
2．横臥位
3．筋攣縮

4．全身性の硬直・間代発作
5．強直性発作
6．昏睡
7．呼吸抑制
8．心停止

眼の局所麻酔法

Ⅰ．眼や眼に関連する組織の外科手術には表面麻酔や伝達麻酔が利用される；眼瞼の麻痺（鎮痛のない）は顔面神経の耳介眼瞼神経枝を選択的に局所麻酔することで達成できる（無動化）；一般的に，眼や眼窩の麻酔および眼球の不動化はピーターソン法によって得られる（**図5-11A**）

A．ブロックされる領域：眼瞼を除く眼，眼窩，眼輪筋
B．ブロックする神経：動眼神経，滑車神経，外転神経，三叉神経の三分枝（眼神経，上顎神経，下顎神経）
C．部位：これらの神経が眼窩正円孔から出現する部位
D．注射針：カニューレとして14G，長さ2.5cm；18G，長さ10.2～12.7cm
E．局所麻酔薬：眼窩正円孔に2％リドカイン7～15mL；耳介眼瞼神経の脱感覚には2％リドカイン5～10mL
F．方法：
1．起立位で前頭骨と尾骨が地面と平行になるように牛の頭を伸展する
2．眼の後部と腹側部を剪毛，消毒する
3．小径の注射針で数mLの局所麻酔薬を頬骨突起と側頭突起で形成される切痕（前頭骨の眼窩上縁が頬骨弓とつながる部位）の皮膚と皮下に注入する（**図5-11B**）
4．14G，長さ1.3～2.54cmの注射針を切痕の中のできるだけ前腹側の皮膚に刺入する（カニューレとして）
5．このカニューレに，18G，長さ12.7cmの注射針を注射筒につけない状態で水平かつわずかに後方に向けて

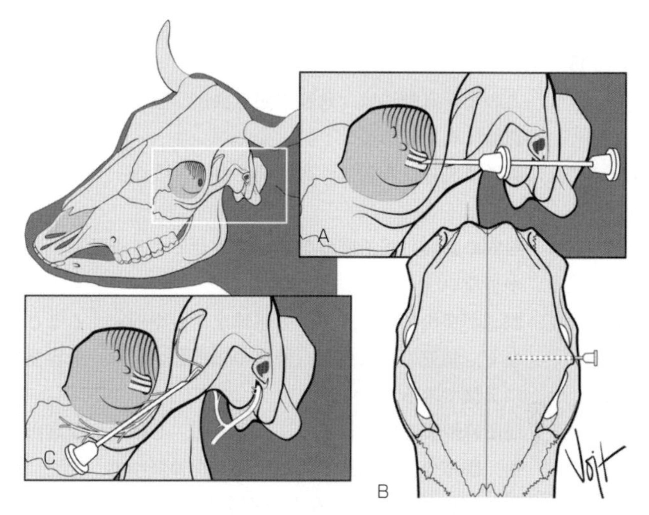

図5-11　牛におけるピーターソン眼ブロックのための注射針の刺入位置。針先端は眼窩正円孔に位置している。A：頭外側面，B：背側面，C：眼瞼無動化のための注射針の刺入位置。

刺入し（骨性のランドマークを感じながら），下顎骨の筋突起にぶつかるまで進める

6．注射針の針先が下顎骨に沿って内側に到達するまで前方に向け直す

7．注射針をわずかに後方，かつ，いくらか腹側に向けて，硬い骨板にぶつかるまで針を進める。その深さは7.6～10.2cmとなる

8．2%リドカイン15mLを正円孔の前方に注入する

9．顔面神経の耳介眼瞼神経枝のブロック（**図5-11C**）

a．局所麻酔薬を満たした10mL注射筒を注射針に取り付け，少しカニューレを引き抜く

b．針を皮膚から抜けるまで引き戻し，リドカインを注入しながら頬骨弓外側5～7.5cm後方に向ける

c．上眼瞼が術部となる場合には，眼瞼辺縁から約

2.5cm離れた部位に局所麻酔薬を線状に浸潤する

G. 利点

1. この局所麻酔法は，角膜，眼球摘出，眼や眼瞼の腫瘍切除に有用である
2. 適切に実施されれば，短時間，簡単，安全，効果的である
3. 眼瞼や眼窩に局所麻酔薬を浸潤させるより浮腫や炎症が少ない
4. 眼球が突出すれば，鉗子で眼球を牽引や固定することなく，角膜の外科手術（腫瘍や類皮腫の切除）を容易に実施できる
5. 局所麻酔薬を眼球後部に注入すると，しばしば眼窩出血，眼球の直接圧迫，眼球穿刺，視神経損傷，または視神経髄膜への注入などを引き起こす場合があり，ピーターソンの眼ブロックの方がより安全である

H. 欠点

1. 技術的に困難である
2. 牛をシュートやスタンチョンで頭を片側に結んで保定した場合，頭を水平に保持しにくい；この状態ではランドマークの確認が困難になる
3. 針が翼突稜にぶつかると，麻酔薬を間違った部位に注入する場合がある；したがって，麻酔薬を注入しても麻酔効果を得られない
4. 上眼瞼の感覚はほかの神経支配を受けているので，50%の症例で上眼瞼の麻酔が不完全となる
5. 数時間は，まばたきできない
6. 角膜の水分保持のため，術中に滅菌生理食塩液を頻繁に眼にかける必要がある
7. 眼球を眼窩に置換した後，角膜に抗生物質軟膏を点眼する
8. 角結膜炎を防止するため，日光，ほこり，風を避けなくてはならない

9．眼瞼の運動能が回復するまで，上下の眼瞼を縫合閉鎖する場合がある

I．合併症

1．効果的にブロックされると数時間はまばたきできないので，眼球摘出以外では術後の角膜乾燥によって角膜炎を生じることがある

2．鼻甲介を穿刺して鼻咽頭や視神経髄膜に局所麻酔薬を注入すると，以下のような臨床症状を示す重度の中枢神経系毒性を引き起こす：

a．異常興奮

b．横臥

c．硬直・間代発作

d．強直性発作

e．呼吸停止

f．心停止

第5章

肢端の局所麻酔法：三つの方法

Ⅰ．局所麻酔薬を肢の周囲の組織に浸潤する（リングブロック）

Ⅱ．特定の神経を局所麻酔する（伝達麻酔）

A．腕神経叢ブロック

B．硬膜外麻酔

Ⅲ．動物の肢に駆血帯を巻いて血液循環を極端に遮断し，表在性の静脈へ局所麻酔薬を注入する（経静脈内局所麻酔）

A．ブロックされる領域：駆血帯より遠位

B．使用する静脈：A．背側中手静脈，B．橈骨静脈，C．掌側中手静脈，D．外側伏在静脈（反回足根静脈）の頭側枝，外側足底静脈（**図5-12**）

C．注射針：20～22G，2.54～3.81cm

D．局所麻酔薬：成牛で2％リドカイン10～30mL（エピネフリンを含まない）；小型の反芻獣や豚で2％リドカイン3～10mL

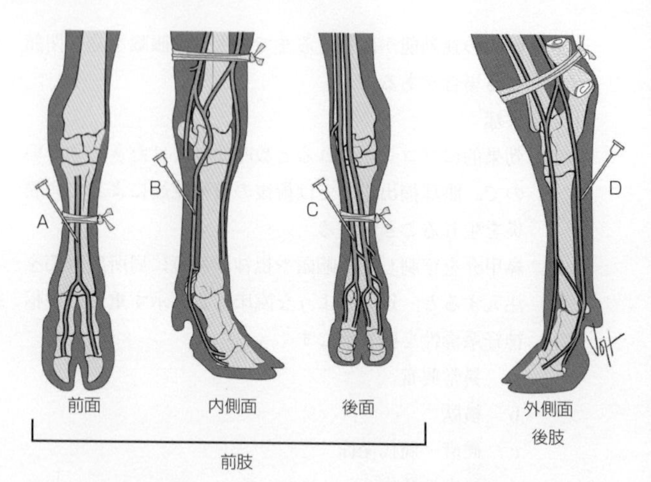

図5-12　牛の経静脈内局所麻酔法のための駆血帯と注射針の刺入位置。前肢では，針先端をA：背側中手静脈，B：橈骨静脈，C：掌側中手静脈に刺入する。後肢では，針先端をD：外側伏在静脈の頭側枝に刺入する。

E．方法：肢端の外科手術では中手または中足の近位部，手根や足根の外科手術ではさらに近位部にゴム製駆血帯を巻く（膨張圧＞200mmHg）；怒張した静脈に近位と遠位に向けて注射針を刺入し，局所麻酔薬を急速注入する

F．利点

1．手技が簡単で安全である
2．牛，小型の反芻獣および豚の指（趾）の無痛化に使用できる；術野からの出血を減らすことができるので，指（趾）の外科手術に理想的である
3．特別な技術や解剖学的知識はいらない
4．一度の投与で済み，細菌感染の危険性がほとんどない
5．駆血帯遠位の作用発現は急速である（5～10分）；指間が最後に麻酔される
6．駆血帯を除去した後の回復は速やかである（5～10分）

G．欠点

1．説明のつかない失敗率は7%
2．しばしば注射部位に血腫を生じる
3．駆血帯の滑脱や血管外注入による麻酔の失敗
4．麻酔効果持続時間は駆血帯をしている時間に限られる（残存効果はない）

H．合併症：駆血帯を2時間以上巻いたままにすると，乏血性壊死，重度の跛行，浮腫を生じる

牛の乳頭および乳腺の局所麻酔法

Ⅰ．前四半部の乳房および前の乳頭に対する外科処置のための局所麻酔法

A．L1，L2，L3神経の腰椎側神経麻酔

B．L1，L2，L3神経に対する腰椎分節硬膜外麻酔

C．これらの方法は困難であり，しばしば牛が倒れ込む

Ⅱ．後の乳頭と乳房の上から肛門の下までの外科手術のための局所麻酔法

A．起立位の牛で会陰神経の局所麻酔

B．横臥位の牛で高用量の後方硬膜外麻酔

C．横臥位の牛で腰仙椎硬膜外麻酔

Ⅲ．乳頭に対するほとんどの外科処置（例：乳頭括約筋狭搾の修復，乳頭瘻管や乳頭裂傷／損傷の修復）は，一般的に局所麻酔下で実施される

A．注射針：25G，長さ1.3cmまたは乳頭カニューレ

B．局所麻酔薬：2%リドカイン4～10mL

C．方法：

1．逆V字ブロック：乳頭の皮膚欠損を取り囲むように逆V字に麻酔薬を線状に浸潤させる（図5-13A）
2．リングブロック：乳頭と裂傷の表面を徹底的に消毒した後に，局所麻酔薬を乳頭基部の皮膚と筋層に浸潤させる（図5-13B）
3．乳頭浸潤ブロック

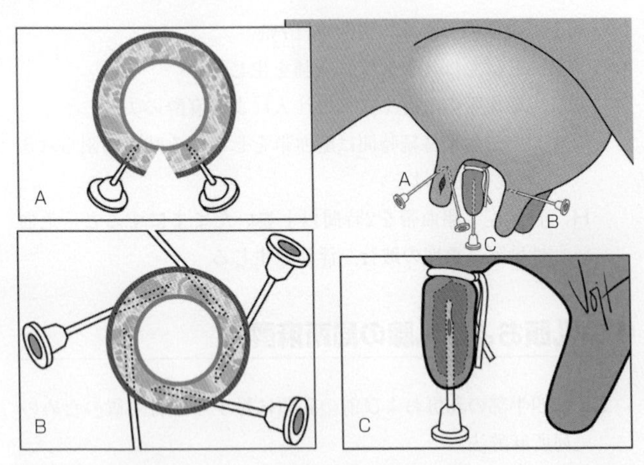

図5-13 牛の乳頭における注射針の刺入位置。A：逆V字ブロック，B：乳頭のリングブロック，C：乳槽浸潤ブロックのための駆血帯とカニューレの位置。

a．乳頭開口部を消毒する
b．乳頭基部に駆血帯を巻く
c．2％リドカイン10mLを乳槽内に注入する（図5-13C）
d．5分以内に乳槽粘膜が麻酔される；筋層や皮膚は知覚が残っている；その後，残ったリドカインを搾取し，駆血帯を取り除く

第6章

馬の局所麻酔法

"A horse is dangerous at both ends and uncomfortable in the middle."

IAN FLEMING

概要

馬では，物理学的保定と鎮静（化学的保定）ならびに表面麻酔（点眼麻酔），浸潤麻酔，神経ブロック（伝達麻酔），または硬膜外麻酔を用いて，多くの診断や外科処置が安全かつ人道的に実施されている。馬の跛行検査や外科手術部位の麻酔には，末梢神経ブロック，関節内および関節包内投与，および局所浸潤（リングブロック）が用いられている。眼科の検査や治療では，眼瞼の自発的閉鎖を阻止するために，耳介眼瞼神経への局所麻酔が頻繁に用いられている。頭部の伝達麻酔には様々な方法が紹介されているが，眼窩上神経，眼窩下神経，および下顎神経への局所麻酔が最も一般的に使用されている。

後方硬膜外麻酔は，尾，会陰，肛門，直腸，外陰部，腟，尿道の外科処置や産科処置に伴う疼痛の緩和に用いられている。

局所麻酔薬の投与テクニックが適切でないと，麻酔効果は不十分となる。過剰投与によって，後肢のふらつき，後肢の運動神経麻痺，横臥位など，重篤な合併症が引き起こされる。

頭部の伝達麻酔

Ⅰ．上眼瞼と前頭部の局所麻酔

A．ブロックされる領域：内眼角と外眼角以外の上眼瞼
B．ブロックする神経：眼窩上神経（または前頭神経）
C．部位：眼窩上孔（図6-1A）
D．注射針：22～25G，長さ2.54cm
E．局所麻酔薬：2%リドカイン5mL
F．方法：内眼角から5～7cm上に位置する眼窩上孔（前頭骨の眼窩上縁を貫通）を触知する；孔に針を1.5～2cm刺入する；孔にリドカイン2mLを注入する；針を引き抜きながらさらに1mL注入し，眼窩上孔周囲の皮下組織に2mL注入する
G．適用
 1．上眼瞼の脱感覚
 2．眼瞼の運動は耳介眼瞼神経によって支配されている

Ⅱ．眼瞼の無動化

A．ブロックされる領域：眼輪筋の麻痺，脱感覚（無痛化）ではない
B．ブロックする神経：耳介眼瞼神経（図6-1B）
C．部位：下顎枝後面の尾側
D．注射針：22～25G，長さ2.54cm
E．局所麻酔薬：2%リドカイン5mL
F．方法：頬骨弓側頭部の腹側縁の高さで下顎後方の陥凹部に注射針を刺入する；針を引き抜きながら，筋膜下に局所麻酔薬を注入する
G．適用：眼科検査；運動神経をうまくブロックできれば，馬が眼瞼を閉じるのを阻止できる

Ⅲ．上唇と鼻の局所麻酔

A．ブロックされる領域：上唇，外鼻孔，鼻腔の上壁，眼窩下孔までの皮膚
B．ブロックする神経：眼窩下神経
C．部位：眼窩下孔（眼窩下管の外開口）（図6-1C）
D．注射針：20～25G，長さ2.54cm
E．局所麻酔薬：2%リドカイン5mL

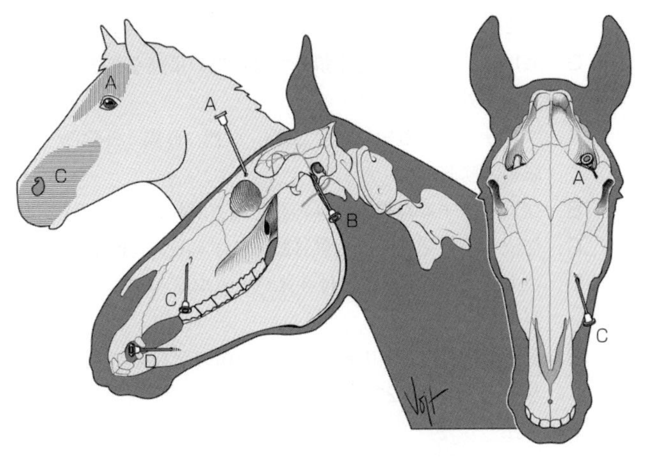

図6-1 頭部の神経ブロックのための注射針の刺入位置。A:眼窩上神経(または前頭神経), B:耳介眼瞼神経, C:眼窩下神経, D:下歯槽神経。

F. 方法：眼窩下孔の骨性唇に沿った中間点を確認する（鼻骨上顎骨切痕と顔稜の前端を結んだ線のほぼ中点から約2.5cm背側）；指先で眼窩下孔表面にある上唇挙筋を押し上げ，針を孔の開口部に刺入する

G. 適用：おとなしい馬や鎮静された馬の単純な裂傷

Ⅳ. 下唇および前臼歯の局所麻酔

A. ブロックされる領域：下唇，第三前臼歯（PM3）を含む下顎吻側全体

B. ブロックする神経：下歯槽神経

C. 部位：下顎管内（**図6-1D**）

D. 注射針：20G，長さ7.6cm

E. 局所麻酔薬：2%リドカイン10mL

F. 方法：オトガイ孔の外側辺縁（槽間縁中央部の下顎枝外側に沿った隆起）を触知する；下顎管内にできるだけ深く注射針を腹内側方向へ刺入する；圧力を加えて注入する必要があり，薬液の一部が下顎管から皮下に漏れ出て

くることもある

G. 適用：おとなしい馬や鎮静された馬の単純な裂傷

V. 後方硬膜外麻酔

A. ブロックされる領域:尾，会陰，肛門，直腸，外陰部，腟，尿道，膀胱

B. ブロックする神経：尾骨神経と後方3対の仙骨神経

C. 部位：第一尾椎間の硬膜外腔（Co1-Co2）（図6-2）

D. 注射針：スタイレット付きスパイナル針（18G，長さ5.1〜7.6cm）

E. 局所麻酔薬：2%リドカイン6〜10mL；ほかの薬物も投与できる（表4-2参照）

F. 方法

1. 馬の気性に応じて適切に保定する；注射部位を剪毛，消毒する；スパイナル針を刺入する際の馬の動きを最小限とするために，2%リドカイン1〜3mLで刺入部の皮膚に皮膚丘疹を作る
2. 方法A（図6-2A参照）：第一尾椎間関節の中央部（最も近位の尾毛の毛根部と尾の後方襞から約5cm頭側）で馬の臀部の全体的な輪郭に対して垂直に注射針を刺入し，正中面を腹側に向かって脊柱管の底部にぶつかるまで注射針を押し進める；針を約0.5cm引き抜く
3. 方法B（図6-2B参照）：第一尾椎間関節の約2.5cm後方でスパイナル針を水平面に対して約30度の角度で腹頭側に向けて刺入し，脊柱管内に向けて針の全長を押し進める
4. 注射器で空気を注入し，抵抗感の有無を確認する；または，針のハブに生理食塩液を満たし，大気圧より陰圧の硬膜外腔内圧によって生理食塩液が吸引されるまで針をわずかに操作する（ハンギングドロップ法）；局所麻酔薬を注入する；注射針にスタイレットを再挿入して留置しておくこともできる；最大のブロック効果を得るためには10〜30分かかる。起立位で外科手

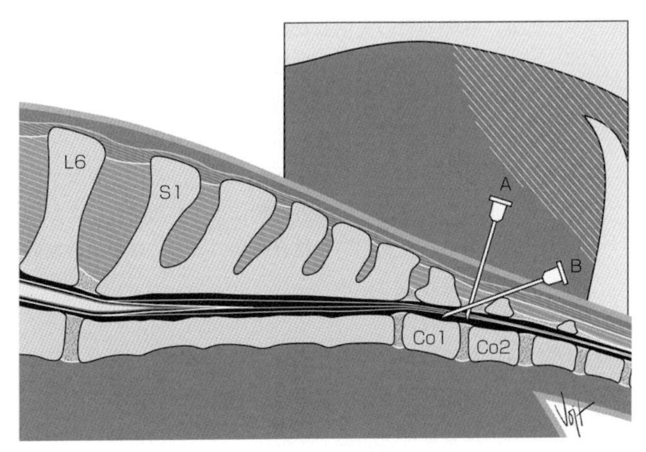

図6-2 後方硬膜外腔への注射針の刺入位置。第一尾椎間腔（Co1-Co2）でAまたはBのように硬膜外腔に注射針を刺入する。斜線部位は後方硬膜外麻酔で脱感覚される皮下領域を示す。

術を実施する場合には，この間に追加投与することは推奨されない

G．適用

1．産科処置の間に後肢の運動機能を温存したままで骨盤腔内臓器を麻酔する

2．産科処置の間に後肢の運動機能を温存したままで生殖器を麻酔する

3．内臓や生殖器に対する起立位での外科手術

a．キャスリック手術（気腟に対する治療）

b．直腸腟瘻の修復

c．直腸脱の修復

d．尿道切開術

e．断尾術

f．しぶりの予防

H．不十分な麻酔や不完全なブロックとなる一般的な原因

1．不適切な注入手技

a．麻酔効果の失活した薬液の使用

b．麻酔薬の不十分な拡散

2．不正確なスパイナル針の刺入角度

a．針先端が椎弓背側にぶつかっている

b．針が正中からずれている

3．以前に実施された硬膜外麻酔によって線維性結合組織が形成された馬；この結合組織によって麻酔薬の拡散が制限される

4．解剖学的特性

a．硬膜外腔に隔壁が存在している

b．椎間孔の遺残

I．潜在的な合併症

1．尾骨神経の損傷

2．神経管の感染

3．局所麻酔薬が前方へ移動すると以下の合併症が生じる

a．運動失調（ふらつき）

b．よたつき

c．興奮

d．横臥

VI．肢の伝達麻酔

A．跛行の原因部位を最も効果的に確認するためには，最も遠位の神経幹分枝からブロックを始める。跛行が改善しない場合には，さらに近位に局所麻酔薬を注入し，脱感覚の範囲を広げていく

B．前肢の内側／外側掌神経または後肢の内側／外側足底神経は，繋関節（球節）背側の種子骨レベルで3本に分枝する

1．背枝は蹄の前面2/3に感覚神経線維を供給している

2．中枝（重要ではない）

3．掌側指神経／底側趾神経は臨床的に最も重要であり，舟状骨（遠位種子骨）領域を含む蹄の後面1/3に感覚神経線維を供給する

Ⅶ. 掌側指神経または底側趾神経ブロック（図6-3A，図6-4A）

A．ブロックされる領域：舟嚢（遠位種子骨と深屈筋腱との間の滑液嚢）を含む蹄の後面1/3

B．ブロックする神経：掌側指神経または底側趾神経

C．部位：球節の掌側／足底部

D．注射針：20～25G，長さ2.54cm

E．局所麻酔薬：各部位に2%リドカイン1～2mL

F．方法：指動静脈（足底動静脈）のすぐ掌側（足底）で屈腱背側の掌側指神経（底側趾神経）を触知する；患肢を持ち上げた状態または患肢に負重させた状態で球節掌面（底面）の内側または外側，あるいは両側に注射針を刺入する

G．適用：馬の跛行診断

Ⅷ. 近位種子骨側方（基底）神経ブロック（図6-3B，図6-4B）

A．ブロックされる領域：局所麻酔薬の注入部位より遠位の肢端全体；球節後面と遠位種子骨靭帯領域を含む

B．ブロックする神経：指（趾）神経の前面（掌神経または足底神経の背枝）と後面（掌側指神経または底側趾神経）

C．部位：球節掌側（底側）の近位種子骨の側面

D．注射針：20～25G，長さ2.54cm

E．局所麻酔薬：各部位に2%リドカイン3mL

F．方法：球節掌側（底側）にある近位種子骨の内外側面で，指動静脈（足底動静脈）のすぐ掌側（足底）にある掌側指神経（底側趾神経）を触知する；この部分の皮下に注射針を刺入する

G．適用：馬の跛行診断

Ⅸ. 掌神経または足底神経ブロック

A．掌神経または足底神経は下方（掌神経または足底神経下位ブロック）または上方（掌神経または足底神経上位ブロック）で脱感覚できる

B．中手（中足）中央には内外掌側指神経（内外底側趾神経）の交通枝が内側から外側に向けて走っているので，中央

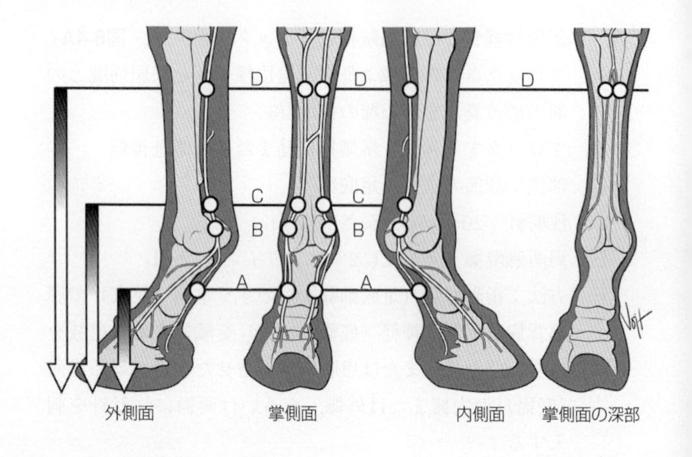

図6-3　馬の左前肢の神経ブロックのための注入部位。A：掌側指神経ブロック，B：近位種子骨側方神経ブロック，C：掌神経下位ブロック，D：掌神経上位ブロック。

部のブロックは避ける

C．掌神経または足底神経下位ブロック（図6-3C，図6-4C）

1．ブロックされる領域：尺骨神経（図6-5）と筋皮神経（図6-6）の感覚神経線維を受ける球節背側の小領域を除く，球節より遠位の領域のほとんどと球節
2．ブロックする神経：掌神経または足底神経（内側／外側：四点ブロック）
3．部位：第Ⅱおよび第Ⅳ中手骨または第Ⅱおよび第Ⅳ中足骨（スプリントボーン）の遠位端膨隆部の内側および外側
4．注射針：20～25G，長さ2.54cm
5．局所麻酔薬：各部位に2％リドカイン2～3mL
6．方法：
   a．部位：スプリントボーンの瘤構造のすぐ遠位
   b．屈筋腱と副靭帯の間に麻酔薬を注入し，掌神経（内／外側）を脱感覚する

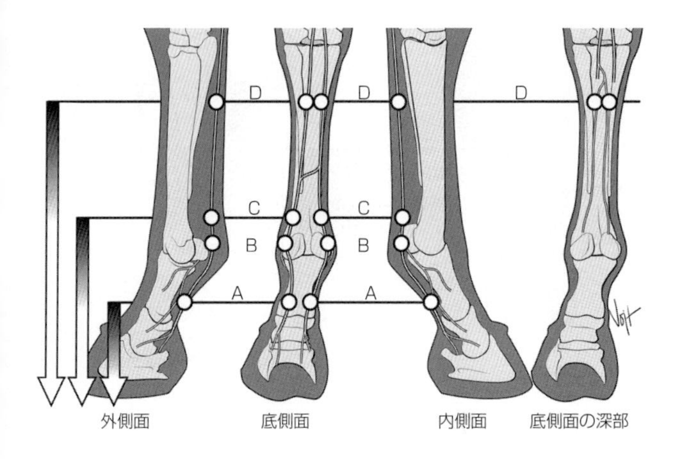

図6-4 馬の左後肢の神経ブロックのための注入部位。A：底側趾神経ブロック，B:近位種子骨側方神経ブロック，C:足底神経下位ブロック，D：足底神経上位ブロック。

c．副靭帯とスプリントボーンの間に麻酔薬を注入し，掌神経および足底神経（内／外側）を脱感覚する

d．適用：馬の跛行診断

D．掌神経または足底神経上位ブロック（**図6-3D，図6-4D**）

1．ブロックされる領域：中手掌側面または中足足底面と球節より遠位の指（趾）

2．ブロックする神経：掌神経または足底神経（内側／外側）

3．部位：中手／中足の近位1/4で掌神経／足底神経の交通枝より近位

4．注射針：22G，長さ3.81cm

5．局所麻酔薬：各部位に2%リドカイン5mL

6．方法：内側面と外側面において副靭帯と深屈筋腱の間の溝の筋膜下に麻酔薬を注入し，内側掌神経および外側掌神経または内側足底神経および外側足底神経を脱感覚する

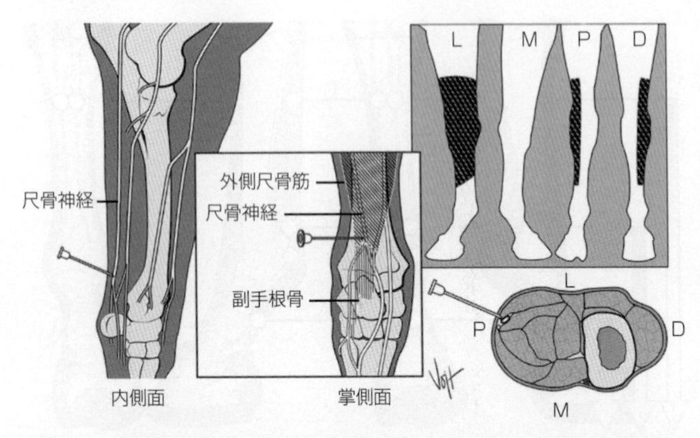

図6-5 尺骨神経ブロックのための注射針の刺入位置：内側面，掌側面，および横断面。点画領域は脱感覚される領域を示す（L:外側，M:内側，P：掌側，D：背側）。

7．適用

a．馬の跛行診断

b．前肢で手根より遠位を完全に麻酔するには，尺骨神経，正中神経，および筋皮神経を脱感覚しなくてはならない

Ⅹ．尺骨神経ブロック（**図6-5**参照）

A．ブロックされる領域：掌側皮膚の外側または背側領域

B．ブロックする神経：尺骨神経

C．部位：副手根骨の10cm近位

D．注射針：22G，長さ2.54cm

E．局所麻酔薬：2％リドカイン5〜10mL

F．方法：尺側手根屈筋と外側尺骨筋の間の筋膜下1.5cmの深さに注入する

G．適用：前肢の部分的な麻酔

Ⅺ．正中神経ブロック（**図6-7**）

A．ブロックされる領域：外側，内側，掌側，および背側の皮膚領域

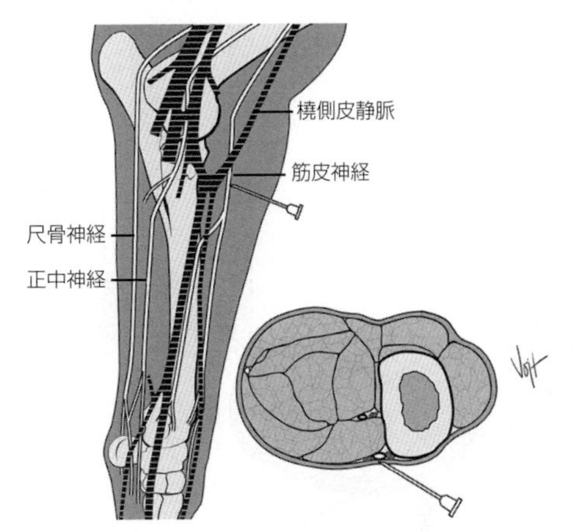

図6-6 正中神経ブロックのための注射針の刺入位置：内側面および横断面。点画領域は左前肢の正中神経ブロックで脱感覚される領域を示す（L：外側，M：内側，P：掌側，D：背側）。

B．ブロックする神経：正中神経

C．部位：前肢内側面の肘関節から5cm下

D．注射針：20〜22G，長さ3.81cm

E．局所麻酔薬：2%リドカイン10mL

F．方法：橈骨の尾側縁と橈側手根屈筋筋腹の間で正中神経を脱感覚する

G．適用：前肢端の部分的な麻酔

XII． 筋皮神経ブロック（**図6-6**参照）

A．ブロックされる領域：皮膚の内側，掌側，および背側領域

B．ブロックする神経：筋皮神経の皮下分枝

C．部位：前肢の頭内側面の肘と手根の中間

D．注射針：22G，長さ2.54cm

E．局所麻酔薬：2%リドカイン10mL

F．方法：橈側皮静脈のすぐ頭側に容易に触知できる筋皮静脈を麻酔薬の皮下投与によって脱感覚する

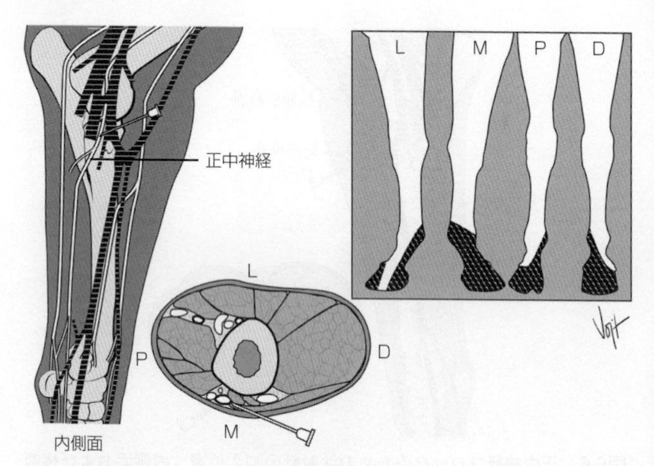

図6-7 筋皮神経ブロックのための注射針の刺入位置：内側面および横断面。点画領域は脱感覚される領域を示す（L：外側，M：内側，P：掌側，D：背側）。

G. 適用：前肢の部分的な麻酔

XIII. 関節内投与

A. 総論

1. 関節内投与では，感染リスクを減らすために剪毛，消毒が必要である
2. 関節ブロックは，手術用手袋を着用して実施する
3. 関節穿刺では滑液の吸引採取もできるが，通常は診断薬や治療薬の注入を目的に実施される
   a. 局所麻酔薬
      (1) 適切な量の麻酔薬を投与する
      (2) 最大効果を得てブロック後の検査をするために十分な時間をおく
   b. 生理食塩液での洗浄
   c. 抗生物質
   d. ヒアルロン酸
   e. 抗炎症薬

B．舟嚢内ブロック

1．部位：舟嚢（**図6-8A**）

2．注射針：スパイナル針18G，長さ5.1～7.6cm

3．局所麻酔薬：2%リドカイン2～5mL

4．方法：患肢に負重させた状態で蹄冠帯（蹄冠縁）レベルの蹄球間から蹠枕に針を刺入し，正中に沿って骨にぶつかるまで進める；少量の滑液が吸引されるまで針を引き戻し，麻酔薬を注入する

C．蹄－関節内ブロック

1．部位：蹄関節（P2-P3間）（**図6-8B**）

2．注射針：18～20G，長さ3.8cm

3．局所麻酔薬：2%リドカイン5～10mL

4．方法:冠関節の垂直中心の約2cm外側で蹄冠から1.5cm近位に針を刺入し，伸筋突起に向かう腱の斜め腹側に針を向ける

D．冠関節内ブロック

1．部位：冠関節（P1-P2間）（**図6-8C**）

2．注射針：20～22G，長さ3.8cm

3．局所麻酔薬：2%リドカイン5～8mL

4．方法：P2の上顆を触知し，その正中の内側または外側から垂直方向に約2.5cm針を刺入する

E．繋関節内ブロック

1．部位：中手指節関節または中足指節関節（繋関節，球節）（**図6-8D**）

2．注射針：20～22G，長さ3.8cm

3．局所麻酔薬：2%リドカイン5～10mL

4．方法：スプリントボーンの遠位および球節の輪状靭帯の背側で外側嚢に約0.5～1cmの深さまで注射針を刺入する

F．屈筋腱の腱鞘ブロック

1．部位：屈筋腱の腱鞘（**図6-8E**）

2．注射針：18～20G，長さ3.8cm

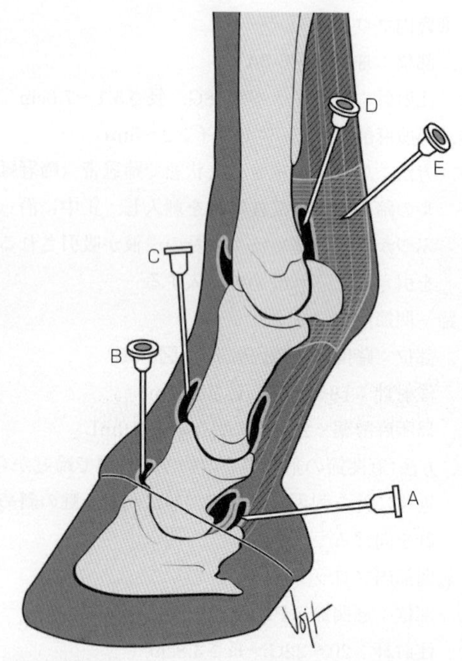

図6-8 肢端の関節内ブロックのための注射針の刺入位置。A：舟嚢内ブロック，B：蹄関節内ブロック，C：冠関節内ブロック，D：繋関節内ブロック，E：遠位屈筋腱の腱鞘ブロック。

3．局所麻酔薬：2%リドカイン10mL

4．方法：スプリントボーンの遠位端（瘤構造）で内側または外側のいずれかから深指屈筋腱と浅指屈筋腱の頭側および副靭帯の尾側に注射針を刺入する

G．橈骨手根関節内ブロック

1．部位：橈骨手根関節（前腕手根関節）（図6-9A）

2．注射針：20G，長さ3.8cm

3．局所麻酔薬：2%リドカイン5〜10mL

4．方法：手根を屈曲し，背側橈骨手根靭帯を触知して，その内側または外側のいずれかから橈骨手根関節内に

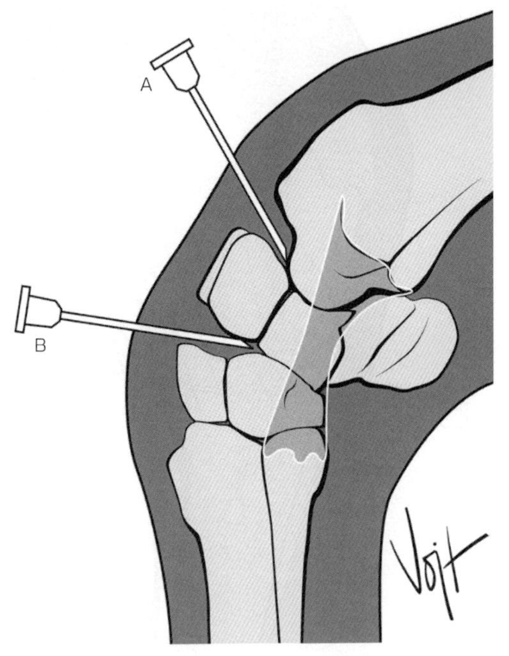

図6-9 手根の関節内ブロックのための注射針の刺入位置。A：橈骨手根関節腔，B：手根間関節腔。

注射針を刺入する

H．手根間関節内ブロック

1．部位：手根間関節（手根中央関節）（**図6-9B**）

2．注射針：20G，長さ3.8cm

3．局所麻酔薬：2%リドカイン5～10mL

4．方法：手根を屈曲し，背側橈骨手根靭帯を触知して，その内側または外側のいずれかから手根間関節内に針を刺入する

I．楔状滑液包ブロック

1．部位：足根内側面の楔状滑液包（**図6-10A**）

2．注射針：22G，長さ2.54cm

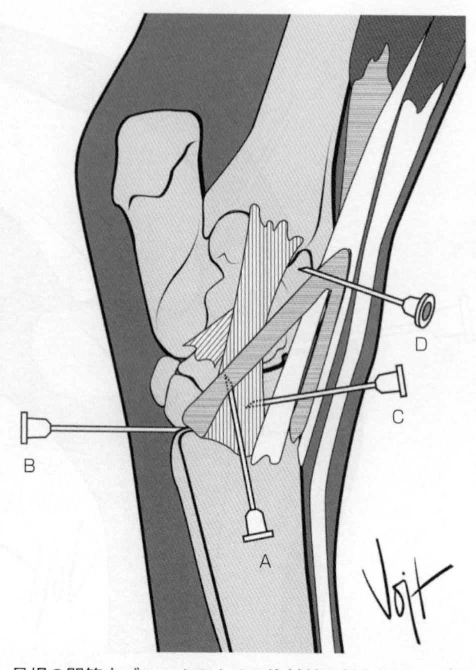

図6-10 足根の関節内ブロックのための注射針の刺入位置。A：楔状滑液包，B：足根中足関節腔，C：足根間関節腔，D：脛骨足根関節腔。

3．局所麻酔薬：2%リドカインを少なくとも10mL
4．方法：楔状靭帯（前頸骨筋腱の内側枝）の約1.5cm遠位に注射針を刺入し，楔状靭帯と足根骨の間に進め，滑液包を遠位で穿孔する；最大効果を得るまでには少なくとも20分間を要する

J．足根中足関節内ブロック

1．部位：スプリントボーン（第Ⅳ中足骨）の外側頭上の飛節尾外側面に位置する足根中足関節（**図6-10B**）
2．注射針：22G，長さ2.54cm
3．局所麻酔薬：2%リドカイン6～8mL
4．方法：スプリントボーンの外側頭を触知し，その近位

の飛節の尾外側面から足根中足関節に注射針を刺入するのが最も簡単である；麻酔薬を注入するためには，針先の開孔部を骨に向けないように針を回転させる必要がある

K．足根間関節内ブロック

1．部位：足根内側面の遠位足根間関節（**図6-10C**）
2．注射針：22G，長さ2.54cm
3．局所麻酔薬：2％リドカイン6mL
4．方法：楔状靭帯の腹側で皮膚に直角に注射針を関節に刺入する；針先を回転させても，麻酔薬の注入時にはかなりの圧力がかかる

L．脛骨足根関節内ブロック

1．部位：脛骨の内側面で脛骨足根（足根下腿）関節（**図6-10D**）
2．注射針：18G，長さ3.8cm
3．局所麻酔薬：2％リドカイン15mL
4．方法：伏在静脈の内側または外側のいずれにおいても，脛骨内顆の2〜3cm腹側で皮膚と関節包表面に注射針を深さ2cmまで容易に刺入できる；滑液を吸引した後に麻酔薬を注入する

第7章

犬と猫の局所麻酔法

"Think globally, act locally."

OLIVER WENDELL HOLMES, JR.

概要

局所麻酔は，小動物の内科処置や外科処置において全身麻酔薬の抑制作用を回避するために用いることができる。通常，局所麻酔では動物を協力的にして無痛化するために鎮静薬やトランキライザを併用する。また，局所麻酔は全身麻酔下で外科手術を実施した症例の術後鎮痛に使用されることもある。超音波ガイド法で目的とする神経の位置を確認することで神経ブロックに要する局所麻酔薬の総投与量を軽減でき，局所麻酔の安全性を改善できる。小動物に対して一般的に用いられる局所麻酔法には，選択的神経ブロック，腕神経叢ブロック，経静脈内（IV）局所麻酔，および持続的硬膜外麻酔がある。オピオイド，α_2-作動薬，またはケタミンを用いた硬膜外鎮痛，肋間ブロック，および胸膜腔鎮痛によって，長時間の術後鎮痛を得られる（単回投与で12時間程度まで）。

頭部の伝達麻酔

Ⅰ. 上唇と鼻の局所麻酔

A. ブロックされる領域：上唇と鼻，鼻腔上壁，眼窩下孔の腹側の皮膚領域

B．ブロックする神経：眼窩下神経

C．部位：眼窩下神経が眼窩下管から出てくる部分（図7-1A, 図7-2A）

D．注射針：22～25G，長さ2.5～5cm

E．局所麻酔薬：局所麻酔薬1～2mLを単独または組み合わせて用いる。ブピバカイン1.5mg/kgあるいはロピバカイン1.5mg/kgを併用していても併用していなくても，リドカインの投与量は1.5mg/kgを超えてはならない

F．方法：眼窩下孔の骨性唇の約1cm吻側部に口腔内または皮膚面から注射針を刺入する；頬骨突起の背側縁と犬歯の歯肉の間に触知できる眼窩下孔に針を進める

Ⅱ．上顎，上顎の歯，鼻，および上唇の局所麻酔

A．ブロックされる領域：上顎，上顎の歯，鼻，および上唇

B．ブロックする神経：上顎神経

C．部位：上顎孔と正円孔の間の口蓋骨垂直板領域（図7-1B）

D．注射針：22～25G，長さ2.5～5cm

E．局所麻酔薬：局所麻酔薬1～2mLを単独または組み合わせて用いる。ブピバカイン1.5mg/kgあるいはロピバカイン1.5mg/kgを併用していても併用していなくても，リドカインの投与量は1.5mg/kgを超えてはならない

F．方法：外眼角から約0.5cm尾側部の頬骨突起腹側縁で内側に向けて注射針を90度の角度で皮膚へ刺入する；翼口蓋窩に針先を近づける；上顎神経が上顎孔と正円孔の間で口蓋骨垂直板に沿って走行する領域に局所麻酔薬を注入する

Ⅲ．眼の局所麻酔

A．ブロックされる領域：眼球，眼窩，結膜，眼瞼，および前頭部皮膚

B．ブロックする神経：涙腺神経，頬骨神経，眼神経（三叉神経の眼神経分枝）

C．部位：眼窩裂（図7-1C）

D．注射針：22～25G，長さ2.5cm

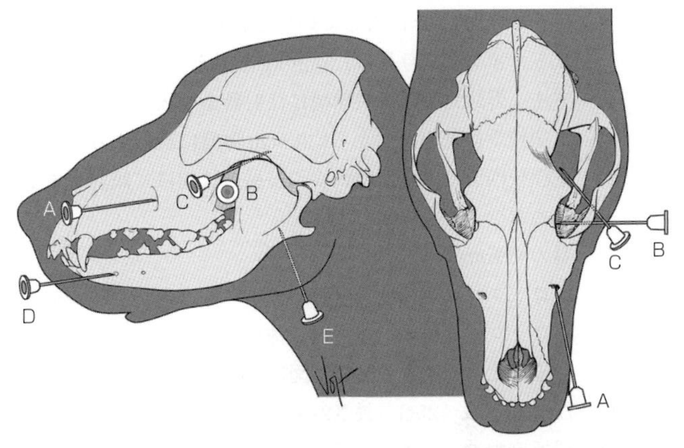

図7-1　犬の頭部神経ブロックのための注射針の刺入位置。A：眼窩下神経，B：上顎神経，C：眼神経，D：オトガイ神経，E：下歯槽神経。

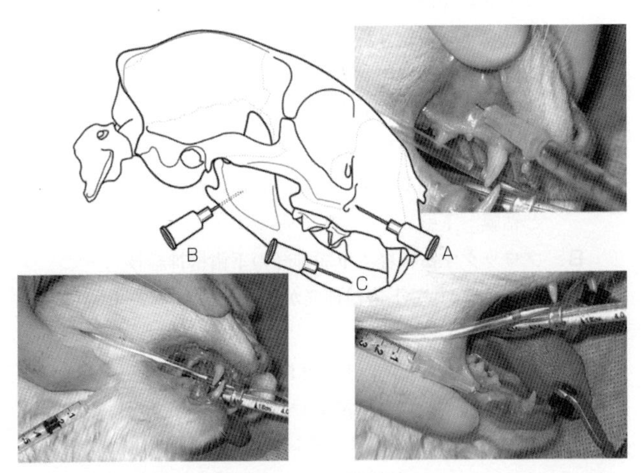

図7-2　猫の頭部神経ブロックのための注射針の刺入位置。A：眼窩下神経，B：下歯槽神経，C：オトガイ神経。

E．局所麻酔薬：局所麻酔薬1～2mLを単独または組み合わせて用いる。ブピバカイン1.5mg/kgあるいはロピバカ

イン1.5mg/kgを併用していても併用していなくても，リドカインの投与量は1.5mg/kgを超えてはならない

F．方法：外眼角の頬骨腹側縁に注射針を刺入する；針先を下顎枝垂直部の前面から約0.5cm吻側に配置する；針を下顎枝内面で内背側のいくぶん尾方に向けて眼窩裂まで進める

Ⅳ．下唇の局所麻酔

A．ブロックされる領域：下唇

B．ブロックする神経：オトガイ神経

C．部位：オトガイ孔の吻側（図7-1D，図7-2C）

D．注射針：22〜25G，長さ2.5cm

E．局所麻酔薬：局所麻酔薬0.5〜1mLを単独または組み合わせて用いる。ブピバカイン1.5mg/kgあるいはロピバカイン1.5mg/kgを併用していても併用していなくても，リドカインの投与量は1.5mg/kgを超えてはならない

F．方法：第二前臼歯レベルでオトガイ孔吻側のオトガイ神経上に注射針を刺入する

Ⅴ．下顎および下歯の局所麻酔

A．ブロックされる領域：臼歯，犬歯，切歯，オトガイ皮膚と粘膜，下唇

B．ブロックする神経：下顎神経の下歯槽神経枝

C．部位：下顎孔で下歯槽神経が下顎管に入っていく部位（図7-1E，図7-2B）

D．注射針：22〜25G，長さ2.5cm

E．局所麻酔薬：局所麻酔薬1〜2mLを単独または組み合わせて用いる。ブピバカイン1.5mg/kgあるいはロピバカイン1.5mg/kgを併用していても併用していなくても，リドカインの投与量は1.5mg/kgを超えてはならない

F．方法：下顎角突起から約0.5cm吻側に針を刺入する；下顎枝内側の下顎孔の骨唇を触知し，これに向かって背側方向に針を約1.5cm進める

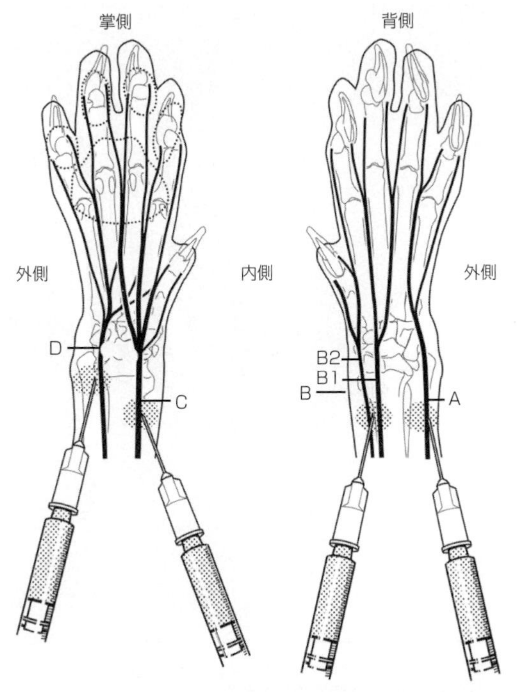

図7-3　猫の前肢の爪切除術の術前に，尺骨神経（A，D），橈骨神経（B，B1，B2），および正中神経（C）へ局所麻酔薬を浸潤する。

肢の局所麻酔

Ⅰ．肢の局所麻酔は以下のテクニックで実施する：

A．肢の周囲組織に局所麻酔薬を浸潤させる（リングブロック）（図7-3）

B．局所麻酔薬を腕神経叢に浸潤させる（腕神経叢ブロック）

C．動物の肢に駆血帯を巻いて血行を遮断し，駆血帯より遠位の皮下静脈内に局所麻酔薬を静脈内投与する（経静脈内局所麻酔）

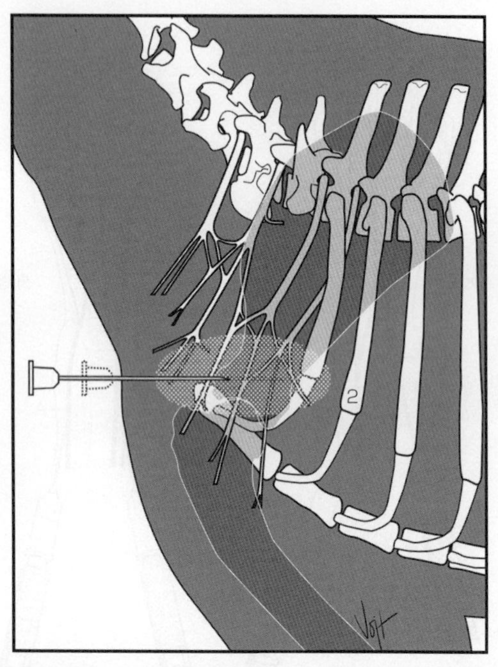

図7-4 腕神経叢ブロックのための注射針の刺入位置。犬の左前肢を外側から見た図。2は第二肋骨を示す。

D．腰仙椎硬膜外腔に局所麻酔薬を投与する（後肢の麻酔）

E．肢の感覚神経周囲に局所麻酔薬を浸潤する（神経ブロック）

腕神経叢ブロック

Ⅰ．ブロックされる領域：肘までの遠位前肢

Ⅱ．ブロックする神経：橈骨神経，正中神経，尺骨神経，筋皮神経，腋窩神経

Ⅲ．部位：肩関節の内側（**図7-4**）

Ⅳ．注射針：20～22G，長さ7.5cm（猫では3.7cm）；スパイナ

ル針や静脈留置カテーテルの内針も利用できる

Ⅴ. 局所麻酔薬：局所麻酔薬5～10mLを単独または組み合わせて用いる。ブピバカイン1.5mg/kgあるいはロピバカイン1.5mg/kgを併用していても併用していなくても，リドカインの投与量は1.5mg/kgを超えてはならない

Ⅵ. 方法：

A. 肩関節内側において肋軟骨結合に向けて脊柱と平行に注射針を刺入する

B. 針をゆっくりと引き抜きながら麻酔薬を注入する；麻酔効果は20分以内に発現し，2時間持続する（完全に回復するまでには約6時間を要する）

C. 代わりに神経位置探索装置と絶縁針を用いて針を刺入することもできる

1. 神経位置探査装置の制御装置の二つの電極を，それぞれ針の近位端と胸壁外側に接続する
2. 神経位置探索装置の電源を入れ，針を刺入する
3. 針先が腕神経叢に近づくと，肢端がピクピクと動き始める。制御装置の電流設定を最小限にした状態で肢端の動きが最大となる場所を探す
4. 肢端の動きが最大となったら，局所麻酔薬を注入して肢端の動きを消失させる
5. 針の角度を少し変えて肢端の動きがすべてなくなるように局所麻酔薬を注入すれば，完全な神経ブロックを達成できる

D. 利点

1. 比較的簡単で安全に実施できる
2. 肘関節より遠位の前肢を選択的に麻酔，筋弛緩できる

E. 欠点

1. 作用発現まで比較的時間がかかる（15～30分）
2. 時々完全な麻酔を得られないことがある。とくに肥満犬。このような失敗は，神経位置探索装置を利用すれば最小限にできる

F．合併症

1．局所麻酔薬を過って静脈内投与すると毒性徴候を示す

2．不注意に血管内投与した際には麻酔効果を得られない

超音波ガイド下後肢ブロック（坐骨神経ブロックと大腿神経ブロック）

Ⅰ．ブロックされる領域：大腿神経に支配されている大腿の頭側筋肉。残りのすべての筋肉は坐骨神経に支配されている

Ⅱ．部位：大腿神経は大腿の内側面に描出される。坐骨神経は大転子のすぐ遠位の尾側面に描出される

Ⅲ．注射針：22G，長さ2.5～3.7cm

Ⅳ．局所麻酔薬：総量2～4mLの局所麻酔薬を単独または組み合わせて用いる。ブピバカイン1.5mg/kgあるいはロピバカイン1.5mg/kgを併用していても併用していなくても，リドカインの投与量は1.5mg/kgを超えてはならない

Ⅴ．方法：

A．仙腸部から膝までの領域で後肢の背側，外側，および内側面を剪毛する

B．皮膚を消毒し，超音波ゼリーを適用する

C．坐骨神経ブロックでは，犬を横臥させる

1．大転子のすぐ遠位の尾側で，超音波プローブを横断面に配置して大腿遠位に向ける（図7-5，図7-6）

2．坐骨神経は背側面に描出される。横断像は，大転子の尾側と坐骨結節の頭側の間で超音波プローブを背面に平行に配置しても得られる。坐骨神経の長軸像は，横断像を得た位置で超音波プローブを90度回転させることで得られる。坐骨神経には，大腿の外側からアプローチできるいくつかの音響窓を利用できる

D．大腿神経へのアプローチ法。ここでは，大腿中央アプローチ法を紹介する。大腿神経は大腿の内側に描出される。犬を横臥位に保定する

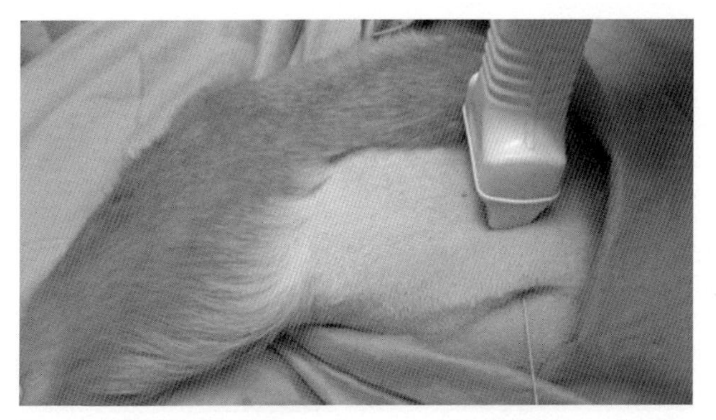

図7-5　大腿中央で坐骨神経にアプローチする際の超音波プローブと針の位置。

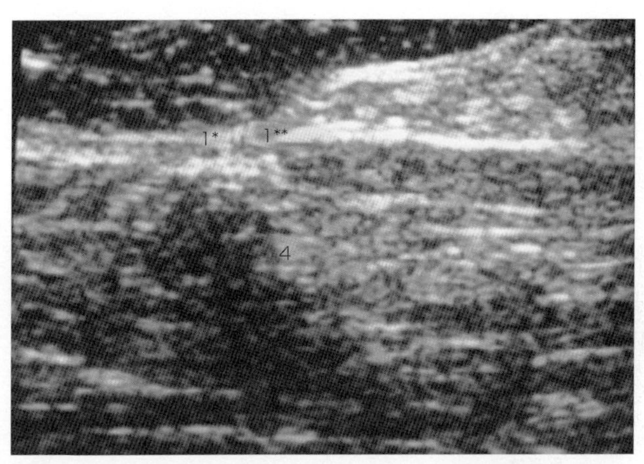

図7-6　坐骨神経の超音波横断像。坐骨神経の二つの構成要素を，薄い高エコーの枠に囲まれた二つの筒状の低エコー構造として容易に確認できる。（1*）総腓骨神経，（1**）脛骨神経，（4）大内転筋。

1．反対側の後肢を外転した状態で超音波プローブを恥骨筋の頭側の鼠径部の皮膚ヒダにあてる（**図7-7，図7-8**）。恥骨筋の頭側で神経を探査する。この方法が大

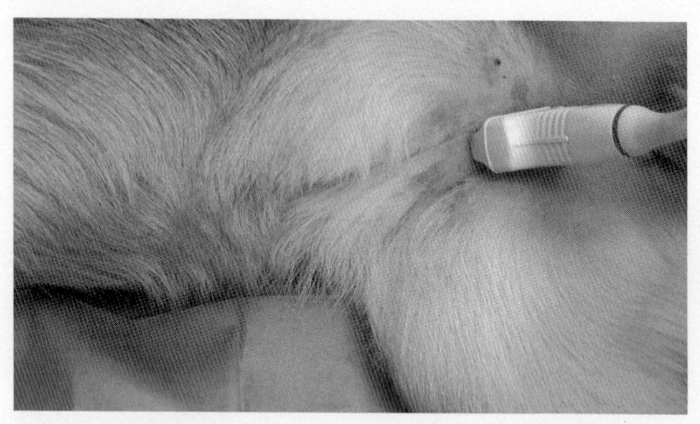

図7-7 大腿神経に鼠径アプローチする際の超音波プローブの位置。

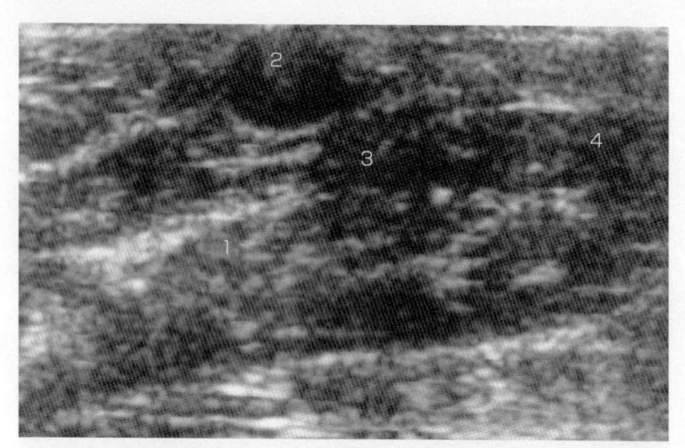

図7-8 超音波横断像。（1）大腿神経，（2）大腿動脈，（3）大腿静脈，（4）恥骨筋。

腿神経へ良好にアプローチできる唯一の音響窓である。

E．坐骨神経と大腿神経のいずれも前述した音響窓を用いてアプローチできる。正しい神経の位置は末梢神経刺激装置（神経位置探査装置）を用いることで確認できる

1．絶縁針を神経刺激装置につなげ，超音波プローブの描

出面に沿って刺入する。針先が神経の近くになったら，電気刺激装置の電源を入れる

2．針先が坐骨神経に近づくと，足根が屈曲または伸展する。針先が大腿神経に近づくと，膝が伸展する

3．超音波像で神経の位置を確認したら，神経刺激装置で後肢の動きを確認し，局所麻酔薬を神経周囲に少しずつ注入する。超音波像では局所麻酔薬の注入部位がドーナツ状に見える。通常，0.3mL以下の局所麻酔薬でそれぞれの神経をブロックできる

F．利点：片方の後肢に完全な鎮痛を得られる可能性が非常に高い

G．欠点：超音波ガイドと神経刺激装置が必要である

経静脈内局所麻酔（Bierブロック）

Ⅰ．ブロックされる領域：駆血帯より遠位

Ⅱ．ブロックする神経：組織内の神経終末

Ⅲ．部位：駆血帯より遠位のすべての表在性静脈

Ⅳ．注射針：22～23G，長さ2.5cm；IVカテーテルにより確実に投与できる

Ⅴ．局所麻酔薬：1％リドカイン2.5～5mg/kg（エピネフリン不含）

注釈

心血管系虚脱や死を招く可能性があることから，経静脈内局所麻酔にはブピバカインを使用してはならない

Ⅵ．方法：

A．まず，エスマルヒ帯を肢に巻いて脱血する

B．ゴム製駆血帯を前肢の外科手術では肘のすぐ近位，後肢の外科手術では飛節のすぐ近位に巻く；駆血帯は動脈血圧に耐えられる程度の強さで巻く

C．駆血帯を装着したら，エスマルヒ帯を除去する

D．局所麻酔薬を怒張している静脈内に軽く圧力を加えながら注入する

Ⅶ．利点

A．安全で簡単なテクニック

B．血流遮断が2時間以内であれば組織への毒性はない

C．出血がないので，肢端の生検や異物除去に理想的である

Ⅷ．欠点

A．2時間以内の時間制限

B．駆血帯を除去すると効果が消失する

Ⅸ．合併症

A．4時間以上駆血したままだと，ショックを生じ得る（可逆性）

B．8～10時間以上駆血したままだと，敗血症や内毒素血症で死亡し得る

腰仙椎硬膜外麻酔

Ⅰ．適応

A．重度に抑うつした動物，ショックにある動物，後躯1/4の緊急外科手術が必要な動物

B．リスクが高い，高齢，またはその他の鎮痛薬や麻酔薬の使用が禁忌の症例

C．腹部や後肢の外科手術の術後鎮痛にオピオイドを用いる；後躯麻痺がない

Ⅱ．特殊な処置

A．外科手術

1．断尾術

2．肛門嚢治療または肛門周囲の外科手術

3．後肢の外傷や骨折

4．尿石症の治療

5．腹部外科

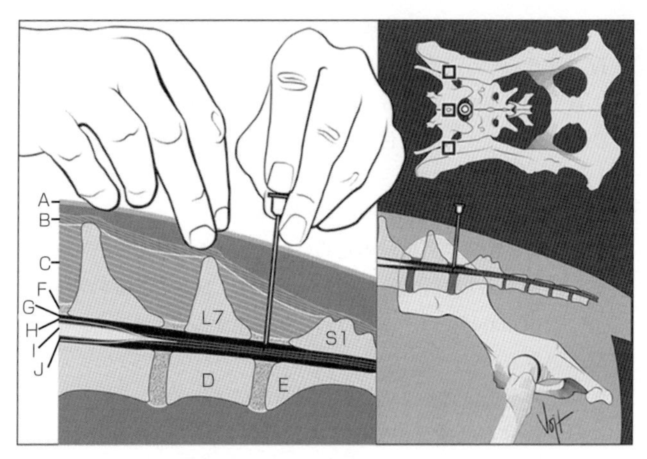

図7-9　犬の腰仙椎硬膜外麻酔（L7-S1間）のための注射針の刺入位置（外側面と背側面）。A：皮膚，B：棘上靭帯，C：棘間靭帯，D：第七腰椎，E：仙椎，F：黄色靭帯，G：硬膜外腔，H：脊髄硬膜，I：脊髄，J：脳脊髄液（CSF）を含有するクモ膜下腔。

6．帝王切開

7．産科処置

8．尾，会陰，外陰部，膣，直腸，および膀胱の外科処置

B．術後鎮痛

Ⅲ．ランドマークと解剖学（図7-9，図7-10）

A．左右の腸骨翼の頭背側部

B．第七腰椎の棘突起と正中仙骨稜

C．重要な解剖学的特徴

1．腰椎棘突起と仙椎棘突起の形状

2．棘間靭帯

3．弓状靭帯（黄色靭帯）

4．硬膜嚢の終末部

5．終糸

6．椎間板

D．脊髄は通常，犬でL6-L7椎体，猫でL7-S3で終わる；し

たがって，猫の硬膜外投与では注意が必要である

Ⅳ．器具

A．18～22G，長さ5～10cm（猫では22G，2.5～3.75cm）のスタイレット付き湾曲スパイナル針（ディスポーザブルが好ましい）

B．3mLおよび6mLシリンジ各1本

C．持続的硬膜外麻酔のためにポリエチレンカテーテルを留置する場合には，壁の薄い18G，長さ7.5cmの注射針（Tuohy針，Crawford針）を使用する

Ⅴ．処置

A．外科的消毒；この処置は無菌的に実施する

B．腰仙椎間の正中で皮膚に垂直にスパイナル針を刺入する；腰仙椎間は左右の背側腸骨翼の中間で第七腰椎棘突起直後に触知できる（図7-9）

1．スパイナル針を容易に刺入するため，この領域に2%リドカインを浸潤させる

2．必要であれば，スパイナル針を少し頭側または尾側に角度をつけて腹側に押し込む

C．通常，黄色靭帯に到達すると抵抗感を生じる；黄色靭帯を貫通する際に“ポン”と弾いたような感覚がある

D．黄色靭帯を貫通すると，針先端は硬膜外腔にある

1．動物の大きさに応じて，注射針の刺入長は1～4cmである

2．スタイレットを除去して血液や脳脊髄液（CSF）が出てこないか確認する；血液やCSFが出てこなければ，針を吸引して確認する

3. 空気を1～2mL注入して針の位置を確認する

a．皮下に捻髪音を感じた場合は，針の位置が正しくないのでやり直す

b．正しい位置にあれば，空気や麻酔薬の注入時に抵抗感はない

Ⅵ．投与量

A．2%リドカイン0.5〜1mLを試験投与することによって，その直後には外肛門括約筋が弛緩して開き，続いて3〜5分以内に尾の弛緩と後肢のふらつきが認められる

B．求められる効果によって投与量は異なる

1．2%リドカインまたは0.75%ブピバカイン1mL/4.5kgで頭側にL1まで麻酔できる

2．2%リドカインまたは0.75%ブピバカイン1mL/5kgで頭側にT5まで麻酔できる

3．帝王切開術では，2%リドカインまたは0.75%ブピバカイン1mL/6kgで十分である

C．リドカインの吸収を遅らせるために少量のエピネフリン（1：200,000）をリドカインに添加でき，麻酔効果は30分間延長する（合計2時間）

D．エピネフリンを添加したブピバカインやロピバカインで4〜6時間の麻酔効果を得られる

Ⅶ．犬の持続的硬膜外麻酔

A．処置

1．カテーテルを挿入するために針先が湾曲したスパイナル針（Tuohy針）を用いる以外は，前述と同様の処置である（**図7-10**）

2．Tuohy針の針穴を頭側に向けて硬膜外腔に刺入する

3．カテーテルを2〜3cmだけ硬膜外腔に挿入する

4．針を引き抜き，カテーテルを留置する

B．利点

1．手術時間に合わせて麻酔時間を調整できる

2．術中術後に硬膜外オピオイドの投与経路を確保できる（オピオイドによる硬膜外鎮痛の項を参照）

C．欠点

1．技術的に困難である

2．脊髄，髄膜，神経を損傷する可能性がある

3．感染のリスクがある

4．カテーテルに関連した問題が生じる（例：折曲り，抜

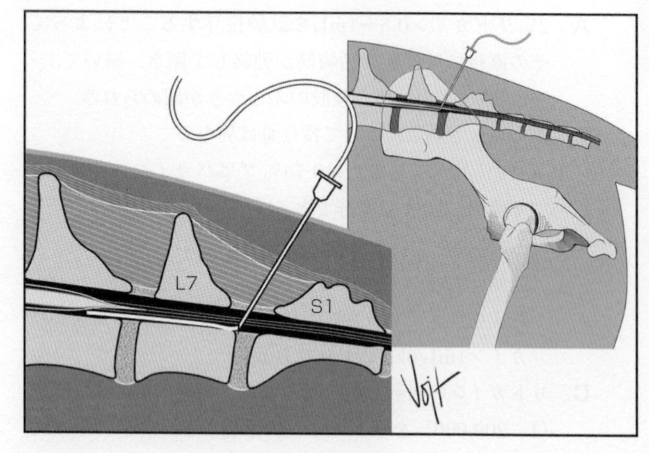

図7-10 犬の持続的硬膜外麻酔のための針の刺入位置（側面図）。L7とS1は第七腰椎と第一仙椎の棘突起。

去，フィブリン凝集）

Ⅷ. 頭側レベルのブロックに影響する要因

A. 症例の大きさ

B. 症例の形態

C. 投与した薬物の体積

D. 薬物の質量（体積×濃度）

E. 投与速度

F. 湾曲した針穴の方向

G. 症例の年齢

H. 肥満度

I. 腹部腫瘤などの存在や，その大きさに起因する腹腔内圧（例：妊娠）

1. 妊娠動物では，硬膜外静脈の拡張／うっ血で硬膜外腔体積が減少する

2. 妊娠期には神経組織の薬剤感受性が増加する

J. 症例の体位：麻酔薬の拡散における重力の影響は，硬膜

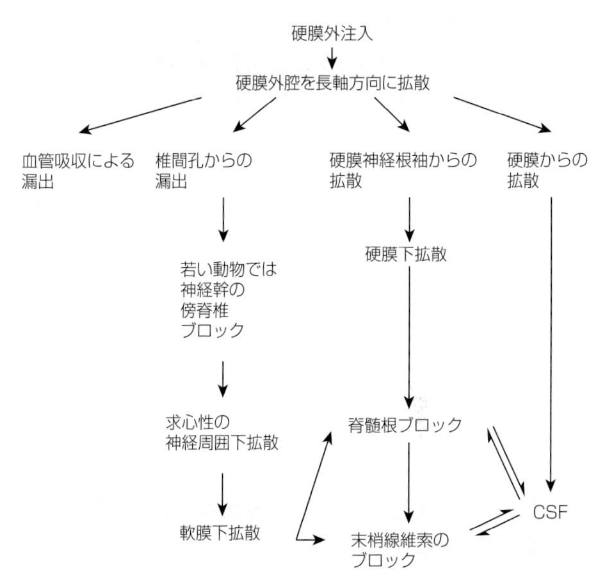

図7-11 提唱されている硬膜外投与後の薬物の分布。CSF：脳脊髄液。

外麻酔よりもクモ膜下麻酔において大きい

1. いずれの麻酔法も横臥位で下になった側が上になった側よりも麻酔される脊髄分節が広く（片側性麻酔），麻酔時間が長く，運動神経のブロックが強くなる

Ⅸ. 提唱されている硬膜外投与後の作用部位（**図7-11**）

Ⅹ. 可能性のある合併症

A. 椎骨静脈洞への局所麻酔薬の注入

1. 嘔吐，振戦
2. 末梢血管拡張による血圧低下
3. 痙攣
4. 麻痺
5. 目的の効果を得られない

B. 局所麻酔薬の過剰投与によって犬猫に引き起こされる呼

第7章

吸抑制と呼吸麻痺

1．横隔神経のブロックによる呼吸麻痺が引き起こされるには，C5-C7まで麻酔薬が拡散する必要がある

2．硬膜外やクモ膜下投与による麻酔薬の頭方向への拡散（とくに6％ブドウ糖液で特別に調整された高比重液［例：高比重ジブカイン製剤］）は，動物に犬座姿勢をとらせることで制限できる

C．震えることができなくなるので，小動物では体温が低下する；症例の後躯にタオルや温水マットを巻いて保温する

D．症例を協力的にするために，鎮静薬やトランキライザを投与する

オピオイドおよびα_2-作動薬または局所麻酔薬による硬膜外鎮痛

Ⅰ．適用

A．術中鎮痛

B．術後鎮痛

C．集中治療症例

Ⅱ．オピオイドの投与部位

A．腰仙椎硬膜外腔（単回投与）（図7-9，図7-10参照）

B．前方腰椎硬膜外腔（カテーテル法）（図7-12）

Ⅲ．薬物

A．硬膜外モルヒネ（0.1mg/kgを生理食塩液0.1～0.3mL/kgで希釈）は，投与後30～60分で無痛効果を発現し，6～24時間持続する

B．硬膜外モルヒネ（0.1mg/kg）は，単独投与またはキシラジン（0.02mg/kg）やデクスメデトミジン（2～5μg/kg）と併用しても，イソフルラン1.5MAC（最小肺胞濃度）で麻酔維持された犬の心血管系の変化は最小限である

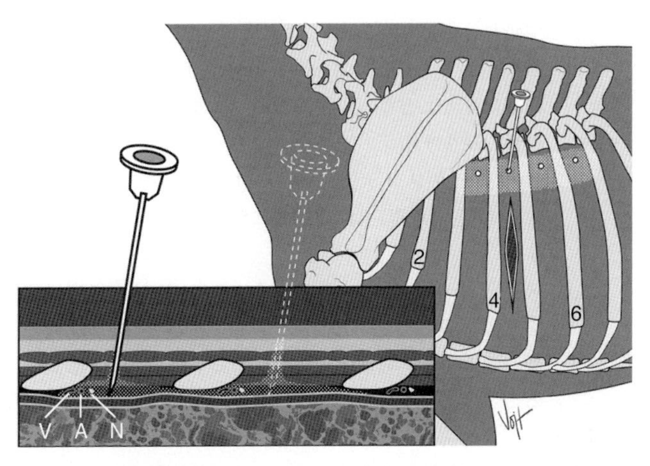

図7-12　犬の肋間神経ブロックのための注射針の刺入位置。側面と矢状断面を示した。2，4，6は第二，第四，第六肋骨。V，A，Nはそれぞれ肋間静脈，肋間動脈，肋間神経。

C．硬膜外モルヒネ（0.1mg/kg）にデクスメデトミジン（5 μg/kg）を併用すると，少なくとも13時間は無痛効果が持続する

D．硬膜外モルヒネ（0.1mg/kg）にブピバカイン（0.5%，1mL/10cm後頭突起から腰仙椎間までの距離）を併用すると，イソフルラン要求量が減少し，その鎮痛効果は単独投与の場合（モルヒネ単独5.5時間，ブピバカイン単独9時間）よりも延長する（24時間以上）

E．硬膜外オキシモルホン（0.05〜0.1mg/kgを生理食塩液0.3mL/kgで希釈）は，投与後20〜40分で無痛効果を発現し，10〜15時間持続する

F．硬膜外フェンタニル（1〜10 μg/kgを生理食塩液0.2〜0.3mL/kgで希釈）は，投与後15〜20分で無痛効果を発現し，3〜5時間持続する

G．硬膜外フェンタニル（1〜10 μg/kg）とリドカイン（0.3mL/kg，2%溶液に1：200,000のエピネフリン添加）によっ

て投与後2分で陰嚢麻酔を得られ，2～2.5時間持続する

H. 硬膜外キシラジン（0.05～0.3mg/kg）は，心肺系への影響はほとんどなく，犬のイソフルラン要求量を用量依存性に減少する

I. 硬膜外デクスメデトミジン（15μg/kgを生理食塩液0.1mL/kgで希釈）は，7時間にわたって犬の疼痛を緩和する

J. 硬膜外デクスメデトミジン（10μg/kg）は，疼痛域値を後肢で投与後20～240分，前肢で投与後15～120分の間，増大する；軽度の鎮静が生じる；猫では時々嘔吐する

Ⅳ. 利点

A. 低用量で体性痛と内臓痛の無痛化が得られ，ほかの非経口的投与経路（IM，IV）よりもオピオイドの鎮痛効果は強力で延長する

B. 知覚機能を障害しない

C. 運動機能を障害しない

D. 交感神経系の抑制が最小限である

E. 内分泌－代謝反応を修飾し，肺機能を改善し，致死率を減少し，回復期間が比較的短い

F. オピオイド拮抗薬（例：ナロキソン）を低用量でIV持続投与することによって副作用を回復できる

Ⅴ. 潜在的な副作用（稀である）

A. 呼吸抑制

B. 尿貯留

C. 胃腸管の運動遅延

D. 嘔吐

E. 瘙痒感

Ⅵ. 合併症

A. 高用量の硬膜外モルヒネ投与（＞1mg/kg）で呼吸抑制

B. カテーテルに関連する問題

1. カテーテルの変位

2．閉塞

3．感染

硬膜外ケタミン鎮痛

Ⅰ．作用機序

A．硬膜外またはクモ膜下ケタミン投与の正確な鎮痛機序は明らかではない

B．ケタミンはN-メチル-D-アスパラギン酸（NMDA）受容体の拮抗薬として作用し，知覚過敏を引き起こす神経変化を阻害する

C．NMDA受容体は，中枢増感，ワインドアップ，および知覚過敏といった脊髄神経の可塑性に非常に重要な役割りを担っている

D．ケタミンは，フェンサイクリジン作動薬であるとともに，オピオイドδ作動薬としての活性もある

Ⅱ．適用

A．術前に硬膜外投与することで先取り（術後）鎮痛を得る

B．術中鎮痛効果によって吸入麻酔薬のMAC減少（要求量の減少）効果を得て心血管抑制を軽減する

C．最小限の呼吸抑制と心血管系変化（例：血圧，心拍数）で術後鎮痛を得る

Ⅲ．方法

A．硬膜外ケタミン（2mg/kg，生理食塩液で1mL/4.5kgに希釈）で2時間の鎮痛を得られる

B．硬膜外ケタミン（1mg/kg）によって心肺機能にほとんど影響なく痛みを緩和できるが，しばしば流涎を伴う

C．硬膜外ケタミン（0.5mg/kgまたは1mg/kg）とモルヒネ（0.05mg/kgまたは0.025mg/kg）の併用によって，心肺機能にほとんど影響なく痛みの緩和と鎮静を得られる；ケタミン1mg/kgとモルヒネ0.025mg/kgの組み合わせでは，流涎を伴うかもしれない

D. 硬膜外メペリジンと硬膜外ケタミンを併用したときの相互作用は，相乗的ではなく拮抗的である

Ⅳ. 利点

A. 局所麻酔効果

B. イソフルランやセボフルランで麻酔した犬では，硬膜外オピオイド投与の代替法となる

C. イソフルラン麻酔下（1.2〜1.6MAC）の犬において，心拍数，血圧，中心静脈圧，心係数，全身および肺血管抵抗，およびrate-pressured product（動脈血圧×脈拍数）などの心血管系パラメータの変化は最小限である

Ⅴ. 潜在的な副作用

A. 硬膜外投与されたケタミンによる鎮痛効果には差が観察されている；解剖学的差異，投与法，および吸入麻酔薬の影響が考えられる

Ⅵ. マルチモーダル硬膜外鎮痛

A. 硬膜外：デクスメデトミジン（5μg/kg），ケタミン（50〜100μg/kg），モルヒネ（0.1mg/kg），ブピバカイン（0.25〜0.5mg/kg）の組み合わせ

1. マルチモーダルな組み合わせで薬物を硬膜外投与することで，各薬物を単独投与する場合より強力で延長した作用を得られる。しかし，ほとんどの薬物の組み合わせについて，いまだ臨床的効果は実証されていない

関節内ブピバカインまたはモルヒネ投与

Ⅰ. 適用：膝関節，肘関節，踵関節，さらに遠位の関節の局所鎮痛

Ⅱ. 方法：ブピバカインまたはモルヒネを術後または皮膚閉鎖前に関節内投与する（例：前十字靭帯断裂の外科的整復術）

A. 0.5%塩酸ブピバカイン0.5mL/kgまたはモルヒネ0.1mg（保存剤不含）を生理食塩液で0.1mL/kgに希釈する

Ⅲ. 治療結果

A．関節内ブピバカイン／モルヒネ投与で副作用なく術後鎮痛を得られる

B．関節内ブピバカイン投与によって投与後24時間にわたる強力な局所麻酔効果を得られ，犬は完璧に機敏な回復を見せる

C．関節内モルヒネ投与によって6時間程度の鎮痛効果を得られるが，ブピバカインほどの効果は得られない

D．犬では，関節内モルヒネ投与によって硬膜外モルヒネ（0.1mg/kg）よりも強い鎮痛効果を得られる

E．モルヒネが抗侵害受容効果を発揮するためには炎症が必要である；炎症は末梢組織内既存受容体の活性化を引き起こす

Ⅳ．利点

A．簡単に実施できる

B．局所鎮痛では鎮痛薬や鎮静薬を全身投与しなくても無痛化を得られることから，全身機能に影響を及ぼすことがない

C．局所鎮痛で痛みは緩和されるが，局所炎症は進行する

肋間神経ブロック

Ⅰ．適用

A．開胸術中の無痛化

B．開胸術後の鎮痛

C．胸膜排液

D．肋骨骨折

Ⅱ．ブロックする神経：神経支配は重複していることから，切開線または損傷部の頭側および尾側の肋間神経

Ⅲ．部位：少なくとも切開線前後2肋間の椎間孔近く（図7-12）

Ⅳ．注射針：22～25G，長さ2.5cm

Ⅴ．局所麻酔薬：0.25％または0.5％ブピバカイン，あるいは0.2％または0.5％ロピバカインを0.25～1mLずつ投与す

る；エピネフリン（1：200,000）を添加してもよい；総投与量3mg/kgまでとする（この手技では局所麻酔薬の血中濃度が高くなる）

A．小型犬：各部位に0.25mLずつ

B．中型犬：各部位に0.5mLずつ

C．大型犬：各部位に1mLずつ

Ⅵ．方法：椎間孔の近くで肋骨の尾側に90度の角度で皮膚に針を刺入する；切開線に隣接する頭側および尾側の少なくとも2肋間に少量または希釈した麻酔薬を浸潤させる

Ⅶ．利点

A．各神経は近位で肋骨に隣接しているので，選択的肋間ブロックは容易である

B．開胸術中に肋間神経を胸膜下に観察できる

C．呼吸抑制を伴うことなく，3～6時間持続する鎮痛効果を得られる

Ⅷ．合併症

A．技術的失敗による気胸

B．肺疾患のある犬において呼吸運動が減少すると，血液ガス交換を障害する（高炭酸血症，低酸素血症）

胸膜腔内局所麻酔

Ⅰ．適用

A．以下の状況によって生じている疼痛の無痛化

1．開胸術

2．肋骨骨折

3．乳房切除術

4．慢性膵炎

5．胆嚢切除術

6．腎臓の外科手術

7．腹腔腫瘍

8．胸壁，胸膜，および縦隔への転移

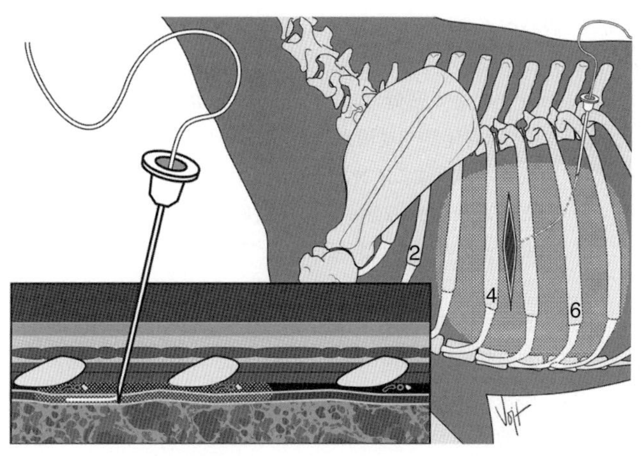

図7-13　犬の肋間神経鎮痛のための注射針とカテーテルの刺入位置。側面と矢状断面を示した。2，4，6は第二，第四，第六肋骨。

Ⅱ．ブロックする神経：無痛化の機序は十分には解明されていない

A．壁側胸膜に局所麻酔薬を背側に浸潤させると，肋間神経ブロックを生じる

B．胸腔臓器に向かう交感神経胸部と内臓神経

Ⅲ．部位：経皮的または閉胸前に胸膜腔にカテーテルを留置する（図7-13）

Ⅳ．器具：17G，長さ5cm，ヒューバーポイント（Tuohy）針；医療用シリコンチューブ（内径2mm，長さ5〜10cm）；胸膜鎮痛用ディスポーザブル滅菌投与セットも利用できる

Ⅴ．局所麻酔薬：0.5％ブピバカインまたは0.2％ロピバカイン1〜2mg/kg（1:200,000でエピネフリンを添加してもよい）

Ⅵ．方法：犬を十分に鎮静し，肋骨の尾側縁の皮膚，皮下組織，骨膜，および胸膜を脱感覚するために，22G，長さ2.5cmの注射針で2％リドカイン1〜2mLを投与する；次にヒューバーポイント針を用いて，ほとんど抵抗感のない陰圧の胸

膜腔へカテーテルを挿入し，針先端から3〜5cm進める（図7-13）；カテーテルを残したまま針を抜去する；開胸術でのカテーテル留置では，Tuohy針を切開部位から少なくとも2肋間尾側で皮膚から刺入し，目視下でカテーテルを胸膜腔に挿入する；カテーテルを用いて空気や血液を吸引除去した後に1〜2分かけて局所麻酔薬を注入する；そしてカテーテルを生理食塩液2mLでフラッシュする

Ⅶ. 利点

A. 簡単である

B. 針の刺入は1カ所のみ（肋間ブロックでは複数箇所）

C. モルヒネの皮下投与（0.5mg/kg）やブピバカインの選択的肋間神経ブロック（各部位に0.5mLずつ）に比較して，開胸術後の無痛化が長く持続する（3〜12時間）

D. 胸膜腔内カテーテルは長期使用可能である（数週間）

Ⅷ. 合併症

A. 肺損傷

B. 感染

C. 横隔神経の麻痺または不全麻痺；陰圧の腹腔内を伴う奇異呼吸

D. 局所麻酔薬に対するタキフィラキシー

E. 血中局所麻酔薬濃度の上昇

F. 局所麻酔薬を過剰投与（ブピバカイン>3mg/kg）した際の全身毒性

G. カテーテルに関する合併症（例：気胸）

H. 出血

I. 無痛化が得られない

J. カテーテルの設置位置の間違い

Ⅸ. 制限（この手技で効果を得られない場合）

A. 胸膜腔内への過剰出血

B. 胸膜滲出

第8章

注射麻酔薬

"To sleep: perchance to dream."

WILLIAM SHAKESPEARE

概要

静脈内投与（IV）や筋肉内投与（IM）が可能な注射麻酔薬は，不動化や全身麻酔に使用できる。最小限の副作用で注射麻酔薬の適切な効果を得るためには，適切な麻酔前投薬（トランキライザ，鎮静薬，鎮痛薬）が必要である。多くの場合，注射麻酔薬は吸入麻酔薬より便利で安価である。注射麻酔薬の欠点は，一度投与してしまうとコントロールできず，排泄に時間がかかることである。注射麻酔薬には作用時間が非常に短いものもある（チオペンタール，メトヘキシタール，プロポフォール，エトミデート，アルファキサロン）。

総論

Ⅰ．眠気や軽い鎮静から全身麻酔，さらには昏睡まで中枢神経系（CNS）の抑制を増大できる

Ⅱ．麻酔作用の発現速度，抑制程度，および麻酔時間を決定する因子

A．注射麻酔薬の力価

B．投与量

C．IV投与した際には，薬物の投与速度

D．投与ルート（IV，IM，SC，腹腔内投与［IP］）

E．注射麻酔薬の薬物動態とタンパク結合能

1．腎機能の低下によって注射麻酔薬の作用が延長し，増強される

2．肝機能の低下によって注射麻酔薬の作用が延長し，増強される

3．血漿タンパク濃度の低下によってタンパク結合能が高い注射麻酔薬（バルビツレート）の作用が増強される

F．薬物投与時の動物の意識レベル（興奮 vs 抑うつ）

G．酸－塩基平衡と電解質平衡（例：アシドーシスはバルビツレート麻酔を増強する）

H．動物の心拍出量および血流分布

I．薬物耐性（年齢，品種，肥満度）

J．その他の薬物との相互作用

Ⅲ．ほとんどの麻酔薬はCNSを抑制して無意識を生じる

A．注射麻酔薬の一部は痙攣の治療に用いられる（バルビツレート；プロポフォール）

B．バルビツレートは脊髄反射を抑制し，臨床的にはストリキニーネ中毒の治療に用いることができる

Ⅳ．投与ルート

A．ほとんどの注射麻酔薬はIV投与される

1．解離性麻酔薬（ケタミン，チレタミン－ゾラゼパム）や神経ステロイド（アルファキサロン）はIVおよびIM投与できる

B．注射麻酔薬の希釈剤は副作用を生じることがある

1．バルビツレート溶液は強いアルカリ性であり（pH 12～13），偶発的に皮下に漏れると壊死や皮膚の脱落が引き起こされる。バルビツレートはIMまたはSC投与すべきではない

2．プロポフォールの希釈液であるイントラリピッド®は細菌増殖を助長し，生化学検査に影響を及ぼす場合もある

3．ケタミン製剤はpH 3.5～5.5であるが，IM投与によって投与部位に痛みを生じる可能性がある

4．エトミデートは，その高い浸透圧（4,965mOsmol/L）のために血管周囲刺激や溶血を引き起こす

Ⅴ．投与量は脂肪のない身体（体重－体脂肪）をもとに算出する（表8-1）

バルビツレート麻酔

Ⅰ．バルビツレートはその作用時間によって分類される

A．長時間作用型：8～12時間（フェノバルビタール）

B．中時間作用型：2～6時間

C．短時間作用型：45～90分（ペントバルビタール）

D．超短時間作用型：5～15分（チオペンタール，メトヘキシタール）

Ⅱ．一般名（非専売名）

薬物	作用時間
フェノバルビタールナトリウム	長時間
ペントバルビタールナトリウム	短時間
チオペンタールナトリウム	超短時間
メトヘキシタール	超短時間

Ⅲ．バルビツレートの全身麻酔作用

A．CNSへの作用

1．バルビツレートはCNS抑制活性をもつγ-アミノ酪酸A（$GABA_A$）受容体に作用して，眠気や軽度の鎮静から昏睡までの範囲のCNS抑制を引き起こす

2．バルビツレート麻酔に対する反応

a．ペントバルビタールと超短時間作用型バルビツレート（チオペンタール，メトヘキシタール）は，脳血流（CBF），脳の酸素代謝率（$CMRO_2$），および脳のニューロン活性を減少する（例：犬）；

第8章

表8-1 短時間の全身麻酔に一般的に使用される静脈麻酔薬（mg/kg）

	麻酔薬	馬	犬	猫	豚	牛	山羊
1	チオペンタール	7まで	8-20	8-20	10-20	7-13	4-10
2	エトミデート	−	0.5-2	0.5-2	0.5-2	−	−
3	プロポフォール	2-8	4-10	3-10	4-13	−	−
4	アルファキサロン	1-3	2-5	2-5	2-5	2-3	2-3
5	グアイフェネシン	50-100	40-90	−	40-90	100	100
6	抱水クロラール	60-200	−	−	6-9g/45kg	60-200	60-200
7	チオペンタール	4-6	—	—	5.5-11	4-6	—
8	ケタミン	1.5-2	5-10	2-6	2-6	2まで	2-6
9	チレタミンーゾラゼパム合剤	0.5-1.5	2-10	2-8	4-10	1-4	2-10
10	グアイフェネシン	50-100	30-90	−	30-90	50-100	30-90
	チオペンタール	4-6	4-9		4-9	4-6	−
11	グアイフェネシン	50-100	30-90	−	−	50-100	−
	ケタミン	1.2-2.2	1	−	1-2	0.6-1.1	0.6-1.1
12	アセプロマジン	−	0.2	0.2	0.4	−	−
	ケタミン	−	10	10	2-7	−	−
13	キシラジン*	1	0.7-1	0.7-1.1	1-2	0.04	0.04
	ケタミン	2.2	10	10-11	6-8	2	2-7
14	キシラジン	1.0-1.1	0.4	0.7	0.7	0.05	0.09
	チレタミンーゾラゼパム合剤	1.0-2.2	7	2-7	2-7	1	1
15	ジアゼパム†	0.1	0.25	0.2	0.2	0.25-0.5	−
	ケタミン	1.5-2	5	5	4	5-10	−
16	ミダゾラム	−	−	0.4	−	−	−
	ケタミン	−	−	7.5	−	−	−
17	ミダゾラム	0.02	−	−	−	−	−
	キシラジン	1	−	−	−	−	−
	プロポフォール	3	−	−	−	−	−
18	オキシモルホン	−	−		0.08	−	−
	キシラジン	−	−	−	2	−	−
	ケタミン	−	−	−	2	−	−
19	キシラジンーグアイフェネシンーケタミン	(5%グアイフェネシン500mL＋ケタミン500mg＋キシラジン30-50mg［反芻獣1-2mL/kg］；5%グアイフェネシン500mL＋ケタミン500mg＋キシラジン500mg［馬，豚］)；3-5mL/分，効果が出るまで					

*デクスメデトミジン（小動物）またはデトミジン（馬，生産動物）2〜10μg/kg IVをキシラジンの代わりに用いることができる。
†ミダゾラム0.2〜0.6mg/kg IVをジアゼパムの代わりに用いることができる。

$CBF/CMRO_2$比は変化しないか増加する；換気状態（$PaCO_2$）が正常であれば，CSF圧の変化は最小限である

b．麻酔濃度のバルビツレートは心収縮力と血管運動神経性緊張を低下させ，動脈血圧が低下し，頭蓋内圧が減少する

c．超短時間作用型および短時間作用型バルビツレートは全身麻酔や外科麻酔の導入に用いられる

d．麻酔量のバルビツレートには鎮痛作用がない

3．抗痙攣作用

a．長時間または中時間作用型バルビツレートは痙攣治療に用いられる

b．短時間作用型バルビツレート（ペントバルビタール）は痙攣の緊急治療に用いられる。ペントバルビタールの持続投与は蓄積性がある

利点　■バルビツレート

- 短時間または超短時間作用型バルビツレートは麻酔に利用される
- 長時間または中時間作用型バルビツレートは抗痙攣薬として利用される（ペントバルビタール）
- CBFおよび$CMRO_2$を低下させる；脳外科手術に有用である

B．臓器に対する作用とその反応

1．呼吸器系

a．バルビツレートは呼吸を抑制する

（1）延髄の呼吸中枢および特徴的な規則正しい呼吸運動を担っている脳領域（無呼吸中枢，呼吸運動中枢）が抑制される

（2）バルビツレートは$PaCO_2$増加に対する換気反応（分時換気量）を抑制する

（3）呼吸抑制の程度は薬物の投与量と投与速度に関連する

b．麻酔導入時には，発咳，くしゃみ，しゃっくり，

喉頭痙攣が起こる；これらの作用は過剰な唾液分泌によって引き起こされ，麻酔前投薬（アトロピン，グリコピロレート）によって最小限になる

(1) 喉頭痙攣は，猫のバルビツレート麻酔の一般的な合併症である

c．バルビツレートのボーラスIV後には，短時間の無呼吸が起こりやすい

(1) 無呼吸が生じた場合には，気道確保と人工呼吸を考慮する

2．心血管系

a．バルビツレートは重大な心血管抑制を引き起こす。心収縮力および血管運動神経性緊張を低下させる。一般的に，麻酔導入は一過性のBP血圧低下に関連し，とくにボーラス投与や高用量の投与によって顕著になる

b．心不整脈が生じることがある（**図8-1**）

(1) チオバルビツレート（チオペンタール）は心臓のエピネフリンに対する感受性を増大し，自律神経失調を引き起こす；チオペンタール投与後には，不整脈とくに心室性期外収縮（心室性二段脈，三段脈）が生じ得る

(2) チオバルビツレートは副交感神経と交感神経の両方の緊張を増大する；これにより心房性および心室性不整脈が引き起こされる；稀に洞性徐脈を生じる；第1度，第2度，第3度房室ブロックと心停止を生じることがある

c．通常，バルビツレートは一過性の血圧低下を生じる；病気の動物，体調を崩した動物，または衰弱した動物では，少量のバルビツレートでも心収縮性，心拍出量，および動脈血圧の著しい低下を引き起こすことがある

(1) 病気の動物，体調を崩した動物，または衰

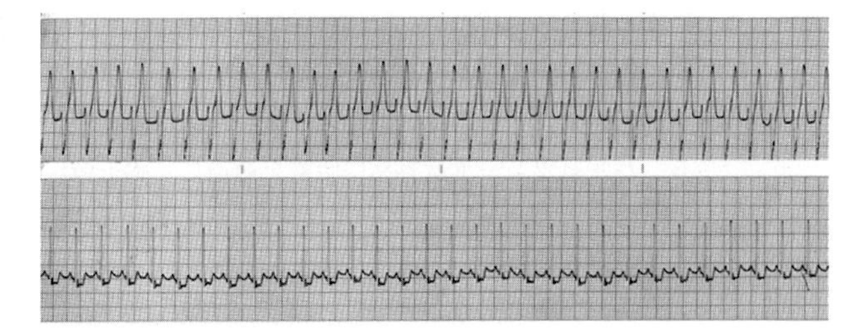

図8-1 犬の一焦点（単形性）心室性頻拍（上段）。リドカインのIV投与によって洞性頻脈に変化した（下段）。

弱した動物では，投与量を減らし，ゆっくり投与すべきである

(2) 濃度2.5％以上のチオペンタール溶液は，偶発的に皮下に漏れると組織毒性を示し，毛細血管の筋肉を傷害して毛細血管拡張や血栓性静脈炎を生じる；動脈内に投与すると，重度の痛み，血管収縮，組織壊死を生じる

(3) ストレス下にある動物や興奮した動物では，麻酔導入量のチオバルビツレートがしばしば交感神経緊張増加によって投与初期に高血圧と頻脈を引き起こす

3．胃腸管への作用

a．腸管運動の抑制

b．腎臓と肝臓

(1) 腎血流量の減少を生じない限り，腎臓への直接作用はない；全身性の低血圧は尿産生の低下や停止を生じ得る

(2) チオペンタールの治療量1回投与は肝機能に影響しない；循環動態（血圧と血流）が維持されていれば，高用量のバルビツレート投与またはバルビツレートの反復投与は肝機能を障害しない

4．子宮や胎子への作用

a．ペントバルビタールは胎児に呼吸抑制を生じることから，分娩の近い動物には禁忌である

b．バルビツレートは容易に胎盤を通過し，胎子循環に入る；チオペンタールは45秒以内に胎子の臍帯混合血に達する

c．母体には麻酔量以下でも，胎子の呼吸運動を完全に阻害する

Ⅳ．吸収，排泄，および代謝

A．吸収

1．IV投与

a．常に呼吸と循環をサポートするための適切な準備をしておく

b．短時間作用型バルビツレート（ペントバルビタール）では，最大のCNS効果を生じるのに約5～10分かかる

c．超短時間作用型バルビツレート（チオペンタール，メトヘキシタール）では，通常，投与後30秒以内に最大効果に達する

2．バルビツレートは経口投与によって胃腸管で吸収される

B．排泄

1．再分配：超短時間作用型バルビツレート（チオペンタール）のCNS作用は，体幹組織（筋肉）への再分布によって消失する（図8-2）

a．麻酔回復は脳から体幹組織への薬物移動（再分布）に依存している

b．チオバルビツレートは，投与後約15～30分で筋肉や皮膚の薬物濃度がピークに達する

c．脂肪内の薬物濃度は数時間後に最大に達する

d．反復投与では蓄積作用がある

e．非常に痩せた筋肉質の動物（例：グレーハウンド，

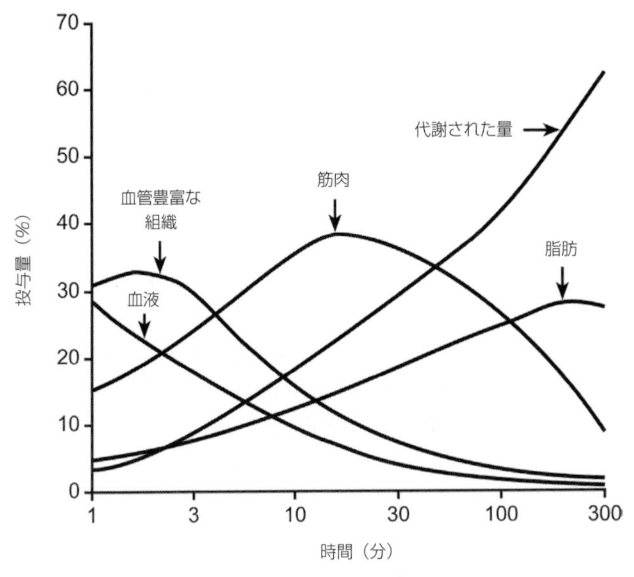

図8-2 チオペンタールの組織への分布と再分布。チオペンタール麻酔の麻酔時間に一致して薬物が筋肉組織に蓄積されることに注目。プロポフォールでも同様の再分布が生じる。

ウィペット）では，チオペンタール麻酔からの回復が遅延する（3〜5時間）

f．バルビツレートは脂溶性が高く，肥満動物では最終的な薬物排泄が遅延する

g．チオバルビツレート投与後に，稀に“急性耐性”（通常の投与量では最小限の作用しか得られない）が観察される；その機序は明らかではないが，おそらく動物の興奮程度や心拍出量の分布に関連している；急性耐性が生じた場合には，その他の麻酔方法の適用を考慮する

2．バルビツレートは肝臓酵素の酸化活性と腎排出で最終

的に排泄される

3．活性のある（非イオン化，タンパク非結合）薬物の量は，アシドーシスや血漿タンパク能の低下によって増加する；アルカリ化は薬物排泄を促進する。これはペントバルビタールで効果的である

C．排出

1．肝代謝

a．バルビツレートは肝機能と肝外機能の両方で代謝される；代謝産物は腎臓で尿中に排泄される

b．肝疾患は薬物の作用時間を延長する；肝疾患の動物では，短時間作用型バルビツレート（ペントバルビタール）の使用を避ける

c．低体温と心血管機能の抑制は，バルビツレートの肝臓代謝を遅延する

d．グレイハウンドではチオバルビツレートの肝臓代謝が遅延し，その他の視覚犬においても潜在的にその可能性があり，チオバルビツレートの作用時間が延長する

V．個々のバルビツレートの投与量と投与法

A．ペントバルビタールナトリウム（国内商品名：ソムノペンチル［動物用医薬品］）

1．麻酔前投薬の効果の程度に応じてIV麻酔量は10～50mg/kgである

a．まず予定投与量の半分を急速投与する（約10～15秒）；続いて必要な効果が得られるまで残りを少しずつ投与する

2．外科麻酔を維持するため，ほかの麻酔薬（吸入麻酔薬）と組み合わせて用いる

3．麻酔前投薬により，全身麻酔に必要なバルビツレートの量を減らせる

4．アトロピンやグリコピロレートは，唾液分泌，喉頭痙攣，迷走神経性緊張を軽減する

5．50%グルコースのIV投与で麻酔時間を延長できる（グルコース効果）
6．完全な麻酔回復には8〜24時間かかる
7．犬の最小致死量は50mg/kg IVである
8．過剰投与した場合には，人工呼吸，心拍出量を増加する薬物，輸液，アルカリ化液（$Na^{+}HCO_3^{-}$），および利尿薬で治療する
9．犬猫への経口投与は，臨床的には安全ではない

B．チオペンタールナトリウム（国内商品名：ラボナール）
1．一般的に，麻酔されるまで少しずつIV投与する（3〜12mg/kg）
2．有効な溶液濃度は1.25〜10%である
a．冷蔵保存（5〜6℃）で7日間または室温で3日間保存した水溶液は廃棄すべきである；沈殿の生じた水溶液は使用すべきではない
b．高濃度の溶液（>2%）を誤って血管周囲に投与すると，組織損傷や壊死を生じる
c．組織壊死は投与部位に生理食塩液を浸潤させることで最小限にできる；疼痛は2%リドカイン投与で軽減できる
3．麻酔導入と気管挿管のための投与量は3〜6mg/kgである；馬では10%以下の水溶液が使用される；反復投与によって蓄積し，麻酔回復が遅延する
4．投与量は脂肪組織を差し引いた体重を基準に算出する
5．全身麻酔は，通常20〜60秒で生じる
6．麻酔導入後に心室性不整脈（心室性期外収縮，心室性二段脈，三段脈）を認めることがある（**図8-3**）
7．急速IV投与後には無呼吸が生じやすい；麻酔初期には換気をサポートする必要がある
8．単回ボーラス投与後の麻酔回復は10〜30分で生じるが，投与量依存性に数時間にわたって抑うつ状態が持続することがある

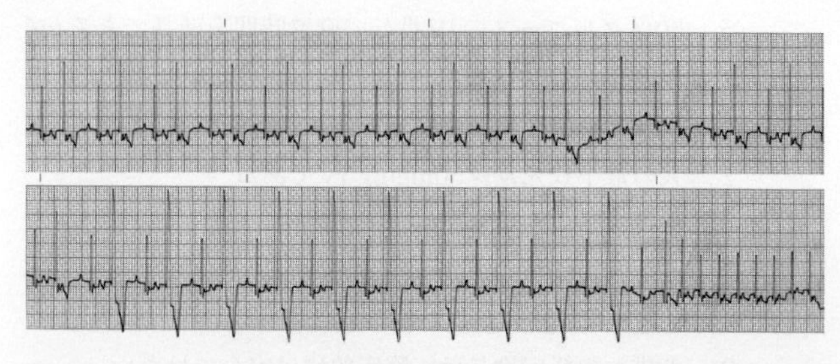

図8-3　犬にチオペンタールを急速投与した際に認められた心室性二段脈（交互に異常なQRS群を認める）。下段の図では最後に洞調律に変化していることに注目。

9．過剰投与は，O_2吸入，調節呼吸，輸液，アルカリ化液，利尿薬で治療する

C．メトヘキシタール（国内未販売）

1．チオペンタールと同様であるが，蓄積作用がない（急速に代謝される）
2．小動物では6～10mg/kgで軽度の全身麻酔が得られる；馬や成牛では6mg/kg；子牛では3～5mg/kg
3．水溶液は室温で少なくとも6週間安定である
4．作用時間が短く，サイトハウンド（例：グレーハウンド，ウィペット，ボルゾイ）に推奨される
5．作用時間5～10分；チオバルビツレートよりも短い
6．呼吸抑制と無呼吸が一般的である
7．麻酔導入時と回復時には興奮，筋間代，せん妄，および痙攣が起こることがある；CNS作用の生じる可能性はベンゾジアゼピン（ジアゼパム0.2mg/kg，IV）で最小限にできる；馬では麻酔前投薬で鎮静した場合でも，もがきを認める
8．大動物ではルーチンには用いられていない

投与量　■バルビツレート

麻酔薬	動物種	投与量	作用時間
ペントバルビタールナトリウム	犬	10-33mg/kg	30分
	猫	25mg/kg	
	馬	推奨されない	
	牛	15-30mg/kg	
	豚	10-30mg/kg	
チオペンタールナトリウム	小動物	3-12mg/kg	10-30分
	馬	5-8mg/kg	
	牛	5-10mg/kg	
	子牛	5-12mg/kg	
	豚	5.5-11mg/kg	
メトヘキシタール	小動物	6-10mg/kg	5-10分
	馬	6mg/kg（推奨されない）	
	牛	6mg/kg（推奨されない）	
	子牛	3-5mg/kg	

注意点　■バルビツレート

- 呼吸抑制；無呼吸
- 心血管抑制（一過性の低血圧）
- 2.5%以上の溶液のIV投与では組織毒性がある；動脈内投与によって重度の痛み，血管収縮，および組織壊死が生じる
- 麻酔量では肝機能や腎機能に対する作用は最小限である
- メトヘキシタールは麻酔導入時と麻酔回復期に興奮や筋間代を引き起こすことがある

非バルビツレート麻酔薬

Ⅰ．エトミデート（国内未販売）

A．急速な作用発現，超短時間，非バルビツレート，非蓄積性のイミダゾール誘導体

B．全身麻酔作用

1．$GABA_A$受容体に結合して睡眠を生じる

2．網様体賦活系が主な作用部位

3．単シナプス反射を増強し，ミオクローヌスを示すこと

がある

4．CBF（脳血流）と$CMRO_2$（脳の酸素代謝率）を低下させる；$CBF/CMRO_2$比は増加する

5．催眠量以下では鎮痛作用はない

C．臓器に対する作用とその反応

1．呼吸器系

a．IVボーラス投与後に無呼吸を生じることがある

b．麻酔維持期の1回換気量と呼吸数への影響は最小限である；呼吸数は増加することがある

2．心血管系

a．ゆっくりとIV投与すれば，心拍数，動脈血圧，および心拍出量にほとんど変化がない

b．心収縮性は軽度に抑制される

c．カテコールアミン誘発性不整脈に対する心筋感受性を増大しない

d．ヒスタミン放出作用はない

3．胃腸管系

a．麻酔前投薬をしていないと，麻酔導入時や麻酔後に悪心や嘔吐を時々認める；これらの作用は適切な麻酔前投薬を用いることで抑制できる

b．胃腸管の運動性への影響は最小限である

4．内分泌系

a．抗糖質コルチコイド作用と抗鉱質コルチコイド作用がある；副腎皮質刺激ホルモン刺激試験とグルコース耐性試験の結果に大きく影響する

b．エトミデート単独IV後に犬の副腎皮質機能は2～3時間抑制される。正常な犬猫では，臨床的に顕著なエトミデート投与後の副腎皮質抑制は認められない（とくに単回投与）

5．胎盤を通過するが，排泄が急速なため，作用は最小限である

D．最終的な代謝と排泄

1．脳，心臓，脾臓，肺，肝臓，腸管への再分布によって急速に麻酔回復する
2．麻酔時間は薬物の再分配と用量に依存する；肝臓でエステル加水分解
3．蓄積作用はない

E．その他

1．麻酔中には良好な筋弛緩作用を得られる；麻酔導入時や麻酔回復期には不随意性の筋運動やミオクローヌス性反応が起こり，とくに麻酔前投薬をしなかった場合に顕著である
2．悪性高熱の発症には関連しない
3．投与時に疼痛を示すことがある
4．眼内圧を低下させる
5．急性溶血を生じることがある；プロピレングリコールを基剤としており，浸透圧は4,965mOsmol/L

F．臨床応用

1．全身麻酔の導入
2．犬猫の短時間麻酔（5～10分間）；最善の効果を得るためには，筋弛緩作用のある薬剤（例：ジアゼパム），鎮静薬（例：デクスメデトミジン）および鎮痛薬（例：フェンタニル）を併用すべきである
3．一般的に，馬や生産動物には使用されない（高価）

G．投与量

1．犬猫では0.5～3mg/kg IV
2．最良の効果を得るためには，ジアゼパム，デクスメデトミジン，アセプロマジンなどで麻酔前投薬する

注意点　■エトミデート

- 胃内容の逆流や嘔吐
- IV投与時の痛み
- 溶血を生じる可能性がある
- ミオクローヌス（筋間代）を示すことがある
- 犬猫では一過性（>3時間）の副腎髄質抑制がある

Ⅱ．プロポフォール（国内商品名：動物用プロポフォール注１％「マイラン」，プロポフロ28［動物用医薬品］）

A．急速な作用，超短時間，非バルビツレート，比較的非蓄積性のIV麻酔薬

B．全身麻酔作用

1．ほかの麻酔薬と同様に，$GABA_A$受容体への結合とNaチャネルブロッカーとしての作用によって鎮静－睡眠作用を発現する

2．用量依存性に大脳皮質とCNS多シナプス性反射を抑制する；非脱分極性神経筋遮断薬の作用を増強することがある

3．催眠量未満では鎮痛作用はほとんどない

4．麻酔量ではCBF（脳血流）と$CMRO_2$（脳の酸素代謝率）が減少する；CBF/$CMRO_2$比は無変化か最小限の増加

5．抗痙攣作用と制吐作用を生じる

利点　■プロポフォール

- 急速な作用発現と麻酔回復
- 比較的非蓄積性である
- 麻酔導入や短時間麻酔（例：内視鏡検査）にすぐれている
- 最小限の作用残留（持ち越し効果）

C．化学

1．水溶性に乏しいアルキルフェノール

2．イントラリピッド®と呼ばれるレクチン含有乳剤（10％大豆油と1.2％卵レクチン）に溶解してある

a．イントラリピッド®に関連する問題（とくに感染性の増大）を避けるために，様々な水溶性プロポフォール製剤が開発されている

3．現行製剤（イントラリピッド®）の制限された保存期間や細菌増殖といった臨床応用における問題を解決するために，ナノ小滴製剤や特殊な希釈基剤（2-ヒドロ

キシプロピル β-シクロデキストリン［HPCD］）を用いた製剤について検討されている

D．臓器に対する作用

1．呼吸器系
 a．チオペンタールと同様
 b．用量依存性の呼吸抑制と投与直後の無呼吸
 c．常に呼吸サポートできる体制を整えておく

2．心血管系
 a．心拍数にはほとんど変化がない
 b．心拍出量と全身血管抵抗の低下により，用量依存性に血圧が低下する
 c．麻酔量では，最小限であるが用量依存性の陰性変力作用がある
 d．カテコールアミン誘導性心不整脈への心筋感作は，チオバルビツレートよりも少ない；健康でない動物でも臨床的には認められない

3．その他の臓器：肝臓，腎臓，胃腸管系への作用は，血圧や臓器血流の変化に二次的に発生する

4．胎盤を通過し，用量依存性の胎子抑制を引き起こす

E．最終的な代謝と排泄

1．麻酔作用の終息と短い作用時間は，脳（血管豊富）から筋肉や脂肪への大量の再分配による

2．比較的急速に再分配され，肝臓で生体内変化が生じる

3．チオバルビツレートよりも急速に肝内性および肝外性に代謝排泄される

4．比較的蓄積作用はない

F．その他

1．良好～すぐれた筋弛緩作用がある

2．麻酔導入時に疼痛を示すことがある

3．急速な覚醒；“残存（二日酔）”効果はほとんどない

4．細菌増殖とエンドトキシン産生の可能性がある

5．猫の赤血球では酸化障害が引き起こされ，猫（グルク

ロン酸抱合能が比較的低い）に連日投与すると溶血（ハインツ小体貧血）を生じる

G．臨床応用

1．全身麻酔の導入

a．視覚犬（例：グレイハウンド）においても安全で効果的である

2．オピオイド鎮痛薬やほかの鎮静－鎮痛薬を併用して全身麻酔を維持する

3．帝王切開術に利用でき，一般的に良い結果を得られる

注意点　■プロポフォール

- 投与量と投与速度は無呼吸の発生に影響を及ぼす
- 心血管抑制；低血圧およびしばしば徐脈
- イントラリピッド®は微生物の増殖を助長し，感染を生じやすい
- 溶血とハインツ小体貧血の可能性がある（猫）

H．投与量

1．犬猫の麻酔導入には2～8mg/kg IV

2．麻酔前投薬で投与量を減量できる

3．犬猫の麻酔維持には0.2～0.6mg/kg/分 IV持続投与；通常，筋弛緩作用の付加を目的としてジアゼパム，鎮痛作用の付加を目的としてオキシモルホンまたはフェンタニル，および鎮静作用の付加を目的としてデクスメデトミジンまたはアセプロマジンが併用される

Ⅲ．アルファキサロン（国内用品名：アルファキサン）

A．急速な作用，短時間作用，非バルビツレートステロイド麻酔薬

1．アルファキサロンは，水溶性を改善するためにHPCD（前述）に混合されている

2．HPCDは安定した水溶性複合体を形成する

3．重要なことは，HPCDがヒスタミン遊離に関連せず，細菌増殖を助長しないことである

B．全身麻酔作用

1．ほかの麻酔薬と同様に，$GABA_A$受容体へ結合して鎮静－睡眠作用を発現する
2．用量依存性に大脳皮質とCNS多シナプス性反射を抑制する
3．催眠量では鎮痛作用は最小限である
4．麻酔量ではCBFと$CMRO_2$を減少する
5．薬理作用と薬物動態は用量依存性である
　a．臨床用量であれば，薬物の蓄積は顕著ではない

利点　■アルファキサロン

- 犬猫では，急速で円滑な麻酔作用の発現と麻酔回復を得られる
- 比較的非蓄積性である
- 麻酔導入，短時間の内科または外科処置にすぐれている
- 最小限の作用残留（持ち越し効果）

C．化学
1．水溶性に乏しいステロイド化合物
2．以前の製剤はヒスタミン遊離作用のあるポリオキシエチレンヒマシ油（Cremophor-EL）に溶解されていた
　a．現在の製剤はHPCDに溶解されており，水溶性と安全性が改善されている

D．臓器に対する作用
1．呼吸器系
　a．用量依存性の呼吸抑制と投与後初期に無呼吸を生じる
2．心血管系
　a．臨床用量では最小限の心血管抑制
　b．心拍数増加としばしば洞性頻脈
　c．用量依存性に動脈血圧低下，血管拡張
　d．最小限であるが，麻酔用量では用量依存性の陰性変力作用
3．その他の臓器系：肝臓，腎臓，および胃腸管系への作用は，動脈血圧と臓器血流の低下によって生じる

4．胎盤を通過し，用量依存性の胎児抑制を引き起こし得る

E．最終的な代謝と排泄

1．肝臓で急速に代謝される。代謝産物の一部は尿排泄される

2．猫では非直線的な薬物動態を示す。用量別に薬物作用とその残存作用の程度を予想できない

3．血漿中から急速に排除され，臨床用量では比較的蓄積性がない

F．その他

1．良好～すぐれた筋弛緩作用を示す

2．麻酔回復は円滑であるが，用量依存性である

G．臨床応用

1．全身麻酔の導入

a．視覚犬にも安全で効果的である(例:グレイハウンド)

2．オピオイド鎮痛薬やその他の鎮静－鎮痛薬を併用することで，麻酔維持にも使用できる

注意点　■アルファキサロン

- 投与量および投与速度依存性に呼吸抑制を生じる
- 低血圧
- 麻酔回復期の動物は，音に敏感に反応する場合がある

H．投与量

1．安全域が広く，IM，IVボーラス投与，または持続IV投与が可能である

a．アルファキサロンには組織刺激性がない

2．犬猫の麻酔導入量は2～5mg/kg IVであり，2mg/kg IVを反復投与することで麻酔維持できる

a．0.07～0.1 mg/kg/分（4～7mg/kg/時）の持続IV投与で麻酔維持できる

3．IM投与量は12～15 mg/kgである

4．筋弛緩作用を付加するためにジアゼパムまたはミダゾ

ラム，鎮痛作用を付加するためにオキシモルホンまたはフェンタニル，鎮静を付加するためにアセプロマジンまたはデクスメデトミジンを併用できる

Ⅳ．抱水クロラール

A．現在，抱水クロラールは麻酔薬としては販売されていないが，結晶を購入してⅣ投与用または経口投与用の水溶液を自家調整し，鎮静，催眠，または安楽死に使用される；主に馬や生産動物に使用される

B．全身麻酔作用

1．抱水クロラールはトリクロロエタノールに代謝分解され，アルコール（エタノール）酩酊と同様の作用を発揮し，大脳皮質を抑制して反射を低下させる。麻酔量未満では鎮痛作用は乏しい

2．麻酔量未満では運動神経および感覚神経を抑制し，軽度の鎮静を生じる。麻酔量は最小致死量に近い

3．麻酔量では数時間の深い睡眠が得られる；覚醒は遅延する（6～24時間）

C．化学

1．物理的性状：無色で，空気に曝されると気化する半透明の結晶

2．化学的性状

a．水と油に容易に溶ける

b．苦く辛い；皮膚や粘膜に刺激性がある

D．臓器に対する作用

1．呼吸数と1回換気量を減少する

2．心収縮性が減少する；迷走神経緊張が高まり，徐脈を生じる

3．胃腸管分泌と運動性が増大し，麻酔後に下痢を生じることがある

4．抱水クロラールは胎盤を通過しやすい

E．臨床応用

1．IV，経口，および注腸投与される。IMまたはIP投与

はされない。血管外に漏れると刺激性が強い

2．小動物の麻酔には使用されない

3．大動物の鎮静に時々使用されている；麻酔量は様々である（上限200mg/kg IV）

4．抱水クロラールは化学薬品会社から試薬として購入できる（Sigma- Aldrich社）

F．投与量

1．鎮静：20～60mg/kg IV

2．全身麻酔：上限200mg/kg IV

V．グアイフェネシン（グアヤコールグリセリンエーテル）

A．化学

1．物理的性状：白色，水溶性の細粒状の粉末

2．化学的性状

a．うっ血除去薬，鎮咳薬，中枢作用性筋弛緩薬

b．化学的にはメフェネシンに類似する；メフェネシンは芳香族グリセリルエーテルである

B．全身麻酔作用

1．脊髄や脳幹の介在ニューロンにおける信号伝達を遮断する；グアイフェネシンは中枢作用性筋弛緩薬である

2．鎮静および鎮痛効果は最小限である

3．骨格筋を弛緩させるが，筋弛緩量では呼吸への作用は最小限である

4．喉頭と咽頭の筋群を弛緩し，気管挿管を容易にする

5．麻酔前投薬や麻酔薬と両立できる

6．興奮のない麻酔導入と麻酔覚醒を作り出す

7．高用量では奇異性筋硬直が起こる

利点 ■グアイフェネシン

- 単独投与では麻酔作用に乏しい
- 良好～すぐれた筋弛緩作用
- 喉頭と咽頭の筋群を弛緩し，気管挿管を容易にする
- 良好な麻酔回復

C．臓器に対する作用

1．呼吸器系

a．呼吸抑制作用はほとんどない

b．投与直後には呼吸数が増加する；1回換気量は減少する

c．過剰投与では無呼吸（息こらえ）パターンを引き起こす

d．横臥すると酸素化が減少する

2．心血管系

a．投与直後に血圧が軽度に低下するが，正常に戻る

b．心筋収縮力と心拍数は比較的変化しない

3．胃腸管系：胃腸管の運動性が増加する

4．子宮と胎子：グアイフェネシンは胎盤を通過するが，胎子に重度の呼吸抑制は生じない

D．吸収，代謝，および排泄：肝臓でグルクロニドに抱合後，尿中に排泄される

E．臨床応用

1．馬や牛の筋弛緩に使用される

2．60分間までの短時間の全身麻酔にほかの薬剤（バルビツレート，ケタミン）を併用して使用される

3．水または5%ブドウ糖液で5～10%溶液に調整して使用される

a．牛では高濃度（>6%）で溶血や血色素尿が起こる；馬に15%を超える濃度で用いると，蕁麻疹や溶血が起こる

4．しばしば，グアイフェネシン50gをブドウ糖50gと滅菌した温水1Lと混合して調整される（5%グアイフェネシン溶液）

5．その他の静脈麻酔薬や吸入麻酔薬と両立できる

注意点　■グアイフェネシン

• 牛では高濃度（>6%）で溶血や血色素尿が起こる；馬や牛に15%を超える濃度で用いると，蕁麻疹や溶血が起こる

F．投与量

1．投与量は50～100mg/kg IVと様々である

2．以下の麻酔薬とともにグアイフェネシン（1L）を効果を得られるまで投与する：

a．チオペンタール2g

b．ペントバルビタール2.5g

c．馬ではケタミン（500mg）およびキシラジン（250mg）を5％グアイフェネシン500mLに混合した溶液を2mL/kg/時で持続IV投与して麻酔維持できる。牛ではキシラジンの用量を20～40mgのみとして用いる

3．安全域（グアイフェネシン単独）は麻酔量の約3倍（約300mg/kg IV）

4．過剰投与では筋硬直と無呼吸パターンが起こる

解離性麻酔薬

“解離性”麻酔薬はアリルシクロヘキサミンであり，ケタミン，チレタミン，フェシンクリジン（記載しない）が含まれる

I．全身麻酔では，神経原性不動（カタトニー），筋硬直，および銅像様姿勢（カタレプシー），および用量依存性の鎮痛が特徴的である。初期には嚥下や眼球運動が頻繁に認められ，動物は麻酔されていないように見える

A．口の反射，眼反射，嚥下反射は残存し，全身的に筋緊張が高まる。とくに筋弛緩薬を併用していない場合に顕著となる

1．筋硬直はトランキライザ，鎮静薬，ベンゾジアゼピン（ジアゼパム，ミダゾラム）の前投薬で最小限にできる

B．高用量では痙攣が起こるが，少量のペントバルビタール，チオペンタール，プロポフォール，ジアゼパム，またはミダゾラムでコントロールできる

C. ケタミンやほかの解離性麻酔薬は非競合的にNMDA受容体を拮抗する

Ⅱ. 人では幻覚，錯乱，動揺，不安などを生じ，動物でも高用量で投与すると麻酔中や麻酔回復期に同様の症状が起こるようである

Ⅲ. 個々の薬物

A. ケタミン（国内商品名：ケタミン注「フジタ」）は，獣医臨床で最も一般的な解離性麻酔薬である

1. ケタミンは，一般的に鎮静薬や筋弛緩薬（α_2-作動薬，ベンゾジアゼピン）を併用して，麻酔導入や軽度の外科手術の不動化に用いられる

2. ケタミンは，鎮痛効果を増強して吸入麻酔薬や注射麻酔薬の要求量を軽減する

3. 眼瞼反射，結膜反射，嚥下反射が残存する；眼球振盪が一般的である

B. Telazol®（国内未販売）は，チレタミンとゾラゼパム（ベンゾジアゼピン）の1：1合剤であり（それぞれ50mg/mL），チレタミンは薬理学的にNMDA受容体拮抗薬に分類され，すべての動物種に用いることができる。Telazol®は生理食塩液5mLに溶解する粉末として市販されている

1. 希釈液5 mLに溶解することで，チレタミン塩基50mg/mL，ゾラゼパム塩基50mg/mL，およびマンニトール57.7mg/mLを含む溶液に調整される。この溶液はpH 2～3.5であり，IM投与が推奨される

2. Telazol®は攻撃的な犬と猫およびエキゾチックアニマルに有用であり，Telazol®粉末をキシラジン製剤（100mg/mL）1mLまたはデクスメデトミジン製剤（0.5mg/mL）1mLとケタミン製剤（100mg/mL）4mLで溶解することによってそれぞれTKXまたはTKDと呼ばれる麻酔カクテルに調整し，不動化や短時間麻酔に利用されている

Ⅳ. 唾液と涙液の分泌が一般的であり，大量になることがある。嚥下によって気管挿管が困難となる場合もある

Ⅴ. 過剰投与で振戦，回転眼振（眼偏位活性），緊張性痙攣，痙攣が起こる

Ⅵ. 筋弛緩に乏しい；すべての解離性麻酔薬では，筋弛緩作用と鎮静作用のある薬物（例：ベンゾジアゼピン，α_2-作動薬）を併用することで最も良い効果を得られる

Ⅶ. 反射亢進や身体的刺激や音に対する過敏反応を示す動物もいる。麻酔回復後には運動失調が数時間残存し，覚醒時せん妄を生じることがある

Ⅷ. 鎮痛作用は用量依存性であり，表在性疼痛に良好な無痛化を得られる；内臓痛は除去されない

Ⅸ. 臓器に対する作用とその反応

A. 中枢神経系（CNS）

1. 解離性麻酔ではカタトニーとカタレプシー，鎮痛，および物理学的刺激に対する眼反応と喉頭反応の残存が特徴的である
2. ケタミンはCBF（脳血流）を増加し，$CMRO_2$（脳の酸素代謝率）には変化がないか増加する；CBF/$CMRO_2$比は増加する；動脈血圧と頭蓋内圧は上昇する；脳灌流圧は低下する

B. 呼吸器系

1. 解離性麻酔では呼吸保持（無呼吸パターン）が特徴的である；呼吸数は増加することがある；IV投与後には一般的に動脈血PO_2が低下する
2. 不規則な呼吸パターンのため，動脈血PCO_2上昇と動脈血pH低下の可能性がある

C. 心血管系

1. 心拍数増加
2. 血圧上昇
3. 心疾患のある動物では，心拍数と心筋酸素要求量の増加および心収縮性低下によって肺水腫や急性心不全が

引き起こされることがある

4．ケタミンやほかの解離性麻酔薬による心臓のカテコールアミン誘発性不整脈に対する感受性増大は最小限である

D．腎臓と肝臓

1．ケタミンは肝臓で代謝され，腎臓で排泄される

2．ケタミンは広範な肝臓代謝を受け，主にN-脱メチル化によって活性代謝産物のノルケタミンに分解される。ケタミンのエナンチオマー（鏡像異性体）は，単独投与される場合とラセミ体として混合投与される場合がある。それぞれの肝臓クリアランスや麻酔作用持続時間は異なる。S（+）ケタミンは，ラセミ体よりもクリアランスが大きく麻酔回復が速やかであり，R（−）ケタミンよりもクリアランスが大きい

3．肝疾患または腎疾患のある動物では，注意してケタミンを用いる；腎疾患がないか重度でなく，処置後に閉塞が排除されれば，ケタミンは尿道閉塞の猫に用いることができる

利点　■ケタミン

- 不動化
- 体性痛
- 催眠性麻酔薬（チオペンタール，プロポフォール）に比較して安全域が広い

X．投与量

A．ケタミン

1．著しく多様性で，IV，IM，SC，経口（頬粘膜），注腸，および経鼻投与が可能であり，その効果は様々である。組織刺激性は最小限であるが，IM投与では痛みを示す

2．IV投与量は1～5mg/kgであるが，野生動物やエキゾチックアニマルには10mg/kg以上で用いることもで

きる

a．鎮痛効果を得て吸入麻酔薬や注射麻酔薬の要求量を軽減するために，10〜50μg/kg/分の持続IV投与が用いられる

3．通常，IM投与量は5〜20mg/kgであるが，野生動物やエキゾチックアニマルにはさらに高用量で用いることもできる

4．SC投与では，得られる効果は様々である

B．Telazol®（チレタミン−ゾラゼパム合剤）

1．犬，猫，牛，羊，山羊：2〜5mg/kg IV，1〜8mg/kg IM

2．馬

a．キシラジン1mg/kg IVを投薬した後にTelazol® 1〜1.5mg/kg IVを投与する

b．Telazol®粉末をデトミジン製剤（10mg/mL）1mLとケタミン製剤（100mg/mL）4mLで溶解する。この混合溶液をキシラジン0.6mg/kg IVで鎮静した馬に0.007mL/kg IV（1mL/150kg）で投与する

3．豚：Telazol®粉末500mgをキシラジン製剤（100mg/mL）2.5mLとケタミン製剤（100mg/mL）2.5mLで溶解し，この混合溶液を1〜2mL/50kgでIM投与する

注意点 ■ケタミン

- 不十分な麻酔
- 筋弛緩作用に乏しい
- 振戦
- 頻脈と呼吸抑制
- 麻酔回復期に興奮する

第9章

吸入麻酔

"O sleep! O gentle sleep! Nature's soft nurse, how have I frightened thee, That thou no more will weigh my eyelids down and steep my senses in forgetfulness ?"

WILLIAM SHAKESPEARE

概 要

吸入麻酔薬は脳と脊髄に作用して全身麻酔を生じる。吸入麻酔薬の使用は，爬虫類，鳥類，魚類，動物園動物などのすべての動物種に適している。吸入麻酔薬を安全に使うためには，吸入麻酔薬の薬理学的作用，物理学的性状，化学的性状に関する知識が要求される。麻酔量では，無意識（催眠），不動化（筋弛緩，反射低下），無痛を生じる。吸入麻酔は麻酔深度の調節性にすぐれ，麻酔導入と麻酔回復が速く，麻酔回復後の影響（"二日酔"）も少ない。全身麻酔の質を改善し，麻酔維持に要する吸入麻酔薬の投与量を減少してその呼吸循環抑制を軽減するために，麻酔補助薬（トランキライザ，鎮痛薬）がしばしば併用される。

総 論

I．吸入麻酔薬は蒸気またはガスとして直接呼吸器系の中に吸入される

II．全身麻酔を生じるには，吸入麻酔薬が肺胞から血流に吸収され，血液によって中枢神経系（CNS）へ運ばれなければならない

麻酔レベル	外科的刺激に対する反応	筋緊張(顎)	眼瞼反射	眼球と瞳孔の位置	呼吸数	心拍数
ステージⅠ	+		+		N	N
ステージⅡ	+		+		↑	↑
ステージⅢ 浅い	±		+		N↑	N↑
中等度	−		−		N↓ 肋間運動の遅れ	N↓
深い	−		−		腹式のゆっくりとした浅い呼吸	↓↓
ステージⅣ	心肺停止					

図9-1 麻酔の“深度”を深くすると，眼，運動反射，呼吸，および心血管反応に特徴的な変化を生じる。これらの作用は，最初にエーテルに関してGuedelによって麻酔のステージと相の分類として記述された。完璧ではないが，この分類はほかの吸入麻酔薬（イソフルラン，セボフルラン）の作用の確認にも適用できる。吸入麻酔薬の中等度（中間）の麻酔レベル（ステージⅢ）がほとんどの侵襲的な外科処置を可能にする理想的な麻酔深度である。ステージⅢの最小限（浅い）のレベルでは，局所麻酔薬やオイピオドで鎮痛効果を追加すれば，小外科麻酔（生検，裂開の修復）が可能である。

Ⅲ. 吸入麻酔薬は主に肺から排泄される

A. 肝臓で代謝産物が生成される場合もある

Ⅳ. 吸入麻酔薬の取り込みと排泄は比較的速く，麻酔深度を効果的に調節できる。しかし，絶え間なく動物をモニタリングする必要がある

Ⅴ. Guedelがエーテル麻酔について開発した古典的な麻酔ステージとレベル（**図9-1**）が，ほとんどの吸入麻酔薬に大雑把に適用されている

A. ステージⅠ：鎮痛（麻酔導入開始から意識消失まで）

1. 正常な反射または反射亢進を伴う見当識障害が最も一般的な徴候である
2. 不安，心拍数増加，および速い呼吸を生じることがある
3. 過剰な唾液分泌を生じることがある

B．ステージⅡ：振戦せん妄または興奮（発揚）

1．ステージⅡにおける潜在的な危険性には，もがき，身体損傷，および交感神経系緊張増大がある
2．脳の自発運動中枢は抑制され，症例は周囲の環境を認識しなくなる
3．麻酔が浅いと，症例は刺激（例：音）に反応して大げさにもがくことがある
4．一般的に呼吸の深さや回数は不規則であり，息こらえを生じることがある
5．眼瞼は大きく開き，交感神経系刺激によって瞳孔は散大している
6．絶食していないと，反射性嘔吐を生じることがある。排便や排尿を生じることもある
7．麻酔前投薬によって，ステージⅡの持続を減少または回避できる

C．ステージⅢ

1．第Ⅰ相：より規則的な呼吸を示す
    a．最初の数分間は，麻酔ステージの進行に伴って蓄積した二酸化炭素（CO_2）によって1回換気量が2倍になる
    b．呼吸数は麻酔前投薬の直接的な影響を受ける
    c．痛みへの反応は抑制されているが，残存する
    d．心血管系機能への影響は最小限である
2．第Ⅱ相：呼吸数は増加または減少し，呼吸量（1回換気量）は減少する。心血管機能は中等度に抑制される
3．第Ⅲ相：肋間筋緊張の消失
    a．呼吸抑制が重度となる
    b．心血管系機能が著しく抑制される
4．第Ⅳ相：呼吸筋の完全な弛緩が生じる
    a．呼吸運動がすべて停止し，瞳孔が散大する
    b．心血管系機能が全般的に抑制され，血管が拡張して低血圧を招く

D．ステージⅣ：呼吸停止に続いて循環が虚脱し，1～5分以内に死亡する

吸入麻酔薬に望まれる性状

Ⅰ．非刺激性で不快な臭いがしない
Ⅱ．麻酔深度の調節が容易で，麻酔導入と回復が速い
Ⅲ．筋弛緩，反射低下
Ⅳ．無痛
Ⅴ．最小限の副作用
Ⅵ．症例あるいは環境に毒性がない
Ⅶ．可燃性または爆発性ではない（保存時に安定）
Ⅷ．ほかの麻酔薬と両立できる

揮発性吸入麻酔薬の脳内分圧を調節する因子

Ⅰ．吸入麻酔薬の物理的性状および化学的性状（表9-1）
A．吸入麻酔薬の気化圧は吸入麻酔の揮発性を決定する
1．揮発性は臨床的に妥当な濃度の吸入麻酔薬を供給するために使用する気化器の設計を決定する（第12章参照）
B．沸点（笑気とデスフルランを除く）は室温（27℃）より高い
1．笑気は室温で気体であり，流量計で供給量を調整する
2．デスフルランは電気的に加温できる気化器を使用して安定した供給濃度に調整する
Ⅱ．麻酔システム
A．症例に供給される麻酔薬の濃度は，気化器のタイプ，気化器のダイヤル設定，新鮮ガス流量，および麻酔回路のタイプによって決まる（第12章参照）
B．呼吸回路の漏れや一方向弁のベタつきなどによる故障を防止するため，頻繁に吸入麻酔器を点検保守する必要が

表9-1　吸入麻酔薬の沸点，気化圧，および気化

麻酔薬	沸点(℃)	20℃での気化圧(mmHg)	20℃で飽和した気化器から供給される麻酔蒸気の最大濃度（%）	有効濃度の範囲（単独使用）	
				麻酔導入(%)	麻酔維持(%)
揮発性麻酔薬					
デスフルラン	23.5	664	87.4	8-15	5-9
セボフルラン	59	160	22	4-5	2.0-3.5
イソフルラン	48	252	33	2-6	1-3
ハロタン	50	243	32	1-4	0.5-2.0
麻酔ガス					
笑気*	−89	39,500(50気圧)			

*室温では笑気は気体である。

ある

Ⅲ．換気と取り込み：吸入麻酔薬の脳内と脊髄内の分圧は麻酔薬の肺胞分圧に依存する；吸入麻酔薬の肺胞分圧は，吸入濃度，肺胞換気，肺からの取り込みで決まる。吸入麻酔薬の取り込みは，血液－ガス分配係数，心拍出量または肺血流量，および肺胞－静脈血分圧較差によって決まる

A．吸入濃度

1．濃度効果：吸入濃度（気化器のダイヤル設定）が高いほど，肺胞濃度の上昇が速い

2．二次ガス効果

a．吸入濃度50～70％の笑気は，吸入初期に混合ガス中の二次ガス（例：イソフルラン，セボフルラン）の流入と取り込みを促進する

B．肺胞換気

1．一般的に，どんな吸入麻酔薬でも，その肺胞濃度は換気量（分時換気量）が大きいほど吸入濃度に速く近づく。しかし，過剰な換気では脳血流量が減少するので，麻酔導入は遅くなる可能性がある

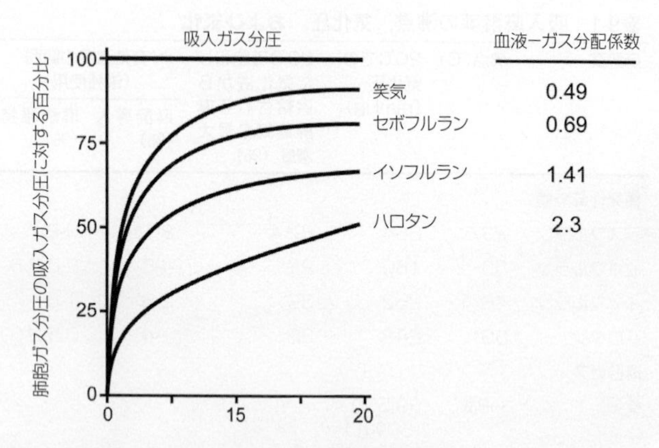

図9-2 血液ーガス分配係数が吸入麻酔薬の肺胞濃度の上昇速度（増加速度）を決定する。血液ーガス分配係数が低いほど，肺胞内麻酔薬濃度上昇が速く，麻酔導入と麻酔回復が速い（例：セボフルランはイソフルランより速い）。

2．肺体積が大きいと機能的残気量（終末呼気時に肺内に残っているガス体積）が大きくなることから，肺胞内の吸入麻酔薬濃度の上昇速度は遅くなる

3．換気に影響する因子

a．呼吸数

b．1回換気量

c．麻酔中の死腔（解剖学的，生理学的）の増加は，有効肺胞換気を減少させる：1回換気量（V_T）＝死腔体積（V_D）＋肺胞換気（V_A）：$V_T = V_D + V_A$

d．有効な肺胞換気には，開存した気道が必要である

e．麻酔前投薬や麻酔導入薬は呼吸抑制を引き起こし，吸入麻酔薬の作用発現を遅くする

C．吸入麻酔薬の肺からの取り込みを左右する因子

1．溶解度：物質がどのくらい気体（ガス），液体，固体（例：脂肪）に溶けるかを示す；通常，吸入麻酔薬の相対的溶解度は分配係数で示される；吸入麻酔薬が二相間

（例：血液とガス，組織と血液）に分布する程度；オストワルド分配係数は吸入麻酔薬の血液とガスの間の溶解度を示す。血液－ガス分配係数が2の吸入麻酔薬は，平衡状態で肺胞内に1容積，血液内に2容積となる

血液－ガス分配

吸入麻酔薬	血液－ガス分配係数（オストワルド係数）
ハロタン	2.36
イソフルラン	1.41
セボフルラン	0.69
笑気	0.49
デスフルラン	0.42

a．血液－ガス分配係数と麻酔作用の強さが，麻酔効果の発現速度を決定する

b．血液－ガス分配係数が大きい吸入麻酔薬ほど，血液に多く溶解する；血液への溶解性の高い麻酔薬（血液－ガス分配係数が高い）では，動脈血中の麻酔薬の分圧の上昇がゆっくりである；臨床的麻酔効果の発現は，血液中に生じる麻酔薬分圧に依存する

c．血液への溶解度が高い吸入麻酔薬ほど，その脳内分圧が麻酔効果を得られる十分な高さに上昇するまでに大量の麻酔薬が血液中に取り込まれるので，麻酔導入と麻酔回復に要する時間が長くなる；臨床的には，吸入麻酔薬を麻酔維持に要する濃度よりも高い濃度で吸入させることによって麻酔導入を速めることができる（麻酔過圧）

d．血液－ガス分配係数が小さい吸入麻酔薬ほど，血液への溶解が少なく（少量の麻酔薬だけが血液内に移動する），その肺胞内濃度と肺胞内分圧の両方が急速に上昇し，麻酔薬の血液中分圧がより速く上昇する（**図9-2**）；笑気，イソフルラン，セボ

フルランのような溶解性の小さな麻酔薬では，麻酔導入と麻酔回復に要する時間が比較的短い

2．心拍出量：血液が吸入麻酔薬を肺から運び去る；心拍出量が大きいほど，吸入麻酔薬の肺胞内濃度の上昇速度が遅く，その肺胞内分圧と血中分圧は低くなる

　a．一般的に，興奮しストレスを受けている動物では心拍出量が増加しており，肺において吸入麻酔薬の肺胞内濃度の上昇速度が遅く，肺胞内分圧と血中分圧が低いことから，麻酔導入が遅くなる；心拍出量が低下した動物では麻酔導入が非常に速い

3．肺胞－静脈血麻酔薬分圧の較差：ほとんどの吸入麻酔薬は組織への溶解度が高いため，麻酔導入時には組織へ運ばれたほぼすべての吸入麻酔薬が組織内に取り込まれる；肺に戻ってきた静脈血には吸入麻酔薬がほぼ含まれていない；時間経過とともに，吸入麻酔薬の組織内濃度が飽和に達し，静脈血液中の吸入麻酔薬濃度が上昇する；したがって，肺における吸入麻酔薬の取り込み量が減少する；吸入麻酔薬の取り込みは，安定相（プラトー）濃度へ向けた連続した過程である

4．その他

　a．心臓内や肺内の右－左シャント（例：ファロー四徴）では麻酔導入が遅れる

　b．左－右シャントでは，吸入麻酔薬の肺胞内濃度と肺内分圧が上昇することによって麻酔導入が速くなる。この状況は，心拍出量が低い場合にとくに顕著となる

　c．肺胞の病理学的変化：滲出液，漏出液，気腫，または肺線維症を生じる疾患によって肺胞膜が影響を受けている場合には，拡散が障害されることがあるため，吸入麻酔薬の取り込みが遅くなる

Ⅳ．脳や組織において吸入麻酔薬の取り込みを左右する因子

A．肺からの取り込みを決定する因子と同様の因子

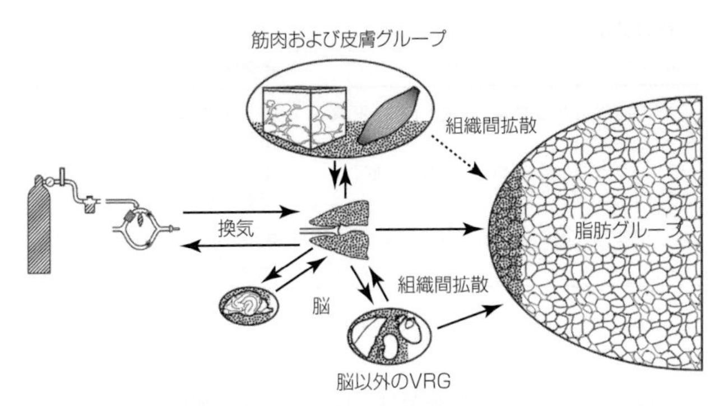

図9-3 麻酔薬は組織への血流量に依存して運ばれる。筋肉や脂肪に比較して，肺，脳，心臓，および主要臓器（肝臓，腎臓）は血流量が高く（血管分布が豊富なグループ［VRG］），麻酔薬に関連した作用に対する感受性が高い。

1．溶解度（血液 vs 組織）

2．組織血流量

3．動脈血と組織における吸入麻酔薬分圧の較差

B．組織での麻酔薬取り込みは，吸入麻酔薬の血中分圧，血流量，および組織内の毛細血管密度に依存する

1．組織はその血液供給によって四つのグループに分類できる（**図9-3**）

a．Vessel-rich（血管分布が豊富）グループ（VRG）：心拍出量の75%を受け取る（例：脳，心臓，腸管，肝臓，腎臓，脾臓）

b．Vessel-moderate（血管分布が中等度）グループ，または筋肉グループ（MG）：心拍出量の15〜20%を受け取る（例：筋肉，皮膚）

c．脂肪グループ（FG）：心拍出量の5%を受け取る（例：脂肪組織）

d．Vessel-poor（血管分布が乏しい）グループ（VPG）：心拍出量の1〜2%を受け取る（例：骨，腱，軟骨）

血流別グループ

グループ	例	重要な点
VRG：血管分布が豊富なグループ	脳，心臓，肝臓	吸入麻酔薬は5～20分間で平衡に達する
MG：血管分布が中等度のグループ／筋グループ	筋肉，皮膚	吸入麻酔薬は1.5～4時間で平衡に達する
FG：中性脂肪グループ	脂肪組織	麻酔時間が延長すると，麻酔回復時間に影響する

C．組織－血液分配係数は，血液－ガス分配係数より小さい（脂肪を除く）

1．最も低い値は約1（肺組織内での笑気）

2．最も高い値は約4（筋組織内でのハロタン）

D．考慮すべき重要な点

1．VRGでは吸入麻酔薬は一般的に5～20分で平衡に達する；これは，適切な麻酔薬濃度（気化器のダイヤル設定）を供給した場合に外科手術が可能になる麻酔深度に達するのに要する時間である

2．MGで平衡に達するには1.5～4時間かかる

3．VRGでは血流量が高いので，MGよりも動脈血－組織分圧較差の減少が急速であり，また，取り込みも速い

a．VRGとMGでの吸入麻酔薬の溶解度は，麻酔回復時間に影響を及ぼす

4．FGは体重の10～30％を占めるが，心拍出量の約5％しか供給されていない

a．吸入麻酔薬はFGに対してほかの組織よりも高い溶解度をもつことから，麻酔薬の吸収される量が多く，長い時間貯留する

b．FGへの血流は少ないので，麻酔導入時にはFGの影響はほとんどない

c．脂肪組織からの吸入麻酔薬の排泄には時間を要す

ることから，FGは延長した麻酔後（3時間以上）の麻酔回復に影響を及ぼすことがある

脂肪－血液分配

吸入麻酔薬	脂肪－血液分配係数
笑気	2.3
デスフルラン	27.2
イソフルラン	48
ハロタン	65
セボフルラン	65

5．VPGは，麻酔導入および麻酔回復にほとんど影響しない

6．ゴムへの溶解度：吸入麻酔薬は麻酔システムのゴム製の部品に容易に吸収される（ゴム製部品があれば）；ゴム製品に吸収された吸入麻酔薬は，麻酔回復期に麻酔回路内に戻って平衡に達する

a．現在の麻酔回路やほとんどの再呼吸バッグは吸入麻酔薬に反応しない

7．ハロタン，イソフルラン，およびデスフルランは，湿潤したソーダライム内で安定している

a．セボフルランは，乾燥したソーダライムに接触すると，コンパウンドAと呼ばれる潜在的毒性のある物質を形成するが，最近の吸収剤ではこの問題は最小限である

b．デスフルラン，エンフルラン，およびイソフルランは，乾燥したソーダライムに接触すると，一酸化炭素（CO）を形成する。これに対して，セボフルランでは少量であるが重大なCOを生じる

吸入麻酔薬の排泄

Ⅰ．肺による排泄

A. 吸入麻酔薬のほとんどは，変化せずに肺から排泄される
B. 吸入麻酔薬の取り込みに影響する因子が排泄においても重要である
1. 肺の換気
2. 血流
3. 吸入麻酔薬の血液や組織への溶解度
C. 吸入麻酔薬は，換気（呼吸）によって肺から排泄され，動脈血中の吸入麻酔薬の圧（分圧）が低下する。この分圧低下に続いて組織内の吸入麻酔薬の分圧が低下する；脳への血流量が多いので脳内の吸入麻酔薬の分圧は急激に低下し，急速に麻酔回復する
1. セボフルランやデスフルランなどの溶解度の低い吸入麻酔薬は急速に排泄される；その他の組織からの吸入麻酔薬濃度の減少は遅く，各組織における血流量に依存している

吸入麻酔薬の代謝産物への生体内変化

吸入麻酔薬	代謝産物の割合（%）
笑気	0.004
デスフルラン	0.02
イソフルラン	0.25
セボフルラン	3.0-5.0
ハロタン	20.0

Ⅱ. その他，少量の吸入麻酔薬が皮膚，乳汁，粘膜，尿に排泄される
Ⅲ. 生体内変化－吸入麻酔薬は，体内で様々な程度に代謝される（**表9-2**）
A. 一般的に，代謝は肝ミクロソーム酵素系によって生じる；様々な中間代謝産物が形成される；これらは毒性をもつことがある
1. イソフルランの約0.2%，セボフルランの3～5%，デスフルランの0.02%が代謝される

表9-2　人における吸入麻酔薬が代謝される程度と主な代謝産物

	代謝率*(%)	代謝機構	代謝産物
ハロタン	20-45	肝チトクロームP450(2A6，2E1，3A4)	-トリフルオロ酢酸，-Cl，-Br
イソフルラン	0.2	肝チトクロームP450(2E1，3A)	-トリフルオロ酢酸，-トリフルオロアセトアルデヒド，-トリフルオロ塩化酢酸
セボフルラン	3-5	肝チトクロームP450(2E1)	-ヘキサフルオロイソプロパノール，-F
デスフルラン	0.02	肝チトクロームP450(2E1，3A)	-トリフルオロ酢酸，-F，-CO_2，-水
笑気	0.004	腸管内細菌（*E. coli*）	-N_2，-非活性化メチオニンシンターゼ，-還元コバラミン（ビタミンB_{12}）

*代謝の程度には，回収された代謝産物と未変化薬物からの見積りを含む。

a．ハロタンは1回の投与量の20％以上が代謝される

2．毒性代謝産物は，主に無機のフッ素イオンと臭化物イオンである

Ⅳ．麻酔終了時に拡散性無酸素症が起こることがある；血液から肺胞内に笑気が急速に排泄される結果，肺胞内の酸素が笑気によって希釈され，換気が維持されなければ，引き続いて低酸素血症が起こる

吸入麻酔薬の麻酔作用の強さ

Ⅰ．麻酔作用の強さを示す方法にはいくつかある；吸入麻酔薬の麻酔作用の強さを比較する方法の一つに最小肺胞濃度（MAC）の測定がある；一般的に，MACは痛み刺激（侵害刺激）に対して50％の動物が反応しない最も少ない吸入麻酔薬の肺胞内濃度（1気圧）と定義される（**表9-3**）

A．通常，MACは吸入麻酔薬の終末呼気濃度として測定される

表9-3 吸入麻酔薬の最小肺胞濃度（MAC）

麻酔薬	人	犬	猫	馬
ハロタン	0.76	0.87	1.19	0.88
イソフルラン	1.2	1.3	1.63	1.31
セボフルラン	1.93	2.34	2.58	2.34
デスフルラン	6.99	7.20	9.80	7.23
笑気*	101.1	188-297	255	190

*動物では，笑気（亜酸化窒素）単独では全身麻酔を得られない。

B．MACは気化器のダイヤル設定ではない；MAC値は 平衡状態に達したときの肺胞濃度であり，組織取り込みによって気化器のダイヤル設定より低くなる

C．MAC値は，吸入麻酔薬の麻酔作用の臨床的比較に有用である

1．MACは概念上，注射麻酔薬を投与した際における痛み刺激（侵害刺激）に曝露された50％の動物に麻酔を生じるために必要な有効濃度（ED_{50}）と同様である

Ⅱ．MACは動物種のほか，以下の要因の影響を受ける：

A．年齢：老齢の動物ほど，吸入麻酔薬の要求量は少ない

B．体重：小さな動物ほど，多くの吸入麻酔薬を要求する

C．代謝速度の増加やストレスは，吸入麻酔薬の要求量を増大する

1．ストレスを除去しても，残りの代謝効果によってすぐにはMAC増加を逆転できない

D．体温：低体温では吸入麻酔薬の要求量が減少する

E．CNS抑制薬（オピオイド，鎮静薬）の投与によって吸入麻酔薬の要求量が減少する

F．疾患：

1．甲状腺機能亢進症または甲状腺機能低下症

2．血液量減少，貧血

3．敗血症

4．重度の酸－塩基平衡障害

5．妊娠

G．麻酔時間，酸－塩基平衡の変化，および酸素分圧は，MACを変化させない

Ⅲ．MAC値は麻酔深度に比例している：

A．1MACでは浅麻酔

B．1.5 MACでは一般的に適度の外科麻酔

C．2MACでは深麻酔

D．約0.5MACで動物は麻酔回復する

吸入麻酔薬の濃度の増減

増加

O_2流量を増加する

気化器のダイヤル設定を上げる

O_2フラッシュバルブを使用しない

減少

O_2流量を増加するか，フラッシュバルブを使用する

気化器のダイヤル設定を下げる

個々の吸入麻酔薬（表9-4）

Ⅰ．イソフルラン（国内商品名：イソフル［動物用医薬品］）

A．一般的な麻酔薬としての性状

1．血液ガス分配係数が比較的低い：1.45

2．保存剤を必要とせず，安定したハロゲン化エーテルである

3．麻酔の導入と回復が比較的急速である

4．MACは約1.3％

5．すべての動物種に使用できる

B．臓器に対する作用

1．神経系

a．用量依存性に全体的なCNS抑制を生じる

b．正常な乾期状態に維持されていれば，脳血流量は

表9-4　吸入麻酔薬の物理化学的性状

特性	エーテル	笑気	ハロタン	イソフルラン	セボフルラン	デスフルラン
分子量	74	44	197.4	185	200	168
比重（g/mL）	0.72	1.53	1.87	1.52	1.52	1.47
臭い	刺激性，不快	快い	甘い，快い	刺激性	快い	刺激性
保存剤	必要	なし	必要（チモール）	なし	なし	なし
安定性						
金属	反応する	反応しない	湿潤下でアルミニウム，黄銅，鉛を腐食	反応しない	安定	反応しない
アルカリ	安定(少量のアルデヒド)	安定	わずかに分解される	安定	分解される	安定
紫外線	可燃	安定	分解される	安定	安定	安定
その他	ハロゲンを避ける	ほかの麻酔薬とは反応しない	ゴム製品を分解する（柔らかく膨張）	－	－	ゴム製品内ではほかの吸入麻酔薬より安定
CO_2吸収剤との反応性						
一酸化炭素	－	－	少量発生	生じる	少量発生	大量に発生
コンパウンドA	－	－	閉鎖回路で発生する	なし	生じる	生じる
熱	－	－	生じる	生じる	生じる	生じる
爆発性	爆発性あり（空気中，酸素中）	なし	なし	なし	なし	なし
室温での状態	無色の液体	無色の気体（圧縮で液化）	無色の液体	無色の液体	無色の液体	無色の液体

増加しない

c．中等度から深い外科麻酔において，脳波上にバーストサプレッションが観察される

2．呼吸器系

a．臨床的に重大な呼吸抑制を生じる

b．麻酔深度が深くなると，初期に1回換気量は増加する；呼吸数は減少する

c．麻酔時間の延長および麻酔濃度の増加とともに低換気（$PaCO_2$の上昇）が進行する

（1）外科的刺激によって呼吸数が増加し，極端な$PaCO_2$上昇は起きないかもしれない

d．大動物では補助呼吸や調節呼吸が必要となることもある

3．心血管系

a．心血管系抑制は用量依存性である

b．低血圧：麻酔深度が深くなるほど，平均動脈血圧および末梢血管抵抗が低下する；皮膚血流や筋血流が増加する

（1）低血圧は，まず血管拡張によって引き起こされ，過剰な麻酔濃度になると心収縮力も低下して憎悪する

c．心収縮力の抑制はハロタンより軽度である

（1）外科麻酔深度では，通常，心拍出量は維持される

d．イソフルランは，心臓のカテコールアミン誘導性心不整脈に対する感受性を高めない

4．胃腸管系

a．平滑筋の緊張と運動性は低下する

b．肝毒性に関する報告はない（最小限の代謝）

5．腎臓系

a．腎血流量は用量依存性に可逆性に減少する

b．麻酔後の腎機能の変化は最小限である；ほとんど

代謝されない

6．骨格筋系

a．すぐれた筋弛緩作用がある

b．非脱分極性筋弛緩薬の作用を増強する

c．豚では悪性高熱を生じないようである

7．子宮と胎子

a．胎盤を急速に通過し，胎子を抑制する

b．子宮緊張を低下させる

C．吸収，代謝，および排泄

1．肺胞を介して吸収排泄される

2．ほとんど代謝されることなく，肺から排泄される

3．ほとんど生物分解されない；約0.25％のみが無機フッ素化合物（トリフルオロ酢酸）に代謝される

D．臨床応用

1．すべての動物種で急速で円滑な麻酔導入と麻酔回復を得られる

2．急激な麻酔回復のため，一部の動物では覚醒時せん妄を生じやすい

3．正確な濃度で供給するため，較正された熱補償気化器を使用すべきである

4．N_2Oを併用できる

5．マスク導入に使用できる；刺激臭があり，動物の呼吸を阻害して気管支収縮を引き起こすことがある

E．投与量

1．麻酔導入：通常，2.5～5％が必要である

2．N_2Oや注射麻酔薬を併用することで麻酔導入は促進される

3．麻酔維持：1～3％

有用な事実 ■イソフルラン

- 強力な麻酔薬
- 急速で円滑な麻酔導入と麻酔回復
- 調節しやすい
- ハロタンより心抑制が少ない
- ほとんど代謝されない
- セボフルランやデスフルランよりも安価
- ハロタンよりも呼吸抑制が強い
- 乾燥したCO_2吸収剤に曝露されるとCOを発生する

Ⅱ．セボフルラン（国内商品名：セボフロ［動物用医薬品］）

A．一般的な麻酔薬としての性状

1．血液ガス分配係数が低い：0.5～0.7

a．急速で円滑な麻酔導入と麻酔回復（イソフルランより速い）

2．MACは約2.4％

3．すべての動物種に使用できる

4．刺激臭がないので，イソフルランよりマスク導入に適している（とくに猫）

B．臓器に対する作用：イソフルランに類似している

1．神経系

a．イソフルランと同様

b．用量依存性のCNS抑制：痙攣活性はない

2．呼吸抑制はイソフルランと同様か，より強い

3．心血管系抑制は用量依存性である

a．心臓のカテコールアミン誘導性心不整脈に対する感受性を高めない

4．胃腸管系：平滑筋の緊張と運動性は低下する

5．腎臓系

a．肝臓での生体内変化によってフッ化物イオンを生じるが，腎毒性を生じるレベルではない

b．CO_2吸収剤によってコンパウンドAを生じ得る（最新の吸収剤では臨床的問題は生じない）

6. 骨格筋系

a. 良好な筋弛緩作用がある

b. 悪性高熱を引き起こし得る

7. 子宮と胎子

a. 胎盤を急速に通過し，胎子を抑制する

C. 吸収，代謝，および排泄

1. 肺を介して吸収排泄される

2. 肝臓で最小限の代謝を受ける（3%）；イソフルランと同様に無機フッ素化合物を生じる

D. 臨床応用

1. 血液ガス分配係数が低いことから，一般的に麻酔導入と麻酔回復はイソフルランよりも急速である。しかしながら，麻酔力価は低いことから，高い気化器濃度設定が必要である

2. 良好な筋弛緩と麻酔を得られる

3. マスク導入が可能である

4. 短時間麻酔では麻酔回復が急速で，覚醒時せん妄を生じる可能性がある

E. 投与量

1. マスク導入：5〜7%

2. 麻酔維持：3〜4%

有用な事実 ■セボフルラン

- イソフルランと同様
- イソフルランより麻酔導入と麻酔回復が速やか

Ⅲ. デスフルラン（国内商品名：スープレン）

A. 一般的な麻酔薬としての性状

1. イソフルランと同様の構造で，塩化物がフッ素に置換されている

2. 血液ガス分配係数が非常に低い（0.42）：麻酔導入と麻酔回復がかなり急速である

3．ほかのハロゲン化麻酔薬よりも麻酔力価が弱い：MACは約7.2％
4．刺激臭がある；気道刺激性がある；発咳や息こらえを生じる
5．安全に供給するには，特別な電気式加温気化器が必要である

B．臓器に対する作用
1．イソフルランに類似している
2．神経系
a．イソフルランと同様
b．用量依存性のCNS抑制
c．良好な筋弛緩作用；非脱分極性筋弛緩薬の作用を増強する
3．呼吸器系
a．用量依存性の呼吸抑制；$PaCO_2$上昇に対する反応性を抑制する
b．刺激臭があり，気道を刺激する；適切な麻酔前投薬を実施しなければ，麻酔導入は困難である
4．心血管系
a．質的にも量的にもイソフルランと同様の心血管抑制をもつ
b．交感神経活性化“交感神経ストーム”を生じることがある
5．胃腸管系：平滑筋の緊張と運動性は低下する
6．腎臓系：術後の腎機能に影響を及ぼさない
7．骨格筋系
a．良好な筋弛緩作用がある
b．豚では悪性高熱を引き起こし得る
8．子宮と胎子
a．胎盤を急速に通過し，胎子を抑制する
b．血液ガス分配係数が低いことから，胎子の麻酔回復も急速である

C．吸収，代謝，および排泄

1．肺を介して吸収排泄される

2．肝臓で最小限の代謝を受ける；生じる無機フッ素化合物はイソフルランより少ない

3．肝毒性と腎毒性はない

D．臨床応用

1．血液ガス分配係数が低い（0.42）ことから，麻酔導入と麻酔回復はイソフルランよりも2倍速い。しかしながら，麻酔力価はかなり低い（MACは約7.2%）

2．良好な筋弛緩と麻酔を得られる

3．適切な麻酔前投薬をしない限り，刺激臭によってマスク導入が困難である

4．麻酔回復が急速であり，覚醒時せん妄を防止するために再鎮静が必要である

5．投与量

a．マスク導入：10〜15%

b．麻酔維持：6〜9%

c．麻酔前投薬，N_2O，および鎮静薬と鎮痛薬（フェンタニル）の使用によって，麻酔要求量を軽減できる

有用な事実　■デスフルラン

- 麻酔導入と麻酔回復はイソフルランやセボフルランより急速である
- 頻脈や気道刺激を生じ得る
- 麻酔回路内のCO_2吸収剤と反応し，検出可能なCOを生じることが示されている

Ⅳ．笑気（N_2O）（国内商品名：笑気ガス）

A．一般的な麻酔薬としての性状

1．室温で気体であり，30〜50気圧（750psi，国内では約5MPa）で無色の液体に圧縮される。ボンベから開放されるとガスに戻る

2．麻酔力価は弱いことから，単独では麻酔効果を生じな

い；MACは200～300％

3．非可燃性であるが，燃焼を補助する

B．臓器に対する作用

1．神経系

a．大脳皮質の抑制によって鎮痛と最小限の麻酔作用を生じる

(1) N_2Oは吸入濃度30％以上で供給されると鎮痛作用を生じる；通常，N_2Oは吸入濃度50～70％で用いられる

b．過剰な濃度（総流量の70％以上）で用いると酸素化を阻害することから，危険である

2．呼吸器系

a．気道を刺激しない

b．呼吸抑制は最小限である

3．心血管系

a．心筋機能を最小限に増強する

b．心臓のカテコールアミン誘導性心不整脈に対する感受性を高めない

4．その他の臓器系

a．長時間の麻酔では，胃腸管内へのガス貯留によってイレウスを生じ得る

b．筋弛緩を生じない

c．胎盤を通過する（胎子に低酸素を生じ得る）

C．吸収，代謝，および排泄

1．血液ガス分配係数が低く（0.49），かなり高い吸入濃度で用いられることから（30～70％），比較的容易に肺胞膜を通過する

2．同時に吸入されている吸入麻酔薬（二次ガス）の取り込みを促進する（二次ガス効果）；二次ガス（例：イソフルラン）の取り込みの促進は，N_2O依存性の肺胞換気増加によって引き起こされる

3．閉鎖腔（例：ガス気泡［腸管，血中の空気塞栓］），気

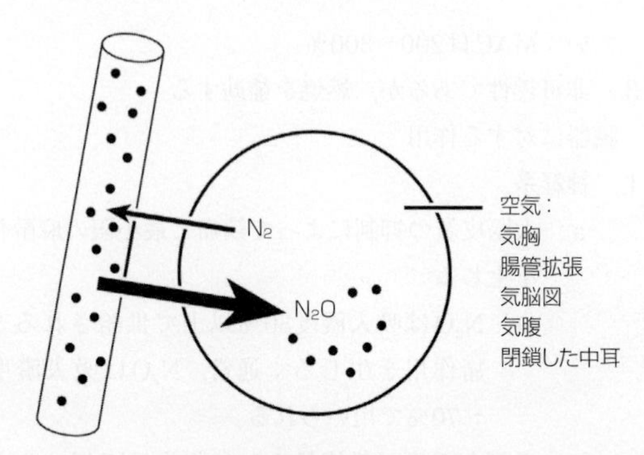

図9-4　笑気（N_2O）はイソフルランやセボフルランよりも血液への溶解度が低く（血液ガス分配係数が低い），血液から空気やガスを含む腔間へ拡散して体内の閉鎖腔間の体積と圧が増大する。

胸（**図9-4**）への拡散；N_2Oは血液への溶解度が窒素より30倍高い；N_2Oは空気を含んでいる腔間へ窒素よりも速く拡散する；N_2Oを使用すると，閉鎖腔間（例：気胸，腸閉塞，空気塞栓，閉鎖された副鼻腔）の体積と内圧が上昇する

4．拡散性低酸素症は，麻酔終了時に血液ガス分配係数の低いN_2Oが急速に肺胞内へ拡散して肺胞内の酸素を希釈し，肺胞内の酸素分圧が低下することで生じる。低酸素症は，N_2O吸入終了後5～10分間に高流量の酸素を用いることで防止できる

5．生体内変化を生じることが示されており，N_2Oに長時間曝露されると骨髄抑制を生じることがある

D．臨床応用

1．高い新鮮ガス流量が要求され，潜在的な副作用（低酸素）があることから，その使用は限られている

2．ほかの吸入麻酔薬と併用する（吸入濃度50～70％）；全身麻酔に要求されるほかの吸入麻酔薬の要求量を減少する；動物における麻酔力価は低いことから，単独

では使用できない

3．麻酔期で供給するN_2OとO_2の濃度を連続的にモニタリグンすべきである；N_2Oの吸入濃度は70％を超えてはならない

有用な事実　■笑気

- 麻酔導入を促進する（二次ガス効果）
- ほかの吸入麻酔薬と併用する
- 鎮痛作用を改善するために投与される
- 心肺抑制は最小限である
- 酸素供給源としては使用できない

V．ハロタン（国内商品名：フローセン）

A．一般的な麻酔薬としての性状

1．比較的低い血液ガス分配係数：2.54

2．安定剤としてチモールを用いたハロゲン化エーテルである

a．ハロタン気化器にはチモールが蓄積し，その精度に影響を及ぼす

3．イソフルラン，セボフルラン，およびデスフルランに比較して，麻酔導入と麻酔回復はかなり遅い

4．MACは約0.9％

5．すべての動物種に使用できる

B．臓器に対する作用

1．神経系および骨格筋系

a．用量依存性にCNS抑制を生じる

b．脳血流量を増加する

c．浅い麻酔深度では，筋弛緩作用は中等度である

d．感受性のある人，豚，犬，猫では，悪性高熱（遺伝的筋異常）の引き金になる

2．呼吸器系

a．麻酔中には分時換気量の減少は最小限であり，通常，呼吸は適切である

(1) イソフルランやセボフルランよりも呼吸抑制は少ない

3．心血管系

a．臨床用量の濃度でも徐脈を生じ得る

b．低血圧は麻酔深度に関連し，低濃度では心収縮力の低下によって引き起こされ，高濃度では心収縮力の低下と血管拡張の両方で生じる

c．心臓のカテコールアミン誘導性心不整脈に対する感受性を高める

4．子宮と胎子

a．子宮緊張を低下させ，産褥子宮退縮を遅らせる

b．胎盤を容易に通過する

C．吸収，代謝，および排泄

1．ハロタンは肝臓ミクロソームで代謝さる（吸入量の20～40％）；トリクロロ酢酸，臭化物，および塩化物ラジカルが産生され，数時間～数日間尿中に排泄される

D．臨床応用

1．良好な筋弛緩と麻酔を生じる

2．マスク導入できる

3．麻酔回復は速やかである（とくに短時間麻酔の場合）。覚醒時せん妄を生じることがある

E．投与量

1．マスク導入：2～4％

2．麻酔維持：0.5～2％

3．米国ではハロタンは入手できなくなったが，その他の国では入手可能である

F．麻酔維持：小動物では0.5～1.5％；大動物では1～2％

注意事項　■ハロタン
- 心臓のカテコールアミンに対する感受性を高める
- 重大な心筋抑制を生じる
- 肝機能不全を生じる，または悪化させる（20%以上が代謝される）
- 悪性高熱の引き金となり得る（とくに豚）

Ⅵ. ジエチルエーテル

A. エーテルはかつて頻用された吸入麻酔薬である；現在では実験動物で使用されることがある

B. 可燃性が高く爆発性がある

C. 呼吸機能が維持され，心拍出量の減少は最小限であることから，麻酔薬として理想的な側面をもっている

D. 麻酔導入時や麻酔回復時には，流涎，悪心，および嘔吐を生じることがある

E. 今日の獣医臨床では，バンデージテープの粘着性を高めるために使用されている

吸入麻酔薬と麻酔ガスの毒性

Ⅰ. 吸入麻酔薬分子には毒性はない。しかしながら，揮発性吸入麻酔薬は完全に不活性ではなく，様々な程度に代謝分解される（N_2O以外）

A. 代謝産物が薬物毒性の原因と考えられている

1. 吸入麻酔薬は肝臓で代謝される；代謝産物は主に腎臓で排泄される

2. イソフルランとデスフルランのフッ化物除去では，血清フッ化物イオン濃度が臨床的に重大なレベルにまで上昇することはない

3. セボフルランの代謝では高い濃度のフッ化物を生じるが，腎毒性を引き起こす閾値まで上昇することは滅多にない

B. 塩化物，臭化物，およびフッ化物の代謝産物が報告されている

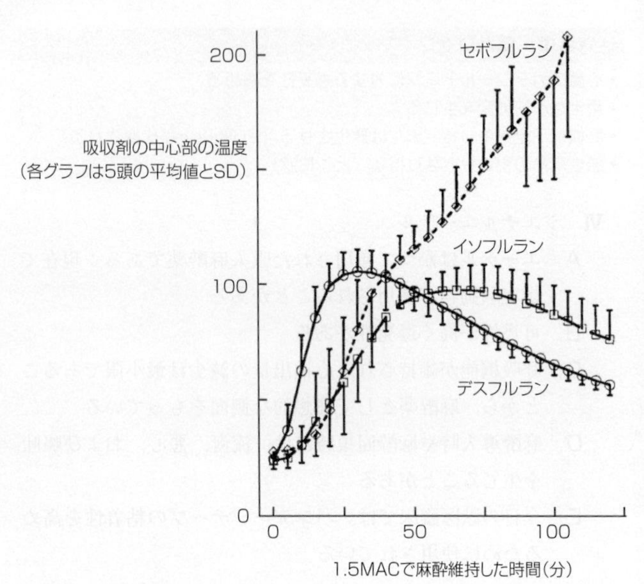

図9-5　吸入麻酔薬はCO_2吸収剤と化学的に反応し，熱を産生する。吸入麻酔中のCO_2吸収剤キャニスター内の温度を測定した。

C．吸入麻酔薬はCO_2吸収剤と反応し（水酸化バリウムライム，ソーダライム），潜在的毒性のある代謝産物や熱を生じ得る（図9-5）

1．イソフルラン—CO

a．揮発性吸入麻酔薬にはジフルオロメトキシ基（CHF_2）が含まれており，吸収剤と反応してCOを生じ得る；COの産生量は，デスフルランで最も大きく，イソフルランでは中等度であり，ハロタンやセボフルランでは少ない

b．循環式呼吸回路および往復式呼吸回路内のCO蓄積を減らすため，吸入麻酔薬を乾燥したCO_2吸収剤とともに使用すべきではない

2．セボフルラン—コンパウンドAおよび熱

a．セボフルランはCO_2吸収剤（とくに水酸化バリウムライム）と反応し，腎毒性のあるハロアルカンとコンパウンドAを生じ得る

b．乾燥した吸収剤と吸入麻酔薬の反応によって，吸収剤は数百℃の熱を発生する（図9-5参照）

3．デスフルランとイソフルランは，水酸化バリウムライムで約100℃まで発熱することがある

a．セボフルランでは，水酸化バリウムライムで350～400℃の熱を発生することがある；プラスチック部品は溶け，くすぶり，発火や爆発を生じることも報告されている

D．低流量麻酔では，揮発性吸入麻酔薬とCO_2吸収剤の反応を増大する；イソフルランやセボフルランの低流量麻酔では，水酸化バリウムライムを使用すべきではない

Ⅱ．N_2O毒性

A．N_2Oはin vivoでは代謝されない

B．臨床的使用では，直接的な毒性効果に関連していない

Ⅲ．O_2毒性

A．動物を大気圧で高いO_2分圧に長時間曝露すると（100％で12時間，46％以上で24時間以上），代謝攪乱が引き起こされ，肺機能不全を生じる可能性がある；肺活量，肺コンプライアンス，分時換気量，呼吸数，pH，動脈血O_2分圧，総肺体積，およびCO_2拡散能が低下する

B．O_2毒性に対する動物の感受性は様々である

C．O_2毒性の疾患過程が発生する確率は，吸入O_2分圧，O_2曝露時間，およびフリーラジカルの産生量に比例する

1．フリーラジカルはこの疾患過程の活性産物である：スーパーオキサイド（O_2^-），ヒドロキシラジカル（OH^-），および過酸化水素（H_2O_2）

D．肺活量と肺コンプライアンスの低下は，毒性発症を特定するための最も良い判断基準である

E．安全なO_2濃度の範囲は18～25％である

第10章

筋弛緩薬

"Don't fight forces, use them."

R. BUCKMINSTER FULLER

概 要

神経筋遮断薬は"末梢性筋弛緩薬"と呼ばれ，グアイフェネシンまたはジアゼパムなどの中枢性筋弛緩薬と対比される。神経筋遮断薬は，神経筋伝達を運動神経終板で阻害あるいは遮断（ブロック）する。神経筋遮断薬は全身麻酔に有用な補助薬であり，短時間または拮抗可能な骨格筋弛緩を引き起こす。神経筋遮断薬では，鎮痛，鎮静，記憶喪失，または催眠作用を得られない。神経筋遮断薬は，動物に低体温を生じやすくする。呼吸が停止することから，調節呼吸と連続的な症例のモニタリングが必要となる。

総 論

Ⅰ．末梢性神経筋遮断薬の主な薬理学的作用は，骨格筋を弛緩させることである

Ⅱ．神経筋遮断薬は，その他の多くの薬物によって，その作用が増強される

A．揮発性吸入麻酔薬

1．筋弛緩増強の順：デスフルラン＞セボフルラン＞イソフルラン＞ハロタン＞笑気

B．アミノグリコシド系抗生物質

C．局所麻酔薬

D．抗不整脈薬
E．利尿薬
F．マグネシウム

Ⅲ．その他に神経筋遮断薬の作用に影響を及ぼす因子
A．低体温
B．酸－塩基平衡
C．血清カリウム濃度の変化
D．副腎皮質機能不全
E．熱傷

Ⅳ．筋弛緩のメカニズム
A．神経筋遮断薬は，末梢体性神経系のコリン作動性（ニコチン）神経筋伝達を阻害する
B．神経筋遮断薬には通常，骨格筋の緊張を調節している中枢神経系の内因性抑制機構の活性を増強するものがある

Ⅴ．神経筋遮断薬は，麻酔中に制御された筋弛緩を得るために補助的に用いられる

Ⅵ．神経筋遮断薬は筋弛緩を生じるが，鎮痛や意識消失は生じない

Ⅶ．神経筋遮断薬は呼吸麻痺を生じるので，機械的または用手的換気補助が必要となる

Ⅷ．長時間筋弛緩した場合には，二次的な低体温に注意が必要である

Ⅸ．神経筋遮断薬は陽性に荷電（イオン化）しており，大量に血液－脳関門や胎盤を通過することはない

Ⅹ．神経筋ブロックの程度を把握するため，様々な電気刺激器や刺激プロトコールを利用できる（図10-1，図10-2）
A．非脱分極性神経筋遮断の程度（下記参照）は神経刺激によってモニタリングされ，とくに四連刺激（TOF）が臨床応用されている（第14章参照）
1．化学的筋弛緩を客観的にモニタリングするための方法
2．適正な投与量や投与速度を決定するために使用する
3．TOF刺激に対する反応の回数が神経筋遮断の程度を

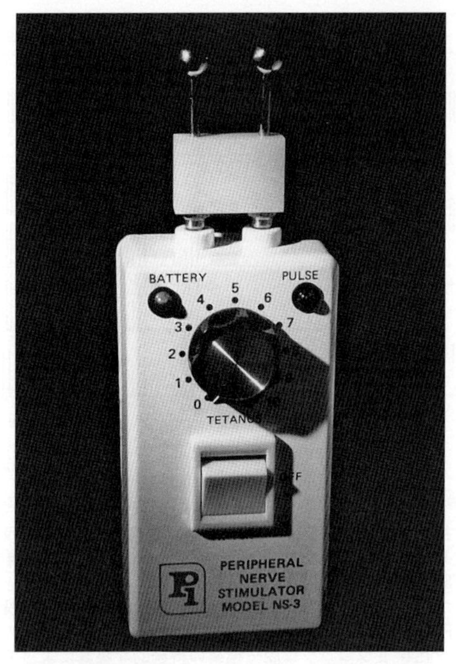

図10-1　適切な神経筋遮断を得られているかどうかを確認するために用いられる末梢神経刺激装置の一つ。

示す

正常な神経筋機能

Ⅰ．アセチルコリン（ACh）は，休んでいる筋肉においても少量放出されている

A．ランダムなACh放出により，シナプス後膜に微小終板電位が発生しており，これによって筋緊張が保たれているが，筋収縮を引き起こすには不十分である

Ⅱ．活動電位依存性ACh放出

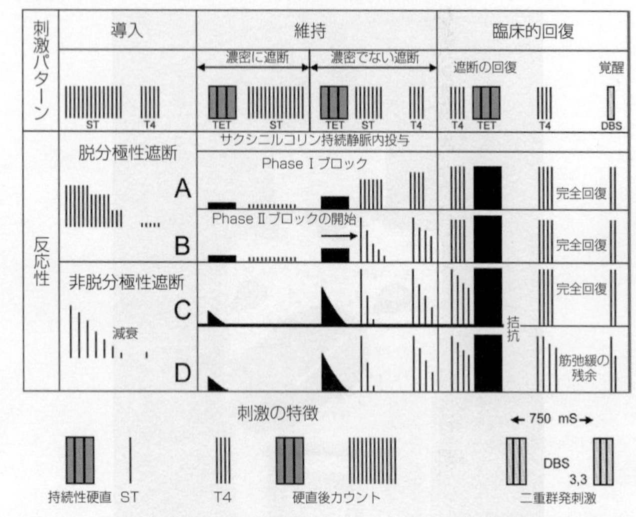

図10-2 神経筋機能の評価。神経筋刺激後に観察される臨床的反応を図示した。上段に刺激パターンを示した（DBS：二重群発刺激，ST：単収縮，T4：連続4回刺激，TET：持続性硬直）。以下の4つの状況をA～Dで示した。A：サクシニルコリンの投与によるPhase I（脱分極）ブロック。B：Phase IIブロックの発生。Phase IIブロックは脱分極薬の持続的な曝露によって生じる複合事象である。C：非脱分極性遮断は拮抗によって完全回復できる。D：筋弛緩が残余している非脱分極性遮断。（Barash PG, Cullen BK, Stoelting RK：Clinical anesthesia, ed 2, Philadelphia, JB Lippincott, 1992. より引用）

A．神経信号（活動電位）は，α-運動ニューロンの神経終末に大きな脱分極を引き起こす

B．細胞外Ca^{2+}存在下での脱分極により，大量のAChを含んだ小胞が神経終末膜に融合する（**図10-3**）

C．ACh小胞の放出（量）は，大きな終板電位を生じ，筋収縮を誘導する

Ⅲ．AChと接合部後ニコチン受容体（Nm受容体）の結合

A．筋終板上の受容体は，ニコチン性Ⅳ型コリン作動性（Nm）

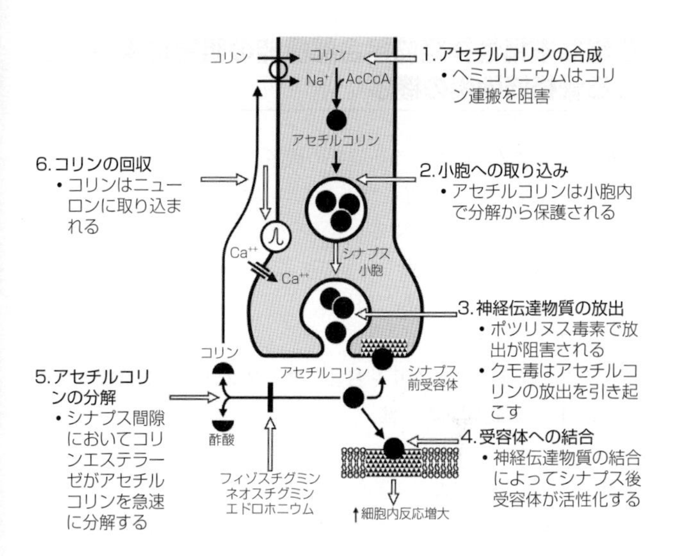

図10-3　神経筋接合部におけるアセチルコリンの合成，放出，再取り込み，分解，および結合。フィゾスチグミン，ネオスチグミン，およびエドロホニウムは，アセチルコリン代謝の遮断と非脱分極性筋弛緩薬（パンクロニウム，ロクロニウム）の効果を拮抗するアセチルコリンエステラーゼ阻害薬である。

受容体である

B. 筋収縮の強さは，AChによって活性化される受容体数に比例する

Ⅳ. すべてのコリン作動性シナプスにおいて，ACh活性の持続時間はアセチルコリンエステラーゼ（AChエステラーゼ）の作用によって制限される；AChはシナプス間隙で酢酸とコリンに分解される

A. AChの加水分解により産生されたコリンは神経終末に取り込まれ，AChに再合成される

B. AChは小胞内に取り込まれ，神経終末の細胞質に遊離した状態で貯蔵される

正常な末梢性神経筋接合部機能の阻害によって生じる骨格筋弛緩の機序

Ⅰ. シナプス前における筋弛緩の機序
 A. ACh合成の阻害（例：ヘミコリニウムはコリンの取り込みをブロックする）
 B. ACh放出の阻害
  1. Ca^{2+}不足，Mg^{2+}増加
  2. プロカイン
  3. テトラサイクリンおよびアミノグリコシド系抗生物質
  4. β-遮断薬の一部
  5. ボツリヌス毒素
Ⅱ. シナプス後における筋弛緩の機序
 A. AChよりも作用時間の長いアゴニスト（作動薬）による持続性の脱分極（例：塩化サクシニルコリン）
 B. 非脱分極性ブロックを引き起こすACh受容体の競合拮抗（例：クラーレ，エドロホニウム，アトラクリウム）

神経筋遮断のタイプ

Ⅰ. Phase Ⅰブロック：脱分極性ブロック（サクシニルコリン）
Ⅱ. Phase Ⅱブロック：非脱分極性ブロック（アトラクリウム）
Ⅲ. 混合ブロック：ⅠとⅡの組み合わせ
Ⅳ. 二重ブロック：過剰量の脱分極性筋弛緩薬はphase Ⅱブロックを引き起こす
Ⅴ. 非アセチルコリン性ブロック（プロカイン，ボツリヌス毒素，低Ca^{2+}，高Mg^{2+}，高K^+，低K^+）

筋弛緩の順序

Ⅰ. 最初から最後：眼球運動筋→眼瞼筋，顔面筋→舌と咽頭→下顎と尾→四肢→骨盤周囲の筋→後腹部の筋→前腹部の筋

→肋間筋→喉頭→横隔膜

A. 運動ブロックの順序は変化しやすい

1. 肋間筋や横隔膜は最後に筋弛緩すると考えられている。しかしながら，臨床的な運動機能の回復の状況は様々である

B. 四肢の運動活性（急に動いたりピクピク動く）は，横隔膜の機能が完全に回復する前に回復することがある

Ⅱ. 一般的に，筋弛緩からの回復は麻痺の順の逆に起こる

Ⅲ. 横隔膜の機能を温存しつつ眼筋を麻痺させる神経筋遮断薬の投与量に調整することは可能であるが，非常に難しい

神経筋遮断薬の種類（表10-1，表10-2）

Ⅰ. 脱分極性筋弛緩薬はAchのように作用する

A. 塩化サクシニルコリン（国内商品名：サクシン，レラキシン）

Ⅱ. 非脱分極性筋弛緩薬：クラーレ様競合拮抗薬

A. 臭化パンクロニウム（国内商品名：ミオブロック，国内販売終了）

B. ベンゼンスルホン酸アトラクリウム（国内未販売）

C. シサトラクリウム（国内未販売）

D. 臭化ベクロニウム（国内商品名：マスキュラックス，マスキュレート）

E. ロクロニウム（国内商品名：エスラックス）

F. 塩化ミバクリウム（国内未販売）

G. ピペクロニウム（国内未販売）

脱分極性筋弛緩薬と非脱分極性筋弛緩薬の臨床的な違い

Ⅰ. 脱分極性筋弛緩薬

A. まず，非同期性（バラバラに起こる）の脱分極により，

表10-1　神経筋遮断薬の投与量，副作用，および禁忌

薬物	動物種	静脈内投与量（mg/kg）	作用持続時間（分）	副作用	禁忌
塩化サクシニルコリン	犬	0.3-0.4	1-38	心血管系作用は少ない；ムスカリン作用－徐脈；ニコチン作用－高血圧，眼内圧上昇；異常高熱	有機リン系駆虫薬，慢性肝疾患，栄養失調，高K^+血症，緑内障，穿孔性眼損傷
	猫	3-5（総量）	2-6		
	豚	0.75-2	1-3		
	馬	0.1-0.33	1-10		
臭化パンクロニウム	犬	0.02-0.06	15-108	無視できる	肝または腎疾患
	猫	0.02-0.06	14-15		
	豚	0.07-0.12	7-30		
	馬	0.08-0.14	16-35		
	牛	0.1	30-40		
	子牛	0.04	26		
	羊	0.005	21		
ベクロニウム	犬	0.01-0.2	10-42	無視できる	
	猫	0.02-0.04	5-9		
	豚	0.1-0.2	5-20		
	馬	0.1	20-40		
	羊	0.004	14		

アトラクリウム	犬	0.1-0.4	10-30	
	猫	0.1-0.25	10-15	無視できる
	豚	0.5-2.5	10-60	
	馬	0.07-0.09	8-24	無視できる
	羊	6μg/kg/時		
	ラマ	0.15	6	
シサトラクリウム	犬	0.02-0.1	10-30	無視できる
ロクロニウム	犬	0.3-0.6	20-30	無視できる
ピペクロニウム	犬	70-90μg/kg	16-81	時折低血圧
	猫	40-60μg/kg	17-24	

表10-2 神経筋遮断薬の自律神経系作用

薬物	自律神経節	心臓ムスカリン受容体	ヒスタミン放出
サクシニルコリン	刺激する	刺激する	わずかに放出
パンクロニウム	作用なし	弱く遮断	放出なし
アトラクリウム	作用なし	作用なし	わずかに放出
シサトラクリウム	作用なし	作用なし	作用なし
ベクロニウム	作用なし	作用なし	放出なし
ロクロニウム	作用なし	作用なし	作用なし
ミバクリウム	作用なし	作用なし	わずかに放出
ピペクロニウム	作用なし	作用なし	放出なし

一時的な筋の線維束性収縮（筋線維束の不随意攣縮）が引き起こされる

B. 次いで，運動終板の脱分極の延長により麻痺が生じる

C. 麻痺は抗コリンエステラーゼ薬で拮抗できない

D. 麻痺は偽コリンエステラーゼによる神経筋遮断薬の分解によって終息する

Ⅱ. 非脱分極性筋弛緩薬

A. 筋弛緩の前に筋の線維束性収縮は起こらず，運動終板が脱分極することもない；動物は徐々に筋弛緩していく

B. 筋弛緩作用は抗コリンエステラーゼ薬（アセチルコリンエステラーゼ阻害薬）によって拮抗できる（図10-3参照）

1. ネオスチグミン
2. ピリドスチグミン
3. エドロホニウム
4. スガマデックスはロクロニウムによる筋弛緩作用を拮抗する

a. スガマデックスは選択的筋弛緩薬結合因子（SRBA）であり，脂肪親和性コアと親水性外周をもった組み換え γ-シクロデキストリンである。スガマデックスの脂肪親和性コア内にあるロクロニウムに対する結合カプセルが，神経筋接合部の

アセチルコリン受容体への結合を阻害する

Ⅲ．作用の始まり

A．急速（1分以内）：サクシニルコリン

B．中等度（1～2分）：アトラクリウム，シサトラクリウム，ミバクリウム，ベクロニウム

C．遅い（3～5分）：パンクロニウム

Ⅳ．作用の持続時間（投与量依存性）

A．超短時間（1～3分間）：サクシニルコリン

B．中時間（10～30分間）：アトラクリウム，シサトラクリウム，ロクロニウム，ベクロニウム

C．長時間（＞30分）：ミバクリウム，パンクロニウム，ピペクロニウム

Ⅴ．抗コリンエステラーゼ薬による拮抗速度

A．急速（1分以内）：ミバクリウム

B．中等度（1～2分）：アトラクリウム，ベクロニウム

C．遅い（3～5分）：パンクロニウム

Ⅵ．分解代謝

A．ホフマン排泄：アトラクリウム，シサトラクリウム

B．血漿コリンエステラーゼ：ミバクリウム，サクシニルコリン

C．肝臓：アトラクリウム，シサトラクリウム，パンクロニウム，ピペクロニウム，ベクロニウム

脱分極性筋弛緩薬

Ⅰ．作用機序

A．脱分極のみが持続すると，Na^+不活化によって電気的インパルスの発生が妨げられ，神経筋ブロックが生じる

1．サクシニルコリンは作用発現が急速で作用持続時間が短く，筋肉内投与で効果を得られることから，野生動物の捕獲に使用される。経験豊かな人のみが使用すべきである

B．二重ブロック：ACh膜受容体が大量の脱分極薬（ACh, サクシニルコリン）に持続的に曝露されると，これらの薬物のコンダクタンス（伝導率の尺度。導体を流れる電流と導体の両端間の電位差の比）の変化を引き起こす能力が低下する；この理由は明らかにされていない

Ⅱ．適用

A．短時間の筋弛緩を必要とする検査や外科処置

B．気管挿管を容易にするために用いられる

C．帝王切開術（胎盤を通過しない）

D．骨折の整復

E．眼科処置

Ⅲ．脱分極薬が禁忌になる場合

A．神経筋遮断薬活性の延長を引き起こす疾患

1．肝疾患：偽コリンエステラーゼは肝臓で産生される

2．慢性貧血：アセチルコリンエステラーゼは赤血球膜に関連している

3．慢性の栄養失調

4．有機リン剤（駆虫薬）：酵素活性が抑制される

B．その他

1．高K^+血症

a．火傷，筋損傷，腎不全

b．脱分極性筋弛緩薬は筋からのカリウム放出を引き起こす

2．眼科疾患

a．緑内障，穿孔性眼球損傷

b．脱分極性筋弛緩薬は一過性に眼内圧を上昇させる

注釈

有機リン酸系殺虫剤は，偽コリンエステラーゼと不可逆的な結合を生じ，新しい酵素が産生されるまで回復しない。その中毒によって，流涎，発汗，徐脈，気管支痙攣，筋衰弱を生じる。アトロピンで治療する

Ⅳ. サクシニルコリン：有害効果（**表10-2参照**）

A. 有害な副作用には，骨格筋の脱分極，自律神経活性（徐脈），およびアナフィラキシー（稀）がある

1. 筋肉痛：理由は知られていない；おそらく，麻痺に先行した筋の線維束性収縮とK^+放出に関連している
2. ヒスタミン放出
3. 心血管系への作用
   a. 徐脈を引き起こすことがある
   b. 最も一般的な反応は，交感神経刺激によって生じる頻脈と高血圧である
4. 高カリウム血症：骨格筋の終板からのK^+放出の増加によって生じる
5. 血漿コリンエステラーゼが欠乏している症例では，神経筋ブロックが延長することがある
6. 血漿コリンエステラーゼが非定型的コリンエステラーゼに置換される遺伝的疾患では，薬物効果が延長することがある；ジブカインで鑑別診断できる。ジブカインは正常な血漿コリンエステラーゼの80％を阻害するが，非定型的コリンエステラーゼは20％しか阻害できない
7. 悪性高熱：重度の急激な体温上昇；重度の筋硬直を伴う
   a. 通常，ハロタンとサクシニルコリンを併用した場合に発生する
   b. 治療：100％ O_2の吸入，急速冷却，重炭酸ナトリウムによるアシドーシスの改善，ダントロレンナトリウム（2mg/kg 体重）の投与
   c. 人と豚における遺伝性疾患である

非脱分極性筋弛緩薬

Ⅰ. 作用機序

A．競合拮抗薬：シナプス後受容体をAChと競合し，AChによる脱分極を減少させる

Ⅱ．適用

A．脱分極性筋弛緩薬と同様

B．ハイリスク症例に対して，麻薬，吸入麻酔薬，またはほかの鎮痛薬を併用したバランス麻酔の一部として用いる

C．眼科手術

D．全身麻酔下の動物で調節呼吸を実施する際

Ⅲ．個々の非脱分極性筋弛緩薬（表10-2参照）

A．パンクロニウム（国内商品名：ミオブロック，国内販売終了）

1．ヒスタミン放出がなく，神経節ブロックもない；カテコールアミン放出や阻害もない

2．吸入麻酔薬によって作用が増強される

3．多くが無変化で尿に排泄される

4．時々，投与直後に頻脈が観察される

B．アトラクリウム（国内未販売）

1．作用発現が急速で作用時間が短い神経筋遮断薬として開発された；持続投与できる

2．pHと温度に依存した分解を受ける（ホフマン排泄；血漿中で生じる急速な分解過程）；長所は肝臓と腎臓による生物学的代謝や排泄を必要としないことである

a．ホフマン排泄は温度および血漿pH依存性の過程である

3．高用量では，ある程度ヒスタミンが放出される

4．時々，心拍数と動脈血圧を低下させる

C．シサトラクリウム（国内未販売）

1．ヒスタミン放出の少ないアトラクリウムの異性体

2．代謝はアトラクリウムと同様（ホフマン排泄）

3．in vivoにおけるシサトラクリウムの代謝速度は，アトラクリウムと同様に血液のpHおよび温度に大きく影響される。血液pHの上昇は代謝を手助けする。温

度の低下は代謝過程を遅くする

4．アトラクリウムよりは作用発現が遅い

D．ベクロニウム（国内商品名：マスキュラックス，マスキュレート）

1．作用発現時間と作用持続時間が短く，パンクロニウム投与後に時々みられる頻脈のない神経筋遮断薬を合成することを目的として開発された

2．胆汁内（40％）と腎臓（15％）を介して排泄される－腎機能の低下した症例に適している

E．ロクロニウム（国内商品名：エスラックス）

1．ベクロニウムの誘導体で作用は弱い（1/6）

2．ベクロニウムより作用発現は速い

3．スガマデックス（国内商品名：ブリディオン）はロクロニウムによって引き起こされる神経筋遮断を拮抗する。この拮抗にはアセチルコリンエステラーゼの阻害を介さずに生じる

F．ミバクリウム（国内未販売）

1．軽度のヒスタミン放出

2．作用時間が長く，排泄が遅い

3．時々動脈血圧が低下する

G．ピペクロニウム（国内未販売）

1．ヒスタミン放出はない

2．腎臓からの排泄は少ない

3．心血管系への影響は最小限である

筋弛緩に影響を及ぼすその他の因子（表10-3）

Ⅰ．温度

A．高体温は競合性筋弛緩を拮抗するが，脱分極性筋弛緩を増強延長する

B．低体温は非脱分極性筋弛緩薬の作用を延長する

Ⅱ．酸－塩基平衡

表10-3 筋弛緩作用の強さと持続時間を左右する因子

因子	脱分極性筋弛緩薬	非脱分極性筋弛緩薬
トランキライザ	↑	↑
揮発性吸入麻酔薬	↑	↑
体温低下	↑	↑
低血圧（心拍出量低下）	↓	↓
加齢	↑	↑
抗生物質	↑	↑
有機リン剤	↑	—

↑：増加，↓：低下，－：作用なし

A．呼吸性アシドーシスは非脱分極性筋弛緩を増強する

B．非脱分極性筋弛緩の拮抗が不十分であると，換気抑制と呼吸性アシドーシスが引き起こされ，その結果，筋弛緩が増強される

Ⅲ．水分と電解質の平衡異常

A．低カリウム血症と低カルシウム血症は非脱分極性筋弛緩薬の作用を増強する

B．脱水状態では，通常の投与量で非脱分極性筋弛緩薬を投与しても血中濃度が高くなり，その作用が増強される

C．血中Mg^{2+}濃度が高いと，脱分極性および非脱分極性筋弛緩薬の作用が増強される

Ⅳ．その他の薬物

A．以下の抗生物質は非脱分極性筋弛緩薬の作用を増強する：ネオマイシン，ストレプトマイシン，ゲンタマイシン，カナマイシン，パロモマイシン，ビオマイシン，ポリミキシンAとB，コリスチン，テトラサイクリン，リンコマイシン，クリンダマイシン

抗コリンエステラーゼ薬

Ⅰ．非脱分極性神経筋遮断の拮抗

A．エドロホニウム，フィゾスチグミン，ピリドスチグミン，ネオスチグミンなどの抗コリンエステラーゼ薬は，抗コリン作動薬を併用または併用せずに用いられる

1．アトロピンまたはグリコピロレートは，抗コリンエステラーゼ薬によって引き起こされる好ましくないムスカリン作用（徐脈，気管支分泌および唾液分泌の亢進，腸管運動の亢進）をブロックするために用いられる

2．この拮抗法は脱分極性筋弛緩薬には無効である；過剰なAChによってさらに脱分極が生じ，筋弛緩が増強される

3．この拮抗法はphase Ⅱブロックを引き起こす脱分極性筋弛緩薬に有効である

B．アトロピン0.01～0.02mg/kg（平均投与量）またはグリコピロレート（0.005～0.01mg/kg）を投与した後にネオスチグミン0.02～0.04mg/kgを投与して拮抗する；ネオスチグミンの反復投与は3回まで

C．エドロホニウムの投与量は0.5mg/kg IV；5回まで反復投与できる

1．完全な拮抗には5～45分かかる

D．スガマデックスは，ロクロニウムによる神経筋遮断を拮抗する。スガマデックスの主な利点は，アセチルコリンエステラーゼの阻害に頼らない点である

中枢性筋弛緩薬

Ⅰ．医療および獣医療において，骨格筋の痙攣や痛みを緩和するために，多くの中枢性筋弛緩薬が使用されている。動物に頻繁に使用されている中枢性筋弛緩薬は，ベンゾジアゼピン（例：ジアゼパム，ミダゾラム，ゾラゼパム）およびグアイフェネシンである（第3章，第8章参照）

A．中枢性筋弛緩薬は，筋弛緩作用，運動失調，抗不安，および痙攣拮抗を生じる

Ⅱ. グアイフェネシン

A. 作用機序は十分に解明されていないが，骨格筋緊張の維持に関わる脊髄多シナプス経路の伝達抑制に関連している

B. 脳の刺激作用はない

1. 軽度の鎮静；“麻酔作用”は乏しい

2. 様々な程度の軽度の鎮痛

C. 臨床応用：横臥や不動化に必要な麻酔導入薬（ケタミン，プロポフォール）の量をかなり減少させる

D. 投与量と投与ルート

1. 50〜100mg/kgまたは運動失調を示すまで静脈内投与；静脈内投与で横臥するには100mg/kg

2. 通常，5%溶液で投与する

Ⅲ. ベンゾジアゼピン化合物（ジアゼパム，ミダゾラム）（第3章参照）

A. 筋弛緩作用の機序は，おそらくベンゾジアゼピン受容体の活性化，Clチャネルの活性化，およびγ-アミノ酪酸（GABA，CNS抑制性伝達物質）の増強に関連している

1. ベンゾジアゼピンは，中枢神経系抑制を導く$GABA_A$受容体のベンゾジアゼピン結合部位に結合することによって神経伝達物質のGABAの作用を増強する

a. ジアゼパムおよびミダゾラムのいずれも，ケタミンまたはプロポフォールの投与直前に投与することで，麻酔導入の質を増強できる

第11章

気管挿管および気道確保のための器材

"Breathing is the essence of life. Breathe deeply, live fully."

GABRIELLA GODDARD

概要

経口的気管挿管は，換気を促進し，吸入麻酔薬および酸素，そしてしばしばほかのガス（例：二酸化炭素，ヘリウム）の供給を容易にするために実施されている。適切な位置に気管チューブを確実に挿管することで，揮発性ガスと酸素を最も効率よく供給でき，気道分泌物，唾液，または逆流した胃内容の吸引を防止できる。酸素と吸入麻酔薬は，フェイスマスクやラリンジャルマスク（LMA）によっても供給できる。家畜のほとんどは，比較的簡単に経口的気管挿管が可能である。ガス供給にはしばしば，咽頭切開や気管切開による気管挿管やフェイスマスクなどの方法も実施される。

気管挿管の目的

Ⅰ．開存した気道の確保
Ⅱ．誤吸引の防止
Ⅲ．気道抵抗を最小限にする
Ⅳ．酸素と吸入麻酔薬の供給を容易にする
Ⅴ．補助呼吸や調節呼吸を容易にする
Ⅵ．診療スタッフへの余剰麻酔ガスの曝露を最小限にする

気管チューブ（図11-1）

I．総論

A．気管チューブのほとんどは，塩化ポリビニル（PVC）製，シリコン製，またはゴム製である

B．一般的に，PVC製の気管チューブは気管挿管しやすく曲がっている。シリコン製気管チューブは曲がっておらず，PVC製またはゴム製気管チューブに比較して硬くない

C．PVC製チューブは数種類のサイズが利用できる：内径（ID）2〜10mm。サイズ2の気管チューブにはカフがない。PVC製気管チューブはオートクレーブで蒸気滅菌できない

D．大動物では，大口径の気管チューブを利用できる

1．シリコン製気管チューブはオートクレーブで蒸気滅菌できる

II．構造（図11-2）

A．サイズ：気管チューブのサイズはID（mm）で示される；外径（OD，mm，または フレンチ［Fr＝3×OD］）は通常，IDより3〜4mm大きく，全体的なチューブサイズに左右される

B．カフ付き気管チューブ（図11-3）

1．高容量－低圧：カフ体積が比較的大きい

a．膨らましたときのカフが筒形をしている；圧力はカフの全長に分散する

2．低容量－高圧：膨らましたときのカフが卵形をしている

a．気管との接触面には比較的高い圧が生じる

C．カフなし気管チューブ

1．カフの代用となるカフなしシステムを用いた特殊な気管チューブ（図11-4）

D．スパイラル気管チューブ：金属製またはナイロン製のら

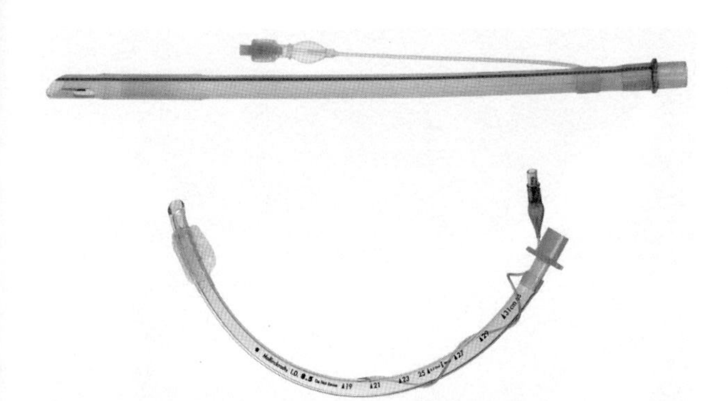

図11-1　シリコン製（上段：柔軟）およびPVC製（下段：硬い）気管チューブ。

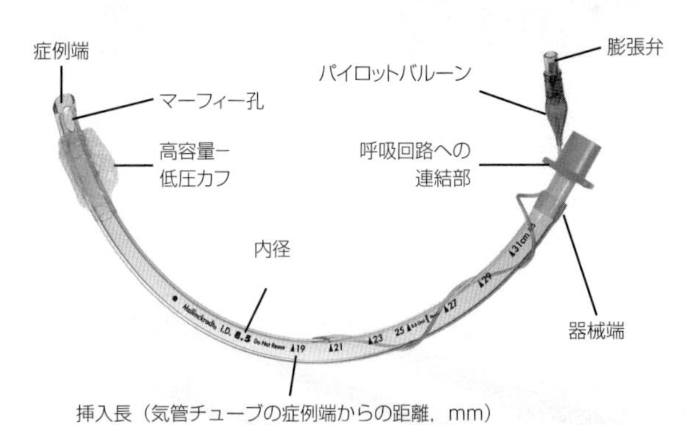

図11-2　PVC気管チューブの構造。内径と挿入長に注目。

せん状ワイヤーが気管チューブ壁に内蔵されている

1．屈曲しても，過度の角度で折り曲げても，気管チューブ内腔が閉塞せず維持される
2．欠点：動物に噛まれると，恒久的に圧迫された形状になる

E．レーザー遮断気管チューブ：気道のレーザー手術に有用である

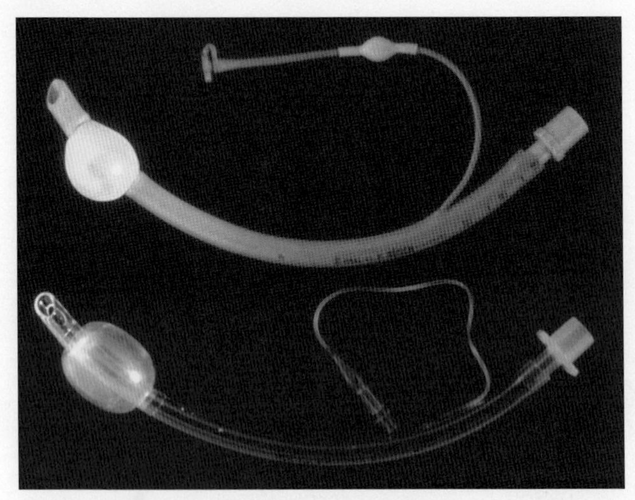

図11-3　低容量－高圧カフ（上）と高容量－低圧カフ（下）の気管チューブの例。いずれのカフも短時間の気管挿管には適している。低容量－高圧カフでは気管壁に偏心性に圧が生じることに注目。

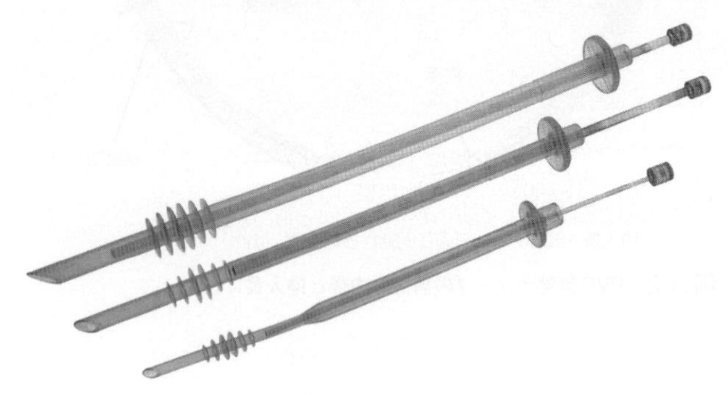

図11-4　カフの代用として柔軟なフィンを用いたシリコン製気管チューブ。スタイレットが気管チューブ内に引き戻されていることに注目。スタイレットの硬さによって気管挿管時に気管チューブを喉頭に挿入することが容易になる。スタイレットは，気管挿管が完了したら引き抜く。

1．アルミニウム，銅，またはしなやかなステンレス鋼で被覆されている

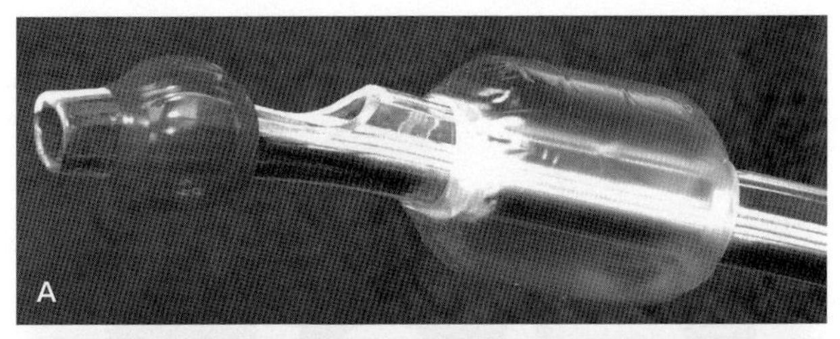

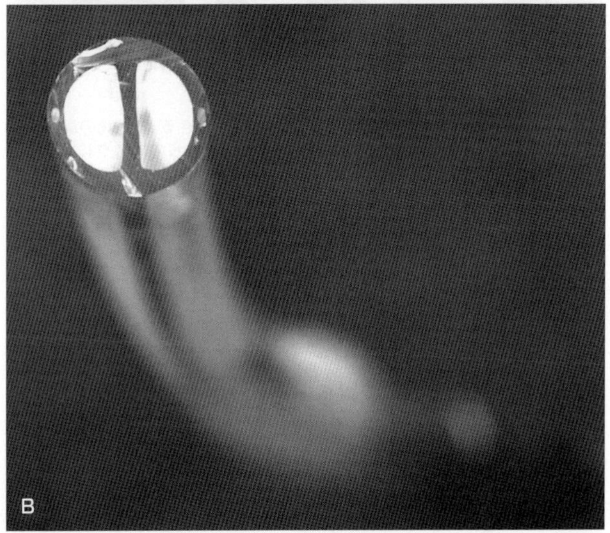

図11-5 ダブルルーメン気管チューブは，選択的肺換気の際に使用される。（写真は，Michael Chen M.D. IN Cote CJ, et al: A Practice of Anesthesia for Infants and Children, ed 4, Philadelphia, Saunders, 2009. より引用）

2．カフは，溶け落ちを防止するために湿潤したコットノイドで被覆されている

F．片側肺換気用気管チューブ

1．ダブルルーメンのチューブ（**図11-5**）

2．目的の気管支主幹に挿入できるように，左右に分かれたいずれかのルーメン（腔）が長くなっており，長い

図11-6 様々なサイズのフェイスマスクを利用できる。動物の鼻口部で満たされる容積のマスクを選択する。これらのマスクには，横臥位保定の際に使用しやすいように平坦になった面がある。

方のルーメンが挿管された片方肺を独立して換気できる。もう一方のルーメンとカフはその気管主幹内に位置する

3．胸腔鏡下手術に有用である

4．適切なアダプターを用いることで，片方または両方の肺を別々または同時に換気できる。一方の肺を換気しながら，もう一方の肺を分離できる

a．気管支鏡を用いることで，気管チューブの適切な設置が容易となる

気管チューブの代用品

Ⅰ．フェイスマスク（図11-6）

A．小動物用に様々なサイズのマスクが市販されており，利用できる

1．動物の鼻口部とマスクの間の死腔が最小限となるサイズのマスクが理想的であり，これにより呼吸回路と動物の鼻口部を密閉し，外部環境から完全に遮断できる

2. 大動物用マスクは，大型プラスチックボトルを用いて自家作製できる

Ⅱ. ラリンジャルマスク（LMA）（図11-7A，B）

A. 膨らませることのできるマスクにシリコンチューブが接続されている：チューブの器械端を呼吸回路に連結し，マスク端を喉頭周囲に当てて密閉し，周辺から遮断する

B. LMAは“自己定位”であり，盲目的に挿入しても自動的に声門周囲に位置する

1. カフを膨らませることで密閉する
2. 盲目的に挿入するか，喉頭鏡で補助して挿入する

気管挿管の補助

Ⅰ. 光源：

A. 懐中電灯またはペンライト

B. 喉頭鏡（図11-8）：平坦または曲がったブレードの先端にある光源で，喉頭や操作する口腔内組織を照らすことができる

1. 多様な形状とサイズの喉頭鏡を利用できる
2. 犬猫では，ミラー型ブレード（サイズ4およびサイズ1），またはほかの同程度のサイズの直線型ブレードを利用できる
3. 大動物では，ブレードの長さ40cmまでの喉頭鏡を利用できる

Ⅱ. 圧マノメータ（図11-9）

A. 気管チューブの膨張弁に連結できる

B. 気管チューブのカフ内圧を示している

1. 高容量－低圧カフでは，最大内圧25cmH_2Oまで膨らませる
2. 低容量－高圧カフでは，最大内圧80cmH_2Oに達することもある
3. 気道と肺を密閉できるカフ圧は20～25cmH_2Oである

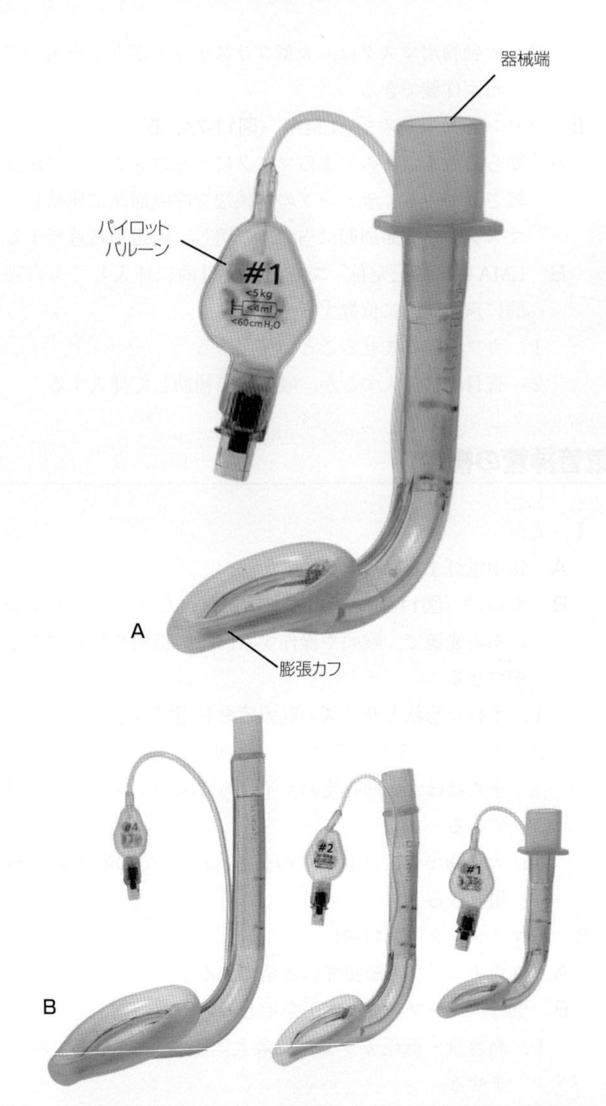

図11-7 ラリンジャルマスク（LMA）。A：LMAのカフ端を咽頭後部に挿入し，カフを膨らませて喉頭とLMAを密着させる。LMAのカフに液体を注入すると気道に密着させることができない。B：様々なサイズのLMAを利用できる。

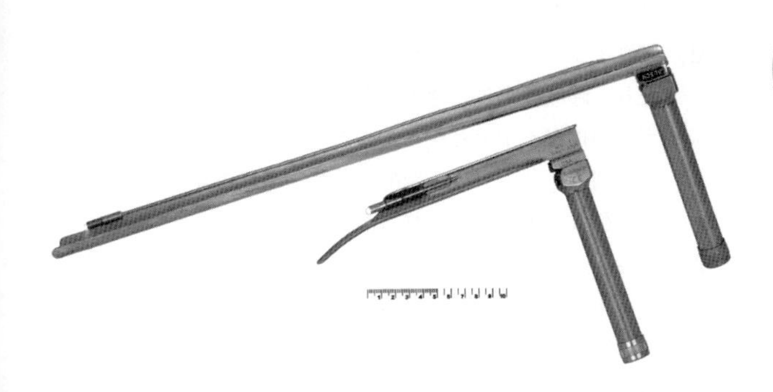

図11-8　光源の付いた喉頭鏡を使用することで，経口的な気管の確認と気管チューブの挿管が容易になる。大動物用喉頭鏡（上）とサイズ4のミラー型喉頭鏡（下）が，中型～大型犬および小型反芻獣の気管挿管に適している。

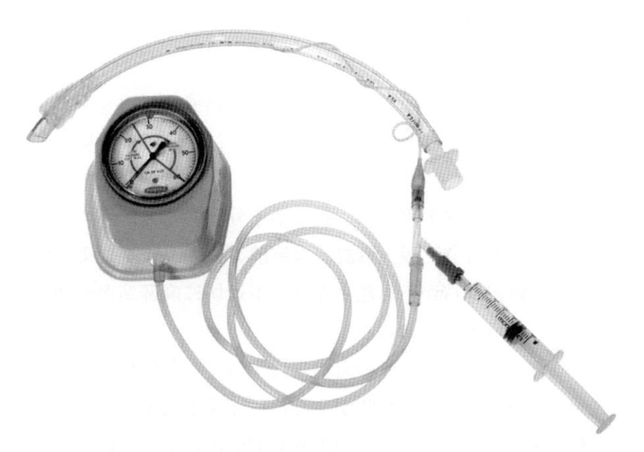

図11-9　カフの膨張圧を確認するための気管チューブ圧マノメータ。

気管チューブによる合併症

Ⅰ．気管チューブのサイズが大きすぎると，気管と喉頭に浮腫や炎症を生じ，気管チューブを抜管した後に気道閉塞を生

じやすくなる

Ⅱ. 気管チューブのサイズが小さすぎると，呼吸抵抗が大きくなり，呼吸仕事量（呼吸努力）の増大を招く。その結果，ガス交換が不十分となり，大きな呼吸運動によって麻酔深度の判断を誤る（浅い麻酔と誤認）可能性があり，不適切に麻酔薬が追加投与されるかもしれない

Ⅲ. 気管チューブの気管内への挿入が深すぎると，気管支挿管となる可能性があり，ガス交換は不十分となり，吸入麻酔では麻酔深度の維持が困難となる

Ⅳ. 気管チューブの気管内への挿入が不十分であると，喉頭損傷を生じ，吸入麻酔では麻酔深度の維持が困難となる可能性がある

Ⅴ. 気管チューブを食道内に誤挿管すると，呼吸不全を生じ，吸入麻酔では麻酔維持が不可能となる

　A. 気管チューブが食道内に誤挿管された場合には，終末呼気二酸化炭素分圧は0になる

Ⅵ. 気管チューブの屈曲や閉塞（血液，粘液）によってガス交換が不十分となり，麻酔深度の誤認によって不適切に麻酔薬が追加投与される可能性がある

Ⅶ. 気管チューブのカフの膨張が不十分であると，ガス交換が不十分となり，吸入麻酔では麻酔ガスのリークによって適切な麻酔維持が不可能となり，不適切に麻酔薬が追加投与される可能性がある

Ⅷ. 気管チューブのカフの過膨張によって，気管壁の炎症や術後数日間にわたる発咳が生じる可能性がある

　A. 気管チューブは，その内外を弱い消毒薬で洗浄し，完全に水洗して乾燥させる

第12章

吸入麻酔器と呼吸システム

"Give the tools to him that can handle them."

NAPOLEON BONAPARTE

概要

吸入麻酔薬を供給するためには様々な器材が用いられる。最小限の環境汚染で吸入麻酔薬を気化させて安全に動物へ供給するためには，比較的精巧で高価かつ嵩張った麻酔器を用いる必要がある。麻酔器は外見上複雑であるが，ほとんどの吸入麻酔薬供給システムは類似しており，酸素（O_2）供給，安全な麻酔濃度供給，および余剰ガスと二酸化炭素（CO_2）の排出を目的に，単純に設計されている。

総論

ほとんどの吸入麻酔薬供給システムは同じ要素で構成されている。このシステムは，ガス供給源のO_2とN_2Oを減圧し，これらのガスと吸入麻酔薬を正確に混合し，呼吸回路に供給する

麻酔装置

Ⅰ. 圧縮ガス：O_2，N_2O，およびその他の医療ガスは，カラーコード化された様々な内容量のボンベに入っている（表12-1，表12-2）。多くの麻酔回路において，O_2が吸入麻酔

薬を運ぶキャリアーガスとして用いられる

A．ボンベは慎重に取り扱う

1．決してボンベを固定せずに立てたままにしておかない

a．Eボンベはラック内に納める

b．Hボンベは壁や運搬用カートにチェーンで固定する

2．ボンベを落とすと，高圧のため破裂する危険性がある

3．ボンベの弁をゆっくりと完全に開放する

4．麻酔器に取り付ける前にボンベのバルブを開けてすぐに閉じ，連結ポートの埃を吹き飛ばす（埃や塵に急激に圧が加わると，発火する可能性がある）

5．満タンのボンベに交換する際には，連結ポートのガスケットも新品に交換する

B．医療用ならびに獣医療用のほとんどの麻酔器には，Eボンベ連結用ハンガーヨークが1カ所以上ある；ボンベの取り付け間違いを防止するため，麻酔器のハンガーヨークとEボンベはピンインデックス式安全システムでコード化されている（図12-1）

C．中央配管方式のO_2供給源には，通常GまたはHボンベが用いられる

1．Hボンベでは，個別の圧力調整装置が必要である（ガスの種類によってネジ山のサイズや連結部分がコード化されている）

2．これらのボンベは，直径インデックス式安全システムを連結した高圧ホースで麻酔器に取り付ける

3．古いシステムの中には，高圧ホースをハンガーヨーク内のピンインデックスシステムに付属する特殊なハンガーヨークブロック連結器に連結する器材もある

D．O_2とN_2O

1．ボンベ内のO_2は気体であり，その圧力はガスの体積に比例する

2．ボンベ内のN_2Oは液体とガスである

表12-1　圧縮ガス

	ボンベの仕様（リットル，STP）			
ガスの種類	E（8.8cm ×66cm）	G（17.6cm ×121cm）	H（19.8cm ×121cm）	満タン時の充填圧（psi）
酸素	655	5,290	6,910	2,200（約15.2MPa）
笑気	1,590	12,110	14,520	750（約5.2MPa）
二酸化炭素	1,590	4,160		800
ヘリウム	500	4,350	5,930	1,650

STP：標準温度と圧，psi：ポンド/平方インチ，MPa：メガパスカル

表12-2　米国および国際標準化機構のガスカラーコード

ガスまたは機能	米国	国際標準化機構
酸素	緑	白
笑気	青	青
医療用空気	黄色	黒と白
吸引	白	黄色
窒素	黒	黒
二酸化炭素	灰色	灰色
ヘリウム	茶色	茶色

a．すべての液体が気化するまで，ボンベ内の圧力は750psi（日本では約14.7MPa）のままであり，その後低下する

E．O_2発生装置を中央O_2供給源として設置することもできる；これらの装置では大気からO_2を90～95％の濃度に抽出する

1．必要量に応じて様々なサイズの発生装置を利用できる

Ⅱ．Eボンベ用のハンガーヨーク（**図12-1**）

A．ピンインデックス方式の形状により，不適切なボンベの連結を防止する

B．真鍮性のフィルタにより，麻酔器のガス回路への粒子汚

図12-1 ピンインデックス方式により，適切なボンベが麻酔器に確実に接続されるようになっている。

染を防止する

C. 圧力計は麻酔器に設置されているか，ボンベに直接取り付けられ，ボンベ内圧を表示する

D. 一方向弁により，隣のボンベや供給パイプラインへのO_2逆流を防止する

Ⅲ. 減圧弁（圧力調整器）は，ほとんどの麻酔器に内蔵されているが，直接ボンベに取り付けることもできる

A. ボンベ内のガス圧を低下させて，50psi（日本では約0.4MPa）のほぼ一定の圧にする

B. 流量計に一定の圧力でガスを供給する

C. 広範囲の流量設定（L/分，mL/分）を可能にする

D. 絶対に高圧で流量計を操作することのないようにする

E. 病院に供給されるボンベ（GとH）には，それぞれ専用の調節器が必要である

Ⅳ. O_2の“二重安全”装置

A. すべてではないが，ほとんどの麻酔器にO_2“二重安全”装置が設置されている：O_2供給が遮断された場合に，

N_2Oやその他のガスの供給を自動的に遮断する

B．警報音を発するO_2供給不足警報器が働く麻酔器もある

C．この安全装置は，すべての麻酔器に搭載されているわけではないので，O_2供給を遮断してもN_2Oだけが供給されることがある

V．流量計

A．流量計（mL/分；L/分）は特定のガス（例：O_2）の供給速度を調節する；最も一般的な流量計はロタメータである

1．流量計は，上端が次第に太くなるガラスの円筒にボールまたはボビンが入った形で構成され，円筒内のボールまたはボビンの高さは円筒中を流れるガス流量に比例する；ガス流量はボールまたはボビンの最大直径の部分で読み取る

B．理想的には，O_2流量計は一連の流量計の一番最後に配置すべきである（流量計の円筒が割れても低O_2の混合ガスになりにくい）

C．誤差や破損を招くので，流量計のツマミを閉める際に過剰な力で回してはならない

D．流量計の円筒は各ガス専用である；N_2Oの流量計をO_2には代用できない

E．個々のガスは流量計よりも下流で混合される；ここからガスは回路外気化器または麻酔回路に移動する

F．麻酔器の中には二つのO_2流量計を搭載しているものがある

1．これらの流量計は直列または並列に連結される

a．流量計を並列している場合には，個々に流量を調整し，その総流量は各流量計の設定流量の合計となる

b．一方の流量計は低流量用（1L/分まで）

c．もう一方は1L/分以上の流量用

2．流量計が直列となっている場合には，一つのツマミで

流量調整したガスが両方の流量計内を流れる

Ⅵ. 酸素フラッシュ弁

A. 気化器を迂回してガス取り出し口や麻酔回路内に直接O_2を供給する

B. 35～75L/分で回路内にO_2を急速に供給する

C. 回路内の麻酔ガスを希釈してしまう

Ⅶ. ガス取り出し口：麻酔器からのガス取り出し口であり，O_2，N_2O，および気化された麻酔ガス（回路外気化器）を供給する；連結部は15mm径

Ⅷ. 麻酔気化器

A. 気化器は，液体の吸入麻酔薬を揮発するために設計され，臨床的に効果のある麻酔ガスを供給する

B. 気化器は，麻酔回路外で流量計のすぐ隣（回路外気化器［VOC］），または麻酔回路内（回路内気化器［VIC］）に位置している

1. 精密VOC気化器は，麻酔ガスを正確な濃度（%）で供給し，温度や新鮮ガス流量には比較的影響されない；製造業者は温度と流量範囲を設定している

2. 気化器内を流れるガスは，バイパスチャンバーと気化チャンバーに分配される

a. これらの二つのチャンバーの分配比率は，揮発性吸入麻酔薬の飽和気化圧と目的とする供給麻酔ガス濃度（%）によって決まる

3. 精密VOC気化器は，使用できる揮発性吸入麻酔薬が特定されている

a. イソフルラン気化器

(1) イソフルラン用Ohio Calibrated Vaporizer（Ohmeda社）

(2) Vapor 19.1（Dräger社）

(3) Isotec（Ohmeda社）

b. セボフルラン気化器

(1) Sevotec 3，Sevotec（Tec 5）（Ohmeda社）

(2) Sevomatic（A.M. Bickford社）
(3) Sigma Delta（InterMed Penlon社）

c．デスフルラン専用気化器

(1) Tec 6気化器（Ohmeda社）：電気的に過熱できる気化器；デスフルランの物理化学的特徴のため，その構造は独特である

d．メンテナンス

(1) 気化器を製造業者に送り，洗浄と再調整をする
(2) 気化器の設定ダイヤル（%）と臨床的麻酔深度が一致しない場合には，必ずサービスを受ける

4．回路内気化器（VIC）（ドローオーバー型気化器とも呼ばれる）；供給濃度は温度と流量に左右される

a．ドローオーバー型気化器は，特定の吸入麻酔薬専用ではない

b．麻酔ガスの供給量は，以下の要因の影響を受ける：

(1) 吸入麻酔薬の揮発性：揮発性の低い吸入麻酔薬（例：エーテル）では灯芯が必要である；現在使用されている吸入麻酔薬（イソフルラン，セボフルラン）では灯芯は必要ない
(2) 温度：気化圧と麻酔ガス発生量は環境温度によって増減する
(3) 温度が高いと，過剰投与になる可能性がある
(4) 低い環境温度では麻酔維持が難しい

c．フロースルー気化器

(1) 動物の分時換気量によって調節される；呼吸の深さと回数の増加によって（自発呼吸または補助呼吸），麻酔ガス供給量が増える

d．気化器の構造

(1) 灯芯付きと灯芯なし；調節スリーブ；液面

とガス流との距離

e．呼吸回路内での気化器の位置

(1) 気化器内の水分発生を抑制するために，気化器を吸気側に配置する

f．気化器上面の較正目盛は，VIC気化器の供給麻酔ガス濃度とは一致しない

g．タイプ

(1) Ohio No.8 Vaporizer（Pitman-Moore社）；イソフルランまたはセボフルランを用いる場合には，灯芯を外さなくてはならない

(2) Stephens（HenrySchein社）；イソフルランまたはセボフルランを用いる場合には，灯芯を外さなくてはならない

h．メンテナンス：気化器内の過剰な水蒸気を除去するために，1週間ごとに灯芯を乾燥させる

C．一般的な注意

1．人への麻酔ガス曝露を最小限にするため，気化器への吸入麻酔薬の充填は1日の始まりまたは終わりに実施する

2．吸入麻酔薬を気化器に充填するまたは抜き出すときには，ダイヤルをOFFの位置にしなければならない

3．吸入麻酔薬をこぼすことによる環境への曝露を最小限にするために，特別な注入装置を利用できる

4．吸入麻酔薬が完全に排出されていない限り，気化器を傾けたり横にしてはならない；次に使用する際に，高濃度の麻酔ガスを発生する可能性がある

麻酔呼吸回路

I．目的

A．吸入麻酔薬とO_2の安全供給

B．CO_2と過剰な麻酔ガスを除去する

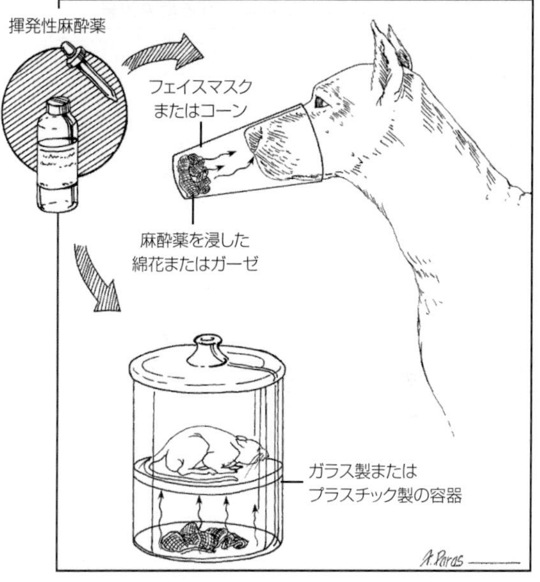

図12-2 開放システム。麻酔薬を浸した綿花またはガーゼをコーンか容器に入れて動物に呼吸させる。

1．希釈（例：Tピース［Mapleson］システム）

2．CO_2吸収剤（Sodasorb，Amsorb）

Ⅱ．システムのタイプ

A．開放滴下またはコーンシステム（**図12-2**）

1．特徴

a．リザーバーがない

b．呼気の再呼吸が最小限か全くない

c．CO_2は希釈により除去する

2．利点

a．装置が安価である

b．呼気の再呼吸が最小限か全くない

c．呼吸抵抗が最小限である（とくに開放点滴）

表12-3　麻酔システムによって推奨される酸素流量

非再呼吸システム	
Mapleson システム*	
Magill システム	100mL/kg/分
Lack システム	150mL/kg/分
Ayre's Tピース	150mL/kg/分
Bain 回路	150mL/kg/分
通気	200-300mL/kg/分
再呼吸または回路システム	
閉鎖	3-5mL/kg/分†
半閉鎖低流量	5-10mL/kg/分‡
半閉鎖高流量	20-30mL/kg/分‡

*調節呼吸または補助呼吸には使用できない。
†閉鎖回路では笑気は使用できない。
‡笑気を用いる場合には酸素流量に加える。

3．欠点
a．大量の麻酔薬が気化されるために不経済である
b．供給する麻酔濃度の調整が困難である
c．換気を補助する方法がない
d．消費したガスの排気が困難または不可能である
e．麻酔薬の気化は室温に依存する（開放点滴とコーン）

B．一方向弁のない非再呼吸システム（Mapleson分類）では，CO_2の除去に比較的高い新鮮ガス流量（**表12-3**）が必要である。新鮮ガスの取り込み口と呼気ガスの排出口(弁)の位置によって，以下のように分類されている。新鮮ガス取り込み口の相対的位置と弁の開口によって呼吸回路の効果が決まる
1．タイプ
a．Ayre's Tピース（**図12-3**）（Mapleson F）：新鮮ガスの取り込み口が動物側の近くにあり，呼吸バッグから排出される

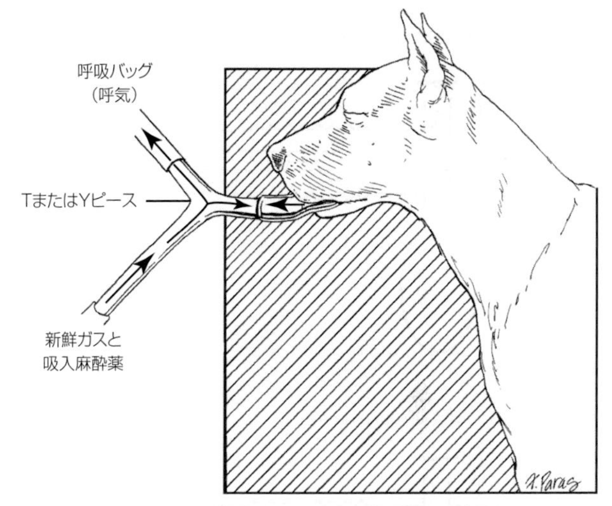

図12-3 Mapleson F（Ayre's Tピース）。低い呼吸抵抗で麻酔薬とO_2を供給する方法。呼気ガスの再呼吸を最小限または排除するため，高い新鮮ガス流量を用いる。呼気ガスは蛇管の中を再呼吸バッグに向かって流れる。

b．Bain回路（改変Mapleson D）：新鮮ガスは呼吸バッグの近くに注入されるが，同軸性（チューブの中に別のチューブがある）の設計であり，吸入麻酔薬を内側のチューブを通して動物の近くで供給する；呼気ガスは新鮮ガスのラインの周囲を通り，バッグの近くに排出される（**図12-4，図12-5**）

c．Lackシステム（改変Mapleson A）：新鮮ガスを大きな口径の蛇管で供給し，蛇管内に通してある小口径のチューブで呼気ガスを回路遠位端の圧開放弁へ運ぶ（Bain回路の反対；**図12-4**）

（1）上記の三つのシステムは，自発呼吸と調節呼吸の両方に比較的効率的に使用できる。自発呼吸および調節呼吸の際の新鮮ガス流量は

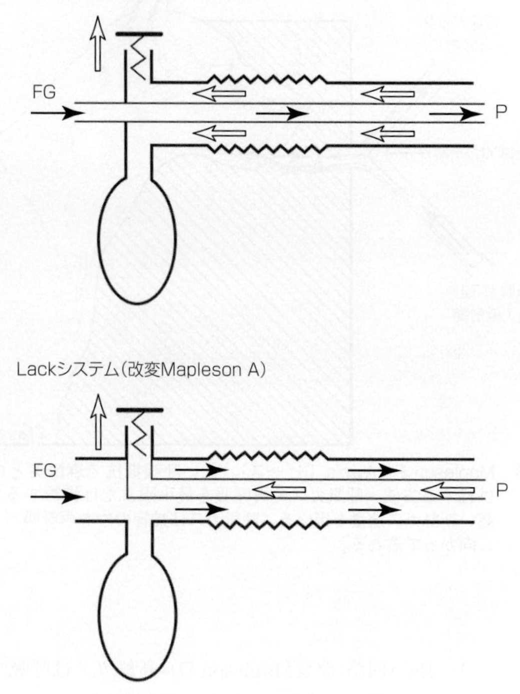

図12-4　非再呼吸回路の例（Bain, Lack）。新鮮ガスの流入方向（FG）の違いに注目。P：症例（動物）。

150mL/kg体重/分に調整する

d．Magillシステム（**図12-6**）（Mapleson A）：新鮮ガスの取り込み口はバッグの近くにあり，呼気ガスは動物の近くに位置する圧開放弁を通って排気される

(1)　自発呼吸時に効率的である（必要とされる新鮮ガス流量は分時肺胞換気量に等しい）

(2)　調節呼吸時には非常に効率が悪い（新鮮ガ

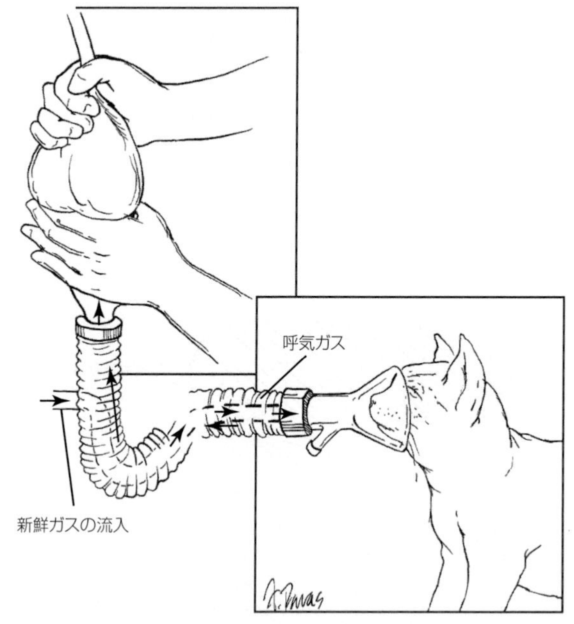

図12-5　改変Mapleson D（Bain回路）。機能はAyre's Tピースシステムと同様。死腔を最小限にするために，新鮮ガスを経口的に挿管した気管チューブやフェイスマスクで供給する。図中では，死腔はフェイスマスクによるものである。

ス流量＝3〜5×分時換気量）

2．非再呼吸回路の利点と欠点

a．利点：装置の死腔が小さい，呼吸抵抗が小さい

b．欠点：O_2と揮発性吸入麻酔薬を比較的多く浪費する；高いガス（O_2）流量で体温低下が急速に起こる

C．再呼吸麻酔回路では，CO_2を除去した呼気ガスの再呼吸を再呼吸させる；再呼吸量は新鮮ガスの流量に左右される

1．回路システム（**図12-7，図12-8**）

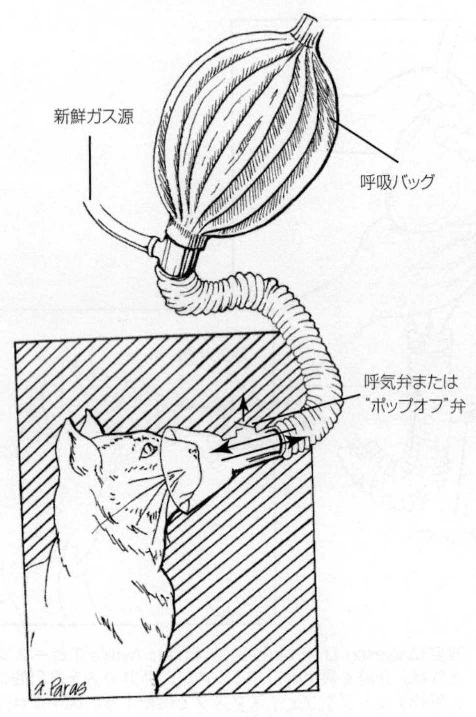

図12-6　Mapleson A（Magillシステム）。肺胞ガスを優先的に排気する圧開放弁（ホップオフ弁）が動物の近くにあり，自発呼吸時に低流量の新鮮ガスで用いることができる。

a．構成要素

(1) ポップオフ（圧開放）弁

(a) システム内の過剰な圧力を開放する；動物の分時O_2消費量よりも多い過剰なガスをシステムから排除する

(b) スプリング式またはほかの様式の開放弁が取り付けてある；最近の弁は通常，圧が0.5～1cmH_2Oを超えると“ポップ

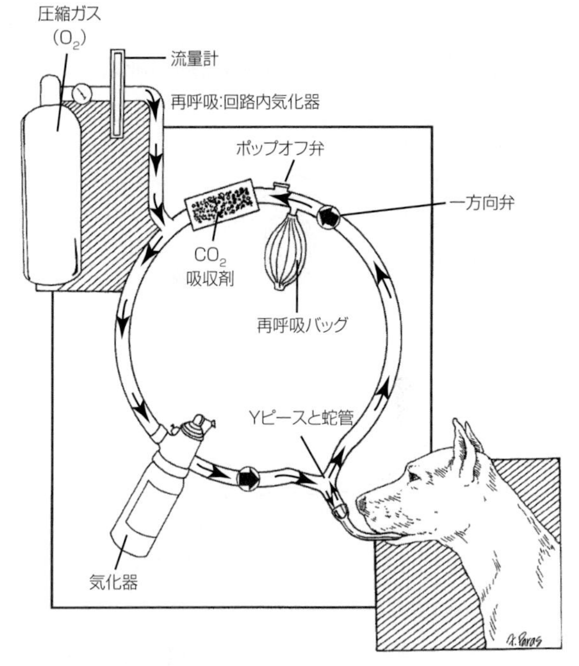

図12-7 回路内気化器(VIC)を用いた麻酔回路システム。このタイプの麻酔回路は,新鮮ガスを低流量で使用する場合に用いられる。新鮮ガスを低流量で供給するために設計された持ち運びできる麻酔システムが数種類ある。

オフ”または開放する;弁を閉めるほど弁開放に要する圧力が高くなる

(c) 余剰ガス排気装置の接続口を取り付ける

(d) 押しボタンで弁を迅速に開閉できる装置もある

2. 二酸化炭素(CO_2)吸収剤キャニスタ(**表12-4**)

a. 呼気ガスからCO_2を化学的に除去する材料を入れる

b. 容量は1回換気量(V_T=10mL/kg)の少なくとも

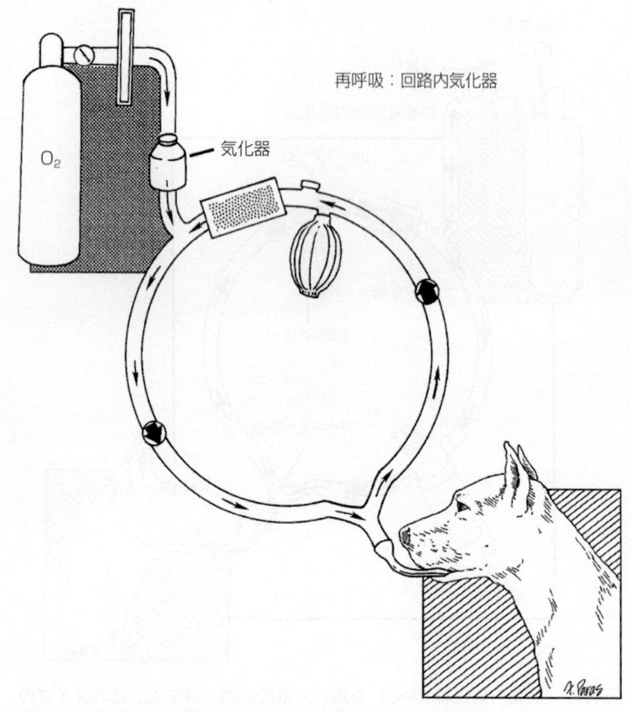

図12-8 回路外気化器（VOC）を用いた麻酔回路システム。CO_2吸収剤キャニスタ，一方向弁，および再吸収バッグで構成される呼吸回路の外に気化器が位置していることに注目。

1～2倍とする

(1) 小動物用キャニスタのほとんどは1.5Lの容量をもつ。大動物用キャニスタは5Lの容量をもつ

c．活性成分は様々な比率でK^{+}，Ca^{2+}，Na^{+}の水酸化物を含む；これらの水酸化物は呼気中のCO_2および水と反応して炭酸塩を形成する；熱が放散され，pHが低下する

d．4～8meshの粒サイズを使用する

表12-4　二酸化炭素（CO_2）吸収剤の化学的構成成分

CO_2吸収剤	$Ca(OH)_2$(%)	KOH(%)	Na（OH）(%)	$CaCl_2$（%）	CaSO4（%）	H_2O（%）	二酸化ケイ素（%）	ポリビニルピロリドン（%）
水酸化ナトリウム石灰（古典的）	80-81	2.0-6.0	1.3-3.0	―	―	14-18	0.1	―
水酸化ナトリウム石灰（Sodasorb LF）	81.5	0.003-0.005	2.0-2.6	―	―	14-18	0.1	―
水酸化カルシウム石灰（Amsorb plus）	75-83	―	―	0.7	0.7	14.5	―	0.7

第12章

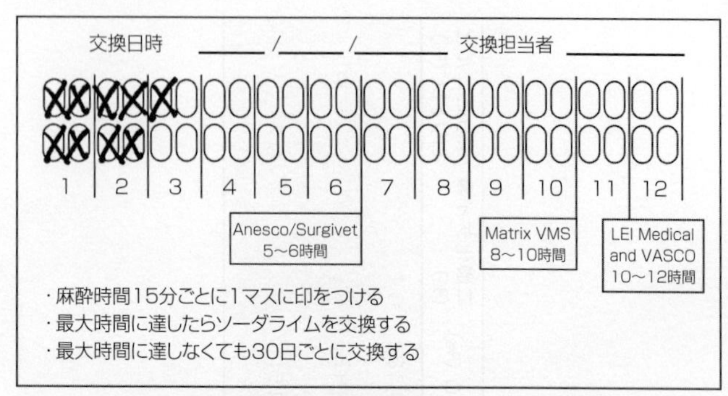

図12-9　CO_2吸収剤を使用した総時間をモニターし，麻酔回路からのCO_2除去能力を最大に保つ。吸入CO_2濃度が持続的に上昇している（カプノグラムの基線が0に戻らない）場合には，CO_2吸収剤を交換すべきである。

e．CO_2吸収剤にはpH指示薬（通常，エチル紫）が加えてあり，消費されると青色に変色する；使用休止時間をおくと指示薬の色はもとに戻る；新鮮ガス流量や動物の大きさによって6～8時間の使用で吸収剤を交換する（**図12-9**）

f．吸収剤が硬くて脆くなったり，粉っぽくなったり，塊になっている場合には，もはや役に立たない

(1) 乾燥した吸収剤は様々な毒素を放出する（例：コンパウンドA，一酸化炭素，ホルムアルデヒド，メタノール）（第9章参照）。これらの反応を最小限にする吸収剤もある（Sodasorb LFおよびAmsorb Plus）

g．セボフルランから生じるコンパウンドA，およびデスフルラン，イソフルラン，セボフルラン，およびハロタンから生じる一酸化炭素の蓄積を防止するために，適切な間隔で吸収剤を交換する

(1) 吸収剤の乾燥とこれに関連する分解物質の産生増加を防止するため，使用しない場合に

は確実にO_2流量計を止めておく

3．二つの一方向弁が吸収剤キャニスタを通る前の呼気ガスの再呼吸を防止する

4．気化器（VICまたはVOC；**図12-7，図12-8**参照）

5．再呼吸バッグ（リザーバーバッグ）には，以下のサイズが利用できる：

   a．0.5 L：体重3～5kg未満の動物

   b．1L：体重5～7kg未満の動物

   c．2L：体重7～15kgの動物

   d．3L：体重15～50kgの動物

   e．5L：体重50～150kgの動物

   f．35L（大動物用システム）：体重150kg以上の動物

6．圧マノメータ

   a．呼吸回路内圧の看視

   b．一般的に－30～＋50cmH_2Oの目盛が付けられている

   c．回路内圧はバッグを握りしめたときに増加する。とくにポップオフ弁を閉鎖すると顕著である

   d．用手または人工呼吸器を用いた調節呼吸の際に供給気道内圧を確認するために役立つ

7．蛇管とYピース

   a．小動物では一般的に長さ1m，口径22mmの蛇管が用いられる

   b．麻酔器を動物の頭に近い所に配置できない場合には，長い蛇管を用いる

   c．体重5kg未満の動物には短い小口径（13mm）の蛇管を用いる

   d．大動物には口径50mmの蛇管を用いる

   e．利点：

      (1) 比較的低流量でガスを使用できる（経済的，最小限の環境汚染）

(2) CO_2吸収剤キャニスタを動物から離して配置する。to-and-froシステムとは反対である
(3) 換気の観察が容易で，再呼吸バッグで調節呼吸できる
(4) 熱喪失と気道乾燥が最小限である
(5) 突然の麻酔深度の変化がない

f．欠点：

(1) システムがかさばる
(2) 部品の配置を間違えて取り付けたり，うまく作動しないことがある
(3) Mapleson システムに比較して呼吸抵抗が大きい；通常のシステムを体重3kg未満の動物には使用すべきではない
(4) 洗浄困難な構成部品がある
(5) 症例間の交差感染の可能性があるが稀である；バッグや蛇管は使用後に消毒すべきである
(6) 一般的にシステム内の麻酔ガス濃度は気化器の設定に一致しない
(7) 気化器の設定変更後のシステム内の麻酔濃度の変化が遅い。とくに新鮮ガス流量が低い場合

8．再呼吸システムのための新鮮ガス流量（Box12-1）

a．最小O_2流量はO_2消費量と等しい

(1) 約2〜3mL/kg/分
(2) 症例の取り込み量と同じ新鮮ガス量であることから，システム内の体積は変化しない；圧開放弁は必要なく，閉じたままである
(3) 閉鎖回路の利点
 (a) 汚染が最小である
 (b) 経済的である
 (c) 呼吸回路内の温度と湿度が最大となる

Box12-1　一般的な麻酔器と呼吸回路のチェックリスト

Ⅰ．麻酔器の検査
　A．気化器をOFFにし，気化器を満タンにして注入口のキャップを閉める
　B．CO_2キャニスタを吸収剤で満タンにする
　C．Yピースにマスクをつけて呼吸し，回路内の一方向弁の機能を確かめる*

Ⅱ．酸素供給と二重安全装置の確認
　A．ボンベの圧力を確認する
　B．笑気のボンベと流量計を開く；酸素のボンベを閉じる；笑気の流量計は0（ゼロ）になるべきである；再び酸素のボンベを開く*

Ⅲ．流量計の機能の確認－ロビンまたはフロートは流量計のチューブ内全体を自由に移動すべきである*

Ⅳ．呼吸回路のチェック
　A．適切なきつさで連結されていること
　B．Yピースを閉塞し，ポップオフ弁を閉じ，回路内を30cmH_2Oに加圧する；漏れ（リーク）をチェックする；ポップオフ弁を開放し，圧力の開放を確認する

Ⅴ．余剰ガス排気装置のチェック（取り付けられている場合）*
　A．排気装置がポップオフ弁に連結されていることを確認する
　B．吸引ポンプを作動させる。または吸引システムの作動を確認する

Ⅵ．人工呼吸器のチェック*
　A．呼吸回路への連結を確認する
　B．製造業者に従ってリークをチェックする

*1日1回の検査でよい。

(4) 欠点
　(a) 急速に麻酔濃度を変更することが困難である；最初の10～15分間は吸入麻酔薬の取り込み量が大きいため，閉鎖回路の流量では少なすぎて使用できない
　(b) 回路内の体積をより厳密にモニターする必要がある
　(c) CO_2吸収剤の使用量が増える
　(d) O_2モニターで回路内のO_2濃度を看視しなければN_2Oを使用できない

b．圧開放弁を開放すると（半閉鎖），4～6mL/kg/分以上の流量が要求される

D．Humphrey-ADE 回路システム（ANAEQUIP

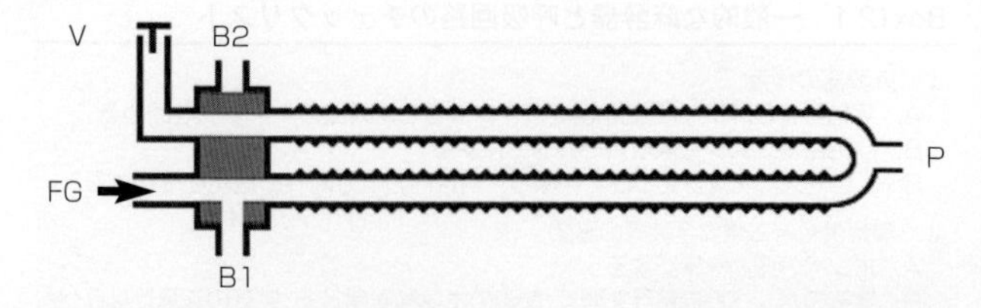

図12-10 Humphrey-ADE回路は，ブロック，新鮮ガス取り入れ口（FG），二つの呼吸バッグ連結部（B1とB2），調節可能な呼気弁（V），動物への連結部（P），チューブ（図のように並行したチューブか1本の同軸チューブ），およびロータリーセレクター弁で構成される。回路の設計（すなわち，Mapleson A，D，またはE）は，使用されているセレクター弁と呼吸バッグ連結部の位置によって決まる。四相排気またはポップオフ弁（V）は管状または煙突状に設計され，四段階で開閉できる。弁に連結した回転軸（スピンドル）が呼気時に持ち上げられるので，呼吸の有無をモニタリングできる。スピンドルを指で押さえると弁が閉鎖され，用手的に人工呼吸できる。

International）（図12-10）

1．経済的で持ち運びできる多目的システムとして小動物臨床用に開発された器材で，ソーダライムキャニスタを通して再呼吸する場合としない場合の使用が可能である
  a．体重10kg未満の小動物では半閉鎖モードを用いる
  b．大動物ではソーダライムを用いて再呼吸モードを用いる
  c．両方のモードにおいてその新鮮ガス流量は低く，とくにBain回路やTピースに比較して少ない
  d．特徴的な自動調整四相呼気弁を使用している
    (1) ADE回路システムの排気（“ポップオフ”）弁は，辺縁周囲に袖状または煙突状に設計されており，異なる四つの様相で開口閉鎖する
    (2) 弁の一番上に指を置くと弁が閉まり，弁を閉鎖することなく用手的に調節呼吸できる

2．半閉鎖システム（非再呼吸回路）を組み合わせる；Lack，Magill，Bain，Tピース麻酔回路；一つの呼吸回路にAyre's Tピースを用いる

3．自発呼吸で用いるMapleson D回路と同様に，Mapleson A回路では効率よく調節呼吸できない

a．David Humphreyが，Mapleson A回路からMapleson D回路に変更した呼吸回路を設計した。再呼吸バッグが新鮮ガス取り入れ口に設置されている

獣医用麻酔器

Ⅰ．現在，獣医用麻酔器を製造している製造業者は以下のとおりである：

A．A.M.Bickford：数機種の小動物用モデル（Wales Center, New York, www.ambickford.com）

B．ANAEQUIP International & United Kingdom Contact Centre。Anaequip-Vet UK（Shrewsbury，UK，http://www.anaequip.com/index.htm）

C．AnescoSurgivet/Smith Medical：小動物および大動物用の様々な麻酔器や人工呼吸器を製造（Waukesha, Wisconsin, www.surgivet.com）

D．DRE Veterinary：小動物用麻酔器（Louisville, Kentucky, www. dreveterinary.com）

E．Engler Engineering：小動物用の人工呼吸器／麻酔器のセット（Hialeah, Florida, www.englerusa.com）

F．Hallowell Engineering and Manufacturing：様々な麻酔用人工呼吸器とその付属品（Pittsfield, Massachusetts, www.hallowell.com）

G．Highland Medical Equipment：様々な小動物用麻酔器（Temecula, California, www.highlandmedical.net）

H．IM3：小動物用回路内気化器（Vancouver, Washington,

www.im3vet.com)

I. J.D.Medical：数機種の大動物用および小動物用の人工呼吸器付き麻酔器（Phoenix, Arizona, www. jdmedical.com）

J. Mallard Medical：大動物用および小動物用の麻酔器と人工呼吸器（Redding, California, www. mallardmedical.net）

K. Matrix：数機種の小動物用麻酔器と人工呼吸器，1機種の大動物用麻酔器（Midmark, Versailles, Ohio, www. midmark.com）

L. Moduflex Anesthesia Equipment：小動物用麻酔器（San Diego, California, www.moduflexanesthesia.com）

M. Summit Hill：余剰ガス排気システム（Tinton Falls, New Jersey, http://summithilllaboratories.com）

N. Vetland：小動物用および大動物用麻酔器（Louisville, Kentucky, www.vetland1.com）

Ⅱ. 製造中止になった獣医用麻酔器

A. Dupaco compact 78：小動物用麻酔器

B. North American Dräger Narkovet：小動物および大動物用麻酔器

C. Pitman-Moore：970，980，およびVetaflex-5

Ⅲ. 多くの麻酔機器の業者を介して，中古の人用麻酔器を購入できる

洗浄と消毒

Ⅰ. 蛇管や再呼吸バッグを使用のたびに洗浄消毒すべきである

A. 熱い石鹸水で洗浄し，すすぐ

B. NolvasanまたはCidexなどの冷たい消毒液につけ，徹底的にすすぐ

C. スプレークリーナーで麻酔器の外部を毎日清拭する

D. 時々，ドーム弁と吸収剤キャニスタを外し，拭いて乾か

す

Ⅱ．ひどい汚染がなければ，ガス滅菌や蒸気滅菌は必要ない

Ⅲ．麻酔器の検査（Box12-1，Box12-2）

A．使用前に麻酔器が適切に機能するか毎回確認する；毎日検査する項目もあれば，各使用前に検査する項目もある

B．製造業者の推奨する方法を使用者マニュアルで調べる

麻酔器の問題のトラブルシューティング

Ⅰ．再呼吸バッグが膨らまない（つぶれたまま）

A．流量が低すぎるか，流量計の調節ノブを閉めたまま

B．システムの漏れ

1．CO_2吸収剤キャニスタのガスケットがきちんとはまっていない

2．再呼吸バッグや蛇管に穴があいている

3．気管チューブのカフの漏れ

4．余剰ガス排気装置の吸引量が適切に調節されていない

5．CO_2吸収剤キャニスタの水分排泄口が開いている

Ⅱ．再呼吸バッグが膨らみ過ぎる（回路内が陽圧）

A．ポップオフ弁が不注意に閉じたままになっている

B．閉鎖回路で流量が高すぎる

C．余剰ガス排気システムの調整が不適切である

Ⅲ．動物の麻酔深度が“浅い”ように思える

A．気化器が空になっている，適切に作動していない，または不十分な設定

B．過剰なCO_2の蓄積

1．CO_2吸収剤が消耗している

2．一方向弁がベタついている

C．気化器のサービスが必要

1．灯芯内に水分が蓄積している

2．再較正が必要である

D．動物に供給される混合ガスが低O_2

Box12-2 麻酔前の器材のチェックリスト

Ⅰ．酸素供給源
- A．酸素ボンベの漏れのチェック：バルブを開けてみる
- B．ボンベ圧を確認する：>500psi（日本では>4MPa）
- C．予備の酸素ボンベがあることを確認する
- D．パイプなどの漏れのチェック：ガス供給ラインを触ってみる

Ⅱ．流量計
- A．フロート／ボビンがすべての流量範囲で円滑に動くことを確認する

Ⅲ．気化器
- A．揮発性麻酔薬を充填し，栓をしっかり閉める
- B．ダイアルが円滑に動くことを確認し，OFFの位置にしておく

Ⅳ．排気システム
- A．施設の排気システムに連結する
- B．F/空気キャニスタを連結する（重量増加<50g）

Ⅴ．呼吸システム
- A．非再呼吸回路：体重<5～7kg
- B．再呼吸（循環）回路
  1. 許容できる質（湿度／砕けやすさ）のソーダライムを満タンに充填する
  2. 一方向弁の状態，部品
  3. 適切な大きさの再呼吸バッグ（50mL/kg）
  4. ポップオフ弁をチェックし，開放した状態にしておく

Ⅵ．電気機器／モニタリング装置
- A．バッテリーの充電を確認し，プラグをコンセントに差し，起動しておく

Ⅶ. 麻酔器の圧チェック

A. 再呼吸回路

1. 流量計がOFFになっていることを確認する
2. ポップオフ弁を閉鎖する
3. 呼吸回路の動物側先端を閉鎖する
4. 酸素フラッシュ弁を押し，回路内圧を20cmH_2Oまで上昇させる
5. 圧マノメータの針を観察する；圧が低下する場合には，酸素流量計のつまみをゆっくり回して酸素を流して圧が低下しない流量に調整し，漏れている量を確認する。漏れている量が<500mL/分であれば許容できるが，>500mL/分の場合には麻酔器をチェックして漏れの原因に対応する

B. 非再呼吸回路

1. 流量計がOFFになっていることを確認する
2. ポップオフ弁がある場合には閉鎖する。ポップオフ弁がない場合には，排気システムに連結しているチューブを折り曲げて閉塞させる
3. 呼吸回路の動物側先端を閉鎖する
4. 酸素フラッシュ弁を押し，回路内圧を20cmH_2Oまで上昇させる
5. 圧マノメータの針を観察する；圧が低下する場合には，酸素流量計のつまみをゆっくり回して酸素を流して圧が低下しない流量に調整し，漏れている量を確認する。漏れている量が<500mL/分であれば許容できるが，>500mL/分の場合には麻酔器をチェックして漏れの原因に対応する

Ⅷ. 同軸回路－内側のチューブのチェック

A. 酸素流量計のつまみを回して3L/分以下で酸素を流す

B. 同軸回路の内側のチューブを閉塞させる（ペンや注射筒ケースの先端を利用する）

C. チューブ閉塞によって麻酔器内の圧が上昇し，流量計のフロート／ボビンが押し下げられるかどうかを観察する

1．O_2流量に対してN_2O流量の設定が高すぎる
2．O_2ボンベにO_2以外のガスが充填されている

Ⅳ．動物の麻酔深度が“深い”ように思える
A．気化器の設定が高すぎるか，適切に作動していない
B．同時に別の気化器が作動している
C．動物が重度の高炭酸または低O_2に陥っている
D．動物が低血圧になっている

余剰麻酔ガスによる汚染

Ⅰ．余剰麻酔ガスは，動物や麻酔機器（回路）から排泄された吸入麻酔薬の蒸気であり，環境に排泄される
Ⅱ．余剰麻酔ガスが環境に漏れ出ると，環境汚染や診療スタッフへの曝露を生じる
Ⅲ．健康問題
A．微量の余剰ガスへの長期的な曝露に関連する有害作用は，不妊，流産，先天異常，腫瘍，肝疾患，腎疾患，神経障害，造血異常，掻痒症などの発生増大に関連すると推測されている
1．リスクの高い人
a．肝疾患や腎疾患のある人
b．免疫障害のある人
c．妊娠初期1/3の時期の妊婦
B．疫学的研究，動物における研究，人のボランティアにおける研究では，対立する研究結果が示されている
1．今日までに余剰ガスへの曝露と疾患との間には決定的な因果関係は示されていない
2．総合的には潜在的な危険性がある

Ⅳ．環境的な懸念要因
A．N_2O
1．温室効果ガス（地球温暖化に関連している）
B．ハロゲン化炭化水素

1．オゾン層の消耗

V．余剰ガスに関する規制基準

A．National Institute for Occupational Safety and Health によって最大許容濃度の水準が示されている（www.osha.gov/dts/osta/anestheticgases/）

B．推奨許容水準

1．揮発性吸入麻酔薬の単独使用：2ppm未満

2．N_2Oと併用した揮発性吸入麻酔薬：0.5ppm未満

3．N_2O：25ppm未満

4．水準は外科処置の実施期間における時間荷重平均

VI．余剰ガスの回収と除去

A．排気とは，麻酔システムや仕事場からの余剰ガスの回収と除去である（**図12-11**）

B．排気システムは，以下の主要構成要素で成り立っている

1．圧開放弁（ポップオフ弁）

a．麻酔回路から排気すべき余剰ガスを迂回させる

b．漏れのない連結装置に改良または交換する必要がある

c．非再呼吸回路では，余剰ガスは再呼吸バッグから排気する

2．インターフェース

a．呼吸回路と症例を過剰な陽圧や陰圧から保護する

b．ポップオフ弁と処理システムの間に配置する

c．開放型インターフェースには弁がなく，大気圧に開放されている

(1) 高流量能動的排気システムとの使用に適している

(2) 圧較差の緩衝として貯蔵容器が必要である

(3) 安全性は排気口の数に左右される

(4) 経済的で製作しやすい

d．閉鎖型インターフェースには機械的圧開放弁がある

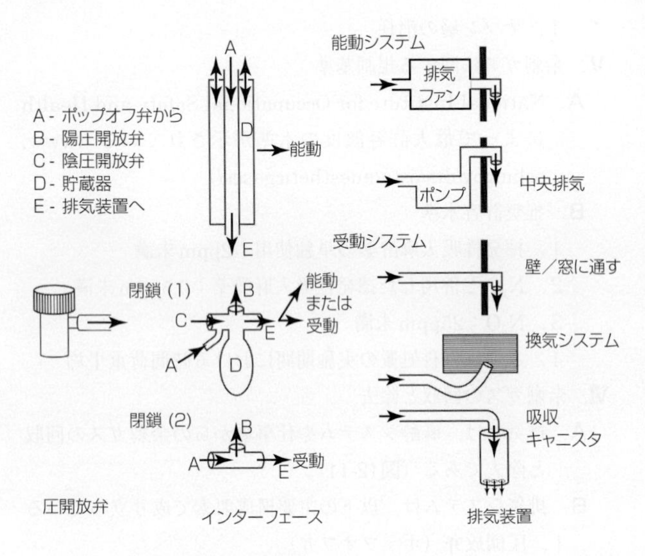

図12-11　異なる麻酔ガスの排気システム。注釈：能動システムでは麻酔回路からガスを吸引する（余剰ガスが増える）ことから，受動システムが推奨される。

(1) 低流量能動的排気システムまたは受動的排気システムに適している
(2) 陽圧開放弁（圧開放弁）が排気回路が閉塞した場合に生じる圧から排気回路を保護する
(3) 能動的排気システムとともに使用する際には陰圧開放弁が必要である
(4) 能動的排気システムを使用しない限り，貯蔵容器は必要ない
(5) 費用がかかるが安全であり，用途が広い

3．排気システム

a．排気システムは，回収した余剰ガスを遠隔放出する領域に移動させる

b．受動的排気システム

(1) 余剰ガスの流れは換気によって制御される
(2) 余剰ガスは非循環換気システムに排気され，直接大気中に放出される
(3) 安価で設置しやすい
(4) 排気抵抗が生じると排気が不十分となり，症例に曝露される可能性がある

c．能動的移動システム
(1) 機械的に気流を発生させる装置である
(2) 中央吸引システムまたは専用扇風機や専用ポンプからなる
(3) 陰圧が生じるので陰圧開放弁のあるインターフェースが必要である
(4) 受動的システムよりも費用がかかり，複雑になる
(5) 受動的システムよりも効果が高い

d．活性炭吸収キャニスタ
(1) 炭化水素を取り除く
(2) N_2Oは除去できない
(3) 頻繁に交換する必要がある

4．連結チューブ
a．排気システムの構成部品を連結する
b．連結チューブは折り曲げにくく，呼吸回路とは簡単に識別でき，高流量でガスを移動させることのできる材質を使用すべきである
c．受動的システムの連結チューブは実用的な範囲でできるだけ太く短くする

Ⅶ．その他の制御法
A．呼吸回路と麻酔器の全体に関して漏れがあるかどうか圧を確認する（Box12-2参照）
B．気化器に揮発性吸入麻酔薬を満たす場合には，漏れを防ぐためにその吸入麻酔薬専用のキャップアダプターを使用し，診療スタッフが少ない場合には業務が終わったと

きに充填する

C. 使用経験が豊富であれば，低流量や閉鎖回路を使用する

D. 気管チューブは，使用前にカフの漏れを検査し，使用時に適切に膨らむかどうかを確認する

E. ボックス導入やマスク導入は避ける；これらの導入を必要とする場合には，ぴったり密着するマスクを使用するか，導入箱に排気チューブを挿入する

F. 吸入麻酔薬を使用する部屋や症例を麻酔回復させる部屋を十分に換気する；麻酔回復期の症例の頭から少なくとも1mは離れる

G. 麻酔回路をあらかじめ用意する際には，Yピースを傾向的に挿管した気管チューブに連結するまで閉塞させておく

H. 症例を呼吸回路から外すときには，流量計と気化器を停止し，Yピースを閉塞し，麻酔回路に残留している麻酔ガスを排気システムに排気する

1. 症例は，良好に換気され，病院空調システムに換気ガスが再循環しない領域で麻酔回復させる

I. 余剰ガスを排気できない場合，診療スタッフはハーフマスク呼吸器を装着する

J. 雇用者全員に余剰ガス曝露に関連する潜在的な危険性を知らせるとともに，曝露が少なくなる方法をとるように強調する

第13章

換気と人工呼吸器

"You don't need a weatherman to know which way the wind blows."

BOB DYLAN

概要

安全に全身麻酔を実施するために最も重要な条件の一つに，換気を正常に維持することがある。正常な換気とは，動脈血二酸化炭素分圧（$PaCO_2$）を正常に維持することと定義される。日常的に，呼吸運動は症例の胸郭や腹壁の動きを観察することで評価される。呼吸運動が規則的で十分にガス交換されているように見えても，適切な量のガスが肺を出入りしているとは限らない。ガス交換は，麻酔器の再呼吸バッグを手で押し縮めるか，または気管チューブに機械的に換気を補助する装置（人工呼吸器）を用いて，見積った気道内圧や換気量で肺を膨らませることにより改善される。吸入麻酔薬の取り込みと排泄は肺で行われているので，調節（換気回数と換気量）呼吸によって麻酔深度をより安定した状態で維持できる。高頻度換気は，新鮮ガスが末梢気道とガス交換の場へ主に拡散によって供給されるという原理に基づいたユニークな人工呼吸法である。

総論

Ⅰ. 用手的または人工呼吸器を用いて機械的に間欠的陽圧換気（IPPV）が適切に適用されれば，吸入麻酔（麻酔薬は肺によって供給される）と血液ガス（PaO_2, $PaCO_2$）を最小限の予想外の反応で長時間にわたって安定して維持できる

Ⅱ. 陽圧換気を実施するためには，心肺機能の生理学，換気装置とその手技，および血液ガスの解釈法について徹底的に理解しておく必要がある

Ⅲ. 人工呼吸器では，あらかじめ設定した換気量（従量式）または気道内圧（従圧式）で肺を膨らませるか，あらかじめ設定したガス流量とあらかじめ設定した換気時間（時間設定式）で肺を膨らませる。麻酔用人工呼吸器のほとんどは，麻酔回路に従圧性ヒダ状伸縮ベローズを連結した構造をしている。ベローズは気密性の高い硬質プラスチックの筒の中に収容され，過圧によってベローズを圧迫できるようになっている。駆動ガスを定期的に硬質プラスチック製の筒の中（ベローズの外部）に送り込み，筒内の圧を上昇させる（吸気相）。これによってベローズは圧迫され，ベローズ内のガスが気道に供給される。筒内の圧が開放されると（圧の低下），逆の過程が生じ，肺の弾性反跳によってベローズが膨張する（呼気相）

A. 調節呼吸の吸気相において気道や肺へガスを供給するためには，呼吸回路の気密性を維持しなければならない（漏れなし；“閉鎖回路”）

Ⅳ. 十分に換気できていない症例，または麻酔維持が困難な症例では，調節呼吸が必要となる

Ⅴ. $PaCO_2$値およびカプノメトリ（$ETCO_2$）によって，連続的に換気の適性度を評価できる（第14章参照）

呼吸が不十分になる理由

Ⅰ. 呼吸中枢の抑制

A. 薬物によるもの

1. 麻酔薬
2. 鎮痛薬（オピオイド）

3．薬物毒性

B．代謝によるもの

1．アシドーシス（$PaCO_2$＞70mmHg呼吸性アシドーシス；代謝性アシドーシス）

2．昏睡

3．毒素の代謝産物（エンドトキシン）

C．物理的な原因

1．頭部損傷（頭蓋内圧の上昇）

Ⅱ．胸を適切に広げられない

A．薬物による場合

1．神経筋遮断薬

B．痛み（胸部の副子固定）

C．胸壁損傷

D．胸部の外科手術

E．腹部膨満

F．筋衰弱

G．肥満

H．胸郭の骨変形

I．体位

1．横隔膜にかかる腹腔臓器の重みは胸部拡張を妨害することがある

2．腹部の圧迫は胸の拡張を妨害することがある

3．術中の保定体位や前後肢の保定位置

J．神経損傷または浮腫

Ⅲ．喉頭麻痺などの気道閉塞

A．異物や生体物質（例：石，棒，水，粘膜，血液）

B．損傷（鼻腔，喉頭，期間）

C．感染と炎症

D．腫瘍

E．先天異常（例：気管虚脱または気管支虚脱）

F．神経疾患または神経損傷

Ⅳ．適切に肺を膨らませることができない

A．気胸（とくに緊張性気胸）

B．胸水

C．横隔膜ヘルニア

D．肺疾患

E．腫瘍

F．肺炎

G．無気肺

V．心肺停止

VI．肺水腫または肺不全

麻酔中の呼吸管理

I．麻酔薬は呼吸を抑制する；呼吸を補助または調節するために陽圧換気が必要となる

A．調節呼吸は，適切な肺胞換気の確実な維持，薬物やガスの取り込み（吸入麻酔薬）および排泄の補助に役立つ

II．麻酔中に人工呼吸を適用する特別な例

A．胸部外科手術

1．調節呼吸によって自発的な胸壁の動きを最小限にする

2．開胸時には適切に肺を膨らませることができない（胸腔内圧が大気圧と等しくなる）

B．神経筋遮断薬（第10章参照）：神経筋遮断薬は横隔膜や肋間筋を麻痺させて無呼吸を生じる

C．延長した麻酔（60分以上）では，呼吸運動が低下し（とくに馬で顕著），低換気を生じる

D．胸壁損傷または横隔膜損傷

1．肋骨の損傷

a．“動揺胸郭（フレイルチェスト）”：隣接する複数の肋骨が損傷されると，その領域の胸郭が独自の動き（吸気時に胸壁が内側に引っ張られる：矛盾した呼吸運動）を示す。通常，肺挫傷や気胸に関連している

2．占拠性病変

a．横隔膜ヘルニア

b．血液，体液，腫瘍

E．麻酔深度をより安定させる

F．肥満や特殊な保定体位

G．頭蓋内圧の制御

H．利便性：低換気や不十分なガス交換（低酸素［O_2］，高二酸化炭素［CO_2］）について考慮する必要がなくなる

換気に関する考慮と効果

I．肺

A．正常な肺では，自発呼吸によって良好に換気できる（図13-1）

1．吸気運動は神経系と骨格筋系の機能の統合に依存している

2．胸郭の拡張と横隔膜の伸展によって胸腔体積と胸腔内の陰圧が増大し，肺へ空気を引き込む

3．呼気は，受動的な本来の肺体積への回復である

a．肋骨が広がろうとする力と肺が虚脱しようとする力の平衡で初期の肺体積が決まる

B．自発呼吸下では，運動面に接触する肺領域（すなわち，末梢肺野，横隔膜）で体積変化が最大になる

C．低換気による呼吸減少はCO_2増加（$PaCO_2$＞45～50mmHg）を引き起こす

1．結果として呼吸性アシドーシスを生じる

2．交感神経系の活性化

3．心不整脈を生じやすくなる

a．交感神経刺激と低酸素によって引き起こされる

4．初期には末梢血管収縮（交感神経性効果）が生じ，続いて末梢血管に対するCO_2の直接作用によって血管拡張が引き起こされる

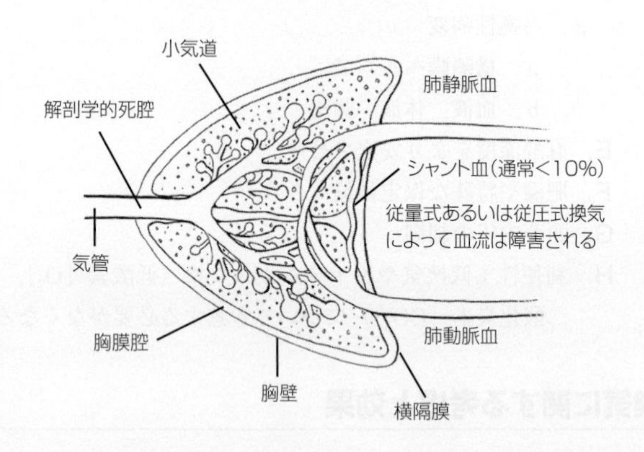

図13-1 肺の様々な構成要素と血液供給。肺体積と気道内圧の周期的な変化や持続的な増加は肺血流を障害する。胸膜腔は潜在的に拡張できる空間である（例：気胸，血胸）。

a．脳血流量と脳圧の増大

5．$PaCO_2$の増加によってナルコーシスが生じる可能性がある

a．$PaCO_2$レベルが80〜100mmHg以上になると麻酔効果を生じる

6．高二酸化炭素血症と呼吸仕事量の増加

D．陽圧換気では，気管支周囲と肺の縦隔領域が膨らむ；正常な自発呼吸に比較して，肺の末梢領域は比較的低換気のままである

1．従圧式または従量式換気では，気道径が増大して解剖学的死腔の増加を招き，肺胞換気が減少する

E．陽圧換気の結果，肺コンプライアンスが大きく減少する；肺は硬くなり，無気肺や低酸素血症を生じやすくなる

1．小気道の閉塞が生じ得る

2．換気の分布が変化し，換気環流比の不均衡を生じる

3．従量式人工呼吸器では，気道内圧に関係なく一定の換気量を確実に供給することで硬くなった肺を代償する

表13-1　心血管系：呼吸と間欠的陽圧換気の影響

呼吸周期	胸腔内圧	胸腔全血液量	左心室心拍出量
正常な呼吸			
能動吸気	（－5cmH_2O）	↑	↓
受動呼気	↑（－2cmH_2O）	↓	↑
IPPV			
受動吸気	↑ （10-20cmH_2O）	↓	―（↓IPPが延びた場合）
一般的に受動呼気	↓大気圧に	↑	↓

IPPV：間欠的陽圧換気，IPP：間欠的陽圧

Ⅱ．心血管系（**表13-1**）

A．吸気時には大気圧よりも低い胸腔内圧が静脈還流を促進している；この大気圧よりも低い胸腔内圧は，横隔膜の収縮によって生じている吸気時の陰圧を増大する

B．調節呼吸下では，気道や肺内に加わった陽圧が胸腔に伝達され，静脈還流を妨げ，心拍出量を減少させる可能性がある（**図13-1，図13-2**）

C．調節呼吸は以下のような場合に動脈血圧と心拍出量を低下させる：

1．平均気道内圧が持続的に10mmHgを超えている場合
2．脱水，血液喪失により循環血液量が低下している場合
3．全身麻酔，局所麻酔，およびショックにより交感神経系活性が低下しているとき

D．調節呼吸は静脈還流量と肺血流量を減少し，換気－灌流比の異常を引き起こす場合がある

E．調節呼吸中の循環系変化は，平均気道内圧上昇の延長とCO_2の変化（減少，増加）によって引き起こされる

Ⅲ．正常値（**図13-3**）

A．1回換気量（V_T）：1回の呼吸でガス交換される体積

1．10～15mL/kg 体重
2．犬猫では，通常，間欠的陽圧換気時に人工呼吸器のベ

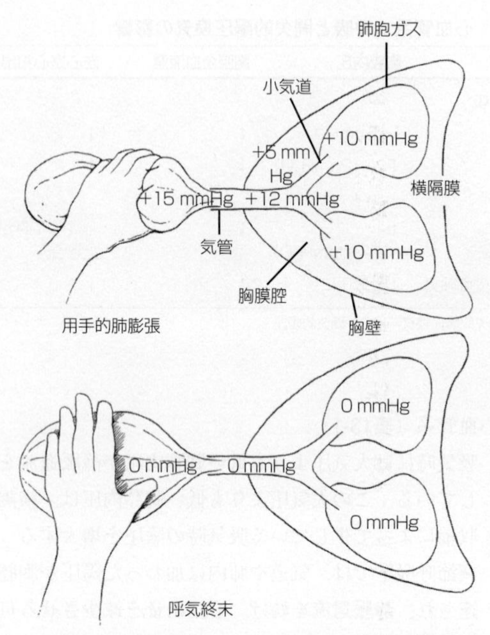

図13-2　用手的に肺を膨らませると，肺と胸腔内に陽圧が生じる。この圧は胸腔内に伝達され，肺血流と心拍出量が低下する。

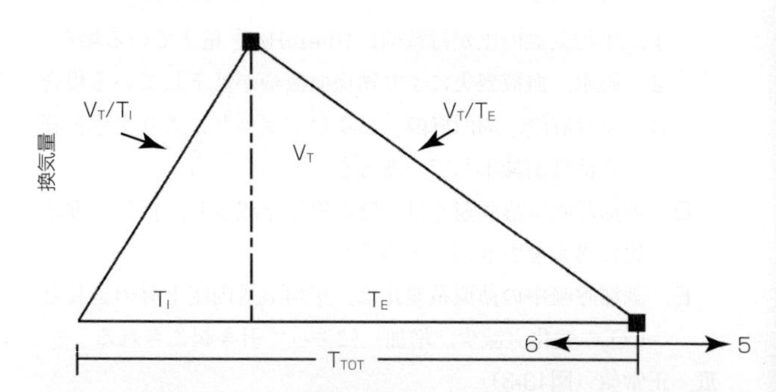

図13-3　呼吸サイクルの重要な要素には，1回換気量（V_T；mL）および吸気時間（T_I）と呼気時間（T_E）がある。人工呼吸器の呼吸周期のI：E比を決定する際には，T_Eを常にT_Iよりも長く設定すべきである。

表13-2　人工呼吸のための初期設定

パラメータ	正常な肺	異常な肺
F_IO_2	開始初期は100%	－
V_T	8-15mL/kg	－
呼吸数	8-15回/分	－
分時換気量	150-250mL/kg/分	－
PIP	10-20cmH_2O	12-25cmH_2O
PEEP	0-2cmH_2O	2-8cmH_2O
トリガー感度	－2cmH_2Oまたは2L/分	－
I：E 比	1：2	－
吸気時間	約1秒	－

F_IO_2：吸入気酸素濃度，I：E比：吸気/呼気比，PEEP：終末呼気陽圧，PIP：最大吸気圧，V_T：1回換気量

ローズ体積を正常なV_T（10～12mL/kg）に2～4mL/kgを加算して設定し，陽圧によって生じる蛇管や上部気道の体積増加（換気の浪費）を代償させる。この体積は，馬や牛でさらに大きくなる

B．分時換気量（V_m）：1分間当たりにガス交換される体積
  1．V_Tと1分間当たりの呼吸数（BPM）で決まる：$V_T \times BPM = V_m$

C．正常な肺を適切に膨らませるためには，約15～20cmH_2Oの気道内圧または10～12mL/kgの換気量が必要である；肺を膨らませるために要求される圧の決定には，肺コンプライアンス（体積/圧/kg）が重要である

D．自発呼吸の周期
  1．吸気（I）が能動的
    a．小動物では1秒
    b．大動物では1.5～2秒

E．正常な動物における調節呼吸（**表13-2，図13-4**）
  1．V_T（10～12mL/kg）
  2．圧

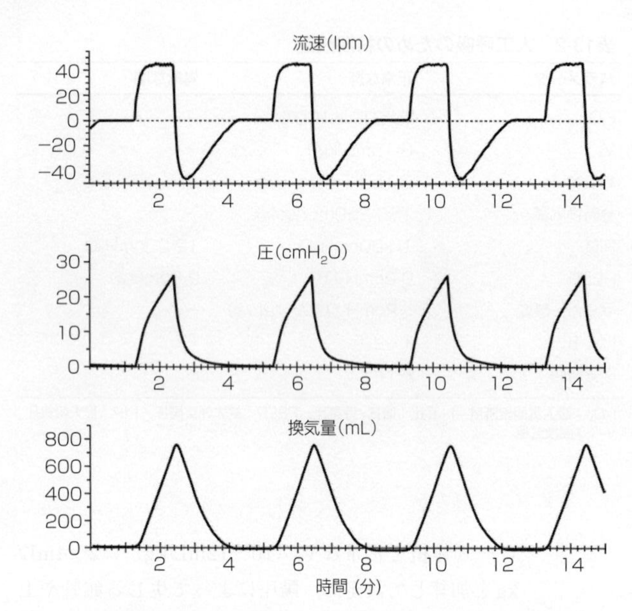

図13-4 間欠的陽圧換気（IPPV）における流速，圧，および換気量（V_T）の波形。流速と圧の変化のタイミングが1回の呼吸中の換気量の増加または減少に関連していることに注目。

a．正常肺の小動物で15～20cmH_2O；正常肺の大動物で20～30cmH_2O

b．開胸術や“硬い”肺または機械的圧迫のある肺では圧が高くなる

3．吸気時間/呼気時間比（I：E比）；あらかじめ設定できる場合や呼吸数，V_T，および吸気時間（T_I）

a．小動物で1：2～1：3

b．大動物で1：2～1：4.5

4．調節呼吸中のT_I

a．小動物で約1～1.5秒

b．大動物で2～3秒以内（例：体重450kgの馬で1.5秒）

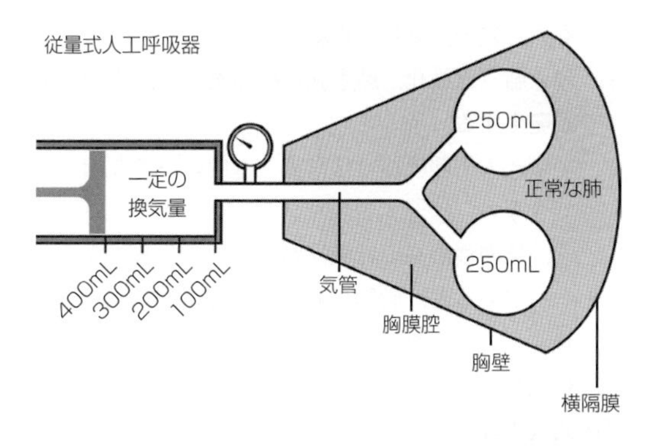

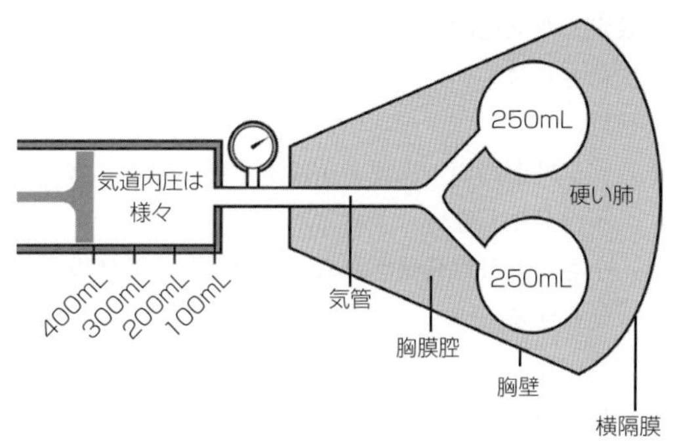

図13-5　従量式人工呼吸器は一定の換気量を供給する。気道内圧は様々に変化する。肺が硬くなると（下図），一定換気量の供給に必要な気道内圧は上昇する（気道内圧計に注目）。

人工呼吸器の分類

Ⅰ．従量式人工呼吸器（図13-5）

A．設定した体積のガスや混合ガスが供給される

1．気道内圧に関係なく，設定したV_Tが供給される

a．ほとんどの従量式人工呼吸器には，極端に高い吸気圧や装置内圧（50～60cmH_2O以上）の発生を防止するために，圧開放安全弁が設置されている

2．麻酔中に肺のコンプライアンスや気道抵抗が変化して

も，一定の換気量を供給する

3．硬い肺（線維化，肺水腫）や肺炎では，高い気道内圧が発生する

4．従量式人工呼吸器ではシステム内の小さな漏れを代償できない

a．気密性の高い呼吸回路が要求される；大きな漏れがあると，動物に適切なV_Tを供給できない

5．ピストン型またはベローズ型の人工呼吸器は設定した換気量を供給する

Ⅱ．従圧式人工呼吸器（図13-6）

A．設定した気道内圧に達するまで，人工呼吸器からガスが供給される

B．利点

1．安全性が高い；操作者が設定しない限り，高い気道内圧は発生しない

2．小さな漏れは代償される；大きな漏れでは吸気時間が延長する

C．欠点

1．供給される換気量は変化しやすく，動物に依存している：

a．肺コンプライアンス

b．気道抵抗

c．機能的な肺胞の数

d．胸腔内圧

2．人工呼吸器にベローズや換気量計が設置されていないと，供給されるV_Tの測定は困難である

3．適切なV_Tを維持するための処置中に圧が増加する可能性がある

Ⅲ．時間設定式（タイムサイクル式）：ほとんどの従量式人工呼吸器では，換気量や吸気圧を設定するために以下の項目を調整する：

A．I：E比

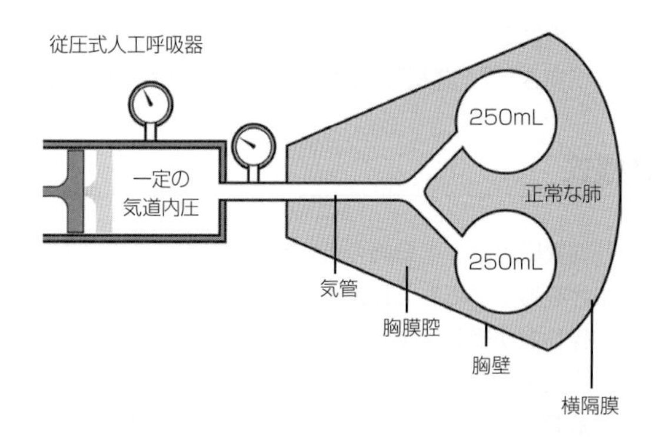

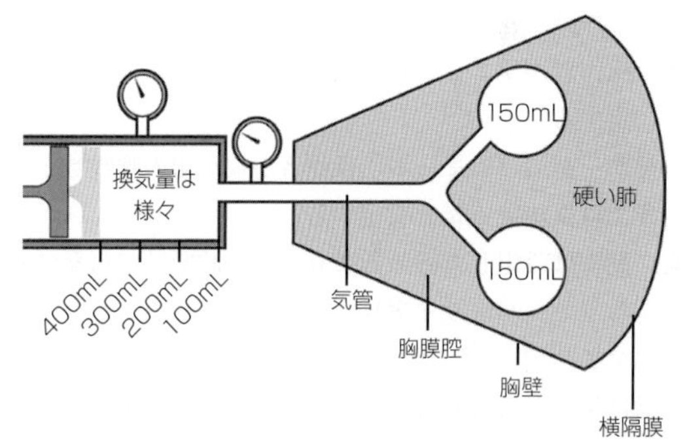

図13-6 従圧式人工呼吸器は，供給した換気量に関係なく一定の気道内圧を供給する。従圧式人工呼吸器を使用している場合に突然あるいは進行性に吸気時間が長くなる場合には，麻酔回路内に漏れが生じている（気管チューブのカフやポップオフ弁の不調）。

B．換気回数（f）

C．吸気流速

D．T_I（最新の人工呼吸器ではT_Iを調整する機能をもっている）

Ⅳ．従量式人工呼吸器は呼気時のベローズの動きによって分類される

A．上向き（“上昇型”）：呼気相にベローズが上昇する

1．漏れを簡単に検出でき，漏れがあるとベローズがもと

の高さに戻らない

B. 下向き（“下降型”）：呼気相にベローズが下降する

作動様式

Ⅰ. 補助呼吸モード：動物の吸気努力開始が引き金となって人工呼吸器が反応して作動する

A. 操作者が吸気圧または供給換気量を決定する（あらかじめ設定する）

Ⅱ. 調節呼吸モード（最新の麻酔用人工呼吸器は調節呼吸モードで作動する）

A. 操作者が望ましい呼吸数と吸気圧または供給換気量を設定する

Ⅲ. 補助－調節呼吸モード：操作者が最小限の呼吸数と吸気圧または供給換気量を設定する

A. 動物は設定した呼吸数よりも多い呼吸数で自発呼吸できる（オーバーライド）

Ⅳ. 間欠的強制換気：操作者が陽圧換気の回数を設定する；動物は併設された呼吸回路を介して自発呼吸もできる

呼吸周期における気道内圧を示すために用いられる術語

Ⅰ. IPPV（間欠的陽圧換気）：吸気時にのみ陽圧を維持する

Ⅱ. IMV（間欠的強制換気）：操作者が陽圧換気の回数を設定する；動物は併設された呼吸回路を介して自発呼吸もできる

Ⅲ. CPPV（持続的陽圧換気）：吸気時に陽圧とするとともに，呼気時にも低い陽圧を維持する人工呼吸

Ⅳ. PNPV（陽圧／陰圧換気）：吸気時に陽圧，呼気時に陰圧とする

Ⅴ. PEEP（終末呼気陽圧）：すべての呼吸周期において陽圧

を維持する。小気道を開放する目的および無気肺を防止するために用いる

Ⅵ. ZEEP（ゼロ呼気終末圧）：正常な受動呼気

Ⅶ. NEEP（終末呼気陰圧）：呼気を促進するために用いる

Ⅷ. CPAP（持続的気道内陽圧換気）：吸気と呼気の両方に陽圧を加える自発呼吸

獣医療に一般的に用いられる人工呼吸器

全身麻酔に使用されるほとんどの人工呼吸器は，呼吸回路の再呼吸バッグを設置している部分に接続して使用される（**図13-7**）

Ⅰ. Mallard Medical社マイクロプロセッサー制御小動物および大動物麻酔用人工呼吸器

A. 分類：上昇型ベローズ；時間設定式，マイクロプロセッサー制御

B. 調節項目

1. 吸気流速
2. 呼吸数
3. 吸気時間

C. 供給される換気量とI：E比と気道内圧は，吸気流速，換気回数，TIの調節で決まる

D. 呼吸回路の再呼吸バッグ取り付け部に人工呼吸器のベローズを連結する

E. PEEP可能

Ⅱ. Hallowell社EMC2000および2002－時間設定式小動物用人工呼吸器（Matrix 3000としてMidmark社も販売）

A. 上昇型ベローズ

B. V_Tを0～3,000mLに設定可能

C. I : E比を調節できる機種もある

D. 供給される換気量と気道内圧を換気回数，T_I，およびI : E比の調節で設定する

E. 体重1～200kgの動物用の交換式ベローズを入手できる

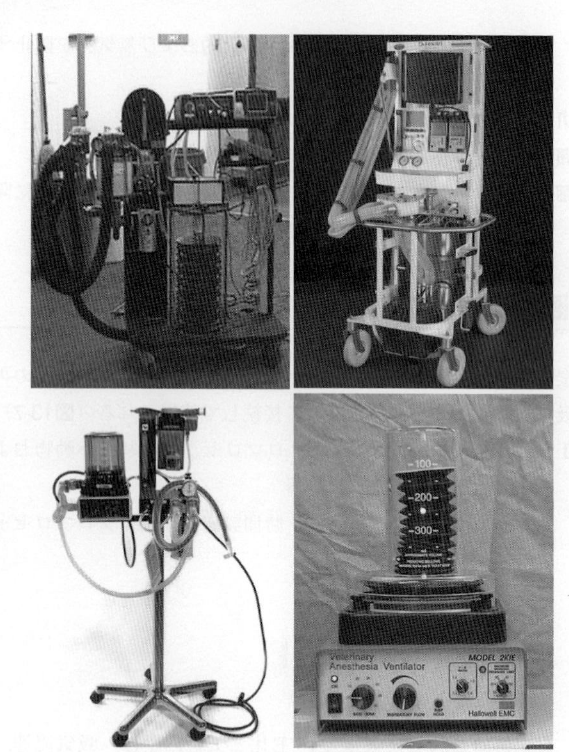

図13-7 間欠的陽圧換気に使用される大動物用（上段：Mallard社製，Hallowell-Tafonius社製）および小動物用（下段）の人工呼吸器。気道内圧（15〜20cmH_2O）と換気量（10〜15mL/kg）の両方を看視すべきである。動脈血液ガス値（PaO_2，$PaCO_2$）を人工呼吸の効果判定に利用する。ベローズには“上昇型”（上段右と下段の両方）または“下降型”（上段左）があることに注目。呼気時にベローズが十分に再膨張しなくなることで回路内の漏れが示されるので，上行型ベローズが好ましい。

Ⅲ．SurgiVet社SAV 2500－小動物麻酔用人工呼吸器

A．上昇型ベローズ

B．吸気流量と吸気時間を調整する時間設定式

C．V_Tを0〜3,000mLに設定可能

Ⅳ．SurgiVet社大動物麻酔用人工呼吸器

A．分類：従量式；下降型ベローズ，時間設定式

B．換気量を換気回数，吸気流量，吸気時間で調整する

Ⅴ．Engler社 ADS 1000

A．マイクロプロセッサー制御

B．麻酔用の気化器の有無に関係なく使用できる

C．非再呼吸回路の原理で作動する

1．CO_2吸収装置がない

2．通常の呼吸回路がない

D．動物の体重をもとに換気パラメータを自動設定する

E．PEEPが可能である

Ⅵ．North American Dräger社大動物および小動物麻酔用人工呼吸器

A．分類：従量式；時間設定式；流速調整できる下降型ベローズ

1．ベローズの支えを適切な高さに上下して換気量を調節する

2．圧マノメータによってシステム内圧が示される

B．調節項目

1．換気回数を1分間の呼吸数で設定する

2．流速を調整できる；吸気流量はT_Iで決まる

3．I：E比は，1：1〜1：4.5に調節可能である

4．流速，I：E比，T_Iの調節によって供給換気量を設定する

C．ポップオフ弁

1．人工呼吸器を用いる際には，呼吸回路のポップオフ弁を手動で閉じなくてはならない

2．吸気相でポップオフ弁が自動的に閉鎖する

Ⅶ．JD Medical社の麻酔器，LAVC2000，2000D，2000D2モデル

A．分類：従圧式人工呼吸器；下降型ベローズ

B．大動物用人工呼吸器

1．改良型Bird Mark 7人工呼吸器が発生する気流によって円筒内のベローズが圧迫される
2．換気量はベローズを入れた円筒チャンバーの目盛で確認される
3．希望の換気量を得るために圧と換気回数を調節する

C．人工呼吸の様式
1．補助呼吸：気道内圧の変化に対する感度を調節し，人工呼吸器の動作開始を動物に誘発させることができる
2．調節呼吸：人工呼吸器の気道内圧の変化に対する感受性を低下させることにより，動物が人工呼吸の動作開始を誘発できなくできる
3．補助－調節呼吸：操作者は最小呼吸数を設定できる；同時に動物も人工呼吸器の動作開始を誘発できる

D．調節項目
1．吸気圧
a．通常，20〜30cmH_2Oに設定する
b．希望する1回換気量になるように調節する
2．呼気時間
a．呼吸と呼吸の間の時間を調節することにより呼吸数を設定する
b．通常，馬では呼吸数を6〜10回/分に設定する
3．流速（馬では吸気時間を1.3〜2秒に設定する）
4．空気の混合：空気混合ノブを“out”の位置にする
a．酸素を節約するため50%に設定する
b．動物への酸素供給は影響を受けない
5．感受性
a．動物の呼吸運動による人工呼吸器の作動誘発を制御する
b．目盛の数字は大雑把な指標でしかない

Ⅷ．Bird Mark 7およびBird Mark 9人工呼吸器

A．分類：従圧式人工呼吸器；ベローズが取り付けられていなくても，供給される換気量は圧によって制御される

B. 麻酔用人工呼吸器として使用する場合にはbag-in-a-barrelまたはベローズとともに用いなければならない；集中治療用人工呼吸器としては単独で使用できる

C. 調節項目

1. 吸気時間
   a. ピーク圧の調節
   b. 通常，15～30cmH_2Oに設定する
2. 感度
   a. 動物の呼吸運動による人工呼吸器の作動誘発を制御する
   b. 低い数値：容易に作動が誘発される
   c. 高い数値：なかなか作動が誘発されない
3. 吸気流速
   a. 吸気時間の調節
   b. 呼気時間と同じか短く設定する
4. 呼気時間
   a. 呼気時間の調節によって呼吸数を設定する
   b. 正常な呼吸数は6～12回/分である
5. 空気混合
   a. 吸気酸素濃度を50％（ノブout）から100％（ノブin）に調節する
   b. 陰圧：（Bird Mark 9のみ）NEEPが可能である

高頻度ジェット換気

I. 高頻度ジェット換気（HFJV）とは，60回/分以上の換気回数（f）と解剖学的死腔より小さなV_Tで構成する換気様式である（**図13-8**）

A. HFJVは，無呼吸によって呼吸効果と胸郭運動を最小限にし，適切な酸素化を維持するために用いられる

B. HFJVは，急性呼吸困難，喉頭の外科手術，肺水腫，肺硝子膜症候群，気管支胸腔瘻，肺挫傷，および気管支鏡

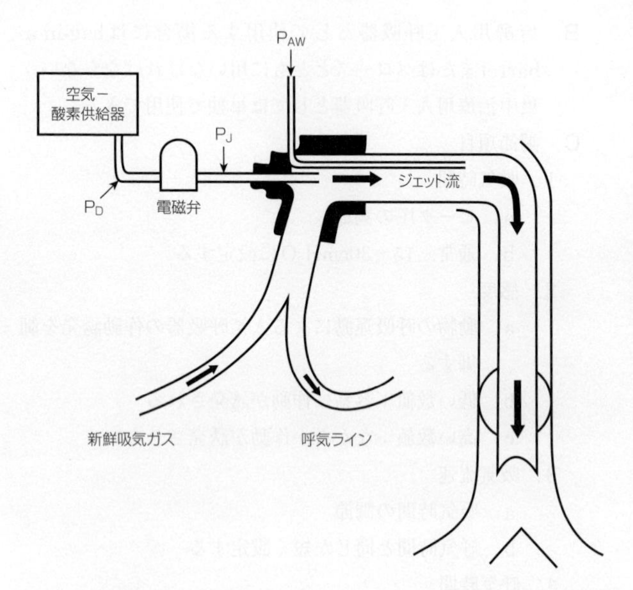

図13-8 高頻度ジェット換気（HFJV）には特殊な装置が必要となる。開放呼吸システムが用いられることから，気道と呼吸回路に気密性の高い連結は必要ない。P_D＝駆動圧，P_J＝ジェット圧，P_{AW}＝気道内圧

中の換気に有用である

C．声門下カテーテルを用い，HFJVを駆動圧（P_D）2気圧，f 150回/分，F_IO_2 1.0，および吸気時間50%に初期設定する

D．ジェット換気の利点と欠点

人工呼吸からの離脱（ウィーニング）

調節呼吸から自発呼吸への移行は，以下の方法で促進できる：

Ⅰ．調節呼吸の換気回数の減少

Ⅱ．麻酔深度を浅くする

Ⅲ．鎮静薬／鎮痛薬および神経筋遮断薬の拮抗

	利点	欠点
生理学	最大気道圧を減らす。	圧損傷の危険性がある。
	循環抑制はIPPVより少ない。	ノズルを延長すると吸気ガスの冷却と乾燥が生じる。
		ガス交換の効果は様々である（例：肥満，COPD）。
	ADH産生と体液貯留を抑制する。	供給F_IO_2は多因子的。 平衡換気によって死腔が増大する。
外科手術	声帯および術野の動きが最小限である。	下部気道の感染。
	術野の視認性が改善される。	外科的破片による呼気ガスの汚染。
麻酔	大きな気道漏れによる抵抗低下があってもよい。	吸入麻酔はしばしば実用的でなくなる。
	緊急経気管ジェット換気。	麻酔ガスによる手術室の汚染。
	多彩性：気道の外科手術に良い。	間欠的な終末呼気CO_2モニタリング。
		高いガス流量が必要である。
		加湿が必要である。

Ⅳ．身体操作：動物を転がす，耳を捻る，つま先をつねる

Ⅴ．呼吸刺激：ドキサプラムの投与，0.2～0.5mg/kg IV

危険防止

Ⅰ．常に予期しない人工呼吸器の故障を想定し，人工呼吸器のない様式の麻酔システムに代えられるように準備しておく；再呼吸バッグを人工呼吸器のそばに置いておく

A．自発呼吸をしようとしている動物では，吸気時に人工呼吸を動作させると静脈還流，心拍出量，および動脈血圧が減少する；人工呼吸器の“バッキング”と呼ばれる

Ⅱ．使用する前に人工呼吸器が適切に機能するか確認する

A．すべての調節ツマミが作動するか確かめる

B．呼吸回路とは別に漏れ（リーク）試験を実施する

1. 上昇型ベローズ：麻酔器のO_2フラッシュ弁を用いてベローズを満たす；人工呼吸器の供給ホースを塞ぐ；漏れがなければベローズは一番上の位置に止まっている
2. 下降型ベローズ：ベローズを完全に空にする；人工呼吸器の供給ホースを塞ぐ；漏れがなければベローズは完全に収縮したままである

人工呼吸に関連する合併症

- 静脈還流，心拍出量，および動脈血圧の減少
- 人工呼吸器誘発性肺損傷
- 人工呼吸器関連性肺炎
- 気胸；気縦隔
- 症例－人工呼吸器非同期
- 気管チューブの閉塞および偶発的な抜去や外れ
- 気管壊死

呼吸補助装置

Ⅰ. 用手蘇生装置
A. 自己膨張性のバッグ（例：アンビューバッグ）と非再呼吸弁
B. エマージェンシー時の空気またはO_2吸入を用いた迅速な人工呼吸に有用である

Ⅱ. デマンドバルブ（図22-6参照）
A. 気管チューブの近位端に挿入し，動物の吸気運動開始に合わせて，または操作者の操作によって酸素を供給する装置
1. 吸気は受動的または補助
2. 呼気は受動的
3. 大動物または小動物に使用するためのアダプターを利用できる
4. 少なくとも50psiの供給圧を用いることで，体重450kgの馬においても十分な吸気流量を発生できる

第14章

麻酔モニタリング

"You see only what you look for, you recognize only what you know."

MERRIL C. SOSMAN

"Diligence is the mother of good fortune."

MIGUEL DE CERVANTES

概要

麻酔中の動物の状態を確認するためには，様々なモニタリング機器を利用できる。心電図（ECG），脳波，筋電図（EMG）を表示記録できる装置がある。血圧（動脈血圧［ABP］や中心静脈圧［CVP］），心音，末梢血流，動静脈血のpH，乳酸濃度，酸素（O_2）・二酸化炭素（CO_2）分圧，動脈血または末梢血の酸素飽和度（パルスオキシメトリ［SpO_2］）なども測定できる。終末呼気中の麻酔ガス濃度とともに酸素と二酸化炭素濃度を分析できる。症例のベッドサイドで採血後2～3分以内に血液検査，酸－塩基平衡，血液化学，および血清酵素値を評価する"Point of care"装置も利用できる。しかし，教育された注意深い麻酔医にとって代わるモニタリング機器は，世界中どこを探しても存在しない。

総論

Ⅰ．一般的に，麻酔薬によって引き起こされる変化に対する症

例の代償能力は，全身麻酔によって抑制される

Ⅱ．周術期モニタリングとは生理機能の異常や悪化の看視であり，麻酔の安全性を高める：

A．生理学的数値の変化を頻繁にモニタリングすることにより症例の変化を把握でき，変化に対してタイミングの良い対応を促進する

B．麻酔記録をまとめておくことで，客観的な傾向（トレンド，経時的変化）や，その後の麻酔処置と比較できるデータベースを得られる

Ⅲ．役に立つ術中モニタリングの前提条件

A．生理学や病態生理学を実用的に理解していること

B．症例の病歴と生理学的状態を完全かつ正確に把握していること

C．麻酔薬や周術期管理に用いる薬物の薬理作用，薬力学，薬理動態学，毒性に関する知識をもつこと

D．観察した事項を記録するための便利なシステム（麻酔記録）を利用できること

E．モニタリング機器自体に関する知識，その操作法と欠点に関する知識，そして使用する際の信用性に関する知識をもつこと

基本方針

Ⅰ．身体機能の看視（正常値は第2章参照）

A．以下の項目に基づいて，モニタリング計画をたてる：

1．症例の健康状態と疾患

2．実施される処置の内容

3．選択する麻酔薬と麻酔法

4．利用できるモニタリング機器

5．予想される麻酔時間

B．術中には正常値との比較に基づいて判断する（すなわち，観察されている麻酔に対する反応が質的および／または

量的に適切か？ 測定値が正常範囲内にあるか？）

Ⅱ．できれば複数の身体機能を看視し，それぞれの機能について複数の測定項目で看視する

A．断片的な情報よりも数項目（例：心拍数，呼吸数）を同時に評価することで，麻酔に対する異常な反応を正確に評価できる

B．個々の項目の傾向（トレンド）を確認することで，早期判断や早期対応がしやすくなる

Ⅲ．特異的で，正確であり，かつ相補性のあるモニタリング法を用いる

A．単純で信頼性の高い方法を用いる（例：肉眼的な観察，触知，聴診）

B．測定機器を頻繁に較正する；不正確な情報は混乱を招き，誤った判断を導き，危険である

C．決して一つのモニタリング項目だけに依存してはならない

非侵襲的モニタリング法

Ⅰ．簡単に肉眼で観察できる項目（例：呼吸数や換気量）や非侵襲的診断検査項目（例：ECG，パルスオキシメータ，ABP，カプノメータ［$ETCO_2$］，経皮的CO_2およびO_2）によって情報を集める

A．利点

1．測定装置は使いやすく，かなり良い信頼性があり，測定項目についてトレンドや変化の判断に使用できる

2．モニタリング法による合併症の危険性がない

B．欠点

1．一部の有用な生理学的項目（例：pH，血液ガス，電解質，乳酸値）は，非侵襲的には正確に看視できない

2．同じ情報を得る際に侵襲的なテクニック（例：動脈カテーテルによる観血的血圧測定）の代わりに非侵襲的

テクニック（例：非侵襲的動脈血圧測定）を用いると，時々不正確な情報（大きな誤差）を示すことがある

侵襲的モニタリング法

Ⅰ. 体内に装置を配置して情報を得る（例：血管内カテーテルによる血圧測定，組織オキシメータ，組織温度）
  A. 利点
    1. 測定値が予想外の因子による影響を受けない
    2. 正確で信頼性が高く，簡単に看視できる多くの方法がある
    3. 生理学的測定項目の直接的測定は，多くの場合，誤差がほとんどない
  B. 欠点
    1. 以下のような合併症を引き起こす危険性が大きい：
      a. 組織損傷
      b. 感染
      c. 出血
      d. 正常臓器や組織機能の変化（例：心調律障害）
    2. 高度な技術や知識および熟練を要する看視技術もある（脳波の解釈，呼吸圧力－容積ループ）

生理学的考慮

Ⅰ. ホメオスタシス（恒常性）
  A. 麻酔と外科的刺激に対する反応のモニタリング（Box14-1，Box14-2）
Ⅱ. 鍵となる臓器系のモニタリング：古典的な麻酔モニタリング徴候に関しては，第9章の麻酔ステージとレベルの項目で解説した。古典的徴候では，麻酔深度を判断するために，目の位置と反応性，筋弛緩，呼吸数と呼吸パターン，および外科的侵襲に対する反応性を用いる（図9-1参照）。麻酔

Box14-1　米国獣医麻酔専門医協会の麻酔モニタリングに関する提案

循環

目的：組織への血流が適切であることを確認する
方法：
1. 末梢の脈の触知
2. 胸壁から心拍動の触知
3. 心拍動の聴診（聴診器，食道聴診器，その他の音を発する心モニター）
4. 心電図（連続表示）
5. 非侵襲的な血流または血圧モニター（例：ドプラ超音波血流計，オシロメトリック式血流計）
6. 侵襲的血圧モニター（動脈カテーテルをトランスデューサ／オシロスコープまたはアネロイドマノメータに連絡）

酸素化

目的：症例の動脈血中の酸素濃度が適切であることを確認する
方法：
1. 可視粘膜の観察
2. パルスオキシメトリ（非侵襲的ヘモグロビン酸素飽和度評価）
3. 酸素濃度計を呼吸回路の吸気路に配置する
4. 経皮的組織 PO_2
5. 血液ガス分析（PaO_2）
6. COオキシメータ（血液中のヘモグロビン酸素飽和度の直接測定）

換気

目的：症例の換気が適切に維持されていることを確認する
方法：
1. 胸郭の動きの観察
2. 呼吸バッグの動きの観察
3. 呼吸音の聴診
4. 音を発する呼吸モニター
5. 換気量計（1回換気量±分時換気量の測定）
6. カプノグラフィ（終末呼気 CO_2 の測定）
7. 頬粘膜および経皮的 CO_2
8. 血液ガス分析（$PaCO_2$）

麻酔記録

目的：重要な出来事の法的な記録保存とモニタリング項目のトレンド変化を認識する
方法：
1. 各症例に投与したすべての薬物について，その投与量，投与時間，投与経路を記録する
2. モニタリング項目（最小限：心拍数，呼吸数）を麻酔中に定期的（最小限：5分ごと）に記録する

要員

目的：責任をとれる人物が麻酔中および麻酔回復期に常に症例の状態を把握し，指示されたことを実施し，症例の変化を獣医師に警告できるようにする

第14章

Box14-1 米国獣医麻酔専門医協会の麻酔モニタリングに関する提案（続き）

方法：
1. 獣医師，動物看護士，またはその他の責任のとれる人物が，連続的に症例についていられない場合には，責任をとれる人物が麻酔中および麻酔回復期に定期的（少なくとも5分ごと）に症例の状態を確認すべきである
2. 責任をとれる人物は症例の麻酔管理に専念する必要はないが，同じ部屋にいるべきである（例：外科医が麻酔を監督してもよい）
3. 上記のいずれの状況においても，音を発する心臓と呼吸のモニター機器の使用が望ましい
4. 麻酔下の症例の麻酔管理を担当する責任をとれる人物が，麻酔終了まで症例のもとに留まる

Box14-2 一般的に用いられるモニタリング項目と異常値の原因

呼吸数とパターン

頻呼吸：麻酔が“浅すぎる”，痛み，低酸素血症，高炭酸ガス血症，高体温，真性または矛盾性のCSFアシドーシス，薬物の作用（例：ドキサプラム）

無呼吸：麻酔が“深すぎる”，低体温，過換気の直後（とくにO_2豊富なガスでの呼吸），骨格筋麻痺（病的または薬物性），薬物の作用（例：ケタミン，チオバルビツレート，プロポフォール）

心拍数

頻脈：麻酔が“浅すぎる”，痛み，低血圧，低酸素血症，高炭酸ガス血症，虚血，急性アナフィラキシー反応，貧血，薬物の作用（例：チオバルビツレート，ケタミン，カテコールアミン類），発熱，低カリウム血症

徐脈：麻酔が“深すぎる”，高血圧，頭蓋内圧の上昇，外科的に誘発された迷走神経反射（例：臓器伸展反応），低体温，高カリウム血症，心筋虚血／酸素欠乏，薬物の作用（例：キシラジン，オピオイド）

動脈血圧

高血圧：麻酔が“浅すぎる”，痛み，高炭酸ガス血症，発熱，薬物の作用（例：カテコールアミン類，ケタミン）

低血圧：麻酔が“深すぎる”，相対的または絶対的な血液量減少，敗血症，ショック，薬物の作用（例：チオバルビツレートのボーラス投与，吸入麻酔薬）

角膜反射*

過剰反応：麻酔が“浅すぎる”，痛み，低血圧，低酸素血症，高炭酸ガス血症，薬物の作用（例：ケタミン）

低反応：麻酔が“深すぎる”，CNS抑制（例：深すぎる麻酔，アシドーシス，低血圧）

*馬や牛に関してのみ；豚，犬，猫では役に立たない。
CSF：脳脊髄液，CNS：中枢神経系

徴候はエーテル麻酔を基本に開発されたが，現在でも全身麻酔による抑制状態を記述するために有用である

A．中枢神経系（CNS）

1．CNS抑制の程度を看視するために反射活性を観察する

a．眼反射：一般的に，大動物においてより有用で特徴的である

(1) 眼瞼反射：麻酔深度が浅いと活発になる。外科麻酔レベルにおいて，多くの動物種で消失する

(2) 角膜反射：ガーゼや綿花で角膜を軽く触る。麻酔深度が深くなるまで残存する

(3) 眼球振盪：麻酔深度が浅いと発現する

(4) 涙液産生：しばしば眼球振盪と同時に発現する。麻酔深度が浅いことを示す

b．下顎緊張：筋緊張の全体的な指標。中等度の外科麻酔深度では，口を完全に開口した際に中等度の抵抗がある。小動物でより有用である

c．肛門反射：外科麻酔深度ではゆっくりになるか消失する（動物種によって異なる）

d．屈曲反射：外科麻酔深度では肢端をつねっても反応しない。肢を引っ込める場合には麻酔深度は浅く，外科手術を実施するには不十分な麻酔深度である

2．骨格筋の緊張と弛緩の看視

3．脳波

a．脳の活動を平均化して記録する

b．麻酔深度に比例する

(1) Bispectral index（BIS）で麻酔深度を看視できる（**図14-1**）

(2) 意識がある場合にはBIS値100であり，BIS値が低いほどCNS抑制の程度が大きいこと

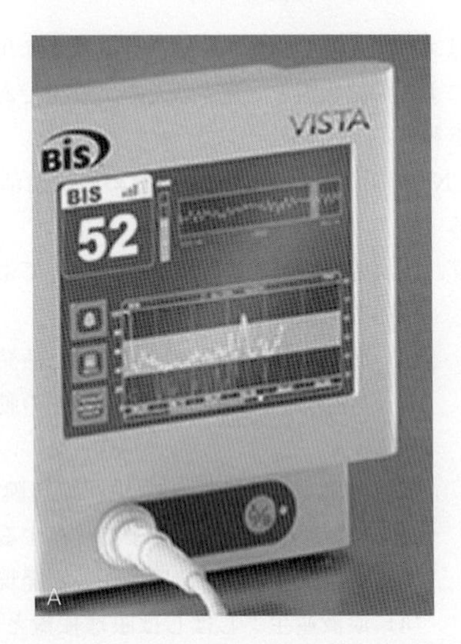

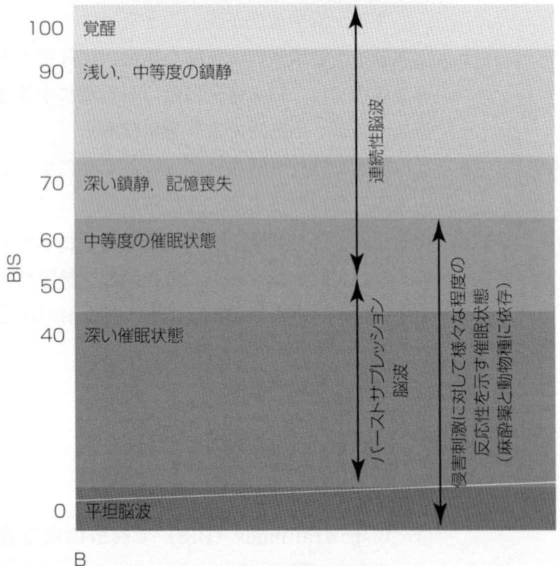

図14-1 全身麻酔下の動物の脳波をアルゴリズム分析し，bispectral index（BIS＝52）と表示している（A）。犬と猫では，このモニターは麻酔深度の判定にかなり良い判断基準として利用できる。

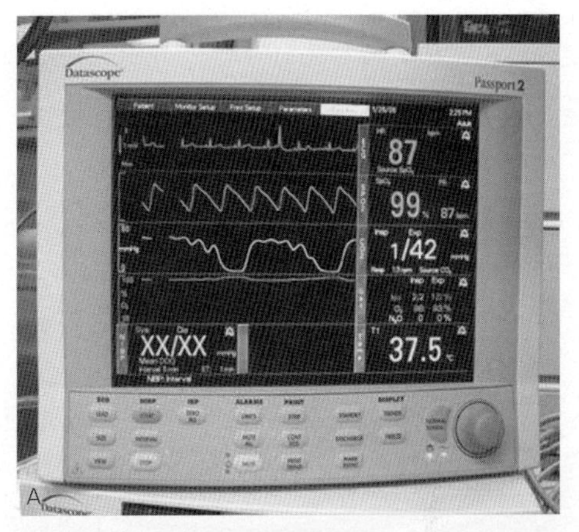

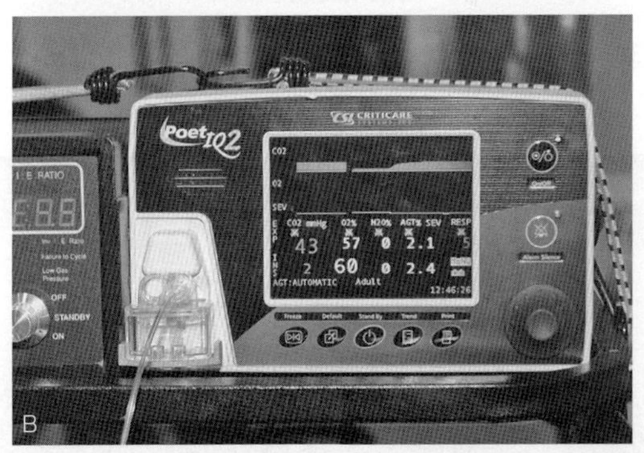

図14-2　Aのマルチパラメータモニターは，心拍数（87）と心調律（アーチファクトと洞調律），プレスシモグラフ脈拍数（87）およびSpO_2（99），呼気CO_2（$ETCO_2$＝42），呼気麻酔ガス濃度（ET-Iso＝2.2），および体温（37.5℃）を表示している。Bのマルチパラメータモニターは，呼気CO_2（$ETCO_2$＝43），吸気O_2濃度（60%），および呼気麻酔ガス濃度（ET-SEV＝2.1）を表示している。

を示す（**図14-2B**）

4．終末呼気麻酔ガス濃度は測定可能であり，麻酔深度に比例し，個々の吸入麻酔薬における既知のMACと比較することができる（**図14-2A**，**図14-2B**）

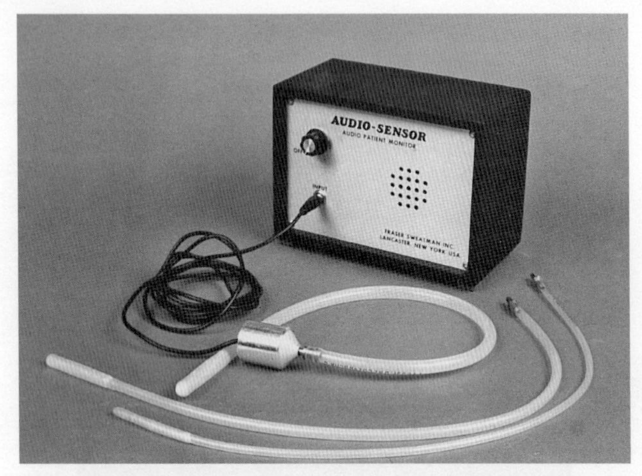

図14-3　心音と呼吸音がスピーカーから発せられ，心拍数と呼吸数を計測できる。

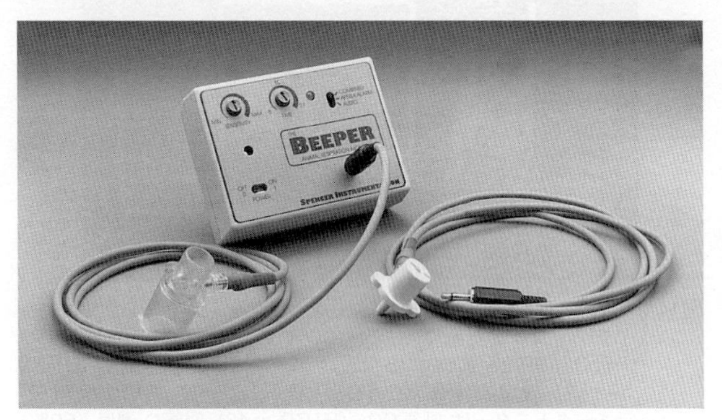

図14-4　気道温感知装置は温められた呼気ガスを検出し，症例が呼吸すると“ビー”と音を発する。

B．呼吸器系（Box14-1，Box14-2，図14-3～図14-8参照）

1．非侵襲的測定項目

a．呼吸数

b．呼吸パターン

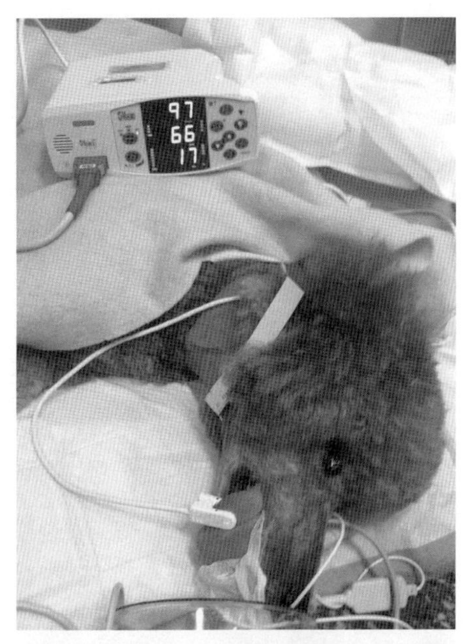

図14-5 非侵襲的音響呼吸数モニターをパルスオキシメータと組み合わせることで，SpO_2（97と表示されている），心拍数（66と表示されている），および呼吸数（17と表示されている）を測定できる。このタイプのモニターは，麻酔回復期の症例において臨床的に有用な情報を得られる。

(1) 不規則な呼吸パターンは呼吸抑制または呼吸のCNS制御の変化を示唆する（例：ケタミンと持続性吸息呼吸）

c．1回換気量の変化は，胸郭および再呼吸バッグの動きで分かる

(1) 浅速呼吸は低酸素，高体温，呼吸器疾患を示唆する

2．非侵襲的装置

a．食道あるいは前胸部の聴診器（呼吸数や心拍数の計測に有用，**図14-3**参照）

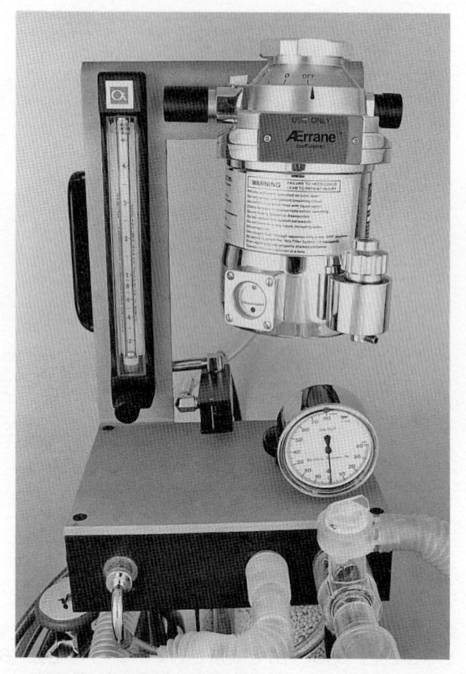

図14-6　臨床麻酔で使用される呼吸モニター。陽圧－陰圧測定装置（P-N圧ゲージ，右下）は麻酔呼吸回路内圧の看視に用いる。

b．呼吸頻度モニターおよび呼吸気圧モニター（図14-4～図14-6参照）

（1）呼吸頻度モニターは，気道内の温度あるいは気道内圧の変化によって作動する。音を発するものや呼吸数を画面表示する器材もある。無呼吸を警告する器材もある

（2）陽圧－陰圧測定器（P-Nゲージ）は，用手または人工呼吸器を用いた人工呼吸における麻酔回路内圧を示す

c．カプノメータ：吸気中と呼気中のCO_2濃度を分析

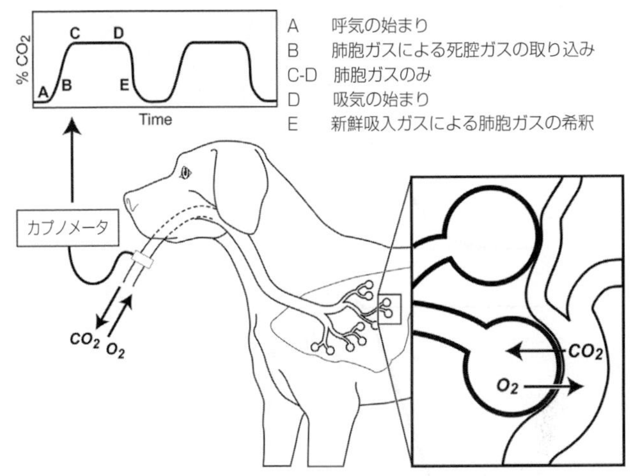

図14-7 終末呼気CO_2モニタリング：呼気中の二酸化炭素（CO_2）量は呼気動作中に増加し（A），換気状態が適切かどうかを評価する指標になる（低換気では増加する）。終末呼気CO_2濃度（分圧）は呼気時に増加して吸気時に低下し，特徴的なカプノグラムを生じる（上段挿入図）。携帯用カプノメータも利用できる（図14-9参照）。

する（**図14-2**，**図14-6**～**図14-9**）。一般的に気管チューブと呼吸回路の連結部で呼吸ガスをサンプリングし，サンプリングガスを連結部のセンサーで分析するか（メインストリーム法，**図14-7**参照），またはサンプリングガスを小径チューブで持続的に吸引してモニター内で分析する（サイドストリーム法）。サイドストリーム法では，サンプリングガスを余剰ガスとして排気する必要がある。モニターは，最も高いCO_2濃度（終末呼気）と最も低いCO_2濃度（吸気）をデジタル表示する。呼吸周期におけるCO_2濃度の変化をグラフ波形（カプノグラム，カプノグラフィ）として表示する（**図14-2A**，**図14-9**参照）

第14章

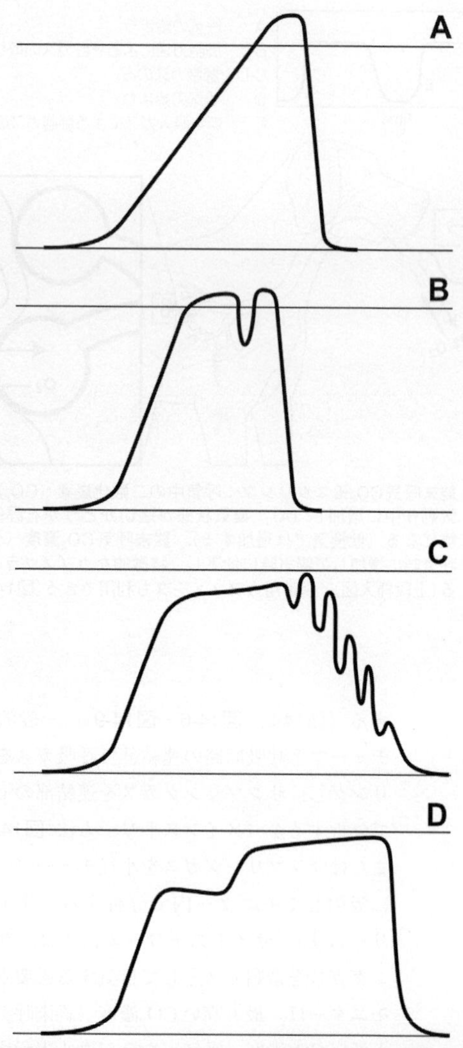

図14-8 カプノグラムの解析によって，気道閉塞（A），横隔膜の攣縮（B），心拍動（C），および不均一な肺からの呼出（D）を確認できる。

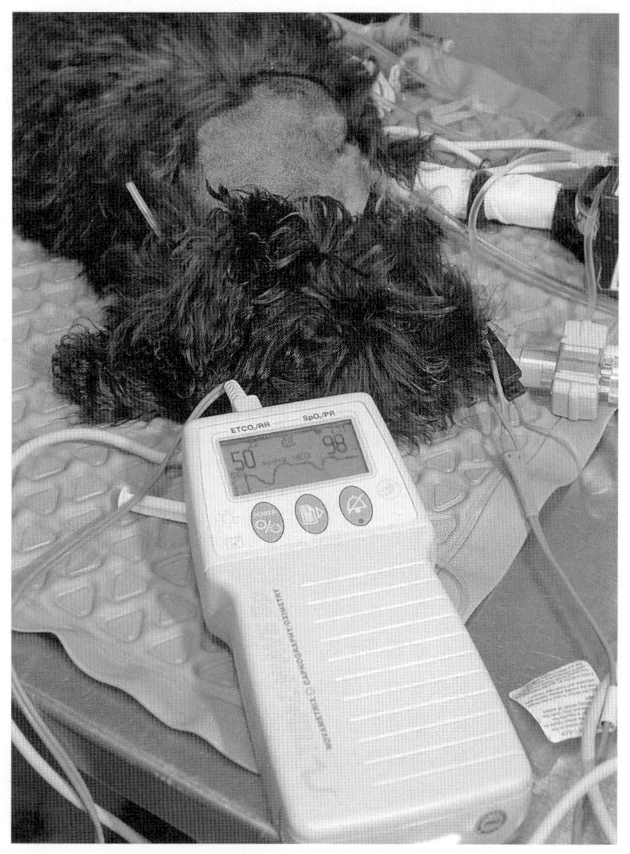

図14-9 携帯型の終末呼気CO_2（$ETCO_2$）モニターを用いることで$ETCO_2$と呼吸数の看視が容易になる。$ETCO_2$の変化（カプノグラム）を表示する機器もある。

(1) 終末呼気二酸化炭素分圧（$PETCO_2$）は，動脈血CO_2分圧（$PaCO_2$）の指標となる
(2) 換気状態が適切かどうかの判断に使用する
(3) 調節呼吸中の換気状態のモニタリングに使用する

図14-10　換気量計（肺活量計）で1回換気量と分時換気量を評価できる。

(4) 犬では，$PaCO_2$を3～5mmHg過小評価する

(5) 過呼吸，換気/環流比のミスマッチ，または異常な呼吸パターンを示す場合には測定精度が低下する

d．肺活量計（**図14-10**）：1回換気量または分時換気量を測定する。一般的には，呼吸回路の蛇管と呼気一方向弁の間に肺活量計を挿入する

3．侵襲的測定法

a．動脈血および／または静脈血の血液ガス，pH，および乳酸値の測定（**図14-11A，B**）（第15章参照）

C．酸素化

1．パルスオキシメトリ（**図14-12**）：血液ヘモグロビン（Hb）の酸素飽和度と皮膚血流を非侵襲的に測定するモニタリング法（血液サンプルの酸素飽和度を直接測定する方法はオキシメトリと呼ばれる）。多くのパルスオキシメータは光電式容積脈波（プレシスモグラフ）を計測表示し，心拍数を表示する

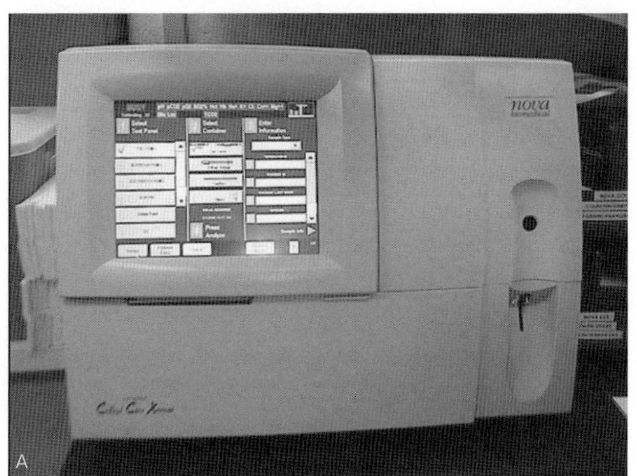

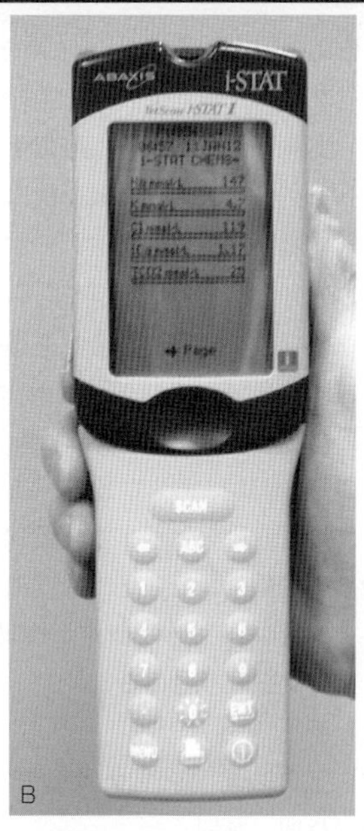

図14-11　自己較正マルチパラメータ血液ガス分析装置（A）によって完全な酸－塩基平衡分析結果を得られる（pH，PO_2，PCO_2，HCO^-，BE，乳酸値，Na^+，Cl^-，K^+など）。手持ち血液生化学分析器（B）も利用可能であり，同様の分析結果を得られる。

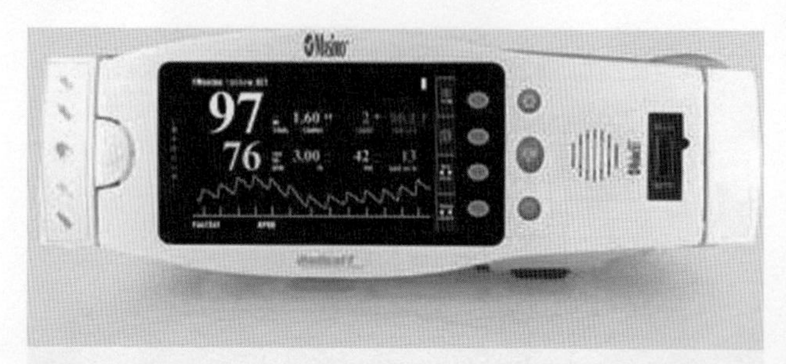

図14-12 最新のパルスオキシメータ（マシモ社ラジカル-7）では，酸素飽和度（SpO_2），総ヘモグロビン濃度（SpHb），メトヘモグロビン（SpMet），カルボキシヘモグロビン（SpCO），酸素含量（SpOC），脈波変動指標（PVI＝輸液反応性指標），および心拍数を看視できる。

a．動脈血の酸素飽和度（SpO_2）を測定する

b．スペクトル光電効果装置を脈打つ血管床上の毛のない皮膚に直接あてる；酸素化ヘモグロビンと還元ヘモグロビンの光吸収を検出し，ヘモグロビンの酸素飽和度を百分比として数値で表示する

（1）カルボキシヘモグロビンあるいはメトヘモグロビンの存在により不正確になる。パルスオキシメータは酸化Hb，カルボキシヘモグロビン（COHb），メトヘモグロビン（MetHb），および胎児ヘモグロビン（FeHb）の百分比を表示する（**図14-12参照**）

（2）脈拍信号は低血圧，低体温，血管収縮によって減少し，SpO_2測定が制限される

c．プローブを取り付ける部位

（1）舌

（2）下顎結合

（3）指間，趾間

（4）指，趾

（5）食道

(6) 直腸（反射プローブ）

(7) 体表動脈

(8) 包皮

(9) 外陰

(10) 陰嚢

(11) 耳介

(12) 尾根部

2．オキシメトリ：動脈血または静脈血のヘモグロビン酸素飽和度（SaO_2）を直接測定する。異常なHb型は血液サンプルで測定する

3．O_2分析器：吸気酸素濃度の測定

D．心血管系（Box14-1，Box14-2参照）

1．心拍数

a．心拍数の正常範囲は動物種によって異なる（回/分）（第2章参照）

(1) 犬：70～100

(2) 猫：100～200

(3) 馬：30～45，子馬では80まで

(4) 牛：60～80

(5) 羊，山羊：60～90

(6) 豚：60～90

(7) ラマ：50～100

b．麻酔中の心拍数の下限と上限（これらの範囲から外れる心拍数では心血管機能が損なわれる）

(1) 犬：＜50，＞160

(2) 猫：＜100，＞200

(3) 馬：＜28，＞50

(4) 牛：＜48，＞90

(5) 羊，山羊：＜60，＞150

(6) 豚：＜50，＞150

(7) ラマ：＜50，＞150

c．心拍数をモニタリングするための手技

（1）動脈や心臓を直接触知する
 （a）犬：大腿動脈，背側中足動脈，指動脈，舌動脈，前胸部
 （b）猫：大腿動脈，前胸部
 （c）牛，羊，山羊：耳介動脈，指動脈，尾骨動脈，背側中足動脈
 （d）馬：顔面動脈，顔面横動脈，背側中足動脈，口蓋動脈
 （e）豚：大腿動脈，耳介動脈
 （f）ラマ：耳介動脈，大腿動脈
（2）食道聴診器を用いた間接的方法（**図14-3**）
 （a）耳ピースまたは増幅アンプに連結する
 （b）利点：安価で，心拍数と同時に心調律の異常も検出できる；呼吸音も看視できる
 （c）欠点：口腔や咽頭の外科手術では使用できない

d．末梢脈拍の増幅器
（1）末梢動脈の上に配置する；脈拍ごとに音を発する
（2）利点：心拍数と心調律を検出できる
（3）欠点：電気的干渉を受けやすい；位置を保持するのが難しい

e．超音波ドプラ装置（**図14-13**）
（1）ドプラクリスタルを末梢動脈の上に置く（例：指動脈）；血流音を聞き取れるようにする
（2）利点：心拍数と同時に心調律の異常を検出できる；収縮期血圧の測定に利用できる
（3）超音波ドプラ装置で計測された収縮期血圧は，末梢動脈にカテーテルを留置して測定した観血的血圧の平均血圧に近似している
（4）欠点：適切なサイズのカフを使用した場合

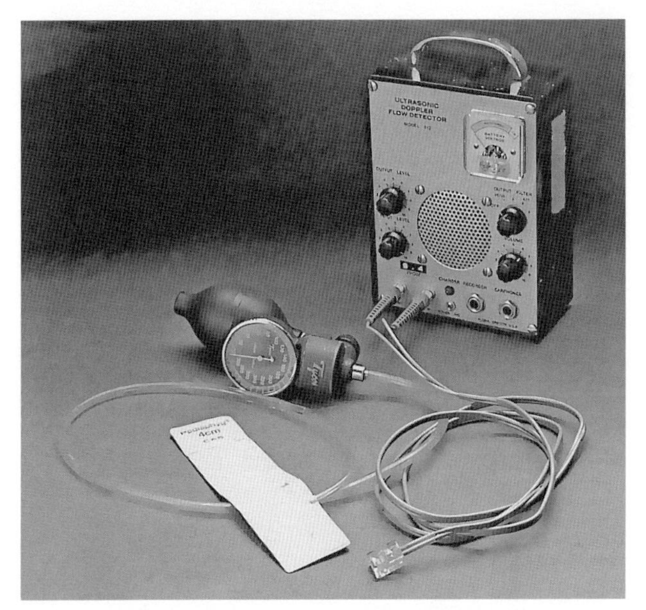

図14-13 電子活性結晶は，血流検出に利用できる高周波を発生する（ドプラ効果）。血流は音として示され，血圧計とともに用いて血圧測定に利用できる。

に収縮期血圧だけが正確である；心拍数は表示されない

f．心電図（ECG），携帯用モニター装置が利用できる（**図14-14**）
 (1) ECGを直接表示，あるいはR波ごとに発信音を出す
 (2) 利点：動物の大きさに左右されない，携帯性が良い，ECGをポイントオブケア（症例の目前で行える検査）で観察して心拍数と心調律を解釈できる
 (3) 欠点：灌流血圧が消失しても正常なECG波形と発信音が続くことがある（無拍動性電気

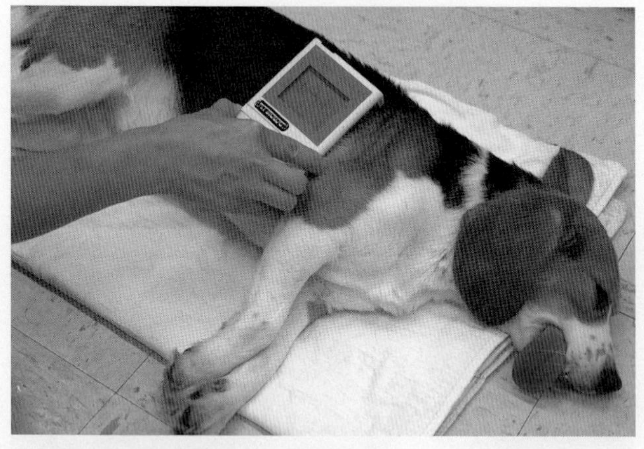

図14-14　携帯式（ポントオブケア）の心電図（ECG）モニターは，心拍数と心調律の判断に有用である。

活性）

g．パルスオキシメータ

（1）多くの装置が心拍数もデジタル表示する

h．心拍数が異常になる原因（Box14-2参照）

（1）徐脈

（a）薬物：オピオイド，α_2-作動薬（例：キシラジン，メデトミジン，デクスメデトミジン，デトミジン，ロミフィジン），コリンエステラーゼ阻害薬（例：ネオスチグミン）

（b）麻酔深度が深すぎる

（c）高カリウム血症

（d）先に存在する心疾患（第2度または第3度心ブロック）

（e）迷走神経反射（気管挿管，眼球心臓反射）

（f）低酸素血症の最終段階

（g）低体温

(2) 頻脈

(a) 薬物：ケタミン，チオバルビツレート，抗コリン作動薬，交感神経作用薬，パンクロニウム

(b) 低カリウム血症

(c) 高体温

(d) 不適切な麻酔深度

(e) 痛み

(f) 高炭酸ガス症と低酸素血症

(g) 貧血，血液量減少

(h) 甲状腺機能亢進症，褐色細胞腫

(i) アナフィラキシー

2．末梢灌流

a．動脈血圧と末梢血管緊張によって機能する

b．評価

(1) 毛細血管再充填時間

(a) 正常：1～2秒以内

(b) 口腔あるいは外陰部の粘膜で評価する

(2) 末梢脈拍の強さ

(a) 脈圧（収縮期圧と拡張期圧の差）

(b) 低血圧あるいは血管拡張によって弱く，または速い脈で弱くなる

(3) 尿産生

(a) 膀胱の触知

(b) 尿道カテーテル

(c) 犬と猫：0.5～2mL/kg/時

3．中心静脈圧（CVP）は静脈カテーテルを右心房に進めて平均右心房圧を測定することにより得られる。CVPの急性変化をモニタリングすることによって，症例の輸液反応性の判断や輸液過剰の検出に役立つ（**図14-15**）

a．生理学的重要性

（1）右心房圧は以下の項目の平衡状態を示す：

（a）心拍出量：前方への血流

（b）静脈還流：末梢静脈から右心房へ戻ってくる血流の程度

b．正常範囲

（1）0〜4cmH_2O：起立した覚醒状態の動物

（2）2〜7cmH_2O：麻酔下の小動物

（3）15〜25cmH_2O：麻酔下の大動物

c．適応

（1）輸液療法に対する反応性のモニタリング

（2）心拍出量の評価

注釈

中心静脈圧（CVP）は，輸液反応性あるいは輸液過剰の指標として常に正しいわけではない

（a）ショック（CVP↓）

（b）心不全（CVP↑）

（c）麻酔（CVP↑）

d．CVPに影響を及ぼす主要な因子

（1）血液量

（a）循環血液量の増大によりCVPは上昇する

（b）有効循環血液量が減少するとCVPは低下する（例：急性出血）

（2）血管緊張

（a）血管拡張（例：アセプロマジン）が生じると，血液が末梢に貯留して静脈還流量が減少するため，CVPが低下する

（b）α_2-作動薬は静脈血管収縮を引き起こし，CVPを上昇させる

（3）心収縮力

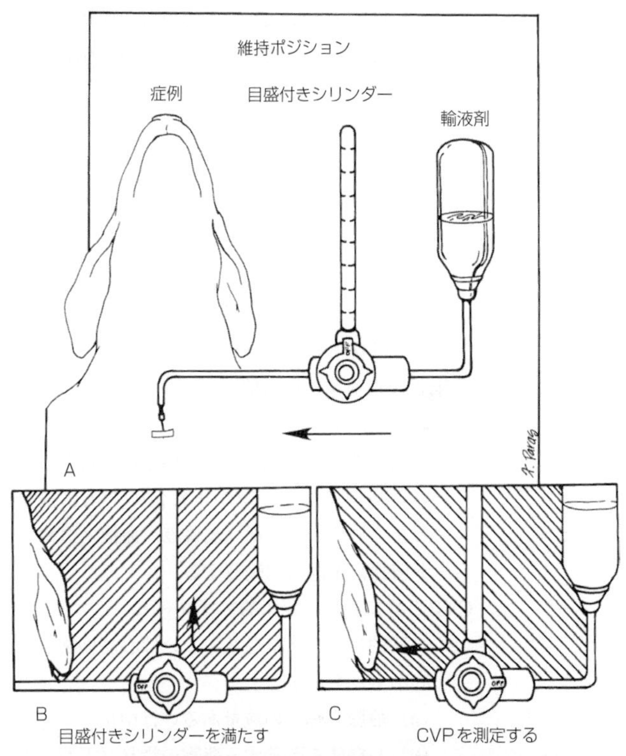

図14-15 A：中心静脈圧（CVP）モニタリング。B：生理食塩液を満たした目盛付きシリンダーを，三方活栓が心臓の高さあるいは心臓よりも低い位置にくるように置く。C：シリンダーを動物側に開放し，目盛付きシリンダー内の液体を右心房内の圧と平衡させる。

(a) 心収縮力が低下すると心臓のポンプ作用が減少するため，CVPは上昇する

(4) 心拍数

(a) CVPは頻脈によって低下し，徐脈により上昇する

(5) 心臓以外の因子

(a) 胸腔内圧：胸腔内圧の上昇（陽圧換気）によりCVPは上昇する；胸腔内圧の低下によりCVPは低下する
(b) 心外膜内圧がCVPを上昇させる
- 心タンポナーデ
- 先天性心嚢ヘルニア
- 心室充満が減少するか，なくなる
(c) 体位：大動物では静水圧のため主要な因子となる（馬を横臥位にすると，CVPは10〜15cmH_2O上昇する）

e．CVP低下に対する臨床的アプローチ
(1) 循環血液量の増加
(2) 相対的あるいは絶対的に血液量が減少している症例には，CVPが正常値の上限に達するまで適切な輸液剤（晶質液，血液．コロイド溶液）を静脈内輸液する

f．CVP上昇に対する臨床的アプローチ
(1) 一般的に，血液量過多あるいは心筋抑制（右心不全）を示す
(a) 静脈内輸液の減量あるいは中止
(b) 心機能を改善する薬物の投与（ドパミン，ドブタミン）

g．CVP測定における危険
(1) 空気塞栓症
(2) 血栓性静脈炎
(3) 出血

h．装置
(1) 胸腔内の大静脈（できれば右心房）に達する適切な長さのIVカテーテル
(2) CVPマノメータ（図14-16）
(a) 自分で作る場合
- 三方活栓

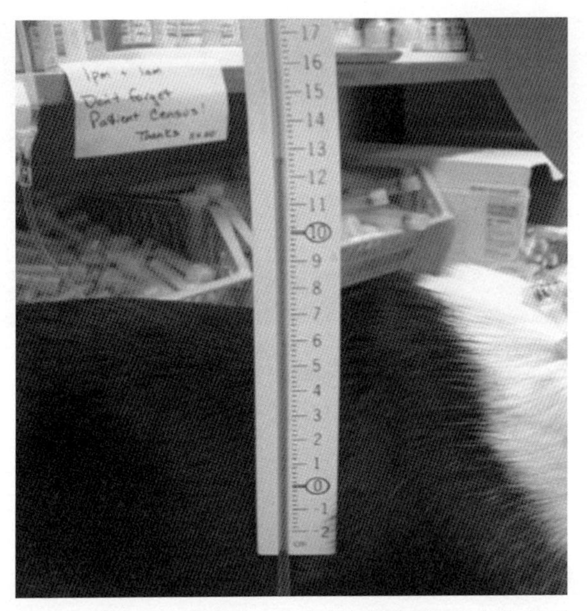

図14-16 右心不全のある犬における中心静脈圧の上昇（CVP＝13cmH_2O）。心底部を圧の0点としている。

- 目盛付きのシリンダーまたピペット
- 連結チューブ

i．手技（**図14-16**参照）

（1）三方活栓が動物の心底部よりも低くなるように目盛付きシリンダーまたはピペットをぶらさげる；床と平行な仮想線を動物の心底部からシリンダーの目盛の間に引く；これがシリンダー上でのCVPの0レベルとなる

（a）横臥位の動物の心底部は胸骨の高さにある

（b）起立位または仰臥位の動物の心底部は肩の高さにある

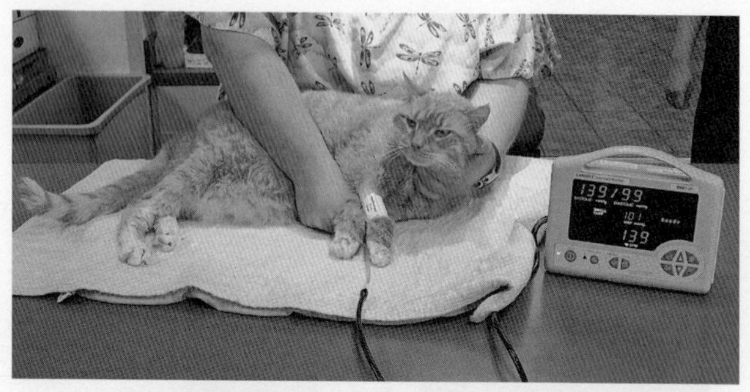

図14-17　動脈血圧（ABP）は，末梢動脈の拍動または振動を検出する非侵襲的血圧測定装置で測定できる（オシロメトリック法）。

4．動脈血圧

a．非侵襲的血圧測定法

注釈

血圧測定用カフの幅は，カフを巻く肢の円周の半分とする

(1) オシロメトリック法（**図14-17**，**図14-18**）

(a) カフを四肢の末梢側（小動物，子馬）あるいは尾根部（小動物，大動物）に巻き，空気を充満させる；動脈拍動（オシレーション：振動）が検出され，電子的に表示されるまでカフから空気を徐々に抜く

(b) 利点：使いやすい；収縮期血圧，平均血圧，拡張期血圧とともに心拍数も測定できる

(c) 欠点：測定値は絶対的には正確でないが，経時的変化（トレンド）を正確に反映している；精度はカフのサイズに左右される；血圧が低いと不正確になる

(2) 超音波ドプラ法（**図14-13**参照）

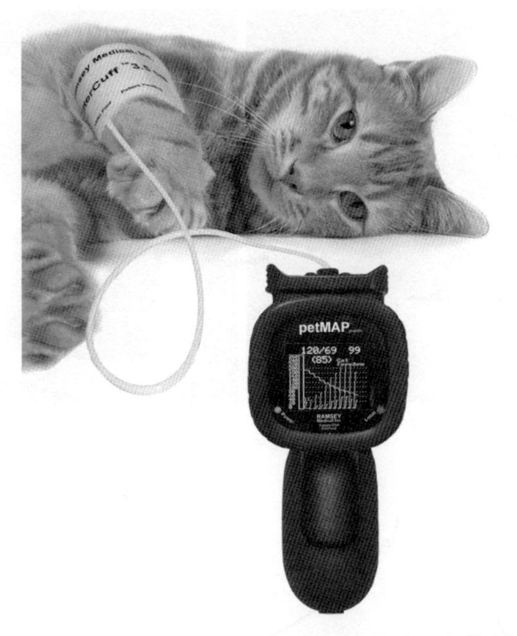

図14-18 携帯型万能オシロメトリック式動脈血圧（ABP）測定装置（PetMAP）では，表示装置と血圧計が組み合わされている。

(a) ドプラクリスタルを末梢動脈の上に置く（例：犬では指動脈，背側中足動脈，馬では尾骨動脈）
(b) 圧表示計の付いた適切なサイズのカフをドプラクリスタルよりも近位に巻く；脈拍音が消えるまでカフを膨らませ，最初に脈拍音が聞こえるまでゆっくりと空気を抜く；最初に脈拍音が聞こえたときに圧表示計が示す値は収縮期血圧に一致する
(c) 利点：脈拍数と心調律を検出できる

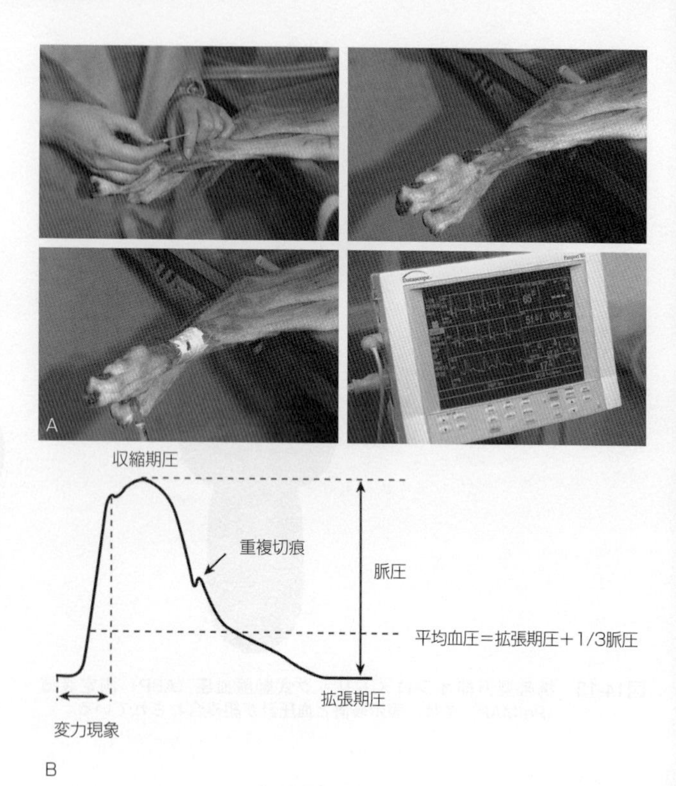

図14-19 動脈血圧（ABP）を直接測定するために，犬の足背動脈にカテーテルを留置できる（A）。犬の足背動脈にカテーテルを留置している（上段左右の図）。カテーテルをテープで固定して圧トランスデューサに連結し，マルチパラメータモニターにつなげる（下段図）。動脈血圧波形の重要項目（B）。

(d) 欠点：精度はカフのサイズ（肢の円周の半分でなくてはならない）に左右され，収縮期血圧のみ測定できる。血圧が低いと不正確である

b．侵襲的動脈血圧測定法

(1) 侵襲的な動脈血圧測定は正確なABP測定法

である；血圧は心拍出量（CO）の指標ではない（**図14-19**）

(a) 投与した麻酔薬，輸液療法，および血管作用薬の血流力学的影響をモニタリングする

(2) 侵襲的血圧モニタリングにおける危険

(a) 出血および／または血腫

(b) 空気塞栓

(c) 動脈塞栓および閉塞（稀）

(d) 感染（稀）

(e) 動静脈瘻あるいは動脈瘤の形成（稀）

(3) 装置

(a) 動脈内カテーテルと三方活栓

(b) 圧感知装置（例：圧トランスデューサとオシロスコープ，水銀血圧計）

(4) 手技（**図14-19**参照）

(a) 動脈カテーテルを用いて末梢動脈（例：犬で足背動脈，猫で舌動脈，馬で顔面動脈）に無菌的にカテーテル留置を行う（**図1-3**参照）

(b) ヘパリン加生理食塩液でカテーテルをフラッシュする；空気塞栓を防ぐために必ず最初に吸引する

(c) 動脈側のストップコックを閉じた状態で圧トランスデューサに接続する

(d) トランスデューサを右心房の高さに合わせ，大気開放して0レベルを合わせる

(e) 動脈ラインを圧トランスデューサに開放する；この時点で脈圧曲線が表示される

(f) 動脈カテーテルを抜去した後はカテーテル挿入部位を指で5分間圧迫し，血腫形成を予防する

c．生理学的重要性

（1）臨床的に，動脈血圧は右心房を0レベルとしてミリメートル水銀（mmHg）で示される

（2）臓器の灌流を適切に保つためには約60mmHgの平均血圧が必要である；最高血圧は>80mmHgであるべきである

（3）動脈血圧の正常値

- 収縮期圧：110～160mmHg
- 拡張期圧：50～70mmHg
- 平均血圧：60～90mmHg
- 収縮期圧－拡張期圧＝脈圧

（4）脈圧の構成成分

（5）変力性成分：脈圧の上行肢

d．動脈血圧に影響を及ぼす主要な因子

（1）動脈血圧（ABP）＝心拍出量（CO）×全末梢血管抵抗（TPR）

ABP = CO×TPR，CO =1回拍出量（SV）×心拍数（HR）

したがって，ABP = SV×HR×TPR

（a）SVまたはCOを増大する因子は動脈血圧を上昇させる

（b）TPRを増大する因子は動脈血圧を上昇させる

注釈

心拍数（HR），1回拍出量（SV），あるいは全末梢血管抵抗（TPR）の減少は，それぞれ単独でもあるいは組み合わせでも動脈血圧を低下させる

（2）脈圧曲線

e．動脈血圧モニタリングの臨床的価値

（1）適切な組織灌流の維持（MAP >60mHg）

（2）心拍出量および／または末梢抵抗に対する麻酔薬の影響の判断

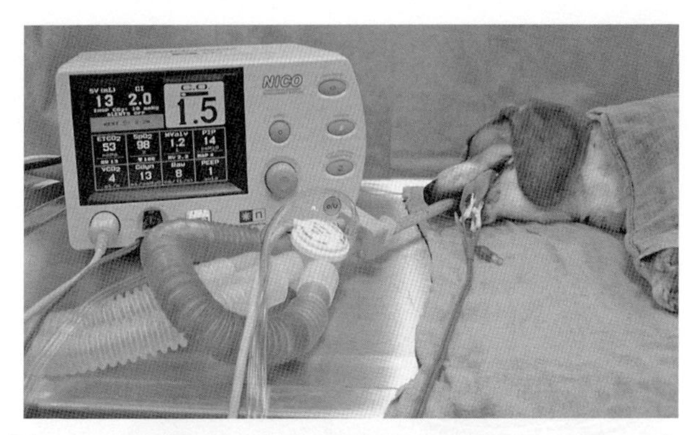

図14-20 心拍出量（全血流量）は吸気または呼気ガスのモニタリングによって測定できる（Fick法）。写真の装置は呼気CO_2を看視する。その他の多くの心拍出量測定法（示していない）では，指示薬の静脈内投与と検出（指示薬の希釈：色素，イオン，冷たい液体，放射性物質）が必要である。

(3) 輸液療法，血管作用薬投与（例：ドパミン，ノルアドレナリン）が適切であるかどうかの判断

(4) 組織虚血とこれに続発する代謝性アシドーシスの防止

f. 低血圧の治療

(1) 急速IV輸液投与

(2) 麻酔深度を浅くする

(3) 陽性変力治療の開始（例：ドパミン，ドブタミン）

5. 心拍出量（CO）

a. COは非侵襲的または侵襲的にモニタリングできる

b. CO = SV × HRまたはABP/TPR

c. 器材

(1) CO_2再呼吸法（図14-20）

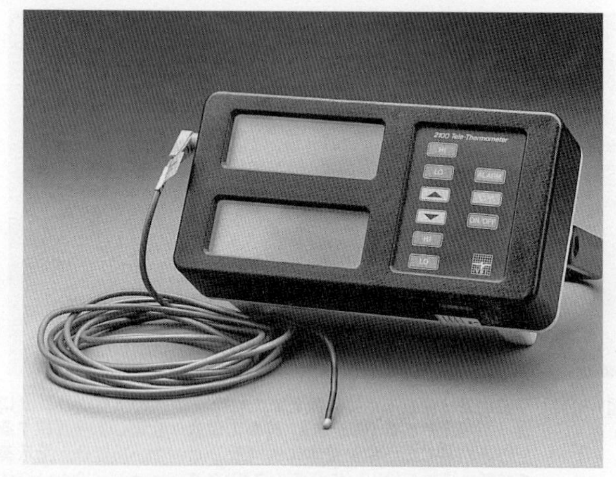

図14-21 電子体温計は，サーミスターを食道または直腸深部に挿入し，体温をデジタル表示できる。

(2) 指示薬希釈法—リチウム希釈法，熱希釈法

(3) ドプラ法

E．骨格筋系（第11章参照）

1．骨格筋の緊張

2．誘発反射の質

3．末梢神経刺激；筋弛緩薬の投与開始時と拮抗時に骨格筋反応の質を評価するために用いる（第10章参照）

F．体温（図14-21）

1．麻酔中や外部加温装置（温水マット，温風循環装置）を使用する場合には必ず看視する（第17章参照）

事故の報告

I．発生した事件事故については，どのようなタイプのものでも記録し，病院業務と治療標準を改善向上するために定期的に再調査する（Box14-3）

Box14-3　医療事故報告書

PET INFORMATION			
Name:		MR #	
Species/Breed:	☒ Male ☒ Neutered Male ☒ Female ☒ Spayed Female		
Color/Markings:		Date of Birth:	
Diagnosis/Presenting Problem:			

CLIENT INFORMATION		
Name:		
Address:		Apt. #:
City:	State:	Zip code:
Home #:	Cell:	

INCIDENT INFORMATION	
Date/Time of Incident: ☒ am ☒ pm	Location of Incident:
Description of Incident (describe what happened):	
Describe injury, if applicable – include type, severity, and body part involved and action taken:	
Veterinarian's examination/findings:	
Witnesses to the Incident (list names/departments):	

REPORTER IDENTIFICATION	
Name:	
Position/Department:	
Telephone/extension:	Email address:
Signature:	Date:

第14章

第15章

酸－塩基平衡と血液ガス

"The management of a balance of power is a permanent undertaking, not an exertion that has a foreseeable end."

HENRY KISSINGER

概要

酸－塩基障害診断の一般的アプローチでは，血液のpH，二酸化炭素分圧（PCO_2），HCO_3^-濃度，またはベースエクセスの変化を解釈することが基本である。ベースエクセスは，温度37℃およびPCO_2 40mmHg（5.3kPa）の条件下においてpH 7.40に戻すために必要とされる強酸の量と定義される。血液pHの変化は，水素イオンの増加（アシドーシス）あるいは減少（アルカローシス）を示しており，PCO_2の変化と組み合わせること（PCO_2/pH関係）で主要な酸－塩基平衡異常の検出と呼吸性および／または代謝性（非呼吸性）障害の判定が可能になる（**図15-1**）。または，PCO_2，強イオン（例：Na^+，K^+，Cl^-，Ca^{2+}，Mg^{2+}），測定されない弱イオン（A_{TOT}）などのいわゆる独立変数の変化を確定すること（Stewartのアプローチ）によって酸－塩基平衡障害を診断できる。これらの独立変数は，pHおよびHCO_3^-（従属変数）の値を決定する要因となっている。通常，後者（Stewartのアプローチ）の方が詳細な情報を得られ，とくに混合酸－塩基障害が同時に存在しているときに有用であるが，臨床的見地から両方のアプローチが用いられている。症例の酸－塩基状態を評価することは，疾患の重症度，疾患の診断，および治療計画の立案に役立つ。

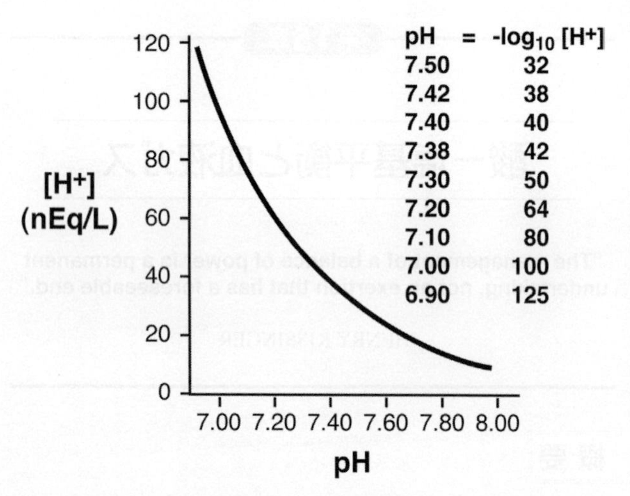

図15-1　水素イオン－pHの関係。pH7.4は水素イオン濃度40nEq/Lと同等であり，曲線的関係にあることに注目。

総論

I．定義

- **酸**：水素イオン（H^+）を供給できる物質：炭酸（H_2CO_3）はH^+を与える

  例：$H_2CO_3 \rightarrow H^+ + HCO_3^-$

- **真の重炭酸イオン**：重炭酸（HCO_3^-）の量は血漿濃度mEq/Lで示される
- **アニオンギャップ（AG）**：細胞外液中の陽イオンの総量は陰イオンの総量と等しい；しかしながら，すべての陰イオンと陽イオンが計測できるわけではない。このことは，陽イオンと陰イオンの量の間に明らかなずれ（ギャップ）や差があることを意味している。この差をアニオンギャッ

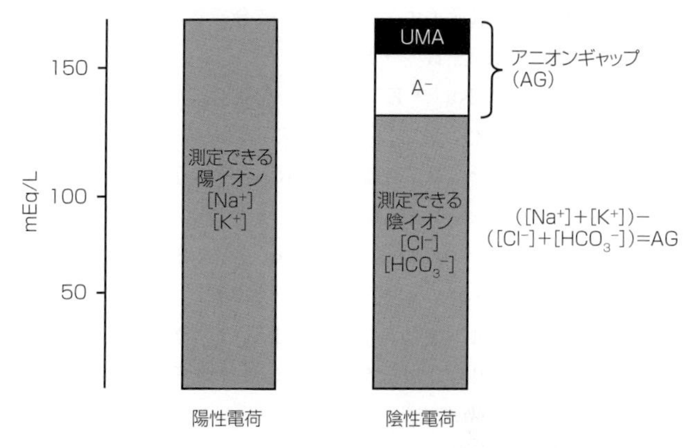

図15-2 アニオンギャップ（AG）は，測定されない陽イオン（＋荷電）と測定されない陰イオン（－荷電）の間の差；一般的な化学的測定値を使用して計算する。

プと呼ぶ。AGは測定されない陽イオンと陰イオンの差であり，AGのほとんどはタンパク質による正味の陰イオンの電荷であり，血漿タンパク濃度に大きく左右される。AGは以下のとおり計算される（**図15-2**）

$$AG = (Na^{+} + K^{+})(Cl^{-} + HCO_3^{-})$$

注釈：HCO_3^-の減少が塩化物の増加に一致している場合には，AGは変化しない；アシドーシスは高塩化物性アシドーシスまたは正常AGアシドーシスに分類される。HCO_3^-減少を伴わないで塩化物濃度が上昇している場合，アシドーシスは測定されない陰イオンの追加によって生じている（例：乳酸アシドーシス）

- **A_{TOT}**：弱イオンの総濃度；血漿ではアルブミンや無機リン酸で構成される；A_{TOT}（弱イオン）の増加は代謝性（非呼吸性）アシドーシスを引き起こし得る；A_{TOT}の減少は代謝性アルカローシスを引き起こす

- **塩基（B）**：水素イオン（H^+）と結合できる物質
  例：$OH^- + H^+ \rightarrow H_2O$
  AG：$(Na^+ + K^+) - (Cl^- + HCO_3^-)$
- **ベースエクセス（BE）**：血液中の正常な緩衝塩基量に対する過不足量であり，mEq/L で示される；正の値（+）は塩基の過剰（あるいは酸の不足）を反映し（代謝性アルカローシス），負の値（－）は塩基の不足（あるいは酸の過剰）を反映している（代謝性アシドーシス）
  注釈：動脈血二酸化炭素分圧（$PaCO_2$）が40mmHgで体温が37℃の場合，pHが0.1増加または低下すると，BEは7減少または増加する
- **緩衝物質**：水素イオン濃度の変化（pHの変化）に抵抗するか変化を減弱する溶液中の混合物質；体内ではヘモグロビン（Hb）と重炭酸が重要な緩衝物質となる

血液中の緩衝物質の構成

全血液中の緩衝物質	緩衝能力（%）
ヘモグロビンと酸素ヘモグロビン	35
有機リン酸	3
無機リン酸	2
血漿タンパク	7
血漿重炭酸	35
赤血球重炭酸	18
合計	100

- **自由水**：電解質を含まない水（純粋なH_2O）；血漿中の自由水の増加は血漿成分を希釈し，希釈性アシドーシスを生じる；自由水の減少は血漿成分を濃縮し，アルカローシスを引き起こす
- **分圧**：水銀柱に働く個々のガスの圧力；mmHgで示される；1kPa = 7.50mmHg；以下の空気中のガス成分の例を参照のこと

空気の成分

ガス	分画濃度（%）	分圧，mmHg（kPa）
窒素（N_2）	78.0*	593（79）
酸素（O_2）	21.0*	159（21）
アルゴン（Ar）	1.0	7（0.9）
二酸化炭素（CO_2）	0.0	0.2
その他	0.0	0.0
合計	100	760（大気圧）

*水の分圧（PH_2O）値は湿度によって変化し，酸素分圧（PO_2）および窒素分圧（PN_2）に比例して影響する。1kPa＝7.5mmHg

- **pH**：水素イオン（H^+）濃度の負の対数；pHは，H^+濃度に逆比例する（**図15-1参照**）

  例：$(H^+) = 0.000001 = 1 \times 10^{-6}$ pH = 6.0

  $(H^+) = 1 \times 10^{-7}$ pH = 7.0

  $(H^+) = 1 \times 10^{-8}$ pH = 8.0

- **強イオン**：水に完全に解離する塩（例：Na^+，K^+，Cl^-，Ca^{2+}，Mg^{2+}）
- **強イオン差（SID）**：すべての陽性（陽イオン）および陰性（陰イオン）の強イオンの差；通常，Na^+，K^+，Cl^-；通常，SIDが増加すると代謝性（非呼吸性）アルカローシスが生じる；SIDが減少すると代謝性（非呼吸性）アシドーシスが生じる

強イオン差（SID）と弱酸の総濃度（A_{TOT}）

SID	増加	代謝性アルカローシス
SID	低下	代謝性アシドーシス
A_{TOT}	増加	代謝性アシドーシス
A_{TOT}	低下	代謝性アルカローシス

- **強イオンギャップ**：ホメオスタシスは電荷平衡によって生じるので，SIDa（見せかけのSID）は，有効強イオン差（SIDe）と呼ばれる同等で相反する電荷によって中和され

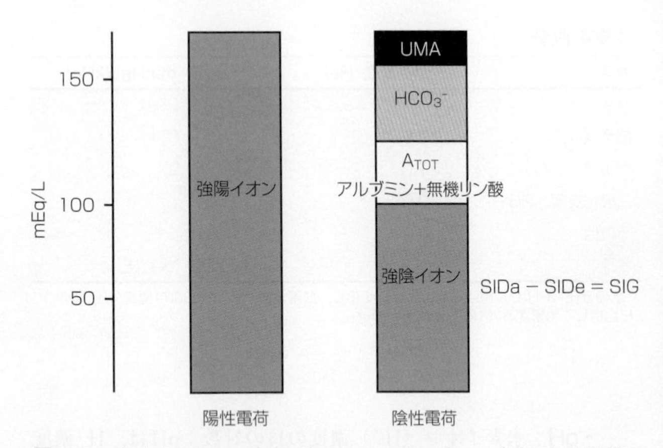

図15-3 強イオンギャップ（SIG）は，アニオンギャップ（AG）と同様に，測定されない陽イオンと測定されない陰イオンの間の差を検出する。強陽イオンと強陰イオンの間の正味の差は見かけのSID（SIDa）であり，A_{TOT}で中和される。A_{TOT}は有効強イオン差（SIDe）としても知られている。SIG＝SIDa－SIDe。SIGの計算法：犬 SIG＝［アルブミン濃度］×4.9－AG，猫 SIG＝［アルブミン濃度］×7.4－AG

なければならない。SIDeの陰性電荷は，主に血漿タンパク（～78％はアルブミン）およびリン酸（～20％）の遊離部分に由来する。これらの弱酸は関連した形（AH）と遊離した形（A^-）で存在していることから，その総量はA_{TOT}として知られている。SIDaとSIDeが同等の場合には，PCO_2 40mmHgで血漿pHはほぼ7.4となる。SIDaとSIDeが同等でない場合には，これらの差は強イオンギャップ（SIG）と定義される（SIDa－SIDe，正常＝0；**図15-3**）。この値は，その他の酸－塩基平衡値の検査や図式では確定できない。また，A^-と乳酸とともにAGの中に包含される

$$SIDa = (Na^+ + K^+) + (2 \times Ca^{2+} + 2 \times Mg^{2+}) - (Cl^- + La^-)$$

$$SIDe = HCO_3^- + A_{TOT}$$

SIGはAGと同様であり，測定されない陽イオンと陰イオンの間の差を示している。しかし，SIGはすべての陽性および陰性“強イオン”の差を確定する。イオンは生理学的pHと緩衝物質イオンの状況で完全に遊離している。強イオンには，Na^+，K^+，Ca^{2+}，Mg^{2+}，Cl^-，乳酸，β-ヒドロキシ酪酸，アセト酢酸，および硫酸塩などが含まれる。緩衝イオンには，HCO_3^-，アルブミン，グロブリン，およびリン酸塩が含まれる。SIG量は強陽イオンと強陰イオンの間の差を説明する。単純化したSIGは，アルブミン濃度とAGで評価できる：

犬のSIG＝［アルブミン濃度］×4.9－AG

猫のSIG＝［アルブミン濃度］×7.4－AG

注釈：代謝性アシドーシスでは測定されない強イオンが追加されるため，SIGは増加する（例：乳酸アシドーシス，ケトアシドーシス）

- **総CO_2含量**：血漿から抽出できる二酸化炭素の量；総CO_2の構成は以下のとおり：
  重炭酸（総CO_2の85％はHCO_3^-）
  炭酸（総CO_2の10％はH_2CO_3）
  血液中のCO_2
- **測定されない陰イオン**：通常，化学的装置では測定されない強イオン（陰イオン）（例：乳酸；$PO4^{2+}$，$SO4^{2+}$）

Ⅱ．酸－塩基平衡には多くの因子が影響を及ぼす

A．動物種

B．食事（肉食 vs 草食）

C．一般状態

D．体温

E．“強”イオンまたは水に完全解離する塩濃度（例：Na^+，K^+，Cl^-，乳酸）

F．総タンパク（アルブミン）

G．測定されない陰イオン（例：乳酸）

Ⅲ．正常な細胞代謝では持続的に過剰な水素イオンが産生され

るが，水素イオン濃度は細胞外pHがほぼ7.4に維持されるように肺，腎，および胃腸管系で調節排泄されている

A．腎では，固定酸を分泌し，HCO_3^-を再吸収して水素イオンを排泄している

B．肺では，二酸化炭素を排泄することで血漿水素イオン濃度を減じている

C．腎臓と腸管は，酸（HCl），塩基（Na^+，HCO_3^-），および水分泌を調節することでpH調節に加わっている

Ⅳ．体内の緩衝物（前述の表を参照，血液中の緩衝物質の構成）は，pH変化を最小限にするために役立っている（例：ヘモグロビン，HCO_3^-，HPO_4^-，$Prot^-$）

Ⅴ．pHと血液ガスの測定は，麻酔中の酸－塩基状態の確定に有用である

動物の体内における酸と塩基の形成と排泄

Ⅰ．経口摂取あるいは代謝によって生じた老廃物（好気性または嫌気性）はほとんどが酸性物質であり，水素イオンを放出する

A．揮発酸：ガスを産生する酸

$$H_2CO_3 \rightarrow H_2O + CO_2$$

B．不揮発酸あるいは固定酸：ガスに変換できない酸

1．乳酸塩＋H^+

2．硫酸塩＋H^+

3．リン酸塩＋H^+

Ⅱ．酸が取り除かれる経路には，腎，肺，および胃腸管がある

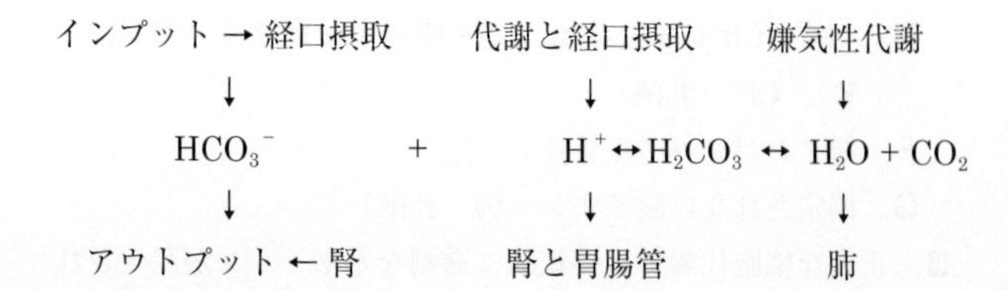

これは炭酸方程式あるいはCO_2水和方程式といわれ，体内での酸－塩基動態の古典的な説明の基本である

A．高タンパク食（猫，犬，豚，人）

1．これらのアミノ酸に含まれる中性硫黄の酸化でH^+が過剰発生する

a．メチオニン

b．シスチン

c．システイン

B．植物材料や穀物では，以下の塩によりHCO_3^-が過剰発生する：

1．脂肪酸（酢酸塩，プロピオン酸塩）

2．クエン酸（果物）

3．グルコン酸塩

例：

$$H_3C{-}C(=O){-}O^-Na^+ + 2O_2 + H^+ \rightarrow 2CO_2 + 2H_2O + Na^+$$

（酢酸ナトリウム）

$2CO_2$ → 肺；$CO_2 + H_2O$ → H_2CO_3 $H^+ + HCO_3^-$

代謝可能な脂肪酸塩は，代謝後HCO_3^-を生じる

C．主食によって，

1．肉食動物は酸性尿であり，過剰な酸を排泄する（pH：5.5～7.5）

2．草食動物は過剰な塩基を排泄しており（pH：6～9），唾液と尿はアルカリ性である

D．食事や代謝による酸や塩基の取り込み量は，尿や呼吸への排泄量に等しい。したがって，体液pHはほぼ7.4に維持される

E．酸－塩基障害の診断や治療に対する多くのアプローチは以下の式（ヘンダーソン－ハッセルバルヒ式）が基本である：

1．$CO_2 + H_2O \overset{CA}{\longleftrightarrow} H^+ + HCO_3^-$（炭酸脱水素酵素［CA］）

2．$K_1 = \dfrac{[CO_2]+[H_2O]}{[H_2CO_3]}$（K：各酸における解離定数）

$\dfrac{K_2}{K_1} = \dfrac{[H^+]+[HCO_3^-]}{[H_2CO_3]}$

3．$\dfrac{K_2}{K_1} = \dfrac{[H^+]+[HCO_3^-]}{[CO_2]+[H_2O]} K_3$

4．代用：［CO_2］＝$\alpha \times PCO_2$（α ＝0.0301－溶解係数）

5．$\dfrac{K_3 \times \alpha PCO_2}{[HCO_3^-]}$＝（$H^+$）

$-\log$（H^+）＝pH；$-\log K_3 = pK$

pKは，50％の酸あるいは塩基がイオン化状態にあるpHである；H_2CO_3の酸性pK（$pK_3 = pK_a$）は6.1である

6．$-\log K_3 - \log \alpha PCO_2 + \log$［$HCO_3^-$］＝$-\log$［$H^+$］

$pH = pK_3 + \log \dfrac{[HCO_3^-]}{[\alpha PCO_2]}$＝(ヘンダーソン－ハッセルバルヒ式)

F．体内：pH＝7.4，pK_3＝6.1，PCO_2＝40mmHg

1．$pH = pK_a + \log \dfrac{[HCO_3^-]}{[\alpha PCO_2]}$

2．7.4＝6.1＋log［HCO_3^-］－log αPCO_2

3．1.3＝log［HCO_3^-］－log αPCO_2

4．Antilog 1.3 ＝$\dfrac{[HCO_3^-]}{0.0301 \times 40}$＝antilog 1.3＝20

（HCO_3^-）＝20×0.0301×40＝24mEq/L

動脈血の酸素化

Ⅰ．吸気時の大気，誘導気道（鼻腔から終末細気管支），終末肺胞，動脈血，混合静脈血における正常なガス分圧（mmHg で示した）を以下に示した*

吸入ガスの分圧，mmHg（kPa）

	大気	誘導気道	終末肺胞	動脈血	混合静脈血
PO_2	156(20.8)	149(19.9)	100(13.3)	95(12.7)	40(5.3)
PCO_2	0(0)	0(0)	40(5.3)	40(5.3)	46(6.1)
PH_2O	15*(2.0)	47(6.3)	47(6.3)	47(6.3)	47(6.3)
PN_2	589(78.5)	564(75.2)	573(76.4)	573(76.4)	573(76.4)
P total	760(101.3)	760(101.3)	760(101.3)	755(100.7)	706(94.1)

水の分圧（PH_2O）値は湿度によって変化し，酸素分圧（PO_2）および窒素分圧（PN_2）に比例して影響する。1kPa＝7.5mmHg
*Murray JF: The normal lung, ed 2, Philadelphia, WB Saunders, 1986. より。

第15章

Ⅱ．吸入気酸素濃度（FIO_2）－動脈血酸素分圧（PaO_2）の関係

A．FIO_2とPaO_2との間の関係

酸素分圧における吸入酸素濃度の影響

FIO_2（%）	予想される理想的なPaO_2	
	(mmHg)	(kPa)
20	95-100	12.6-13.3
30	150	20.0
40	200	26.6
50	250	33.3
80	400	53.2
100	500	66.5

B．肺胞式

$$PAO_2 = PIO_2 - \frac{PaCO_2}{0.8}$$

Ⅲ．動脈血の低酸素血症（PaO_2の低下）の原因と，それらによる肺胞気－動脈血$P(A-a)O_2$較差（$[A-a]O_2D$）への影響

動脈血低酸素血症の原因

原因	動脈血PO_2への影響	$(A-a)O_2D$への影響
低換気	減少	変化なし
拡散異常	変化なし，または減少*	変化なし，または減少*
換気灌流比の不均衡	減少	増加
右－左シャント	減少	増加
吸入PO_2の減少	減少	変化なし

*拡散異常の影響は，安静時には滅多に遭遇しないが，運動時に明らかになりやすい。

Ⅳ．酸素化

A．酸素化効率

1．$P(A-a)O_2$較差

2．PaO_2/PAO_2

3．右－左シャント（100% O_2吸入時）

$$Qs\text{（シャント血流）} = \frac{(PAO_2 - PaO_2)(0.003)}{4 + (PAO_2 - PaO_2)(0.003)}$$

B．組織の酸素化の適切性（静脈血酸素分圧；PvO_2）

組織への酸素供給

Ⅰ．溶解

A．ヘンリーの法則：溶解するO_2量はPO_2に比例する；PO_2 1mmHgに対してO_2 0.003mL/血漿100mL；濃度＝溶解分圧

B．溶解O_2量は，動物の酸素要求量に対して不十分である

Ⅱ．ヘモグロビン（Hb）

A．タンパクグロブリンに鉄とポルフィリンが結合した複合タンパク；グロブリンは異なるアミノ酸配列のα鎖と

β鎖をそれぞれ2本ずつもっている

1．ヘモグロビンA：成長した動物

2．ヘモグロビンF：胎子

3．ヘモグロビンS:鎌状赤血球(バリン－グルタミン酸)；酸素運搬能が低い

B．ヘモグロビンAは酸化によって第一鉄から第二鉄に変換され（メトヘモグロビン），O_2運搬に役立たなくなる

1．硝酸塩

2．スルホンアミド

3．ベンゾカイン

C．一酸化炭素ヘモグロビン（COHb）は，一酸化炭素（CO）を吸入したときにRBC内に形成されるCOとHbの安定な複合体である（煙の吸入）

1．Hbは，O_2よりもCOと優先的に結合する（約240：1）。したがって，HbはO_2を運べなくなる

酸素解離曲線（図15-4）

Ⅰ．$O_2 + Hb = HbO_2$（酸素ヘモグロビン）；酸素容量（O_2 capacity）とはHbと結合できるO_2量であり，たとえばHb 1gはO_2 1.34～1.39mLを結合できる；したがって，100％飽和時にはHb15gに1.39×15＝20.8mLO_2/100mLの酸素容量となる

Ⅱ．酸素飽和度

$$\frac{\text{Hbと結合した}O_2 \times 100}{\text{酸素容量}} (\%)$$

Ⅲ．酸素含量とは，血液中に遊離したO_2とHbに結合したO_2の総量である。例題：ヘモグロビン濃度が12g/dLであり，PaO_2が100mmHgのときのヘモグロビン飽和度が96％の場合，酸素含量はいくらになるか？

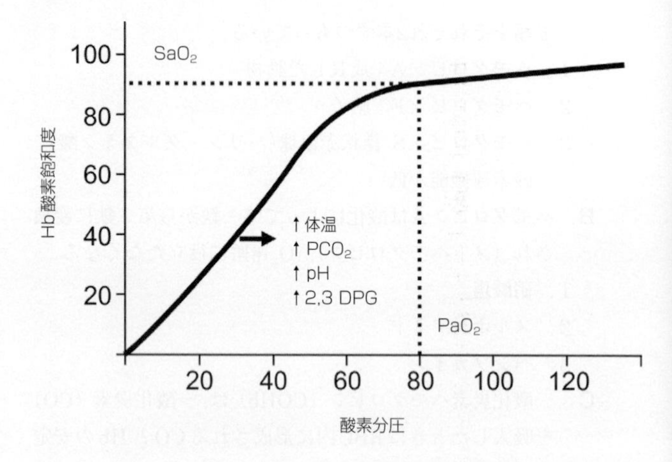

図15-4 酸素ヘモグロビン解離曲線。酸素含量における貧血（低Hb）の影響と同様に，ヘモグロビンの酸素飽和におけるpH，PCO_2，体温，および2,3-ジホスホグリセリン酸（DPG）の影響には注目すべきものがある。HbはPO$_2$ 60mmHg未満で急激に酸素飽和度が減少することに注目。

O_2 1.39mL×12g（Hb）×96％＝16mL O_2（Hbに結合）
＋）100mmHg（PaO_2）×0.003mL O_2/mmHg＝0.3mL O_2（血漿中）

16.3mL O_2/100mL（血中O_2）

Ⅳ．O_2解離曲線の形状（図15-4参照）

A．上部：PO_2（酸素分圧）は，HbのO_2結合能に影響なく，わずかに減少する

B．下部：末梢組織は，PO_2を少し変化させるだけで大量のO_2を受け取れる

1．注釈：還元ヘモグロビン5g/dL（飽和していない）でチアノーゼを起こし得る（可視粘膜が蒼白あるいは紫色に退色）

Ⅴ．一般的にO_2解離曲線は，pH，PCO_2，温度の変化によっ

てシフトする

A. 温度とPCO_2の上昇，そしてpHの低下により，O_2解離曲線は右にシフトする；逆の変化は反対に作用する

B. 慢性の低酸素症では，2,3-ジホスホグリセリン酸（DPG）が赤血球内で増加し，O_2解離曲線は右にシフトする

C. 右方向へのシフトは，同じPO_2でもHbのO_2結合能が低くなることを意味する；O_2飽和度50％（P50）での正常なPO_2は毛細血管中でおよそ26mmHgである

D. 酸素を放出したHbは，より多くのCO_2を運べる

二酸化炭素

Ⅰ. 運搬

A. 血液への溶解

1. 血漿（HCO_3^-として）：85％
2. RBC中にはカルバミノ化合物として
3. 体液内に運ばれる

B. 終末呼気CO_2（$ETCO_2$）と$PaCO_2$の測定により，死腔換気（VD）を計算できる。肺胞死腔またはボーア式と呼ばれる

$$VD = \frac{PaCO_2 - ETCO_2}{PaCO_2}$$

一酸化炭素

Ⅰ. Hb + CO → COHb（カルボキシヘモグロビン）

Ⅱ. 一酸化炭素はHbへの親和性がO_2より210倍高い（前述）

A. 少量のCOは大量のHbと結合し，O_2運搬を不可能にする

B. PaO_2は正常であるが，酸素含有量が激減する

C. 酸素ヘモグロビン曲線は左にシフトし，組織へのO_2放

出が障害される

正常な血液pHと血液ガス値

Ⅰ．pH＝7.40；範囲7.35～7.45

Ⅱ．PaO_2＝95mmHg；範囲80～110mmHg

Ⅲ．PvO_2＝40mmHg；範囲35～45mmHg

Ⅳ．$PaCO_2$＝40mmHg；範囲35～45mmHg

Ⅴ．$PvCO_2$＝45mmHg；範囲40～48mmHg

Ⅵ．HCO_3^-＝24mEq/L；範囲22～27mEq/L（馬と反芻獣で少し高い）

$PaCO_2$/pH/HCO_3^-の関係

$PaCO_2$（mmHg）（急性の変化）	pH	HCO_3^-（mEq/L）（効果）
80	7.2	28
60	7.3	26
40	7.4	24
30	7.5	22
20	7.6	20

Ⅶ．学術用語

A．**酸血症**：pH 7.35未満（酸性血）

1．代謝性あるいは非呼吸性アシドーシス：細胞外液における一次性の酸（H^+）の増加あるいは塩基の喪失（HCO_3^-）が特徴的な異常な生理学的過程

2．呼吸性アシドーシス：CO_2産生（$PaCO_2$増加）に関連する一次性の肺胞換気減少を認める異常過程

B．**アルカリ血症**：pH 7.45以上（アルカリ血）

1．代謝性あるいは非呼吸性アルカローシス：細胞外液における一次性のHCO_3^-増加あるいはH^+の喪失が特徴的な異常な生理学的過程

2．呼吸性アルカローシス：CO_2産生（$PaCO_2$低下）に関

連する一次性の肺胞換気増加を認める異常過程

C．**代償**：異常なpHは，一次性に障害されていない成分の変化によって正常化される；たとえば$PaCO_2$が上昇した場合には，代償性にHCO_3^-が増加する（保持される）

1．$PaCO_2$あるいはHCO_3^-が正常範囲から逸脱していても，pHが正常範囲内にあれば，その症例は完全に代償されている

2．pHを正常化するための代償過程には時間を要することから，代償過程は慢性の程度を暗示している

a．呼吸性の代償は一次性変化の2～3分以内に生じるが，最大効果に達するには2～3時間を要する

b．一次性呼吸作用に対する腎性の代償には少なくとも2～3時間を要し，最大効果を得られるまでには数日を要する

3．その変化が一次性または二次性の変化（代償性）であるかを確定することが重要である

第15章

pHおよび血液ガスの一次性変化の分類

分類	$PaCO_2$	pH	HCO_3^-	BE
急性換気不全	↑	↓	N	N
慢性換気不全	↑	N	↑	↑
急性肺胞過換気	↓	↑	N	N
慢性肺胞過換気	↓	N	↓	↓
代償されていない代謝性アシドーシス	N	↓	↓	↓
代償された代謝性アシドーシス	－↓	N	↓	↓
代償されていない代謝性アルカローシス	N	↑	↑	↑
代償された代謝性アルカローシス	↑	N	↑	↑

BE：ベースエクセス，↓：低下，↑：上昇，N：正常

Ⅷ．呼吸性障害と代謝性障害が同時に混在することがある：この場合，重症度を決定するために個々の値（pH，$PaCO_2$，HCO_3^-，またはBE）に注意を払う

pHと血液ガスの迅速な定量的解釈

Ⅰ．pHの決定：酸血症またはアルカリ血症；pHは動物の酸－塩基状態を決定する最も重要な値である；pHと以下に示す因子の値とを照らし合わせる

Ⅱ．PCO_2の決定

A．呼吸性アルカローシス：35mmHg未満

B．呼吸性アシドーシス：50mmHg以上

Ⅲ．BEあるいはHCO_3^-の決定

A．代謝性アルカローシス：BE＞＋5mEq/L（HCO_3^-＞28mEq/L）

B．代謝性アシドーシス：BE＜－5mEq/L（HCO_3^-＜20mEq/L）

Ⅳ．pHにPCO_2とBEを照らし合わせて一次性の問題を決定する；代償されているかどうかを決定する（pHが正常範囲に近い）

Ⅴ．BEにさらに注目する

A．BEは四つの因子に影響を受ける：

1．自由水（[Na^+] の測定値を用いる）：Na^-，K^+，Cl^+は強イオンの例

2．[Cl^-]

3．タンパク濃度（A_{TOT}）

4．測定されていない陰イオン（例：乳酸）

B．以上の4因子の異常は同時に生じる（**図15-5**）；これらは相反する作用をもつので差し引きされ，互いにマスクされ得る；たとえば，ショックの結果生じた重度の乳酸アシドーシスは，嘔吐による重度の高クロール性アルカローシスによって相殺され得る；正味の（観察される）BEは0となることがある

Ⅵ．PaO_2の決定

A．PaO_2が80mmHg未満であれば，低酸素血症が疑われる

B．Hb 5g/dL以上の症例において，還元Hbが5g/dLとなる

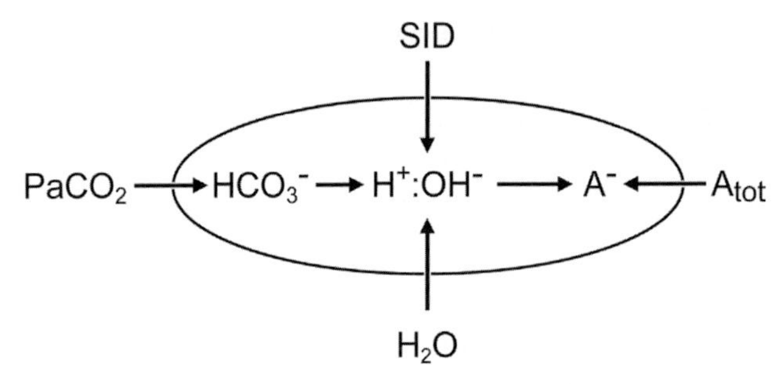

図15-5　酸－塩基平衡に影響する因子。H^+濃度は，動脈血二酸化炭素分圧（$PaCO_2$），強イオン差（SID），および弱イオンの総濃度（A_{TOT}）に依存する。

とチアノーゼを生じることを記憶に止めておくべきである

診療での原則

Ⅰ．$PaCO_2$が40mmHg以上で急性に10mmHg増加すると，HCO_3^-は1～2mEq/L上昇する；HCO_3^-による最大慢性代償性変化は約4mEq/Lである

Ⅱ．$PaCO_2$が40mmHg未満で急性に10mmHg減少すると，HCO_3^-は1～2mEq/L低下する；HCO_3^-による最大慢性代償性変化は約－6mEq/Lである

Ⅲ．急性の呼吸性障害と非呼吸性障害はBE，$PaCO_2$とHCO_3^-の値で区別できる；BEが5以上または－5未満でHCO_3^-が30mEq/L以上か15mEq/L未満の場合には，非呼吸性（代謝性）成分を暗示する

Ⅳ．慢性の$PaCO_2$上昇（高炭酸ガス症）では，$PaCO_2$が10mmHg増加すると，HCO_3^-濃度が4mEq/L上昇する

Ⅴ．急性に$PaCO_2$が10mmHg増加すると，pHは0.05低下する；急性に$PaCO_2$が10mmHg減少すると，pHは0.10上昇する

Ⅵ．呼吸性のpH予想値の迅速な決定

A．$PaCO_2$測定値から40mmHgを引いて差を求める（呼吸性成分）

B．$PaCO_2$が40mmHg以上であれば，小数点を左に2位動かしてその半分を7.40から引く

C．$PaCO_2$が40mmHg未満であれば，少数点を左に2位動かして7.40に加える

D．例：

1．pH＝7.01；$PaCO_2$＝75mmHg（$PaCO_2$＞40mmHg）
75－40＝35；0.35×0.5＝0.175
7.40－0.175＝7.225

2．pH＝7.43；$PaCO_2$＝23mmHg（$PaCO_2$＜40mmHg）
40－23＝17
7.40＋0.17＝7.57

Ⅶ．非呼吸性（代謝性）成分の迅速な決定

A．HCO_3^-濃度が10mEq/L変化すると，pHは0.15変化する；pHの少数点を右に2位移動すると，10：15あるいは2/3の比例関係にある

B．pHの測定値と呼吸性のpH予想値との差は，代謝性成分によるpHの変化である；少数点を右に2位移動して2/3倍することにより，緩衝ベースラインからのmEq/Lの変動を得られる（通常，HCO_3^-濃度の変化と仮定される）

Ⅷ．酸－塩基平衡の変化の臨床的な迅速定量

A．pHの変化における呼吸性成分の予想値を決定する

B．BEまたは欠乏量を評価する

C．例（前述のⅦを参照）：

1．pH＝7.02；$PaCO_2$＝75mmHg
呼吸性pHの予想値：
75－40＝35；0.35×0.5＝0.175
7.40－0.18＝7.22
代謝性（非呼吸性）成分：
7.22－7.02＝0.2；20×2/3＝13.3mEq/L，あるいは

13.3mEq/L 塩基欠乏

2．$pH = 7.64$；$PaCO_2 = 25mmHg$

呼吸性pHの予想値：

$40 - 25 = 15$；0.15

$7.40 + 0.15 = 7.55$

代謝性（非呼吸性）成分：

$7.64 - 7.55 = 0.09$；$9 \times 2/3 = 6mEq/L$，あるいは

6mEq/L BE

Ⅸ．代謝性あるいは非呼吸性酸－塩基比状態の定量分析*

A．計測されたBEを**表15-1**の下側に記入する

B．以下によって引き起こされるBEの寄与の予測値を算出し，記入する

1．自由水のすべての異常

2．修正される［Cl^-］の異常

3．タンパク濃度の異常，符号に注意（＋あるいは－）

C．測定されていない陰イオンが存在するかどうか決定するために“B”の値を加算する；符号に注意（＋あるいは－）

D．“A”と“C”を比較する；計測されたBEの値は決して加算した“C”の値よりも大きくない；計測されたBEの値が小さければ，測定されていない陰イオン（UA^-）の量はBの値の合計とBEの差に等しいと推量できる

Ⅹ．例（**表15-1**参照）

もし：

$pH = 7.250$，$Na^+ = 135$

$PCO_2 = 75$，$Cl^- = 79$

$BE = 2$；$P_{TOT} + 8.4$

そして：

自由水の異常＝－1.5

クロールの異常＝＋20.1

---

*Leith DE：Proceedings of the Ninth ACVIM Forum, New Orleans, May 1991. より引用，改変。

第15章

表15-1　非呼吸性酸－塩基比状態の定量分析

自由水の異常：	0.3（$[Na^+]$－140）	—
クロールの異常：	102－$[Cl^-]$corr	—
低タンパク血症：	3（6.5－$[P_{TOT}]$）	—
測定されていない陰イオンの差し引き：		—
総量，あるいは計測（報告）されたBE：		—

（[ ]＝測定値）
$[Cl^-]$corr＝$[Cl^-]$obs×140/$[Na^+]$
[Alb] を $[P_{TOT}]$ の代わりに用いる場合には，3.7（4.5－[Alb]）を用いる。

高タンパク血＝－5.7

計測されたBE＝2

したがって：

UA^-＝14.9

[(12.9)＋(2)＝14.9]

この症例はかなりの量の測定されない陰イオン（14.9mEq/L）を保持しており，重度の非呼吸性アシドーシスと示唆される

XI. 酸－塩基障害の要約

A. すべての酸－塩基障害は，$PaCO_2$，SID，P_{TOT} の変化によって引き起こされる

B. タンパク濃度は臨床的に操作されないので，すべての酸－塩基障害は $PaCO_2$ とSIDを変化させることによって正常化される

XII. 治療

A. 塩基不足が10mEq/L未満の場合であれば，日常的に治療する必要はない；通常，血圧や血流の改善によって治療できる

B. ショックの徴候がない限り，pH=7.20以上であれば，塩基不足を日常的に治療する必要はない

C. 細胞外液は体重の約20％に相当するので（血管内液5％と間質液15％），塩基不足×体重(kg)20％＝置換に要する HCO_3^- 量，あるいは，

$$\frac{\text{塩基不足} \times \text{体重(kg)}}{4} = \text{mEq } HCO_3^- \text{要求量}$$

酸－塩基不均衡の一般的な原因

Ⅰ. 呼吸性アシドーシス
- A. 麻酔あるいは呼吸抑制作用のある薬物
- B. 肥満
- C. 肺疾患
- D. 肋骨や胸壁の疾患；外傷
- E. 気道閉塞
- F. 脳損傷
- G. 人工呼吸中の低換気
- H. 潜在的な原因：循環回路システムにおいて呼気一方向弁が開放したままになっている状況

Ⅱ. 呼吸性アルカローシス
- A. 不安，恐怖
- B. 痛み
- C. 高体温
- D. 発熱
- E. 内毒素血症（エンドトキセミア）
- F. 肺炎，肺塞栓
- G. 低酸素血症
- H. 左－右シャント
- I. 心不全
- J. 中枢神経系疾患

Ⅲ. 代謝性アシドーシス
- A. 乏しい組織灌流（乳酸アシドーシス）
  - 1. 低い血圧；低い血流
  - 2. 虚血性組織
- B. 腎疾患（尿毒症）
- C. 慢性嘔吐

  D．下痢
  E．運動性疲労，低酸素，ショック，外傷
  F．糖尿病
  G．低アルドステロン血症
Ⅳ．代謝性アルカローシス
  A．急性嘔吐
  B．低塩化物血症
  C．利尿薬の過剰使用
  D．クッシング症候群
  E．HCO_3^-の過剰投与

酸－塩基と電解質の相互関係（図15-6）

Ⅰ．血液中のほとんどのCO_2はRBC中に透過し，そこでCO_2の多くは不可逆的にHCO_3^-を形成する

$$CO_2 + H_2O \overset{CA}{\leftrightarrow} H_2CO_3^- \overset{CA}{\leftrightarrow} H^+ + HCO_3^-$$

この反応によって形成されたHCO_3^-はRBCの外に拡散する；この移動は細胞膜内外の静電較差によって生じ，Cl^-の血漿からRBC内への移動によって中和される（クロールシフト）

Ⅱ．陽性あるいは陰性に荷電したイオン（強イオン）の位置と全体数，これらのCO_2産生と合同する際の差，結果として生じるPCO_2，および総タンパクが，体内でのpH（H^+）と（HCO_3^-）の変化を決定する

Ⅲ．様々な体液中における強イオンの変化によってSIDが変化し，酸－塩基の相互反応に大きく機能する

Ⅳ．酸－塩基平衡障害を判定し鑑別するためにAGとSIGを用いることができる
  A．正常：AGまたはSIGが正常な代謝性アシドーシスでは，アシドーシスは塩化物の増加によって生じている（測定

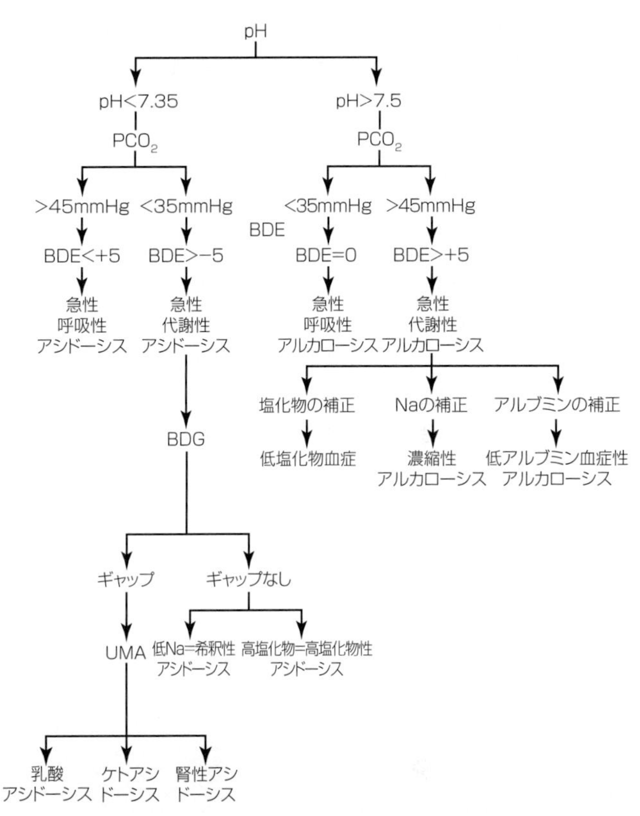

図15-6 酸－塩基平衡異常を判断するためのアルゴリズム。BDE：塩基不足/過剰（－/＋），BDG：塩基不足ギャップ（測定したベースエクセス［BE］と計算したBEの差），UMA：測定されない陰イオン。

できる陰イオン）

B. 増加：AGまたはSIG代謝性アシドーシスを示している場合には，細胞外液中に測定されない陰イオンが存在している（例：エチレングリコール中毒）。臨床徴候は，代謝性アシドーシスとAGおよびSIG増加の原因となった基礎疾患を原因として生じると思われる。例としては，尿毒症（硫酸塩とリン酸塩），組織低酸素（乳酸），および糖尿病性ケトアシドーシス（ケトン）がある

C．減少：AGの低下は稀であるが，低アルブミン血症で認め得る。SIGはアルブミン濃度の影響を受けない

V．電気的中性を維持するため，電解質の移動は酸（H^+）あるいは塩基（HCO_3^-）の移動と同時に生じる；酸－塩基の変化とともに移動する重要な電解質はK^+である；たとえば，細胞外液にHCO_3^-を加えると水素イオン（H^+）は細胞を離れ，電気的平衡を維持するためにK^+が細胞内に移動する；したがって：

A．代謝性アルカローシスでは，低カリウム血症が疑われる

B．代謝性アシドーシスでは，高カリウム血症が疑われる

第16章

周術期の輸液

"One can drink too much, but one never drinks enough."

GOTTHOLD EPHRAIM LESSING

概 要

周術期の輸液は，どんな麻酔計画においても極めて重要な補助治療である。「周術期」という用語は，症例が外科手術のために動物病院，診療所に来院してから退院するまでの期間と定義される。麻酔作用を得る目的で用いられるほとんどすべての薬物は，心収縮力の低下および血管拡張を引き起こし，血管内容積の増加を導き，その結果相対的な血量減少を生じる。これらの作用は心拍出量（血流）と動脈血圧の低下を導く。麻酔中の輸液は，効果的で適切な循環血液量の維持，心拍出量の改善，および組織灌流の向上に有用であり，そのことを肝に銘じておくことが重要である。加えて，周術期の輸液療法は，電解質異常や酸－塩基平衡異常を治療するために実施される。緊急時の輸液療法では，平衡電解質液（晶質液），コロイド，血漿，細胞不含血液製剤，および血液が頻繁に選択される。

総 論（表16-1）

Ⅰ．麻酔，外科手術，外科処置が必要な疾患の多くでは，水分や酸－塩基平衡が障害され，有効循環血液量（循環体積）が減少する

表16-1 血漿電解質正常値（mEq/L）

動物	Na^+	K^+	Ca^{2+}	Mg^{2+}	HPO_4	Cl^-	HCO_3
犬	143-153	4.2-5.4	5.0-6.1	0.43-0.60	3.2-8.1	109-120	18-25
猫	146-156	3.2-5.5	4.9-5.5	0.43-0.70	3.2-6.5	114-126	18-22
馬	132-142	2.4-4.6	6.0-7.2	0.46-0.66	1.2-4.8	97-105	23-31
牛	133-143	3.9-5.2	8.9-5.4	0.47-0.65	3.8-7.7	98-108	23-31

A．多くの疾患が，体液，電解質，酸－塩基平衡を変化させ得る（**表16-2**）

B．麻酔による一般的な副作用

1．吸入麻酔薬および／または静脈麻酔薬

a．心収縮力，心拍出量，および組織灌流が減少する

b．血管拡張が生じる；相対的な血流量減少；すべての動物種における全身麻酔の最も一般的な副作用であるとは言わないまでも，低血圧が最も一般的な副作用の一つである

c．分時換気量の減少；呼吸性アシドーシスの可能性

d．尿産生量と腎濃縮能の減少

e．低体温になりやすい

f．自己調節代償機能の抑制

2．通常，全身麻酔は，低血圧，高二酸化炭素血症，および低酸素血症に対する交感神経－副腎反応を抑制する

C．外科手術によって引き起こされる不均衡

1．血管拡張（相対的な血液量減少）

2．血液喪失（絶対的な血液量減少）

3．露出された組織からの蒸発による水分喪失

4．疼痛による水分の再分布

Ⅱ．有効循環血液量の減少を引き起こすほどの体液喪失は，最終的に心拍出量減少，主要臓器への血液の再分布（心臓，脳，肺），および代謝性アシドーシスを生じる

Ⅲ．若齢動物や小型の動物（＜体重3kg）への輸液では，カロリー源（ブドウ糖）を補充し，低体温と水分過剰に注意する

表16-2　一般的疾患と，予想される電解質異常

疾患・症候群	水分	Na^+	K^+	Ca^{2+}	Mg^{2+}	HPO_4	Cl^-	HCO_3
胃液の喪失，嘔吐	喪失	↓	↓		↓		↓	−↑
膵液や腸管液の喪失	喪失	↓	↓		↓		↓	↓
下痢	喪失	↓	↓		↓		↓	↓
飢餓	喪失		↓↑	↓	↓			
急性出血性膵炎	喪失	−↓	−↓	↓			↓	
吸収不良症候群	喪失			↓	↓	↓		
急性腎不全（乏血性）	過剰	−↑↓	↑	↓	↓	↑	↑	↓
腎尿細管機能不全	喪失	↓	−↓					↓
慢性腎不全	喪失	−↓	−↓↑	−↓	↑	−↑	−↓	↓
尿崩症	喪失	↑				↑		
火傷	喪失	↓	↑	↓				
原発性アルドステロン症	過剰	↑−	↓		↓		↓	↑
ストレス，外科手術，ADHを含む	過剰	↓						↓
副腎皮質機能低下症（アジソン病）	喪失	↓	↑	−↑	↑	−↑	−↓	↓
下垂体機能低下症	過剰	↓						
副腎皮質機能亢進症（クッシング病）	過剰	−↑	↓	↓				↑
クエン酸過剰血				↓				
上皮小体機能亢進症			↑	↑	↓	↓		
過剰泌乳（乳熱）				↓	↓	↓		
アシドーシス（代謝性）				↑			−↑	↓
アルカローシス（代謝性）				↓			↓	↑

↑：血清濃度増加，↓：血清濃度低下，−：正常血清濃度

第16章

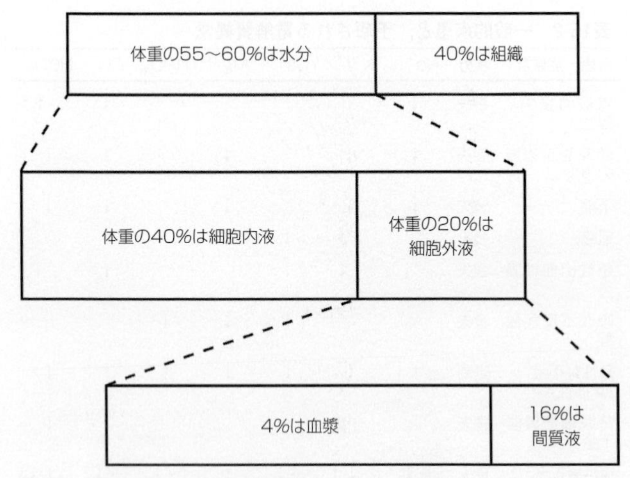

図16-1　細胞外液（血管内液，間質液）および細胞内液のおおよその分布。身体の約60%は水分である。新生子では水分がより多い（70%）。

Ⅳ．室温の輸液剤を大量に投与すると，低体温や血液希釈を引き起こし，凝固機能の低下を導く可能性がある

正常な体水分の分布（図16-1）

Ⅰ．体内の全水分量は体重の55～75%（60%を使用）であり，原則的に症例の年齢と体脂肪に依存する

Ⅱ．細胞外液：細胞の外に位置する水分であり，血液体積（血漿と赤血球［RBC］体積）および間質液の体積で構成される。細胞外液は体重の23～33%（30%を用いる）である；非常に若い動物では百分比が大きい

Ⅲ．間質液は体重の15～25%

Ⅳ．血漿水分は体重の約5%

Ⅴ．細胞外液は血漿水分と間質液の和に等しい

Ⅵ．細胞内液は体重の35～45%

Ⅶ．血液量は体重の8～10%（約90mL/kg）であり，ヘマトク

リット値に依存する；ヘマトクリットは血液中にどの程度RBCが占拠しているかの計測値であり，赤血球沈殿容積（PCV）とも呼ばれ，HctまたはCritと省略される

A．血液量は血漿水分量と赤血球（RBC）体積の和に等しい

電解質の分布

Ⅰ．細胞外液には大量の塩（ナトリウムイオンとクロールイオン）が含まれる。細胞外液（血漿と間質液）は少量のほかの溶質も含む

A．血液はRBCと血漿を含んでいる。血漿は，水分と電解質（**表16-1**参照），タンパク（アルブミン），大量の糖タンパク（抗体：免疫グロブリン），ブドウ糖などのほかの溶質を含む複雑な液体である

1．血漿浸透圧は，血液中のナトリウム，塩化物，カリウム，血中尿素態窒素，血糖値，およびその他のイオンの濃度の測定値であり，溶媒1kg当たりの溶質のオスモル（Osm）で計算される

a．血漿浸透圧＝2［Na^+］＋［血糖値］/18＋［血中尿素態窒素］/2.8

2．血漿浸透圧は，脱水時および再水和時に鋭敏に変化する。血漿浸透圧の正常範囲は280～300mOsm/kgである

Ⅱ．細胞内液には大量のカリウムイオンが含まれる

輸液剤投与の原則

Ⅰ．可能であれば，麻酔12～24時間前に，脱水，電解質不均衡，酸－塩基平衡障害を補正する

Ⅱ．脱水や慢性の体液喪失の場合には，急速に水分を補充してはならない；急速な水分補充は，血漿タンパク，赤血球，

および電解質の重度な希釈を導きかねない（表16-2参照）

A．正常な維持輸液速度は以下のとおり：

1．成熟した動物：30～60mL/kg/日

2．若齢動物：40～80mL/kg/日

B．脱水した症例における水分補充量の計算法

1．体重（kg）×脱水の程度％（小数で計算する）＝水分不足量（L）（例：20kg×10％脱水＝2L水分不足量）；輸液に対する反応性を確認するために定期的に評価する

動物における脱水

組織	最小限（4%）	中等度（6～8%）	重度（10～12%）
皮膚の弾性	柔軟	革状に硬化	全く柔軟性なし
皮膚テント	皮膚を摘むとすぐにもとに戻り，テント状の張りは2秒以内に消失	皮膚を摘むとゆっくりともとに戻り，テント状の張りは3秒またはそれ以上残存	皮膚を摘んでももとに戻らず，テント状の張りは無制限に残存
眼	透明	正常より曇っている	角膜乾燥
	やや陥没	明らかに陥没	深く陥没，眼球と骨性眼窩の間に2～4mmの間隙
口	湿潤，温かい	ネバネバもしくは乾燥，温かい	乾燥，チアノーゼ，温かい～冷たい

2．脱水を補正するための輸液は6～12時間かけて投与すべきである。または，補充量に維持輸液量を加えて24時間かけて投与する

Ⅲ．輸液剤を急速投与する場合は，循環動態，肺機能，および腎機能をモニタリングする

A．心機能

1．動脈血圧をモニターする；収縮期血圧＞90mmHg；平均血圧＞60mmHg

2．胸部聴診；静脈内輸液によって総タンパク濃度（TP）が3.5g/dLより低くなった場合には，肺水腫を生じる可能性がある

3．中心静脈圧（0.5〜5.0cmH_2O）または肺楔入圧（5〜10mmHg）をモニターできる。これらの値は，過剰な輸液や，動物が右心不全を生じるような状況にならない限り，輸液速度と輸液量を決定するための予測値は低い

4．収縮期動脈血圧変動（SPV）またはパルスオキシメータで得られる脈波変動指標（PVI）によって，輸液の必要性や輸液療法の効果に関する情報を得られる（第14章参照）

a．PVI：脈波変動率は，全身麻酔下で人工呼吸器や用手で調節呼吸を実施している動物において，輸液投与の最適化と輸液反応性の予測に利用できる非侵襲的モニタリング法である

b．PVIは輸液管理を向上させ，血液量減少を検出するために役立つ

B．腎機能

1．麻酔前に腎灌流と尿産生量（0.5〜2mL/kg/時）を改善する

2．尿産生を引き起こすために，正常な水和状態を得た後に30分かけてマンニトール1〜2g/kg IVを投与する

C．肺機能－水分過剰は肺水腫を引き起こす可能性があり，初期の呼吸数増加，呼吸努力（腹部の収縮）の増加，肺音（気管支肺胞音）の増加が特徴的である（Box16-1）

麻酔中の輸液（表16-3，Box16-2，Box16-3）

Ⅰ．通常，麻酔中には多電解質等張晶質液を輸液する（表16-4，表16-5）

A．晶質液は小分子（例：Na^+，Cl^-）の溶液であり，これらの小分子は血管壁や細胞膜を自由に通過する（例：リンゲル液，5%ブドウ糖液）

B．コロイド液は単独または複数の基質の均質な混合液（溶

Box16-1　輸液による蘇生モニタリングのエンドポイント

項目	蘇生エンドポイント
精神状態	機敏
心拍数（回/分）	犬：70-130
	猫：120-180
可視粘膜の色調	ピンク
毛細血管再充填時間（秒）	1-2
直腸温（℃）	37.2-38.3
平均動脈血圧（mmHg）	60-80
収縮期動脈血圧（mmHg）	80-100
中心静脈圧（cmH_2O）	5-10
尿産生量（mL/kg/時）	>0.5
SpO_2（%）	>95
$SCVO_2$（%）	<60
PCV（%）	>21
ヘモグロビン濃度（g/dL）	>7
乳酸値（mmol/L）	<2
pH	>7.32
塩基不足（mEq/L）	−2-+2
COP（mmHg）	14-20

COP：膠質浸透圧，PCV：赤血球沈殿容積，SpO_2：動脈血酸素飽和度，$SCVO_2$：中心静脈血の酸素飽和度

液）であり，十分な量の溶解した媒質の中に分子的に拡散している（溶媒）

1．コロイドは，分子量30,000ダルトン（30kDa）より大きな微粒子である

2．コロイドは，天然物質（アルブミン：69kDa）または合成物質（ゼラチン；デキストラン；デンプン）である

a．獣医臨床では，ヒドロキシエチルデンプン（ヘタスターチ）が最も一般的に使用されているコロイドである

C．輸液投与（表16-3，Box16-2参照）

表16-3　一般的に静脈内輸液療法に用いられる輸液剤の分類，分布，および臨床的用途

輸液剤	例	血漿の1L増量に必要な投与量	分布	臨床的用途の例
コロイド	スターチ	1L	血漿	血液量減少，低血圧，正常血液量性血液希釈，低アルブミン血症
高張晶質液	7.5％生理食塩液（NaCl）	300mL	ICFV低下を伴う即効性血漿増量	循環血液減少性ショック，脳浮腫
等張晶質液	0.9% NaCl，乳酸リンゲル液	4L以上	ECFV（血漿およびISFV増量）	脱水，血液量減少，低血圧，正常血液量性血液希釈

ICFV：細胞質液量，ECFV：細胞外液量，ISFV：間質液量

1．輸液セットは10滴/mL（レギュラードリップ：日本では20滴/mL）または60滴/mL（ミニドリップ）である
2．注入する針またはIVカテーテルの径が大きいほど液体の流れ抵抗が小さく，輸液の投与速度が速くなる
3．しばしば，輸液ポンプを用いて急速投与される（>90mL/kg/時）
4．輸液ポンプやシリンジポンプを用いることで，正確な量の輸液剤を容易に投与できる（**図16-2，図16-3**）

Ⅱ．輸液開始の晶質液の投与速度は，手術中の体液喪失量に依存する

A．最小限の輸液開始速度：

晶質液の維持投与速度

小動物	3～10mL/kg/時
大動物	3～5mL/kg/時
出血	血液1mLに対して晶質液3mLまたはコロイド1～1.5mL

Box16-2 “処方”に基づくアプローチによる晶質液投与のガイドライン

ステップ1
静脈内輸液の開始，最後の経口摂取以降の不感蒸泄分（糞便，唾液，皮膚，気道，約20mL/kg/日）について維持輸液剤を用いて2-3mL/kg/時で補充する。例：
　犬10kg；経口水分摂取から3時間
　10kg×3(時間)×3mL＝90mLを輸液開始最初の1時間分の基礎輸液量に加える

ステップ2
術中の水分喪失分を補充するための基礎輸液量。乳酸リンゲル液またはNormosol-R®*を投与する

ステップ3
外科的損傷を評価し，その適切な量の補充輸液剤をステップ2の基礎輸液に追加する：
　最小限の外科的損傷には，5mL/kg/時を追加する
　中程度の損傷には，10mL/kg/時を追加する
　重度の損傷には，15mL/kg/時を追加する
　出血1mLに対して晶質液3mLを投与する
　適切な輸液剤を投与する；不確かな場合は平衡電解質輸液剤を投与する

ステップ4
動物の概算血液量の15-20%以上を喪失した場合には，適切なコロイド液を出血量と同量投与する

ステップ5
バイタルサインおよび尿量をモニタリング：尿産生量を＞0.5mL/kg/時に保つよう輸液量を調節する

Glesecke AH, Egbert LD: Perioperative fluid therapy－crystalloids. In Miller RD, editor: Anesthesia, ed 2, New York, Churchill Livingstone, 1986, p.1315. より引用改変
*Normosol-R® (Hospira Inc.)：等張電解質輸液薬－pH 7.4，Na 140mEq/L，K 5mEq /L，Mg 3mEq/L，Cl 98mEq/L，酢酸 27mEq/L，グルコン酸 23mEq/L含有（訳者追加）

B．TP＜3.5g/dLまたはHct＜20％の場合には，血漿投与を考慮する

　1．Hct20％以上でTP3.5g/dL以上の場合には，通常，出血は晶質液で補充する

　2．血液1mLの出血に対して晶質液3mLを投与する。この比（3：1）は，外傷や敗血症の症例では8：1まで増加してもよい

C．血液希釈を防止するため，PCVとTPをモニタリングする

Box16-3　輸液療法のモニタリングガイドライン

1. 聴診：正常な気管支肺胞肺音
   a. 心拍数と心調律
   b. 可視粘膜の色調と毛細血管再充填時間
   c. 意識レベルと態度
   d. 瞳孔径
2. 赤血球沈殿容積（PCV）＞20%
3. 血清総タンパクTP＞3.5g/dL
4. 電解質
   a. ナトリウム145-155mEq/L
   b. クロール95-110mEq/L
   c. カリウム4.0-5.0mEq/L
   d. カルシウム8.0-10.0mg/dL
5. 血液pH 7.3-7.45；$PaCO_2$ 35-45mmHg
6. 尿産生量＞0.5mL/kg/時
7. 血行力学（Box16-1参照）
   a. 中心静脈圧（CVP）0-5cmH_2Oまたは肺毛細管楔入圧（PCWP）5-10mmHg
   b. 平均動脈血圧＞60-70mmHg
   c. 収縮期血圧（SPV）またはパルスオキシメータで得られる脈波変動指標（PVI）を測定する

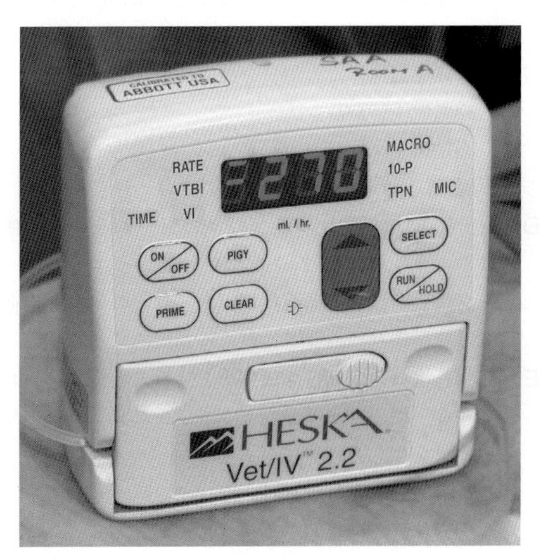

図16-2　輸液セットに使用する体積測定輸液ポンプ。

第16章

1. 出血量を見積もり，出血1mLに対して少なくとも3mLの晶質液を投与する（PCV＜20％では輸血が必要）

D. 晶質液は血液から細胞外液へ急速に再分布する。細胞外液の総体積は血液量の約3倍である

1. 晶質液は，投与後20分以内でその約80～90％が血管コンパートメントの外に拡散し，間質液コンパートメントに入っていく

E. 出血による血液量減少性ショックの治療における最大輸液量および最大輸液速度は状況によりかなり異なる；経験的な目安として20～90mL/kg/時

Ⅲ. 高張食塩液（表16-3，表16-4参照）

A. 生理食塩液は0.9％のNaClを含む

1. 一般的に使用されている高張食塩液には，3％，5％，および7％のNaClを含むものがある

B. 高張輸液剤は，間質液から血管内腔に体液を移動させることで血管体積を増加する

C. 高張食塩液は以下の項目を急激に増加させる：

1. 動脈血圧
2. 心拍出量
3. 腎潅流と利尿

D. 7％ NaClは低血圧やショックの緊急輸液療法に使用される；投与量は4～7mL/kg IV

1. 高張食塩液は，頭部損傷がある動物の外傷と出血における循環動態の改善にとくに効果的である

E. 高張食塩液の過剰投与は高ナトリウム血症，高クロライド血症，および非呼吸性アシドーシスを引き起こす；心不整脈を生じる可能性がある

Ⅳ. コロイド（表16-3，表16-5，表16-6参照）

A. 血管内体積を回復して維持する

B. 効果持続時間（$t_{1/2}$）は分子のサイズで決まる；置換の程度とパターン

表16-4 一般的な晶質液と天然コロイド液の特性および要素

名前	体液区画	浸透圧 (mOsm/L)	pH	Na^{+} (mEq/L)	Cl^{-} (mEq/L)	K^{+} (mEq/L)	Mg^{2+} (mEq/L)	Ca^{2+} (mEq/L)	ブドウ糖 (g/L)	緩衝薬 (mEq/L)	COP (mmHg)
晶質液											
維持液											
2.5%ブドウ糖-1/2乳酸リンゲル液	細胞外	264（等張）	4.5-7.5	65.5	55	2	0	1.5	25	乳酸-14	0
補充液											
0.9%食塩水（生理食塩液）	細胞外	308（等張）	5.0	154	154	0	0	0	0	なし	0
乳酸リンゲル液	細胞外	275（等張）	6.5	130	109	4	0	3	0	乳酸-28	0
Plasmalyte-R pH 7.4*	細胞外	294（等張）	7.4	140	98	5	3	5	0	酢酸-27, グルコン酸-23	0
7.0%食塩水	細胞外	2,396（高張）	–	1,197	98	5	3	0	0	なし	0
Normosol-R†	細胞外	295（等張）	5.5-7.0	140	97	5	0	0	0	酢酸-27, グルコン酸-23	0
5%ブドウ糖液	細胞内	252（低張）	4.0	0	0	0	0	0	50	なし	0
天然											
全血	細胞外	300（等張）	多様	140	100	4	0	0		なし	20
凍結血漿	細胞外	300（等張）	多様	140	110	4	0	0		なし	22
アルブミン	細胞外	309（5%；等張） 312（25%；高張）	6.4-7.4	130-160	130-160	<1	0	0		なし	19

COP：膠質浸透圧
*Baxter Healthcare社
†Abbott Laboratories社

第16章

表16-5　一般的な合成コロイド液および代用血液の特性および要素

名前	体液区画	浸透圧 (mOsm/L)	pH	Na^+ (mEq/L)	Cl^- (mEq/L)	K^+ (mEq/L)	Mg^{2+} (mEq/L)	Ca^{2+} (mEq/L)	ブドウ糖 (g/L)	緩衝薬	COP (mmHg)
合成コロイド液											
6%ヒドロキシエチルデンプン	細胞外	310（等張）	5.5	154	154	0	0	0	0	なし	32
6%ヒドロキシエチルデンプン加乳酸晶質液 (Hextend)	細胞外	307（等張）	5.9	143	124	3	0.9	5	0	乳酸	36
6%テトラスターチ（Volven）	細胞外	308（等張）	5.0	154	154	0	0	0	0	0	36
10％ペンタスターチ	細胞外	326（等張）	5.0	154	154	0	0	0	0	なし	25
デキストラン40	細胞外	311（等張）	3.5-7.0	154	154	0	0	0	0	なし	82
デキストラン70	細胞外	310（等張）	3-7	154	154	0	0	0	0	なし	62
オキシポリゼラチン	細胞外	200（低張）	7.4	155	100	0	0	1	0	なし	45-47
代用血液（酸素キャリア）											
オキシグロビン	細胞外	300（等張）	7.7	150	110	4.0	—	1.0	—	なし	43

COP：膠質浸透圧

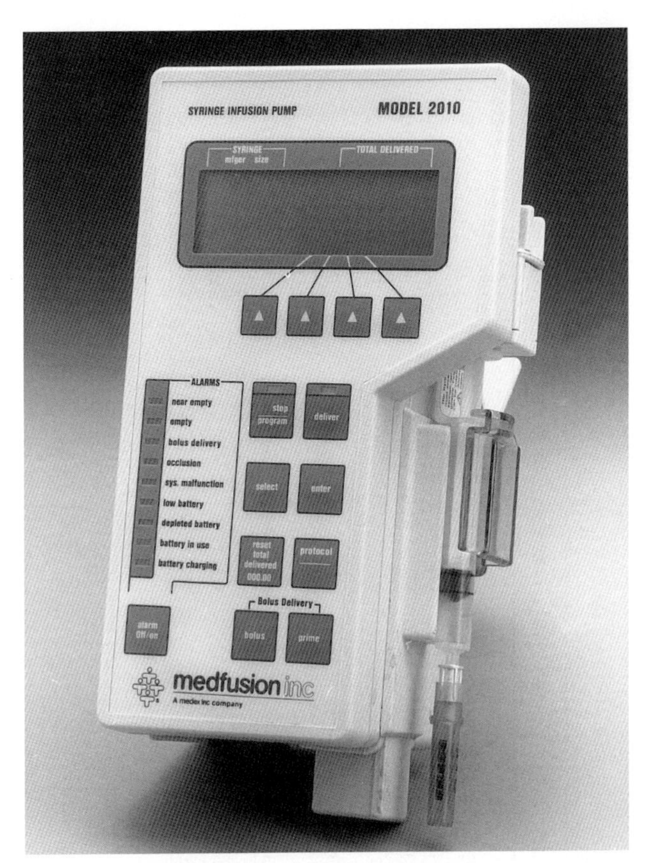

図16-3　シリンジポンプ。

C. 晶質液と比較すると，コロイドは急速かつ長時間にわたって以下の項目を増加させる：

1．血管内体積
2．動脈血圧
3．心拍出量
4．組織灌流および酸素運搬能

表16-6　一般的なコロイド液の特徴

コロイド液	分子量（範囲）	分子量（平均）	平均分子量*	初期の体積増加（%）	COP (mmHg)	浸透圧 (mOsm/L)
生理食塩液	0	0	0	20	0	310
アルブミン	66,000-69,000	68,000	68,000	80	19	309（5%）
血漿	66,000-400,000	119,000	88,000	100	22	285
10%デキストラン40	10,000-90,000	40,000	26,000	200	82	310
6%デキストラン70	10,000-1,000,000	450,000	69,000	120	62	310
6%ヒドロキシエチルデンプン（ヘタスターチ）	15,000-3,400,000	70,000	41,000	100	32	310
6%ヒドロキシエチルデンプン加乳酸晶質液 (Hextend®)	15,000-3,400,000	70,000	41,000	100	36	307
6%テトラスターチ	110,000-150,000	130,000	60,000	130	36	308
10%ペンタスターチ	10,000-2,000,000	268,000	110,000	100-150	25	326

COP：膠質浸透圧
*訳注：分子数で総分子量を割った数値

D．少ない投与量で（5～10mL/kg IV），動脈血圧と心拍出量を迅速に増加させる

1．コロイドは膠質浸透圧を維持し，体液の血管外遊出を遅らせる

2．血漿の膠質浸透圧は間質液の膠質浸透圧よりも増大することから，コロイドには自家輸血を引き起こすものもある

E．出血時間を延長する可能性がある

V．血液代用剤（表16-5参照）

A．すべてではないが，一般的に，酸素運搬液はヘモグロン由来であり，外傷および出血後の血液量の補充と組織酸素運搬の改善に利用できる

B．ほとんどがヘモグロビン由来酸素運搬製剤（HBOC）である

1．血中酸素含を増加し，血管体積を増大することで酸素運搬能を改善する

2．貧血した症例へのヘモグロビン補充

C．改変リンゲル液に重合ウシヘモグロビンを混合したコロイド液が酸素運搬の改善に用いられており，以下のような潜在的な利点がある：

1．いつでもすぐに利用できる

2．2,3-ジホシホグリセリン酸（DPG）－依存性ではない；塩化物イオン依存性

3．室温保存（保存可能期間は2年間）

4．血液型の特定やクロスマッチ検査が必要ない（輸血反応がない）

5．感染症伝搬がない

6．時間，労働力，および資材の節約になる（ドナー犬が必要ない）

7．投与量：5～30mL/kgを10mL/kg/時で投与する

D．禁忌

1．進行した心疾患（例：うっ血性心不全）をもつ症例や

心機能または腎機能が重度に障害されている症例への輸液剤の投与，とくにコロイド液は注意して投与する

2．投与量または投与速度の過剰による過剰輸液は，いずれにおいても心不全や肺水腫を生じる可能性がある；詳細は製剤の添付文書を参照

Ⅵ. 初期の補充輸液療法

A. “処方”に基づくアプローチと“目標指向”アプローチの組み合わせによって血管体積と組織灌流を維持する（Box16-1参照）

1．水和を維持するための晶質液の輸液量：1～2 mL/kg/時

2．血管体積と収縮期動脈血圧を維持するために晶質液とコロイド液を混合して投与することもできる；乳酸リンゲル液とHextend®（6%ヒドロキシエチルデンプン）を50：50で混合し，3～10mL/kg/時で3～4時間まで投与する

B. 血液量と組織灌流の回復（例：輸液療法）

1．目的：収縮期動脈血圧を80～90mmHgの間に維持する

a．Hextend®を犬で5～20mL/kg，猫で5～10mL/kg投与する

b．23% NaCl（Baxter Corp.）1mLを6%ヒドロキシチルデンプン液2 mLと混合し（例：Hextend® 1：2比），3～5mL/kgで効果が出るまで投与する

c．出血では，Hextend® 1：1比または1：2比を最大20mL/kgまで，またはPCV＜20%となるまで投与する。多くの場合，カテコールアミンの投与が必要となる：後述参照

d．新鮮血液5～20mL/kgを効果が出るまで投与する

2．目的：Hb濃度を7g/dL以上（PCV＞20%）に維持する

a．ドナー血液の体積（mL）＝レシピエントの血液

量×（目的のPCV－実際のPCV）/ドナー血液のPCV

3．目的：出血の制御

a．圧迫

b．止血

c．外科的介入

d．止血剤（頬粘膜出血時間を評価してデモプレッシン1 μg/kgを皮下投与）

Ⅶ．補助的治療／選択的治療（表16-7）

A．カテコールアミン（体液補充後または相液補充とともに投与する。第29章参照）

1．ドパミンを犬1～10 μg/kg/分，猫3～10 μg/kg/分で投与する；輸液療法で動脈血圧が改善されない場合には，効果が出るまで，または平均動脈血圧（MAP）＞60mmHgとなるまで投与する

2．ドブタミンを犬1～10 μg/kg/分，猫1～5 μg/kg/分で投与する；効果が出るまで，またはMAP＞60mmHgとなるまで投与する

3．バソプレッシン：0.4 IU/kg IV；0.01～0.03 IU/kg/時

Ⅷ．支持療法

A．低酸素の場合に組織酸素化を改善する

1．酸素ケージ（FiO_2＞40%）

2．鼻カテーテルまたは経鼻カテーテルを用いてO_2吸入する（＞50mL/kg/分）

B．痛み治療

1．ヒドロキシモルホン（4～6時間ごとに0.05～0.15mg/kg IV，筋肉内投与［IM］）

2．フェンタニル（負荷用量として3～5 μg/kg IVの後に3～10 μg/kg/時で持続静脈内投与［CRI］）

3．リドカイン50 μg/kg/分 CRI

4．ケタミン5～30 μg/kg/分 CRI

C．酸－塩基平衡異常および電解質異常の補正

表16-7　静脈内栄養輸液薬

栄養薬	緊急時用量	浸透圧 (mOsm/L)	pH	構成 (mmol/L)
塩化カルシウム（10%）	0.05-0.1mL/kg ゆっくり投与	2,040	5.5-7.5	34 カルシウム 68 クロール
グルコン酸カルシウム（10%）	0.5-3mL/kgゆっくり投与，または60-90mg/kg/日	680	6.0-8.2	465グルコン酸カルシウム（資料なし）
ブドウ糖（50%）	即投与の場合は500mg/kgを希釈後投与	2,530	4.2	資料なし
硫酸マグネシウム（1g/2mL）	0.15-0.3mmol/kg 5分かけて	4,060	5.5-7.0	4.06 硫酸マグネシウム（資料なし）
マンニトール（25%）	0.25-3g/kg希釈後30分かけてゆっくり投与	1,373	4.5-7.0	資料なし
塩化カリウム（2mmol/mL）	0.5-1mmol/kg/時	4,000	4-8	2,000 カリウム 2,000 クロール
重炭酸ナトリウム（8.4%），（1mmol/mL）	0.3×体重（kg）×不足塩基量（mmol/L）または1mmol/L 即時投与	2,000	7.8	1,000 ナトリウム 1,000 重炭酸
トロメタミン	投与量（mL）＝体重（kg）×不足塩基量（mmol/L）×1.1	380	8.6	300 トロメタミン

1．通常，動物の$Na^+HCO_3^-$は最小限の値を示し，もし存在すれば，その数値は動物が酸を得たことを示す（乳酸アシドーシス）
2．pHの値に応じて（pH＜7.1；HCO_3^-＜10mEq/L），0.5～1mEq/Lを投与する

D．心不整脈は，臨床的に問題のある場合（顕著な頻脈または多形性心室性頻拍）に治療する

1．リドカイン50μg/kg/時，および適切であればK$^+$ 0.5mEq/kg/時 IV

E．体温維持（＞36.8℃）

輸血－主要な血液型

Ⅰ．犬

A．犬の赤血球上には少なくとも8つの特異抗原が確認されている

1．1.1陰性かつ1.2陰性の犬が，すべての犬に供血可能な万能ドナーである

2．犬赤血球抗原（DEA）1，DEA2，DEA7は，レシピエントに溶血性抗体の産生を誘発する可能性が高い；これらのRBC抗原が陰性の犬が供血犬として望ましい

3．通常，これら以外の抗原グループに関連した輸血反応は臨床的に重要でない

4．供血犬は犬糸状虫症およびその他の血液介在性疾病を保持していてはならない

5．グレイハウンドは供血犬によく用いられる：グレイハウンドの70％が万能ドナーになる血液型を有している

Ⅱ．猫

A．猫の赤血球上には3つの主要な抗原が確認されている

1．猫では輸血反応は稀である；血液型検査はあまり実施されない

2．輸血を数回繰り返すと，RBCの生存期間が短縮する可能性がある

3．メインクーン種の猫はB型が少ない（B陰性）。B陰性のメインクーン，マンクス，およびアメリカンショートヘアーが最も良い供血ドナーである

Ⅲ. 馬

A. 少なくとも9の特異抗原グループが確認されている

1. 輸血前には適合性試験を実施する

a. 血液型

b. 主要抗原と副抗原の凝集反応

c. 溶血クロスマッチテスト

2. 適合性試験を実施できない場合には，輸血歴のない健康な雄がドナーに最も適している

Ⅳ. 牛：少なくとも11の血液抗原グループ

Ⅴ. 豚：少なくとも15の血液抗原グループ

Ⅵ. 羊：少なくとも8の血液抗原グループ

血液あるいは代用血液の用途

Ⅰ. 酸素運搬能の回復

A. 貧血

1. PCV 15～20％未満；手術対象の症例において正常な水和状態でヘモグロビン5～7g/dL未満

2. 手術対象でない慢性貧血の症例では，PCVが犬で15％以上，猫で10％以上であれば輸血は不必要である

B. 出血

1. 全血液量の15～30％の血液喪失は，晶質液の輸液で十分に治療可能である

2. 血液喪失が全血液量の20％を超えた場合（>15mL/kg）には，コロイド液の投与を考慮する

3. 全血の50％以上を補充するには，全血または代用血液が必要である

a. 保存血液のHbは酸素を効果的に解離できないため，酸素運搬能は低い

b. 急性の血液喪失分を置換し，さらに組織への酸素供給を改善するためには，新鮮な全血または代用血液が必要である

Ⅱ．重度の血液喪失（>20mL/kg）における血液量の回復

Ⅲ．凝固因子の補充

A．保存血液では血小板や凝固因子の活性が減少する

B．凝固障害を治療する際には新鮮血液（保存時間12時間以内）を選択する

輸血用血液の採取と保存

Ⅰ．頸静脈あるいは大きな中心静脈より採血する

Ⅱ．使用可能な抗凝固薬

A．酸性クエン酸デキストロース（ACD）

B．リン酸クエン酸デキストロース（CPD）は，保存中のpH，アデノシン三リン酸（ATP）含量，2,3-DPG含量を高く保持する

C．ヘパリン

1．ヘパリンは血小板凝集を活性化し，第Ⅸ因子の活性抑制によりトロンビン形成を抑制する

2．血液を48時間以上保存する場合には，抗凝固薬にヘパリンを用いない

Ⅲ．血液採取にはプラスチック製容器が推奨される；プラスチック製容器は血小板や凝固因子を活性化しにくい

Ⅳ．血液保存のガイドライン

A．以下に示す保存期間中には，保存温度を1～6℃に維持する

1．ACD抗凝固薬：21日間

2．CPD抗凝固薬：28日間

3．猫の血液：30日間

B．上述の保存期間終了時点におけるRBCの生存率は70～75%である

保存血液の変化

Ⅰ．赤血球は以下の状態のため変形しにくい
　A．抗凝固溶液の高張性
　B．赤血球ATP含量の減少
　C．血中酸素減少と代謝性アシドーシス
Ⅱ．赤血球の2,3-DPG含量減少
　A．酸素解離曲線が左方移動する；組織内に放出される酸素が減少する
　　1．組織への酸素供給の改善が要求される場合には，保存血液は非効果的である；このような状況では代用血液（オキシグロビン）が推奨される
　B．赤血球の2,3-DPG含量は輸血後数時間以内に回復する
Ⅲ．pH減少（3週間保存後にはpH 6.5未満）；クエン酸抗凝固薬は肝臓で数分以内に重炭酸に転換される；肝血流量の低下や肝代謝の変化が疑われない限りは，輸血時の重炭酸を用いたアシドーシス治療は不必要である
Ⅳ．血小板数減少；保存後2〜3日間で血小板機能は消失する
Ⅴ．アンモニア含量増加；肝機能障害のある症例には有害な可能性がある
Ⅵ．保存中の進行性溶血のため，血漿カリウム濃度が増加する
Ⅶ．保存血液の代謝性変質の大部分は，輸血後24時間以内に回復する

輸血反応（Box16-4）

Ⅰ．非溶血性過敏反応
　A．カリクレイン－キニン系または免疫グロブリンEの活性化
　B．生体アミンの放出
　C．臨床徴候は筋振戦，嘔吐，発熱，低血圧，頻脈，および蕁麻疹

Box16-4　輸血反応の治療における薬物投与量と投与経路

1. 輸血の中止

2. 薬物

- 短時間作用型糖質コルチコイド
  コハク酸メチルプレドニゾロン30mg/kg IV，単回投与
  リン酸デキサメタゾンナトリウム4-6mg/kg IV，単回投与
- 必要に応じてジフェンヒドラミン2mg/kg IV
- 必要に応じてレギュラーインスリン（速効型インスリン）0.5U/kg IV，インスリン1単位に対して2gの50%ブドウ糖溶液とともに投与する
- グルコン酸カルシウム（10%）50-150mg/kgを20～30分かけてゆっくり静脈内投与する；徐脈が認められた場合は中断し，低カルシウム血症が持続する場合は繰り返し投与する
- 塩化カルシウム（10%）50-150mg/kgを20～30分かけてゆっくり静脈内投与する；徐脈が認められた場合は中断し，低カルシウム血症が持続する場合は繰り返し投与する
- フロセミド；2-4mg/kg IV
- ニトログリセリンペースト（2%）0.5-2.5cmを皮膚に塗布する；血圧を観察し，低血圧に注意する
- アスピリン 10 mg/kg PO，単回投与

Hohenhaus AE, Blood transfusions and blood substitutes. In DiBartola SP: Fluid, Electrolyte, and Acid-Base Disorders in Small Animal Practice, ed 3, Philadelphia, W.B. Saunders, 2006, p.577. より引用改変

Ⅱ. 溶血反応

A. 溶血は以下の結果生じる：

1. レシピエントの抗体がドナーの不適合抗原に反応する
2. 過去に感作されたドナーの抗体がレシピエントの抗原に反応する

B. 即時性輸血反応は，初めての輸血では生じにくい

C. 通常，臨床徴候は輸血後1時間以内に発症し，低血圧，発熱，筋振戦，嘔吐，痙攣，ヘモグロビン血症，または血色素尿などを認める

D. ショック，腎不全，および播種性血管内凝固（DIC）が生じ得る

E. 遅発性輸血反応は，輸血後2週間以内に発症する

1. レシピエントが，不適合赤血球に対する免疫反応を始

める

2．臨床徴候には，発熱，食欲不振，黄疸，およびビリルビン尿が生じる

F．新生子溶血は以前に母親の血液に感作された結果生じ（新生子同種溶血現象），初乳吸収を阻害することで避けられる；新生子娩出後の最初の48時間は新生子に母親の乳を与えない

非免疫性の有害な輸血反応

Ⅰ．敗血症：不適切な採血，保存，操作による細菌の汚染および増殖

Ⅱ．感染症あるいは寄生虫疾患の伝播

Ⅲ．循環過負荷（過剰輸液）

Ⅳ．クエン酸中毒

A．クエン酸は肝臓で急速に代謝されるので，クエン酸中毒は稀である；肝機能不全の動物や急速に輸血し過ぎた場合に起こりやすい

B．循環血液中にクエン酸が過剰になると，血清カルシウムイオンのキレートが起こる

血漿輸血

Ⅰ．用途

A．低タンパク血症：総タンパク≦4g/dL；アルブミン≦1.5g/dL

B．受動転移不全：初乳からの抗体吸収不全

C．血小板減少症：新鮮血漿を使用する

D．凝固障害：新鮮血漿を使用する

Ⅱ．血漿は通常の冷凍庫に1年間保存可能である

血漿補充
ドナー血漿の必要量（mL）＝（目標のTP－実際のTP）×レシピエントのPV/ドナーのTP

TP：総タンパク，PV：血漿量

輸液投与経路および投与量

Ⅰ．末梢静脈または頸静脈

Ⅱ．腹腔内投与

A．ゆっくり投与する

B．赤血球は循環系に戻りにくい；24時間で約40％の血液が吸収される

Ⅲ．大腿骨，脛骨，上腕骨の骨髄腔

A．小動物の新生子に適切である

B．20Gの注射針または骨髄吸引針を使用する

C．95％の血液が5分以内に吸収される

Ⅳ．血液粘稠度を減らし，レシピエントの低体温を予防するために血液を加温する；40℃に加温したぬるま湯の中に輸液チューブを浸す；温度が高いと自己凝集する

Ⅴ．コロイド液および血液の投与量

A．一般的法則：血液喪失1mLに対してコロイド液1mL

B．一般的法則：全血2mL/kgでPCV1％増加（ドナー血液のPCV 40％として計算した場合）

C．吸引除去した体液中の血液量

$$\text{吸引除去した体液中の血液量} = \frac{\text{液体のPCV} \times \text{液体の体積}}{\text{動物のPCV}}$$

D．目標TPを獲得するために必要な血漿量
ドナー血漿投与量（mL）＝（目標TP－レシピエントTP）×レシピエント血漿量/ドナーTP

Ⅵ. 輸血方法

A. 凝集物の除去のため，フィルタ付きの輸血セットを使用する

1. ポアサイズ20〜40 μmのマイクロポアフィルタ

2. ポアサイズ170 μmの布フィルタ

B. 血液を流す前に輸血セット内をフラッシュする

1. セット内の血流抵抗を軽減できる

2. 等張生理食塩液が適切である

3. 乳酸リンゲル液やその他カルシウム含有液は，血液の再石灰化や凝固を導く可能性がある：カルシウムを含む輸液剤を避ける

4. ブドウ糖溶液は凝集や溶血を引き起こす可能性がある

Ⅶ. 輸血速度は臨床状況により決定する

A. 大量出血の後には急速投与する

B. 血液補充

血液補充

ドナー血液の投与量（mL）＝（目標のPCV－実際のPCV）×レシピエントの血液量/ドナー血液のPCV

C. その他の症例

1. 最初の30分間は0.25mL/kgでゆっくり輸血する；輸血反応の有無を観察する

2. その後は通常10mL/kg/時で目的のPCVに達するまで投与する

3. 輸液過剰に注意し，モニタリングする（例：CVP，胸部聴診）

第17章

麻酔中の体温管理：麻酔関連低体温と高体温

"If you can't make them see the light, make them feel the heat."

HARRY S. TRUMAN

体温調節

Ⅰ. 体温調節は，中枢性および末梢性機構の両方による複雑な制御機構であり，環境や治療操作によって容易に影響を受ける。意識のある動物における異常体温は，代謝障害の指標であり，原因でもある。麻酔下の動物の異常体温は，麻酔薬に関連した作用，環境要因，および静脈（IV）輸液剤の温度，投与量，および投与速度によって引き起こされる。

A. 犬猫では，設定された正常体温の ±0.2℃の範囲に狭く制御されているが，正常体温は37.8～39.2℃の範囲にある

B. 体温調節に関わる主な臓器系には，中枢神経系（CNS），心血管系，呼吸器系，骨格筋系，および皮膚がある

Ⅱ. 体温調節機構

A. 温冷感受容機能が皮膚内や皮膚下に位置している

B. 温度信号は，末梢神経のA-δ線維またはC線維によって伝達される：冷感信号はA-δ線維，温感信号はC線維によって伝達される

C. 温熱感覚の求心性神経は，温度情報を外側脊髄視床路に

伝達する

1．以下のそれぞれが温熱入力を20％ずつ担う

a．視床下部

b．脳のその他の部位

c．皮膚表面

d．脊髄

e．腹部および胸部の深部組織

D．中枢制御は視床下部が担う

1．遠心性経路は，視床下部と α 運動神経の末端から伸びている

E．体温変化に対する初期反応は血管に生じ，α_1-および α_2-受容体を介して制御される；α_2-受容体は末梢組織において動静脈短絡の制御に重要な役割を担っている

1．体温を保持するために血管収縮が生じる

2．体温を放散するために血管拡張が生じる

Ⅲ．体温損失の機序（図17-1）

A．放散

1．電磁波を介した周囲の空気への熱損失

2．放散熱損失量は，動物の体温と周囲環境の温度との差に比例する

3．人では，放散による熱損失量は熱損失の60％を占める

B．伝導

1．体に直接触れている物への直接的な熱損失

a．冷えた手術台，冷えた輸液剤や血液製剤の注入，冷えた液体を用いた洗浄

2．動物において一般的な熱損失の原因

C．対流（促進された伝導）

1．体に直接接触していない冷えた物による熱損失。たとえば，冷えた手術室の壁，換気，体表面に当たっている空気の対流など

2．熱損失には三つの要因がある：空気の動き，露出した

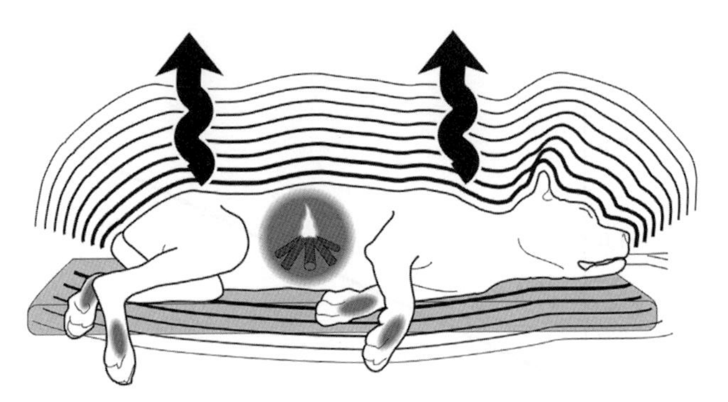

図17-1 熱損失は四つの機序で生じる：伝導，蒸発，対流，放散。手術準備をしている動物では，蒸発性熱損失と対流性熱損失が重大になり得る。

組織，低い環境温度

3．気流が増えると，対流熱損失が速くなる

4．温かい気流でさえも，体表面からの対流熱損失の原因となる

D．蒸発

1．皮膚や肺からの水分損失による熱損失

a．たとえば，外科的に準備された皮膚，露出した胸膜や腹膜，気道

Ⅳ．低体温

A．深部体温（37.8℃）よりも低い体温

1．低体温は，熱損失が熱産生より大きくなった場合に生じる

2．最も一般的な周術期体温異常は，全身麻酔中に生じる無意識下の低体温である

a．熱損失は麻酔時間の延長に応じて大きくなる

B．熱損失の速度は，動物の種類，体重，現在の体温，およ

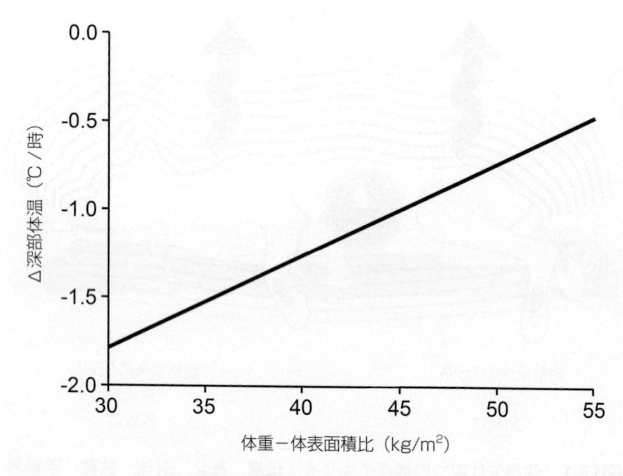

図17-2　体重－体表面積比が減少すると，熱損失が増加する。小型動物では，その体質量に比較して体表面積が大きく，熱損失が急速である。

び体脂肪率に関連している

1．小動物では，体質量が小さく体表面積が大きいことから，一般的に低体温が生じやすい（**図17-2**）

2．体脂肪の増加は熱損失速度の低下に関連している（**図17-3**）

3．術中の低体温は，典型的に三相で生じる（**図17-4**）

　a．第Ⅰ相は初期の急速な体温低下である

　　（1）熱の再分配で深部体温が低下する

　　（2）深部体温は，全身麻酔の最初の1時間で1～1.5℃低下する

　b．第Ⅱ相は直線的でゆっくりとした体温低下である

　　（1）2～3時間かけてゆっくりと低下する

　　（2）熱損失は代謝による熱産生より大きくなる

　c．第Ⅲ相は低体温安定期である

　　（1）3～5時間後に深部体温の低下が止まる

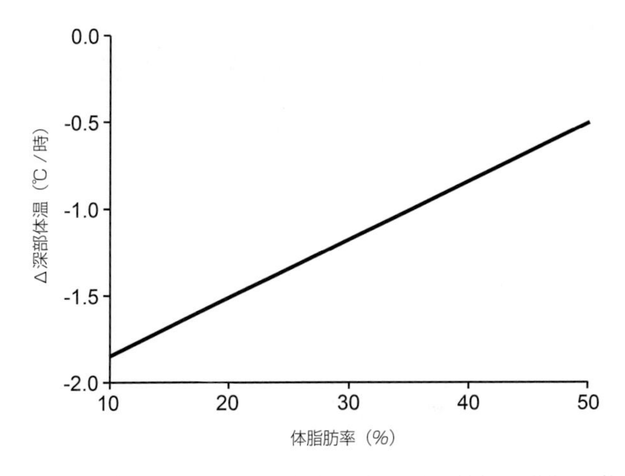

図17-3　体脂肪率が増加すると，熱損失が低下する。削痩した動物では熱損失が急速である。

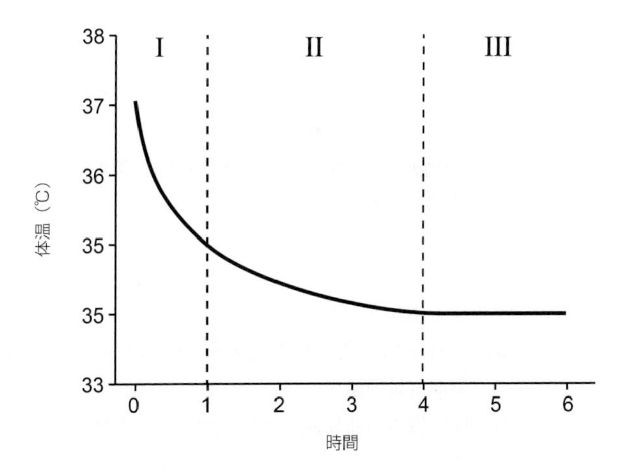

図17-4　術中の低体温は三相で生じる：第Ⅰ相では熱損失が急速であり，体温低下を反映している；第Ⅱ相では直線的に体温が低下する；第Ⅲ相では体温は安定する。

表17-1 低体温

低体温の程度	体温の範囲	生理学的変化	臨床徴候
軽度	32-37℃	基礎代謝率↑ 酸素消費量↑ 血管収縮 交感神経系活性化	温かいところを探す，行動，震え，頻呼吸，頻脈，利尿
中等度	28-32℃	代謝率↓ 酸素消費量↓ 脳血流↓	筋硬直，精神的鈍麻，心不整脈，低血圧
重度	<28℃	体温制御なし 鈍麻 血流↓ 心臓興奮 呼吸抑制	徐脈，昏睡，固定した瞳孔散大，反射消失，脈消失

(2) 熱損失と熱産生が同等となった時点で安定期となる

C．低体温は三つのカテゴリーに分類される（**表17-1**）

1．軽度：体温32〜37℃

a．生理学的変化：基礎代謝率の増加，酸素（O_2）消費量の増加，血管収縮，および交感神経系活性化

b．臨床徴候：温かい場所を探す行動，震え，過呼吸，頻脈，利尿

c．体外からの加温や環境温度の上昇によって容易に拮抗できる

2．中等度：体温28〜32℃

a．生理学的変化：基礎代謝率，O_2消費量，および脳血流量の減少

b．臨床徴候：筋硬直，精神的鈍麻，心不整脈，低血圧

c．31〜32℃で心不整脈が頻繁になる

3．重度：体温28℃未満

a．生理学的変化：体温調節機能の完全な喪失，鈍麻，

表17-2　低体温の有害作用

臓器系	影響
免疫系	化学的走化性，貪食能，抗体産生が低下する可能性がある。酸化死
造血系	血液濃縮，寒冷誘導性顆粒球減少症，播種性血管内凝固，酸素ヘモグロビン解離曲線の右方移動，赤血球変形能の低下，血液粘稠度の増加
心血管系	心拍出量減少，心収縮性低下，不整脈，伝導遅延，血管収縮
呼吸器系	偽りのPaO_2上昇（体温補正を実施しなければ），呼吸数減少
泌尿器系	腎尿細管機能の低下（寒冷利尿）
胃腸管系	血清アミラーゼの上昇
肝臓系	肝機能の低下
代謝系	偽りのpH低下（体温補正を実施しなければ），副腎活性低下，乳酸やクエン酸の代謝減少，高カリウム血症，創傷治癒の遅延
神経系	意識低下，進行性昏睡，運動反射機能の消失

血流低下，心臓興奮性の増大，呼吸抑制

b．臨床徴候：徐脈，昏睡，瞳孔が散大固定，反射および脈の消失，低血圧，心室細動，無呼吸

c．通常，心停止は21℃以下で生じる

D．低体温の効果（**表17-2**，**図17-5**）

1．交感神経活性化：体温低下が0.2℃程度となったときに末梢血管収縮が生じる。全身麻酔下ではこの反応が弱まることから，麻酔下の動物では急速に体温が低下する

a．麻酔薬は血管拡張を生じ（例：吸入麻酔薬，プロポフォール，アセプロマジン），急激な体温低下を生じる

2．薬物動態の変化：温度感受性酵素活性の抑制によって血漿薬物濃度－効果関係（薬物動態）が変化する

a．低体温は多くの薬物の作用を延長増強し，とくに

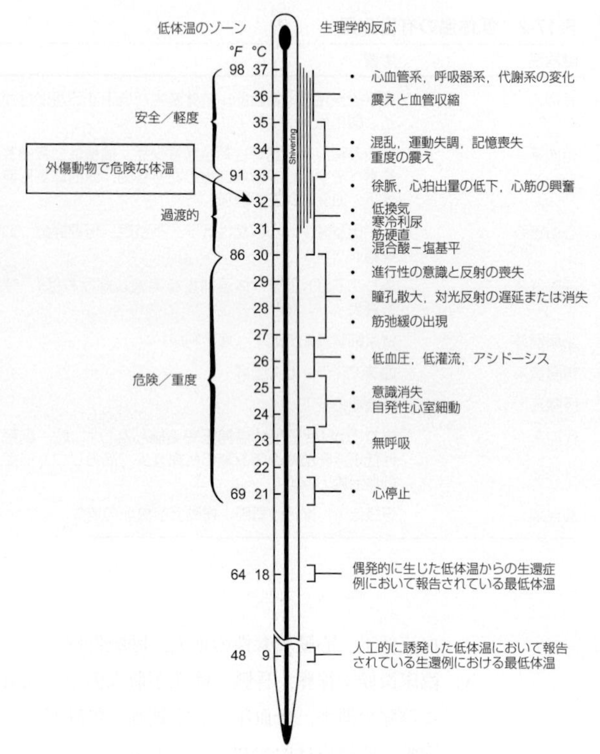

図17-5 低体温のゾーンと体温低下に対する生体反応。

オピオイドや末梢性に作用する神経筋遮断薬で顕著になる

3．吸入麻酔薬の最小肺胞濃度（MAC）は体温低下に伴って減少する

 a．たとえば，イソフルランMACは，深部体温が1℃低下するごとに約5％低下する（**図17-6**）

4．出血と失血の増加：血小板機能の障害，血液凝固因子酵素の機能低下，線溶作用の増加によって血液凝固が障害される。低体温誘発性血液凝固異常は，体温回復

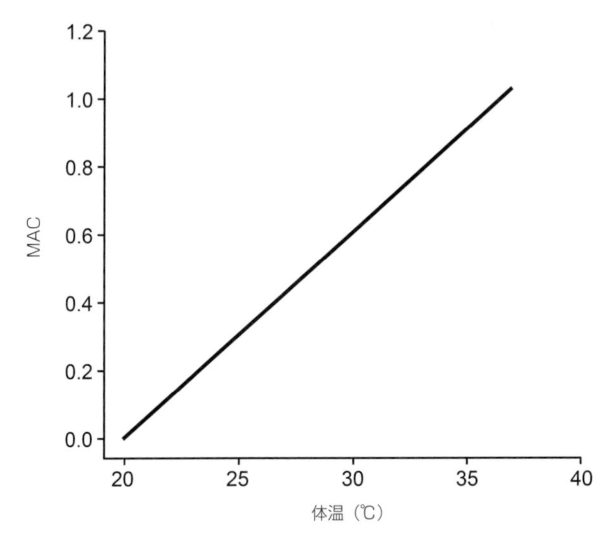

図17-6 体温と最小肺胞濃度（MAC）：強力な麻酔薬のMACは，体温低下とともに1℃当たり4～5%低下する。体温20℃では麻酔薬は必要なくなる。

によって典型的に改善する

5．酸素化：低体温によってヘモグロビン－酸素解離曲線は左方にシフトし，同じPaO_2であってもヘモグロビンと結合しない酸素が増加する

6．心死亡率：心機能低下によって血流量減少が生じ，心興奮性の増大によって心不整脈が生じる

　a．カテコールアミンやアトロピンなどの心血管刺激薬のほとんどにおいて，その効果が低下するか，全く効果がない

7．創傷感染：低体温は血管収縮を引き起こし，その結果，組織O_2分圧が低下し，好中球阻害によって免疫機能が障害される

8．震え：震えによってO_2消費量とCO_2産生が増大する

9．痛み：侵害刺激に対する感受性は，初期に交感神経活

性の増大に関連して増大し，その後，神経伝導の減少に関連して低下する

a．皮膚温が4℃以下に低下すると局所麻酔作用を生じる

b．凍傷の可能性があるので，皮膚領域の凍結は禁忌である

E．麻酔中の低体温の一般的な原因

1．麻酔薬

a．麻酔薬は交感神経の活性化を阻害し，末梢血管を拡張させる

b．ほとんどの麻酔薬は血管拡張を引き起こし，熱損失の原因となる

2．CNS抑制によって代謝活性が減少し，体温調整のセットポイントが低下する（**図17-7**）

a．血管運動緊張の中枢性制御が減少すると血管拡張を生じる

3．骨格筋活性の低下によって，熱産生が減少する

4．外科処置中に体腔が開放されると（開腹術，開胸術），体温損失が生じる体表面積が増大し，対流熱損失が増大する

5．体腔内洗浄における室温の液体の使用

6．IV輸液における室温の輸液剤の投与

a．人では室温の晶質液を1L輸液するごとに体温が0.25℃低下する

V．高体温

A．高体温は，深部体温が39℃を超えた場合と定義される

1．熱産生が熱損失を上回った場合に生じる

B．39～42℃の高体温では，臓器障害を防止するために冷却が必要となる

1．42℃以上の高体温では恒久的な臓器障害が生じ得る

C．高体温の原因

1．感染

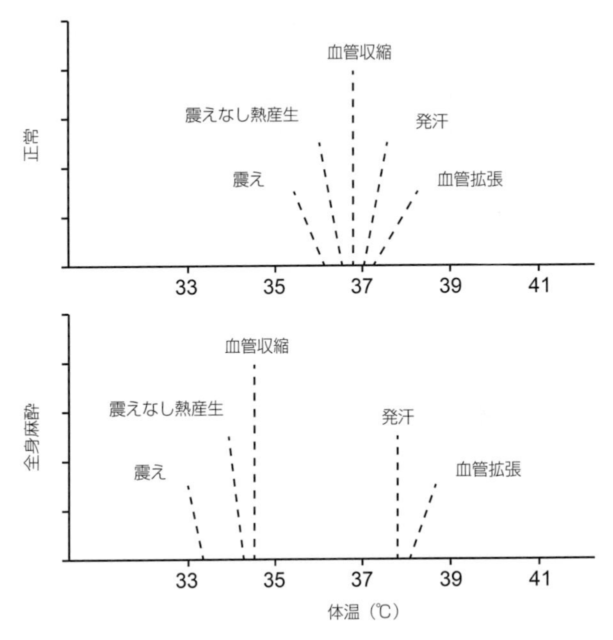

図17-7 全身麻酔は体温制御のセットポイントを変化させる。体温制御の恒常性は厳しくはコントロールされていない。

2．炎症
3．ヒスタミン放出（例：薬物投与，肥満細胞腫の操作）
4．薬物
　a．猫では，ヒドロモルホン，モルヒネ，およびフェンタニルが高体温の発生に関連している
　b．人では，抗コリン作動薬，吸入麻酔薬，セロトニン拮抗薬，および抗精神病薬が高体温の発生に関連している
5．医原性：偶発的な過剰加温
　a．加温パッド，暑い環境，温風加温器
6．悪性高熱：全身麻酔中に急激な体温上昇（5分で1℃

以上）を認める臨床症候群であり，致死率が高い。体温上昇は，骨格筋代謝の増大によって生じる

a．遺伝的（常染色体劣性遺伝）

b．豚で最も一般的に報告されている

c．小動物における報告は稀である

d．イソフルラン，ケタミン，およびサクシニルコリンなどの麻酔薬の使用

D．高体温の臨床徴候：筋硬直，横紋筋融解症，高カリウム血症，アシドーシス

1．治療

a．積極的に冷却する：O_2補助吸入，冷水またはアルコールを皮膚にかける，IV輸液剤（室温）を投与する

b．注意して積極的な冷却法を用いる：冷却したIV輸液剤の投与，冷却した液体を用いた胃洗浄，冷却した液体を用いた腹腔洗浄，冷却した液体を用いた浣腸，または冷水浴

c．解熱剤（非ステロイド系抗炎症薬［NSAID］），筋弛緩薬（例：ジアゼパム，ミダゾラム，グアイフェネシン），および血管拡張薬（アセプロマジン）を投与する

Ⅵ．体温モニタリング

A．麻酔中には，日常的に体温をモニタリングする

B．直腸温または食道温を深部体温としてモニタリングする

C．多くの研究が，環境温より高く温めた晶質液（輸液剤）を体温の維持または増加のために投与しても，その効果は最小限であると結論している。温めた輸液剤（35～41℃）は，急速に大量投与（＞30mL/kg体重/時）しない限り，かなり急激に熱損失が生じるので，長期作用は最小限である

Ⅶ．復温法

A．薬物

表17-3　薬物の拮抗

薬物のタイプ	拮抗薬	投与量
オピオイド	ナロキソン	0.005-0.015mg/kg IV
	ナルトレキソン	0.05-0.1mg/kg SC
α_2-作動薬	トラゾリン	0.5-5mg/kg ゆっくりIV
	ヨヒンビン	0.1-0.3mg/kg IV
	ヨヒンビン	0.3-0.5mg/kg IM
	アチパメゾール	0.05-0.1mg/kg IM
ベンゾジアゼピン	フルマゼニル	0.02mg/kg IV

IM：筋肉内投与，IV：静脈内投与，SC：皮下投与

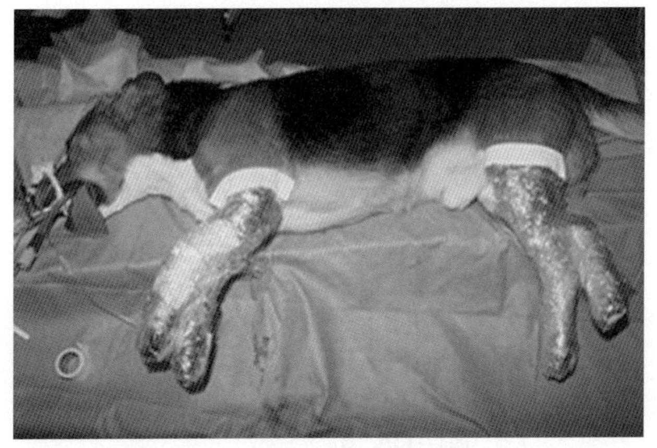

図17-8　受動的な加温は，四肢にブーツや靴下を履かせるか，セロファンで四肢を覆うことで達成できる。

1．CNS抑制薬とオピオイドの拮抗（表17-3）
   a．ナロキソンでオピオイドを拮抗する
   b．フルマゼニルでベンゾジアゼピンを拮抗する
   c．α_2-作動薬はアチパメゾールまたはヨヒンビンで拮抗できる

B．受動的な復温
  1．毛布で覆う
  2．四肢にブーツや靴下を履かせるか，セロファンで四肢を覆う（図17-8）
C．能動的な復温
  1．呼吸回路の吸気肢内に設置した加湿器は，それ自体単独では体温維持や復温には効果がないが，熱を加える
    a．呼吸器系から代謝熱の10％未満が損失する
  2．全身麻酔下の動物では，温水循環ブランケットの使用によって体温低下を緩和でき，対流熱損失を制限できる（図17-9A，B）
  3．水を満たしたラテックス製手袋（図17-10）
  4．強制温風ブランケットによって，ほかの方法よりも深部体温を高く維持できる（図17-11A，B）
  5．IV輸液剤を温めても復温の効果はない
    a．ゆっくりとした投与速度で温めたIV輸液剤を投与しても復温の効果はない
    b．輸液加温装置は，最大限の効果を得るために動物の近くに配置すべきである（図17-12A～D）
  6．電気毛布は火傷を生じることがあり，推奨されない
  7．体温制御加温システムによって麻酔下の動物における体温低下を緩和でき，伝導および対流体温損失を制限する（図17-13A，B）
  8．体外血液加温は侵襲的であり，実用的ではない
  9．温めた液体を用いた体腔洗浄や経口胃チューブによる胃洗浄は侵襲的であり，重度で致死的な低体温を示している動物のみに推奨される
  10．その他の方法
    a．手術時間や麻酔時間を短くする
    b．低流量または閉鎖回路を用いる
    c．往復回路（“to and fro”）を使用する
    d．あらかじめ加温する

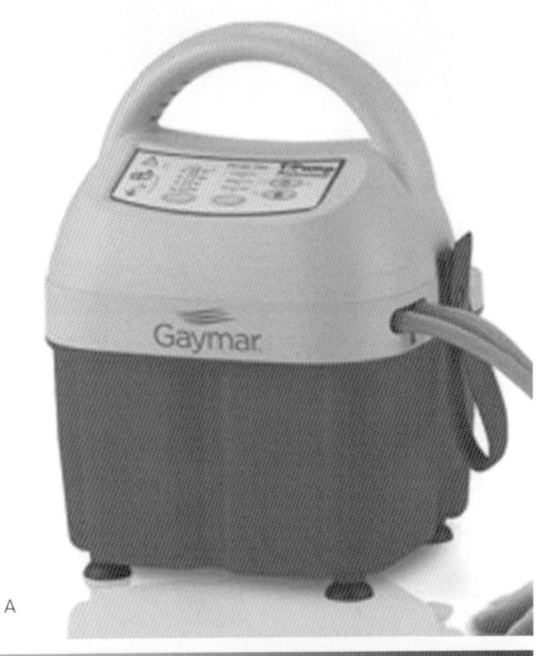

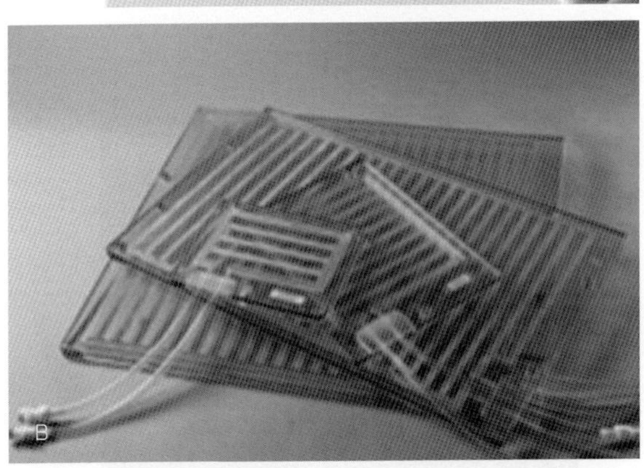

図17-9 温水循環システムを用いることで伝導性熱損失を制限できる(A)。Hallowell社製Heated Hard Pad®(B)または柔軟ポリマー製ブランケットは，Gaymar社製T/Pump®などのシステムとともに使用できる。

図17-10　ラテックス製手袋に水を満たして電子レンジで温める。温めた手袋を過剰に加熱して破らないように注意する。手袋をタオルで包んで動物の皮膚に直接接触することを防ぐ。

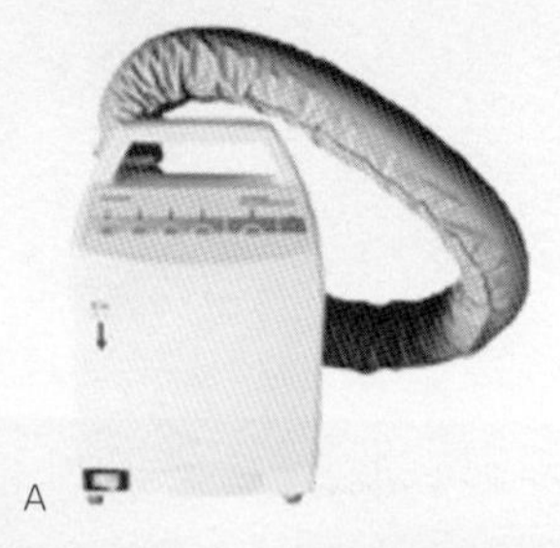

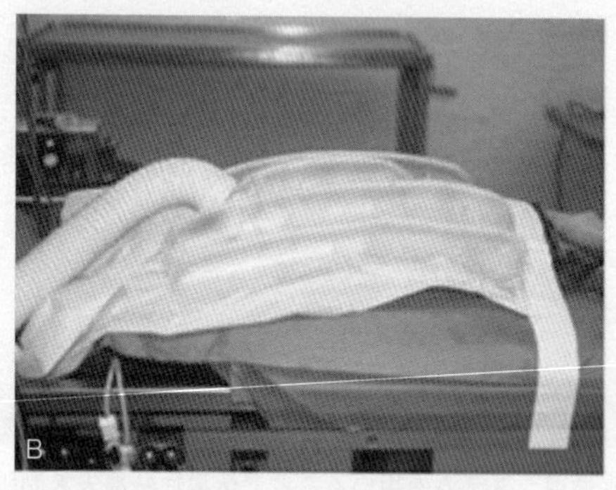

図17-11　術中や麻酔回復期には，Gaymar社製Thermacare®などの強制温風システム（A）に連結した使い捨てプラスチック製ブランケット（B）で動物を覆って保温する。

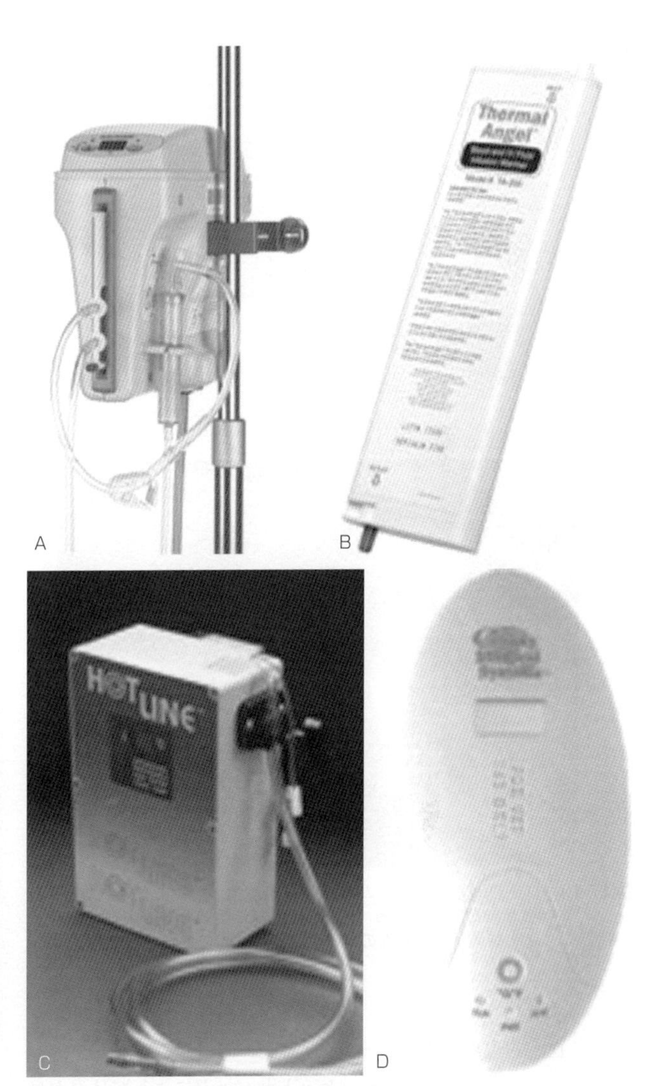

図17-12 投与するIV輸液剤を温めるために，Gaymar社製MediTemp®（A），Thermal Angel®（B），HotLine®（C），およびGradyVet 9500®（D）などの輸液剤加温器を使用できる。輸液剤加温器は，輸液剤を高い流量で投与する場合や加温器をIV投与部位近くに設置した場合に最も効果的である。

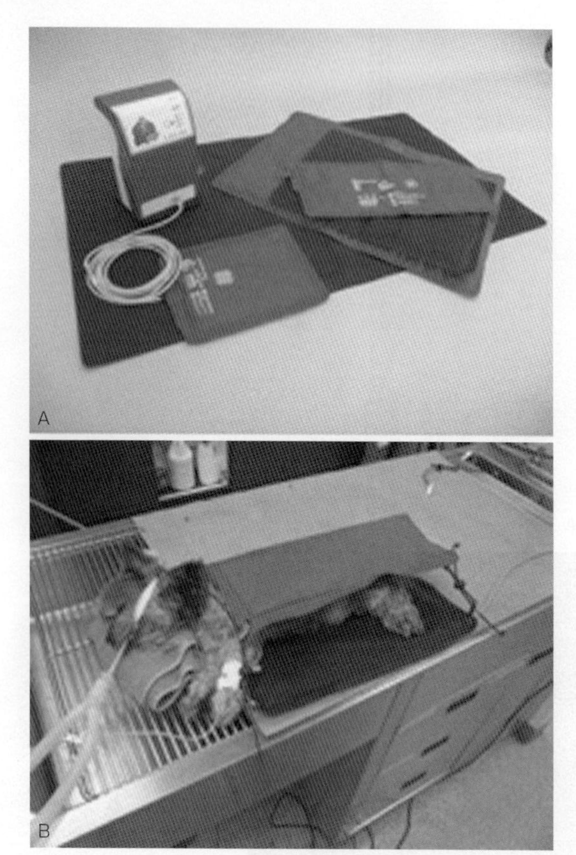

図17-13　Hot Dog加温システム®（A）は伝導性熱損失に有効であり，動物を包んで使用する（B）ことで対流性熱損失を制限できる。この装置は術創表面の対流性汚染を生じにくい。

11. 復温の効果
    a．強制温風ブランケットとパッドによって体温が最も大きく上昇する（**図17-14**）
    b．温めた輸液剤は熱損失を制限するために有効である
    c．複数の復温法を併用することで効果を得られる

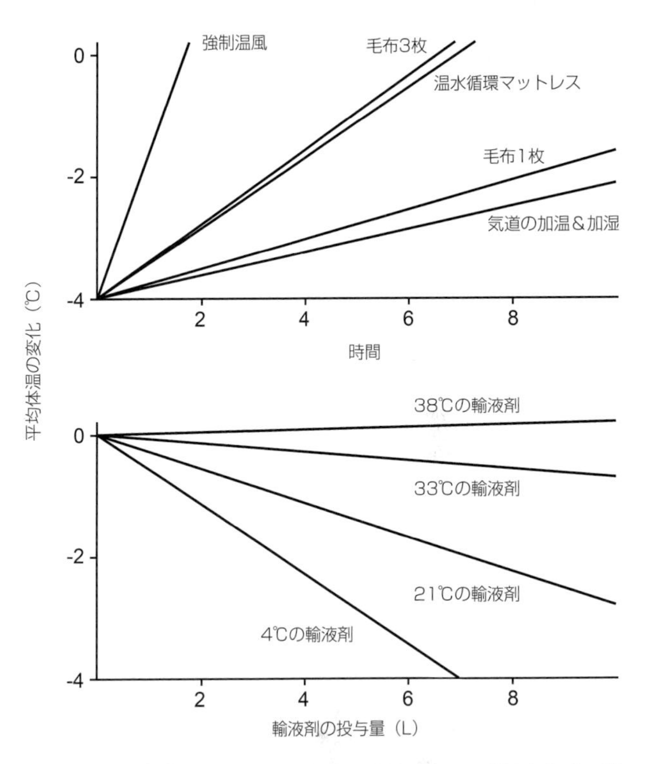

図17-14 加温法別の体温変化（上段）と輸液投与による体温変化（下段）。温めた輸液剤を臨床的投与速度（5～15mL/kg/時）で投与しても体温維持には役立たない。

12. アフタードロップ現象とは，皮膚に熱を加え始めた後に継続する深部体温の低下である
   a．低い末梢血流とさらなる血管収縮によって，皮膚から体深部への熱の伝達が阻害されるようである
   b．アフタードロップ現象の結果，ほとんどの動物が復温を開始した直後に冷たくなる

第18章

痛みとその治療

“Dying is nothing, but pain is a very serious matter.”

HENRY JACOB BIGELOW

概要

痛みの定義，認識，定量，そして治療が，獣医臨床の中心的な論点になっており，とくに，周術期の疼痛管理に関連する問題である。急性痛（例：外傷，外科手術）が治療されないと，動物は身体的および感情的変化を引き起こして適応性疼痛（adaptive pain）の状態になりやすくなる。さらに，痛みが重度で治療されないと，不適応性疼痛（maladaptive pain）の状態（病的痛み）に陥る。痛みからの解放は，適切な鎮静薬，筋弛緩薬，および静脈麻酔薬や吸入麻酔薬を選択することと同様に重要である。恐怖によって引き起こされる心配やストレスによって，潜在的に有害な様々な神経ホルモン反応（ストレス反応）が始まる。このストレス反応は，末梢神経系および中枢神経系の両方において侵害刺激への感受性を高める（**図18-1**）。痛みの経路を理解すること，そして，痛みの原因となる機序と鎮痛の作用機序を理解することによって，痛みに対する合理的な治療アプローチが可能になる。動物の痛みに対する行動を理解し予期することで，痛みの予防（先取り鎮痛）と初期治療が促進される。

総論

Ⅰ．定義

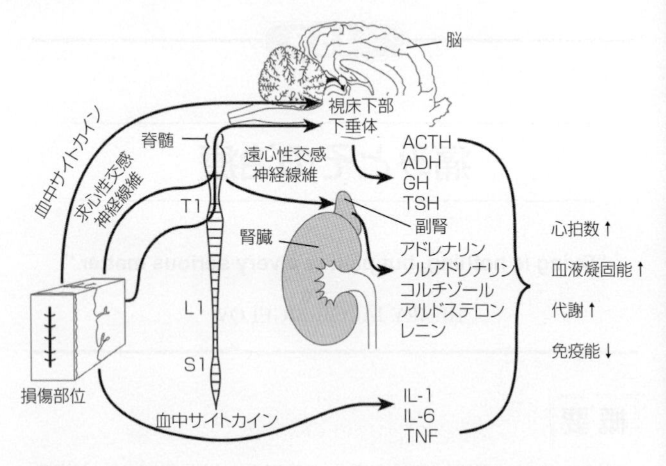

図18-1 組織損傷は，血行動態，血液学的所見，代謝系，および免疫系に重大な変化を引き起こし，これらは一括してストレス反応を生じる。ACTH：副腎皮質刺激ホルモン，ADH：抗利尿ホルモン，GH：成長ホルモン，IL-1：インターロキン-1，IL-6：インターロキン-6，L1：第一腰椎，S1：第一仙椎，T1：第一胸椎，TNF：腫瘍壊死因子，TSH：甲状腺刺激ホルモン

- **急性痛**：突然に発症する痛みで重度となる可能性があるが，持続時間は比較的短く，痛みの原因となっている刺激が除去されれば消退する；治癒によって消失し，自己制限される傾向にある
- **適応性疼痛**（adaptive pain）：実際の組織損傷やその危険性によって生じる痛みであり，防御作用として生じる。この痛みによって物理的接触や動きが制限されることで，環境刺激によってさらに引き起こされる組織損傷を予防制限し，治癒を促進する
- **アロディニア（異痛）**：通常は痛みを生じない刺激によって生じる痛み
- **無痛**：痛み感覚の消失
- **鎮痛法，鎮痛薬**：痛みから解放する方法や薬物
- **アナルジア**：痛みを感じないこと

- **突出痛**（breakthrough pain）：慢性痛において一時的に痛みが強まることで，鎮痛治療で慢性痛がコントロールされていても生じる可能性がある
- **がん性痛**：疾患自体やその治療に関連して急性，慢性，あるいは間欠的に生じる痛み
- **中枢感作**：中枢神経系，とくに脊髄における神経の興奮性と反応性の増大（**図18-2**）
- **慢性痛**：数週間〜数カ月間持続する痛みであり，予想される治癒期間を超えて持続する
- **深部痛**：腱，関節，筋，および骨膜に由来する；深部痛では，血圧低下，ゆっくりとした脈，悪心，嘔吐，および発汗などの変化は通常生じない；骨格筋の近くを鉗圧することにより反射を引き起こす
- **窮迫**：(1) ストレスに対する生物学的反応が，動物の福祉に不可欠な生物学的機能に不利に働いたときに生じる状態。(2) 痛みや苦痛あるいは不愉快を引き起こすこと
- **硬膜外**：硬膜上部の空間
- **痛覚過敏**（hyperalgesia）：通常痛みを生じる刺激に対して，損傷部位（一次痛覚過敏）や周囲の非損傷部位（二次または域外痛覚過敏）において反応が増大し過敏になること（疼痛感覚の増強）。侵害受容器（痛み受容器）は侵害刺激に対してより強く反応し，その刺激閾値は低くなる
- **知覚過敏**：感覚の感受性増大
- **痛覚異常過敏**（hyperpathia）：刺激，とくに反復刺激に対する反応性の増大を特徴とする痛み症候群。刺激閾値の低下はない
- **痛覚鈍麻**（hypoalgesia）：痛みに対する感受性低下
- **感覚鈍麻**（hypoesthesia）：刺激に対する感受性低下
- **Institutional Animal Care and Use Committee（動物管理および使用に関する委員会；動物実験委員会）**：動物実験を計画する施設において，米国農務省および厚生省により，その設置を要求されている委員会；獣医師，現役

の科学者，科学者ではない人物，その施設に属していない第三者から構成される；施設における動物管理と使用計画の評価，および実験施設運営者に対する勧告に責任を負う；ケースバイケースを基本に，施設における研究目的の動物使用の認可あるいは否認に最終的な責任を負う

- **介入的痛み治療**：痛み信号の発生や脳への伝達を防止または変化させるための行為
- **局所麻酔**：麻酔薬を適用または注射投与して，特定領域に制限された無痛を得ること
- **大手術**：体腔の穿孔や露出を伴う外科処置；恒久的な物理的あるいは生理的障害を引き起こす可能性のあるすべての処置；整形外科あるいは広範囲の組織切開や離断を伴うすべての処置
- **不適応性疼痛**（maladaptive pain）：実際の組織損傷の範囲を超えて生じる傾向にある痛みであり，組織損傷が治癒しても痛みが持続し，痛み自体が問題となる
- **小手術**：物理的あるいは生理的機能障害が最小限の外科処置（例：腹腔鏡手術，体表の静脈切開，皮下生検）
- **マルチモーダル鎮痛**：相加的または相乗的な鎮痛効果を得ることを目的に作用機序の異なる複数の鎮痛薬を併用すること。マルチモーダル鎮痛による薬物の組み合わせは，個々の薬物の副作用を軽減して大きな鎮痛効果を得ることを可能にする（安全性が高まる）
- **筋筋膜痛**：筋肉やこれに関連する組織において，硬直，筋痙攣，および可動域の減少に関連して生じる限局した痛み
- **神経痛**：神経の走行に沿って広がる周期的に強くなる痛み
- **神経遮断無痛**：神経遮断薬（例：トランキライザ）と鎮痛薬の組み合わせによる催眠と無痛覚
- **神経因性疼痛**：末梢神経系あるいは中枢神経系（CNS）のいずれかの損傷や，その損傷後に引き起こされる痛みで，運動神経，知覚神経，または自律神経の障害に関連する
- **神経可塑性**：環境変化（例：感染，炎症，外傷）により引

き起こされる中枢神経系や末梢神経系における適応性変化

- **侵害受容**：侵害受容器（痛み受容器）の刺激によって生じる神経電気信号の導入，伝達，およびCNSでの処理過程。痛みの認識に到る生理学的過程
- **オピオイド**：鎮痛に利用される天然または合成のモルヒネ関連薬物
- **痛み（疼痛）**：潜在的な組織損傷や実質的な組織損傷に関連する嫌悪感覚または感情
- **痛みの閾値**：痛みを引き起こす最小限の刺激
- **痛みの耐性レベル**：耐えられる最大限の痛み
- **病的痛み**：神経組織の損傷（神経因性疼痛）あるいは異常な機能（機能障害）によって引き起こされている病的状態。病的痛みは不適応性疼痛であり，通常，異痛を引き起こす末梢感作，中枢感作，および痛覚過敏を含んでいる
- **痛みの認知**：人だけが痛みの治療を訴え要求する；動物では，正常な行動からの逸脱や異常な行動を観察することで痛みの有無を推量しなくてはならない；痛みは跛行や歩様の変化によって明らかになる；損傷部位を引っ込める；ぎこちない，異常な姿勢；心配そうな表情や苦痛の表情；痛みのある部位を見つめたり，なめたり，引っ掻いたり，蹴ったりする；これらの行動や似たような症状は，獣医師が痛みの存在を診断し，その程度を把握する際の唯一の手がかりとなる；動物の痛みは看過されがちであり，痛みがあると診断されたとしても過小評価されがちである
- **周術期**：外科手術およびその前後の期間。症例が外科手術のために動物病院に来院してから退院するまでの期間
- **末梢感作**：末梢神経終末における活性，興奮性，および反応性の増加（**図18-2**）
- **生理的痛み**：侵害刺激に対する正常な反応であり，動物が組織損傷を最小限にするため（戦闘または逃亡反応），または修復期に外部刺激を避けるために防御機能として生じる（**図18-3**）

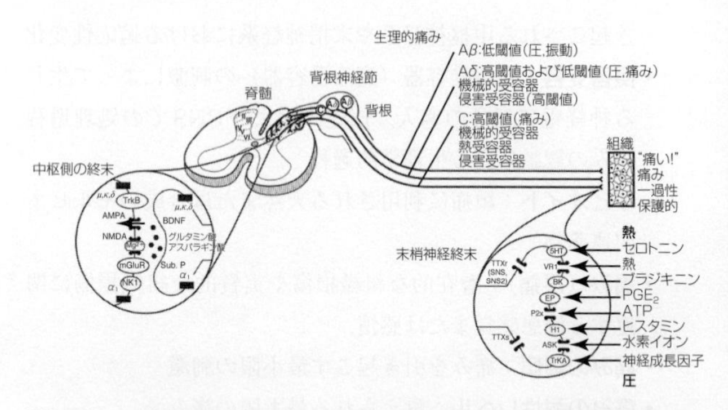

図18-2　末梢感作と中枢感作。最小限の痛み刺激または非痛み刺激に対する反応性増大（異痛）は，組織損傷（末梢感作）または末梢神経から中枢神経への入力増大（中枢感作）によって生じる。詳細に関しては本文参照。

- **先取り鎮痛（先行鎮痛，先制鎮痛）**：鎮痛効果の向上を目的として，神経細胞の感作またはワインドアップを防止するために，痛みが発生する前に鎮痛治療を実施すること
- **投射痛**：痛みの位置の誤認；正常に正確に位置している体表痛とともに起こる；痛みの経路を含む神経の損傷は，疼痛線維の起始部において損傷されていない領域に向けて幻痛を引き起こす
- **関連痛**：体の一部に由来する疼痛であるが，ほかの部位に生じていると認識される；内臓疼痛線維の脊髄分節が皮膚からの疼痛線維と神経接合している結果生じる
- **伝達麻酔**：体の局所領域から信号を伝達する知覚神経を阻害することで，その領域に感覚喪失を引き起こすこと
- **鎮静**：動物は目が覚めているが穏やかであるCNS抑制状態であり，一般的に周囲環境には興味を示さない；しばしば精神安定という用語の代わりに用いられる；強い刺激によって動物は目を覚ます
- **体性痛**：骨，関節，筋肉，または皮膚の損傷によって生じる痛みであり，人では限局的，持続的，鋭い，疼くなどの

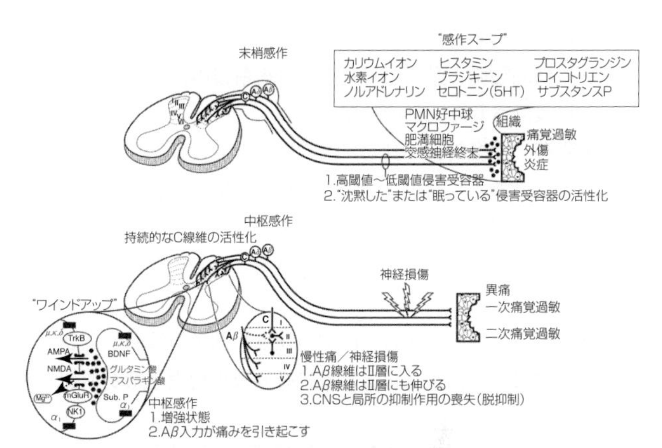

図18-3 侵害受容は，生理学的痛みとも呼ばれ，侵害刺激を伝達し処理する神経過程である。熱，化学的あるいは機械的刺激は，受容器を活性化し，Aβ，Aδ およびC神経線維によって中枢神経系（CNS）に伝達される電気的刺激として伝達される。これらの電気的信号が脊髄背角に到達すると，脊髄背角の神経線維末端から神経伝達物質が放出され（AMPA，NMDA，など），脳に投射される電気信号として伝達される。侵害受容痛は防御的である。

表現が用いられる

- **禁欲的**：痛みや喜びに無関心なこと
- **ストレス**：恒常性（ホメオスタシス）を破壊または脅かされた場合に動物が適用しようとする生物学的反応。ストレッサーは，物理的，化学的，または感情的因子であり（例：痛み，外傷，恐怖），これらにうまく適応できないと心理的緊張を強いられ，病的状態に発展することもある
- **硬膜下腔**：軟膜の上部で脳脊髄液を容れているクモ膜の下部の腔間。硬膜下腔への投与は脊髄投与ともいわれる
- **表面痛，皮下痛**：体表（皮膚）に由来し，一般的に限局性が強い；体表痛は，鋭性または急性の場合もあれば，慢性，ヒリヒリする，あるいは疼くような場合もある；脈拍や血圧の上昇を引き起こすこともある
- **外科**：生きている組織を切開する行為；手術処置；手術処

置を実施する場所や設備
- **外科的設備**：動物の外科手術や術前後の治療や作業のために設計された一群の部屋
- **生存／回復外科**：動物に全身麻酔下での外科手術を実施し，全身麻酔から回復させて意識を取り戻す外科手術
- **交感神経仲介性痛**：異常な交感神経系緊張によって生じる症候群であり，重度の消耗性衰弱を生じ，軽い接触で圧痛を示す
- **耐性**：薬物の効果持続時間の短縮や効果の減弱および／または目的の効果を得るために必要な平均投与量が増加すること
- **精神安定，アタラキシア，神経遮断**：精神安定および静穏さの程度であり，リラックスし，動きたがらず，覚醒状態で，周囲の環境を気にせず，弱い痛みに対しても無関心でいられる状態；十分な刺激によって症例は目を覚ます
- **内臓痛**：体内の臓器を由来とする痛みであり，限局性に乏しい；小さな損傷は重度の痛みを引き起こさないが，びまん性の病巣は非常に重度の痛みを引き起こす；内臓，腸間膜，腱を引っ張ったり捻ったりすると，麻酔下の動物でも痛みを引き起こすことがある；内臓痛は体表の痛みとして認知されることがある；この疼痛部位の誤認は関連痛と呼ばれる；内臓障害により炎症が壁側腹膜，胸膜，または心膜に広がると，これらの領域由来の疼痛線維も刺激される；壁側腹膜や胸膜の疼痛線維は皮膚のように神経支配されており，対応する体表の領域に関連する高度に限局した急性痛として認知される可能性がある；また，内臓痛は重度の交感神経活性化（例：頻脈，高血圧，頻呼吸）も生じる可能性があり，障害領域の上に位置する腹壁骨格筋の痙縮を引き起こすこともある；通常，壁側腹膜が障害されている
- **ワインドアップ**：脊髄内での一時的な疼痛刺激。C-線維によって仲介され，“第二”の痛みまたは遅発性の痛みを

引き起こす（**図18-2**参照）

Ⅱ．痛みの生理学と痛みの経路

A．末梢の痛みの受容体

1．機械的感受性

a．応力，伸展

b．圧迫，挫滅

2．熱感受性；温度変化も含む

a．熱

b．寒冷

3．化学的感受性

a．神経伝達物質（例：Ach，サブスタンスP）

b．プロスタグランジン類

c．オータコイド

(1) ブラジキニン

(2) 5-ヒドロキシトリプタミン（5-HT，セロトニン）

(3) ヒスタミン

(4) カリウム

(5) タンパク分解酵素

d．酸（例：乳酸）

e．サイトカイン

(1) 腫瘍壊死因子

(2) インターロイキン-1，-6，-8

(3) カルシトニン遺伝子関連ペプチド

f．ロイコトリエン

g．神経増殖因子

B．末梢神経（**表18-1**）

1．有髄神経線維（Aα，Aβ，Aγ，Aδ）は，急性の正確に限局した（識別性の，局在のはっきりした）鋭性の痛みを伝達する（**図18-3**参照）

2．無髄C-神経線維は，慢性の拡散した（原発性の，局在のはっきりしない）鈍性の痛み，ヒリヒリした痛み，

表18-1　注射可能な鎮痛薬とそれらの作用機序

薬物	作用機序
オピオイド（モルヒネ，フェンタニル，メサドン，メペリジン，ヒドロモルホン，オキシモルホン，ブプレノルフィン，ブトルファノール）	オピオイド受容体に結合し，鎮静，無痛，多幸感を生じる
α_2-作動薬（キシラジン，デトミジン，メデトミジン，デクスメデトミジン，ロミフィジン）	α_2-受容体に結合し，鎮静，筋弛緩，無痛を生じる
非ステロイド系抗炎症薬（フルニキシンメグルミン，フェニルブタゾン，アスピリン，カルプロフェン，ケトプロフェン，エトドラク，メロキシカム，デラコキシブ，フィロコキシブ，ロベナコキシブ，ピロキシカム）	中枢神経系（CNS）では視床下部に作用；末梢ではプロスタグランジン抑制を介して抗炎症作用と無痛作用を示す
局所麻酔薬（リドカイン，メピバカイン，ブピバカイン，ロピバカイン）	電気的インパルスの神経伝達をブロックする

および疼く痛みを伝達する（**図18-3参照**）

C．脊髄経路

1．末梢神経は背根から脊髄に入り，リッサウアー路（後外側束）内を1～2分節上行または下行する

2．末梢神経は背角灰白質内（膠様質）に終止する

3．末梢神経は脊髄視床路の神経とシナプス結合し，以下の中枢神経系に投射する：

a．視床：体性感覚皮質

b．網様体賦活系（自律神経系の活性化に重要），大脳辺縁系，扁桃体，および青斑；以下の状態を生じる：

（1）睡眠喚起

（2）心肺系の変化

（3）嫌悪反応

（4）ストレス反応

4．脊髄における痛み修飾因子

a．促進

(1) サブスタンスP(ニューロキニン-1[NK-1型])
(2) グルタミン酸（N-メチル-D-アスパラギン酸[NMDA型]）
(3) プロスタグランジン類
(4) セロトニン（5-HT_2）
(5) ノルエピネフリン
(6) アセチルコリン
(7) アデノシン三リン酸（ATP）
(8) BDNF（脳由来神経栄養因子）

b．抑制
(1) γ-アミノ酪酸（GABA）
(2) オピオイド
(3) α_2-受容体
(4) アデノシン（A_1-型）
(5) セロトニン（5-HT_1）
(6) ノルエピネフリン
(7) カイニン酸

5．中枢性認知

a．痛みは，正常な行動，ストレス徴候，生理学的反応からの逸脱により推量される
(1) 食欲の減少
(2) 眠れない
(3) 顔貌の印象
(4) 歩様の変化
(5) 移動の減少や増加
(6) 動きたがらない
(7) 異常な姿勢
(8) なめる，引っ掻く
(9) 自己断節（自己損傷）
(10) 毛繕い行動の減少
(11) 嫌悪
(12) 哭く

(13) 攻撃
(14) 体調不良

b. 麻酔下の動物の痛みは，操作（外科処置など）に対する動きや反応性の変化により推量される
(1) 動き
(2) 震え
(3) 心拍数や呼吸数の増加
(4) 動脈血圧の上昇
(5) 自律神経系
(6) 神経内分泌系
(7) 免疫学
(8) 血液学
(9) 代謝系
(10) 形態学

c. 痛みやストレスは，循環血液中の“ストレス”物質増加によって推量される
(1) 副腎皮質ホルモン
(2) グルコース
(3) カテコールアミン（ドパミン，エピネフリン，ノルエピネフリン）
(4) β-エンドルフィン
(5) ロイ－エンケファリン
(6) 乳酸
(7) 遊離脂肪酸

Ⅲ. 痛みや組織損傷に対する反応性の分類

A. 痛みの分類

1. 侵害受容痛（生理的な痛み）（**図18-1**参照）；日常生活で体験される組織障害が最小限または組織障害のない刺激であり，有害刺激（例：熱，寒冷，圧力）からの防御的役割を果たす；侵害受容痛は，高閾値痛み受容器の刺激によって引き起こされる初期の防御的警告機能であり，適応性疼痛である

a．限局性

b．一過性

c．閾値が高い

2．炎症性疼痛は，末梢組織の損傷（例:粉砕，外科手術）によって引き起こされる；炎症性疼痛は適応性疼痛であり，組織修復と治癒を促進する（防御的）

a．痛みの閾値が低い（異痛）

b．侵害刺激に対する反応を誇張させる（知覚過敏）

c．限局性に乏しい（二次性知覚過敏）

d．末梢感作や中枢感作が始まる

3．神経因性疼痛は，閾値が低く，神経損傷によって自発的に生じる痛みである（例：熱傷，刺傷）；炎症性疼痛と特徴が似ているが，不適応性疼痛である

4．機能障害性疼痛は，閾値が低く，異常な痛みの過程によって自発的に生じる痛みである；神経障害や炎症の形跡を伴わない場合もある

5．臨床的痛みは，炎症性疼痛や神経因性疼痛で較正される；臨床的痛みは，病的痛覚過敏が生じている点で生理的痛みと異なる

B. 末梢感作および中枢感作（**図18-2参照**）

1．末梢感作は末梢の侵害受容器の閾値減少と反応性増加を生じる；痛みの知覚過敏と痛覚過敏の一因となる

a．損傷部位

b．周囲の組織

2．中枢感作

a．活性依存性の脊髄神経細胞の興奮性増加を“脊髄促進”または“ワインドアップ”と呼ぶ；正常な刺激入力によって異常反応を示す

(1) 背角の広作動域神経細胞の反応性は進行性に大きくなる

(2) 末梢受容野の拡大

(3) 損傷後の痛覚過敏に並行して生じる空間的，

時間的，および閾値の性質の間断のない変化（受容野可塑性）

(4) 接触性異痛（アロディニア）を生じる

b．中枢感作には“ワインドアップ”と痛覚過敏の遅延相がある；サブスタンスP（NK-1）受容体やグルタミン酸（NMDA）受容体により仲介される

3．末梢感作と中枢感作の違い

a．末梢感作は，AδおよびC侵害受容器を活性化する弱い刺激によって引き起こされる

b．中枢感作は，中枢における神経性入力の処理の変化であることから，正常な低閾値Aδ知覚線維によって引き起こされる

C．痛みは術後回復を相当に遅らせる：

1．心血管作用

a．心拍数増加

b．血圧上昇

c．心収縮力の増加と心仕事量の増加

d．酸素要求量の増大，潜在的に心筋虚血を招く心筋酸素供給の減少

e．内臓や皮膚への血流低下，創傷治癒を潜在的に遅らせる

2．呼吸作用

a．呼吸刺激によって初期に過換気，低二酸化炭素血症，および呼吸性アルカローシスを引き起こす

b．横隔膜の固定と低換気，無気肺，低酸素血症，および高二酸化炭素血症

3．内分泌系への作用

a．異化作用と同化作用

b．インスリン産生の低下

c．体液貯留

4．代謝作用

a．血糖値の上昇

5．胃腸管作用

a．胃空虚化時間の延長

b．吐き気

c．胃腸管運動の低下とイレウス

6．止血

a．血液粘稠度の増加

b．血液凝固能亢進と静脈血栓症のリスク

7．行動への作用（前述のⅡC5a参照）

a．静穏，抑うつ，頻繁に動く

b．特定の部位をかばう，または保護する

c．不安

d．攻撃的

D．痛み治療の意味するところ

1．術中には無痛が要求される；術中鎮痛は全身麻酔，局所麻酔，および様々な鎮痛薬の局所投与や全身投与によって得られる（**表18-1**参照）

a．吸入麻酔薬（イソフルラン，セボフルラン，デスフルラン）

b．催眠薬（バルビツレート，エトミデート，プロポフォール）

c．解離性麻酔薬（ケタミン，チレタミン）

d．局所麻酔薬（リドカイン，メピバカイン，ブピバカイン，ロピバカイン）

e．オピオイド（ブプレノルフィン，ブトルファノール，フェンタニル，ヒドロモルホン，メペリジン，メサドン，モルヒネ，オキシモルホン）

f．α_2-作動薬（デトミジン，デクスメデトミジン，メデトミジン，ロミフィジン，キシラジン）

g．非ステロイド系抗炎症薬（NSAID）；アスピリン，カルプロフェン，デラコキシブ，フィロコキシブ，フルニキシン，ケトプロフェン，メロキシカム，フェニルブタゾン，およびピロキシカム；その他

2．臨床的痛みを生理的痛みに変換することでおそらく十分であり，これは行動修飾薬や抗炎症薬で最もよく達成される
 a．オピオイド
 b．α_2-作動薬
 c．NSAID
3．痛みと中枢感作の成立の予防（**表18-2**）
 a．先行鎮痛（予防鎮痛）；薬物の組み合わせが必要（例：オピオイド－精神安定薬）
 b．薬物の投与量と投与ルートにより効果を選択できる；静脈内（IV），筋肉内（IM），皮下（SC），経口（PO）対 硬膜外，クモ膜下，特定部位への投与（**図18-4**）
4．マルチモーダル鎮痛
 a．様々な薬物の組み合わせによって相加的（NSAIDとオピオイド）または相乗的（オピオイドとα_2-作動薬）に鎮痛効果を得られることが知られており，これらの薬物の組み合わせは個々の鎮痛薬の投与量を減らして鎮痛効果を向上させるために用いられている。たとえば，モルヒネ（1～2μg/kg/分），リドカイン（25～50μg/kg/分），およびケタミン（10～20μg/kg/分）の組み合わせ（MLK）を犬や猫に投与することで吸入麻酔薬の要求量を減少できる。ほかの動物種においても，同様のカクテルが開発されている

非ステロイド系抗炎症薬（NSAID）（第3章の表3-5参照）

Ⅰ．プロスタグランジン合成を阻害して炎症を軽減し，鎮痛効果を発揮する
 A．CNS活性は十分に明らかにされてはいない
 B．末梢でシクロオキシゲナーゼ（COX）活性を阻害する

表18-2　先取り鎮痛に使用される鎮痛薬と投与量*

	投与量（mg/kg）					
薬物	犬	猫	馬	反芻獣†	投与経路	投与間隔（時間）
局所麻酔薬						
硬膜外投与で使用される薬物‡						
リドカイン	1mL/4.5-6kg（2%）	1mL/4.5-6kg（2%）			–	1-2
ブピバカイン	1mL/4.5-6kg（0.75%）	1mL/4.5-6kg（0.75%）			–	4-6
ロピバカイン	0.5	0.5			–	4-6
モルヒネ	0.1	0.1	0.1		–	8-18
				0.5-1	–	12
フェンタニル	1-10μg/kg	1-10μg/kg			–	3-5
オキシモルホン	5-10μg/kg	5μg/kg			–	7-10
ブトルファノール	0.25	0.25			–	2-4
キシラジン	0.1-0.4	0.1-0.4			–	3
メデトミジン	10-15μg/kg	10-15μg/kg			–	6-7
オピオイド						
作動薬						
モルヒネ	0.4-2.0	0.1-0.2			IV，IM	1-4
		0.1-0.3mg/kg/時			IV	12-48
			5-10μg/kg	0.5-1	IV	12

第18章

表18-2　先取り鎮痛に使用される鎮痛薬と投与量* （続き）

	投与量（mg/kg）					
薬物	犬	猫	馬	反芻獣†	投与経路	投与間隔（時間）
メペリジン	1-5	0.5-1			IV，IM	0.5-2.0
ヒドロモルホン	0.1-0.4	0.1-0.2			IV，IM	4-6
オキシモルホン	0.1-0.4	0.1-0.2			IV，IM	4-6
			0.001-0.020		IV	6
メサドン	0.5-2.0	0.02-0.10			IV，IM	2-6
フェンタニル	2-6μg/kg	1-3μg/kg			IV	0.2-0.5
	2-5μg/kg/時	1-4μg/kg/時			IV	12-72
	2-5μg/kg/時	2-5μg/kg/時			経皮パッチ	効果発現までに8-12；2-4日間持続
コデイン	0.5-2.0	0.5-2.0			PO	4-6
	0.5-2.0	禁忌			アセトアミノフェンを併用してPO	6-8
	0.5-2.0	0.5-2.0			SC	
作動－拮抗薬						
ブトルファノール	0.2-0.8	0.2-0.8			IV，IM	1-2
	0.1-0.3mg/kg/時				IV	6-12
				0.05	SC	6
ペンタゾシン	0.5-4.0	0.2-1.0			IV，IM	2-4
ナルブフィン	0.5-1.0	0.4			IV，IM	1-6

ブプレノルフィン	0.01-0.04	0.001-0.005			IV，IM	6-12
			0.001-0.005		IV	12
				0.005（羊と山羊）	IM	12
α_2-作動薬						
メデトミジン	5-20μg	0.01-0.04			IV，IM	1-4
デクスメデトミジン	5-20μg	0.01-0.04			IV，IM	1-4
			0.01-0.02		IV	12
キシラジン	0.4-1.0	0.4-1.0			IV，SC	1-3
			0.5-1.0		IV	12
ロミフィジン	0.04-0.09	0.09-0.18			IM，SC	2-4
			0.04-0.08		IV	12
デトミジン			0.01-0.02		IV	12
その他						
トラマドール	3-5	2-4			PO	6
ガバペンチン	5-15	5			PO	12
プレガバリン	5-15	5	0.01-0.02		PO	12

*局所麻酔，伝達麻酔，肋間神経ブロック，胸膜腔内神経ブロックに関する教科書の記載を参考にした（選択的神経ブロックではブピバカインとロピバカイン1〜3mg/kg）。リドカインは鎮痛を付加する目的で静脈内持続投与できる（2〜3mL/kg/時［50mg/kg/分］；IV）。
†注意書きがない場合は成牛の投与量を示す。
‡薬物を生理食塩液（0.9%）1mL/5kgに希釈する；硬膜外投与では鎮痛作用を長時間維持するために，頻繁にオピオイドと局所麻酔薬を組み合わせて使用される（オキシモルホン0.1mg/kgを0.75%ブピバカインに希釈して体積を1mL/5kgとする）。
注釈：犬の膝関節手術において鎮痛効果を付加する目的でモルヒネ（0.1mg/kg）が関節内投与されている。
硫酸マグネシウム6〜8mg/kg/時または5〜15mEq/L/時を鎮痛効果の付加を目的に投与できる。
PO：経口投与，IV：静脈内投与，IM：筋肉内投与，SC：皮下投与

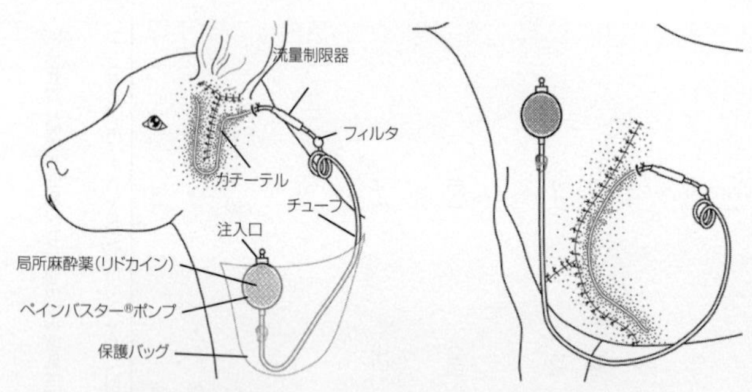

図18-4 流量調整可能なバルーン注入器やシリンジ注入ポンプを用いて鎮痛薬（局所麻酔薬）を痛みのある組織内に注入することもできる（図17-14参照）。

C．周術期のNSAIDの使用に関しては，その腎障害のために賛否が分かれている。NSAID療法を適用する場合には，腎機能が正常であり，正常に水和されている（正常な血液量）動物に限定すべきである

Ⅱ．プロスタグランジン類

A．炎症過程でプロスタグランジン類は：

1．血管拡張を引き起こす

2．血管透過性を増大する

3．末梢の疼痛受容体を感作する

4．慢性的になると血管新生と肉芽組織新生が生じる

B．プロスタグランジン類は組織維持にも役立っている

1．胃粘膜保護

2．血小板凝集の促進

3．腎血流の調整

C．現在利用できるNSAIDは，すべてのプロスタグランジン合成を阻害する

Ⅲ．COX酵素のサブタイプ

A．COX-1

1．多くの組織において正常なホメオスタシスに必要な基

本的なプロスタグランジンを産生させる

B. COX-2

1．病理学的過程に関わり，炎症部位に認められる
2．内皮細胞，平滑筋細胞，軟骨細胞，線維芽細胞，単球，マクロファージ，および滑膜細胞

C. 鎮痛治療および抗炎症治療では，主にCOX-2によって産生される特定のプロシタグランジン類を選択的に阻害すべきである。これによってCOX-1阻害によって引き起こされる副作用を大きく軽減できる

第19章

統合医学：鍼鎮痛

“Medicine is not only a science, but also the art of letting our own individuality interact with the individuality of the patient.”

ALBERT SCHWEITZER

概要

手術中の疼痛管理の補足方法として，刺鍼術を使用することができる。経穴（ツボ）に刺入した針を介して経穴を電気刺激する方法が最も効果的な鍼鎮痛法である。種々の経穴を組み合わせて電気鍼療法（electroacupuncture analgesia：EAA）を行うことができる。しかし，特定の外科手技に対して，とくにどの経穴の組み合わせが最も効果的な鎮痛作用をもたらすのかは，まだ明確にされていない。通常，電気刺激を行った経穴付近の領域に鎮痛効果が認められる。EAAの主な利点は，CNS抑制，呼吸抑制，徐脈または低血圧などを引き起こさないこと；良好もしくはすぐれた術後鎮痛効果を示すこと；術後の食欲，消化管および膀胱機能の速やかな回復が認められることである。一方，主な欠点は，非常に良好な保定が必要であること；作用発現に時間を要し（平均20分），その鎮痛効果が一定ではないこと；接触，圧力，牽引に関する知覚が維持されること；腹筋群の弛緩作用が非常に弱いこと；覚醒状態の動物では視覚，聴覚，嗅覚に関連する反応が維持されることである。

鍼鎮痛の発現機序

Ⅰ．鍼鎮痛の発現機序については，医学文献で解説されている*

Ⅱ．EAAの効果発現の機序に関する近年の理論：

A．上行性の疼痛信号（知覚信号）の末梢，脊髄（“ゲートコントロール”），および脳レベルでの抑制

B．脳からの下行性疼痛抑制系の，とくに中脳および視床下部における活性化

Ⅲ．疼痛信号を伝達する知覚神経系の構成要素には，Aδ線維とC線維が含まれる

A．経穴は，神経（とくにAδ線維），肥満細胞，毛細血管，および細静脈などの密度の高い皮下組織であり，周囲組織よりも電気抵抗が低い

B．鍼刺激は，末梢神経を介して脊髄に伝達される

C．Aδ線維はC線維と比べて10倍太く，信号伝達速度が10倍速く，閾値が低く，より軽度の疼痛刺激に関連する

D．“ゲートコントロール”論とは，Aδ線維により伝達される非疼痛信号が素早く脊髄へと伝わり，脊髄内に位置する抑制性ニューロンが刺激されることで，伝達速度の遅い疼痛信号の高次疼痛中枢への到達，つまり意識的知覚における認識が妨害されるという考えである

Ⅳ．鍼療法や疼痛抑制に関連する神経伝達物質：

A．エンドルフィン（β-エンドルフィン，エンケファリン，ダイノルフィン）

B．セロトニン

C．ノルエピネフリン

D．アセチルコリン

---

*Kho H-G, Robertson EN: The mechanisms of acupuncture analgesia: review and update, *Am J Acupunct* 25(4):261-281, 1997; Schoen A, Wynn S: *Complementary and Alternative Veterinary Medicine: Principles and Practice*, St. Louis, Mosby, 1998.

Ⅴ. 鍼鎮痛の効果を増強する他の神経伝達物質：

A. 副交感神経様作動薬

B. サブスタンスP

C. ヒスタミン

D. 環状グアノシン一リン酸（cGMP）

Ⅵ. 疼痛認知反応に関連する神経線維や神経伝達物質に影響を及ぼす刺激周波数

A. ＜5Hz：Aδ線維およびエンケファリン

B. ＞100Hz：C線維およびダイノルフィン

C. ＞200Hz：セロトニンやノルエピネフリンを介した鎮痛

Ⅶ. 刺激時間により，鎮痛機序がオピオイド性から非オピオイド性へと変化する場合がある

A. 分節性鍼鎮痛（訳注：脊髄におけるAδ線維を介した鎮痛効果）は通常，効果発現が早い

B. 全身性オピオイド効果の発現には20～40分かかる

Ⅷ. 伝統的な方法では，刺激強度（電圧）は筋肉の束収縮が認められるまで，つまり1～5Hzへと増加される。この方法では以下の状態が導かれる：

A. 作用発現時間の長い全身性の鎮痛作用

B. 刺激中止後にも持続する鎮痛効果

C. エンドルフィン介在性鎮痛

D. ナロキソンにより拮抗可能な鎮痛作用

Ⅸ. 高周波数／低強度刺激では，ナロキソンで拮抗されない局所の分節性鎮痛が認められる

EAA下で実施できる可能性のある外科手術

Ⅰ. 犬

A. 胎子抑制作用のない帝王切開術

B. 中毒性子宮蓄膿症を含む卵巣子宮全摘出術

C. 開腹術

D. 胃腸管手術

E．腎摘出術
F．脾臓摘出術
G．臍ヘルニア整復術
H．乳腺腫瘍・皮膚腫瘍切除術
I．断耳術
J．開頭術
K．長骨骨折の観血的整復術

II．馬，牛，羊，豚
A．去勢術
B．精巣固定術
C．子宮脱整復術
D．肛門・膣領域の外科手術
E．難産介助
F．食道・第一胃の外科手術
G．臍ヘルニア整復術
H．膀胱・尿道の外科手術
I．整形外科手術（骨・関節）

器材

I．鍼灸針
A．人用鍼灸針：29〜34G
B．獣医用鍼灸針：大動物26〜34G，小動物28〜36G
C．2本一組とした鍼灸針を経穴に適切な深さまで刺入してテープや縫合糸で固定したのち，鍼灸用電気刺激装置の出力ソケットに連結する
D．2本のペアとなる針はいずれも脊髄の同側に配置する。心臓細動を防止するため，頸椎および胸椎の領域では脊柱を横断して誘導を配置してはならない
E．一度に刺激可能な針数よりも多くの針を使用する場合は，リード線に接続する針を順に交代させて対応できる

II．鍼灸用電気刺激装置

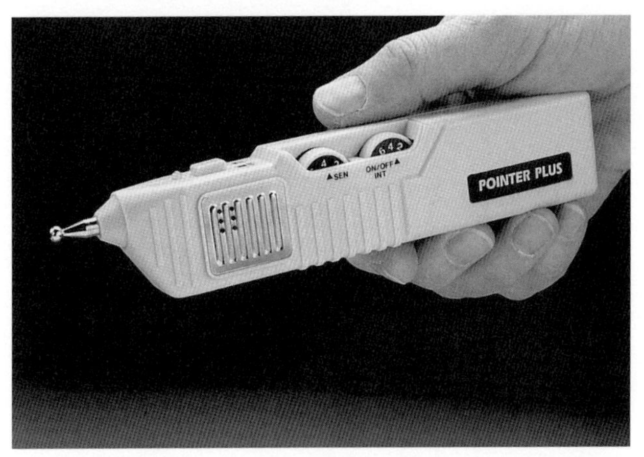

図19-1 経穴探知機。Pointer Plusは手持ち式の装置であり，経穴の探知および刺激を行うことができる。

A. 今日では,多くの電気刺激装置が市販されている（www.jdsorientalhealthsupply.com）

B. 各装置は以下のような特徴を備えることが多い：

1. 強度
2. 携帯性
3. バッテリー稼働性
4. 少なくとも6～8個の出力ソケット
5. 単極性波形の長時間使用によって生じる電気的損傷を防止するため，各電極で両極性の波形，つまり（+）および（−）の両波形を出力できる機能
6. 二相性に矩形波または棘波を発生できるもの

C. 手持ち式装置（Pointer Plus，M.E.D. Servi-System, Canada Ltd.，**図19-1**）では，10Hz，1～25V，1～50mAにて経穴や発痛点を探し，かつ刺激することが可能である

D. 多電極性鍼灸用電気的探知刺激装置（WQ10C，M.E.D. Servi-Systems, Canada Ltd.，**図19-2**）は，以下の機能

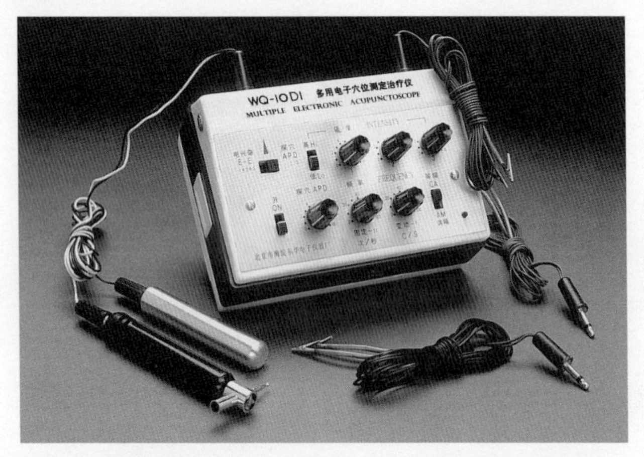

図19-2　鍼灸用電気的探知刺激装置を用いて，経皮的な経穴の探知および刺激を行うことができる。

を備える：

1．経穴や耳点の探知
2．鍼麻酔や鍼鎮痛に三組の針を同時に刺激可能
3．1～1,000Hzの周波数域
4．一定振幅または振幅変調の選択が可能
5．9Vのバッテリーで稼働

保 定

I．小動物
  A．一般的に側臥位，仰臥位，または伏臥位に保定する
  B．犬では，鎮静薬または鎮痛薬，および低用量の麻酔薬を投与する
  C．動物の肘や飛節をバンデージで結び，手術台に固定する
  D．必要に応じて口輪をして噛みつきを防止する（図19-3）
  E．飼い主や付き添い人には，術中に時々犬に話しかけてもらい，犬が快適でいられるように配慮する

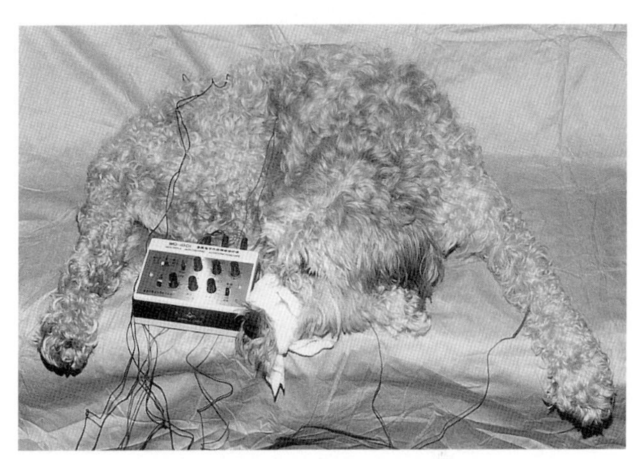

図19-3　個体により，電気鍼療法の実施には鎮静が必要となる場合もある。

Ⅱ．大動物

A．牛や馬のEAAは，起立位，仰臥位，側臥位，伏臥位で実施する

B．起立位の場合，枠場など，通常局所麻酔下で行う外科手術と同様の保定方法を用いる

C．神経質な動物では，鎮静薬や鎮痛薬を静脈内投与する

D．短時間作用型の静脈麻酔薬を用いて側臥位にすることも可能である

E．側臥位の動物は，ロープでしっかりと保定しておく

F．施術者は音や動作を最小限に抑える

経穴の選択

Ⅰ．総論

A．外科手術に十分な鎮痛効果を得るための経穴の組み合わせは，手術部位や外科医の好みや経験により異なる

B．一般的に人の経路（経絡）をもとに選択される

C．動物の経穴は，人の経穴を比較解剖学的に比定して定められており，人における経穴と同じ名前や経穴コード記号が使用される

D．経絡には，表在性経脈（最初から最後の経穴まで），深在性経脈（経路臓器へ向かう），側副経脈（体内と体外をつなげる）がある。これにより，肝兪が眼の手術に，心兪が舌の手術に，腎兪が耳や骨の手術に用いられる理由を理解することができる

Ⅱ．犬における経穴の選択。一般的に，以下の脊椎の両側にある経穴が選択される：

A．すべての外科手術：BL 23（腎兪，じんゆ）および／またはSP 6（三陰交，さんいんこう）；LI 11（曲池，きょくち）とIn Ko Ten（咽喉点）の併用；ST 36（足三里，あしさんり）とBo Ko Ku（旁谷，ぼうこく）の併用

B．頭部，頸部，胸部，および前肢の外科手術：PC 6（内関，ないかん）とTH 5（外関，がいかん）の併用

C．腹部と後肢の外科手術：SP 6とST 36の併用，卵巣子宮全摘出術ではさらに傍切開創点の追加

D．ハイリスクな犬の外科手術：LI 4（合谷，ごうこく），LI 11，SP 6およびST 36の併用

E．背部の外科手術：BL 23，BL 40（委中，いちゅう），BL 60（崑崙，こんろん），ST 36およびGB 34（陽陵泉，ようりょうせん）の併用

Ⅲ．犬の経穴の解剖学的位置

A．犬の経穴（図19-4）

B．国際獣医鍼灸学会（IVAS）が記載した経穴の略号および位置：

1．LI 4（手陽明大腸経の4，合谷，ごうこく）：第一および第二中手骨の間，第二中手骨橈側のほぼ中央

2．LI 11（手陽明大腸経の11，曲池，きょくち）：肘の屈曲した状態で，肘の外側溝終端，上腕二頭筋腱と上腕骨の外側上顆の間

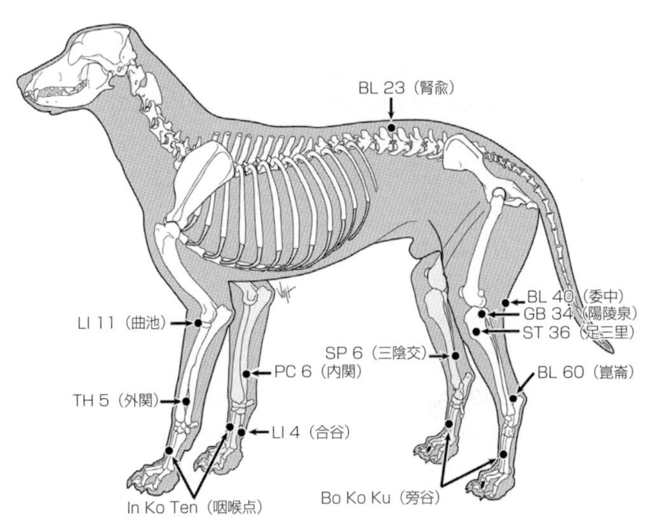

図19-4 鎮痛効果を発現する犬の経穴の位置。

3．PC 6（手厥陰心包経の6，内関，ないかん）：手根の横溝から肋骨約2本分上，浅指屈筋腱と橈側手根屈筋の間

4．TH 5（手少陽三焦経の5，外関，がいかん）：手根から肋骨2本分上，橈骨と尺骨の骨間部の橈側面

5．In Ko Ten（咽喉点，日本経穴）：第二および第三中手骨の間

6．BL 23（足太陽膀胱経の23，腎兪，じんゆ）：第二腰椎棘突起の尾側縁から肋骨1～2本分外側

7．ST 36（足陽明胃経の36，足三里，あしさんり）：脛骨前縁から指1本分，前脛骨筋内側枝筋腹の中

8．GB 34（足少陽胆経の34，陽陵泉，ようりょうせん）：腓骨頭の頭側遠位の陥凹

9．BL 40（足太陽膀胱経の40，委中，いちゅう）：膝窩溝中央部

10. SP 6（足太陰脾経の6，三陰交，さんいんこう）：脛骨後縁，内果の肋骨3本分上
11. BL 60（足太陽膀胱経の60，崑崙，こんろん）：外果とアキレス腱の間の陥凹，外果との平行部位
12. Bo Ko Ku（旁谷，日本経穴）：第二および第三中手骨の間

C．左右の両前肢において，TH 5からPC 6に向けて橈尺骨間に針を貫通させる

D．左右の後肢のST 36からSP 6に針を貫通させることもできる

Ⅳ．馬（図19-5A，B）と牛（図19-6）の経穴

A．腹部の外科手術：LU 1（手太陰肺経の1，中府，ちゅうふ）とTH 8（手少陽三焦経の8，三陽絡，さんようらく）の併用

1．方法：LU 1（肩関節尾側，第二肋間レベル）に針を深さ3～5cm刺入する（陽極）。2本目の針をTH 8（肘関節から手一つ分下，外側）に刺入し，橈尺骨尾側へ向けて腹内側方向に針を進め，PC 4.5（手厥陰心包経の4.5，赤陰，せきいん：付蝉のすぐ背側の皮下）に到達させる（陰極）。3本目の針をSI 10（手太陽小腸経の10，搶風，そうふう：上腕三頭筋の長頭と外側頭の間で三角筋の尾側縁）に刺入する。4本目の針を前肢蹄球間の陥凹の中心に刺入する

B．腹部，膣，後肢の外科手術：Bai Hui（百会，ひゃくえ，主経穴），Wei Gan（尾根，びこん［牛］，追風，ついふう［馬］，第二経穴），San Tai（天平，てんぺい［牛］，断血，だんけつ［馬］，第三経穴），Tian Ping（三台，さんだい［牛］，三川，さんかわ［馬］，副経穴）および術野を支配する脊髄神経点またはその付近の経穴を併用する

1．方法：腰仙椎間背側正中の百会（GV 3a［督脈の3a］）に針を深さ3～5cm刺入する。2本目の針を尾根／追

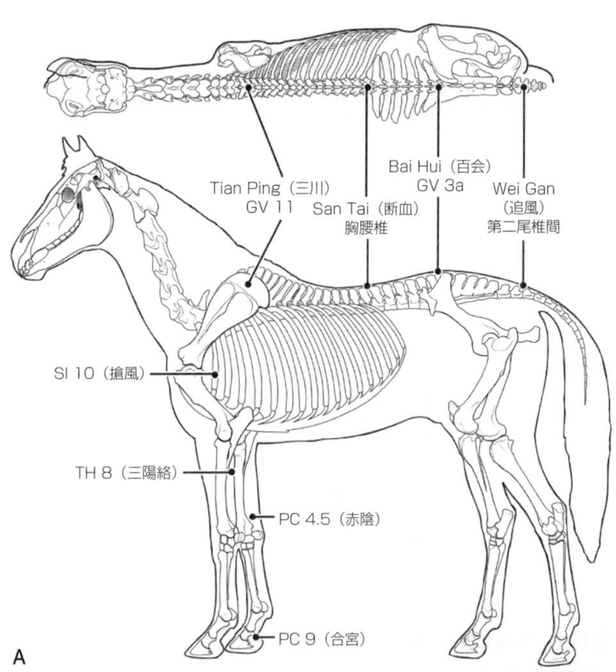

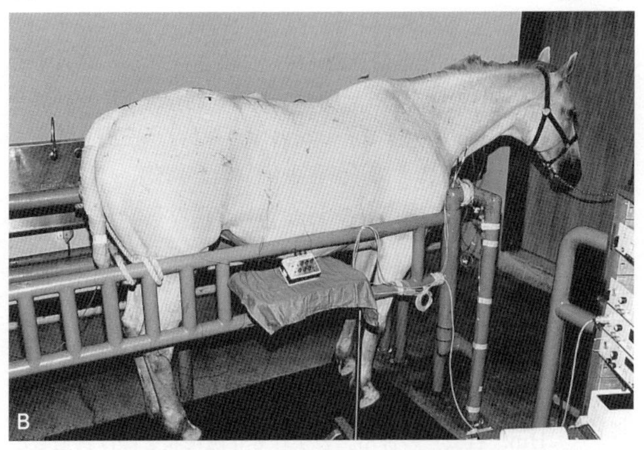

図19-5　A：鎮痛効果を発現する馬の経穴の位置。B：サラブレッド，雌，体重560kgを十分な鎮静下（デトミジン5mg IM）にて，様々な経穴を経皮的に電気鍼療刺激を行っている様子。

第19章

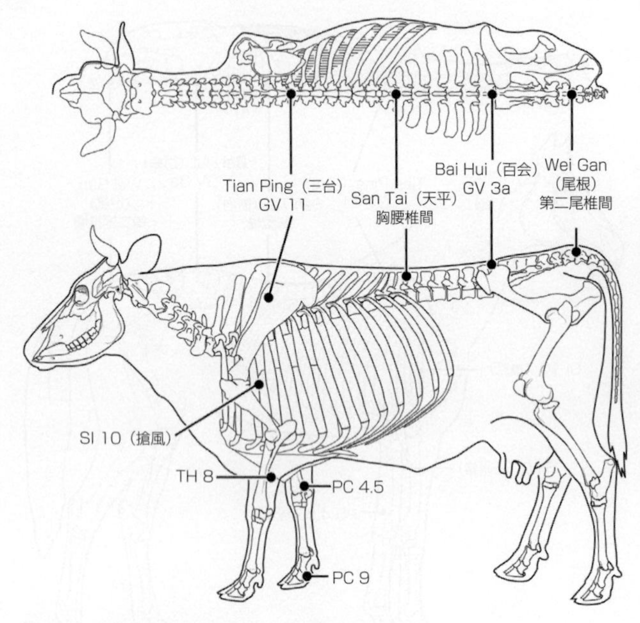

図19-6　鎮痛効果を発現する牛の経穴の位置。

風（第二尾椎間背側正中）に深さ1〜1.5cm刺入する。3本目の針を天平／断血（胸腰椎間背側正中）に深さ2〜4cm刺入する。4本目の針を三台／三川（第四または第五胸椎間背側正中，GV 11［督脈の11］）に刺入し，頭腹側に深さ6〜8cm針を進める

V．豚の経穴

A．日本の秋田県獣医針麻酔研究会が，LU 1およびPC 4.5まで貫通するTH 8を含む多くの経穴の組み合わせを豚で検討している

B．胸腰椎間正中（San Tai，天平）と腰仙椎間正中（Bai Hui，百会）の併用。いずれも脊髄硬膜をほぼ貫通した形で使用した場合で最も効果的な鎮痛効果が認められる

針の配置

Ⅰ．針を経穴に深く刺入する

　A．正確な解剖学的ランドマークを用いて経穴を触知する

　B．経穴の位置確認には経穴探知機（図19-1，図19-2）が便利である

Ⅱ．テープや縫合糸で針を固定し，針のズレを防止する

電気鍼療法（EAA）

Ⅰ．電圧，電流，周波数

　A．刺激装置の出力調整ツマミを0にする

　B．鰐口クリップを用い，針を2本一組で刺激装置の回路にそれぞれ接続する

　C．電源スイッチを入れ，電気刺激を2～15Hzに設定する

　D．設定した2～15Hzの頻度で針が振動するまで，電圧出力をゆっくりと上げていく

　E．高い周波数（15Hz以上）を用いると，筋肉の局所痙攣が生じ，針自体の振動は不明瞭になる

　F．まず，各電圧出力を麻酔モード（密集－分散波形）の最大まで増加させる

　G．続いて，動物が不快や疼痛（例：不安，もがき，発声）を示さずに耐えられるレベルまで電圧出力を下げる

Ⅱ．痛覚鈍麻の発現と持続時間

　A．痛覚鈍麻の導入には10～40分かかる；20分との報告が最も一般的である

　B．電気刺激の開始後，5分ごとに術野の皮膚を有鉤摂子や鉗子で掴んだり，針やピンで弾くことで鎮痛効果を試す

　C．電気鍼療刺激は手術中，常に継続する

　D．不十分または過剰な電気鍼療刺激を使用した場合，鎮痛効果はほとんど，もしくは全く認められない

電気鍼療刺激の利点

Ⅰ．EAAには外科手術に十分な痛覚鈍麻効果がある
　A．“バランス麻酔”として鎮静薬や鎮痛薬，または麻酔薬の要求量を大きく減少できる
　B．胎子への抑制作用がないため，帝王切開術に有用である
　C．ショック，衰弱，または中毒症状を呈した動物に適している
Ⅱ．EAAは長時間の外科手術に適している（最長10時間まで）
　A．自律神経機能が安定して維持される
Ⅲ．全身麻酔との比較：
　A．比較的簡単かつ安価な手技
　B．出血が少ない
　C．食欲，胃腸機能，膀胱機能の術後回復が早い
　D．術後治癒が早い；創傷に対して化学的干渉が全くないことに起因する
　E．術後感染が少ない
　F．術後疼痛が軽減される

電気鍼療刺激の欠点

Ⅰ．導入までに10～40分（平均20分）を要する
Ⅱ．外科手術を円滑に進めるには，50～95％の症例で鎮静薬や麻酔薬が必要となる
Ⅲ．開胸術には適用できない
Ⅳ．物理的保定が必要である
　A．要求される保定の程度は，外科医の力量と動物の耐性に左右される
Ⅴ．筋弛緩は不十分な場合がある
　A．腹部の筋弛緩が不十分なため，内臓の“風船様膨張”が生じる
Ⅵ．疼痛以外のすべての知覚機能が維持される

A．内臓や臓器の操作や腸間膜の牽引は，悪心，嘔吐，ショック症状を引き起こす場合がある

Ⅶ．疼痛に対する感受性は体の部分により異なる

A．皮膚，漿膜（腹膜，胸膜），骨膜および神経は，非常に感受性が高い

B．このような組織を切開する際には，鎮痛効果を高めるために周波数や出力電圧を高くする必要がある

C．EAAの成功率は，四肢の外科手術よりも腸管の外科手術で高い

Ⅷ．疼痛域値は動物種により異なる

A．牛や羊は疼痛に対する耐性が最も高く，続いて犬，豚，馬の順である

Ⅸ．気性は動物種により異なる

A．神経質な動物では耐性が高い場合もあるが，良好な鎮痛が得られた状態でも怖がりやすく，保定が困難となる

鍼麻酔機器の供給企業

M.E.D. Servi-Systems
8 Sweetnam Drive
Stittsville, Ontario
Canada K2S 1G2
1-800-267-6868（カナダ，米国）
1-613-836-3004（国際対応）
1-613-831-0240（FAX）

Lhasa OMS, Inc.
230 Libbey Parkway
Weymouth, Massachusetts 02189
1-800-722-8775
1-781-340-1071
1-781-335-5779（FAX）

www.lhasaoms.com

※訳注：経穴の名称の漢字名（和名）に関しては，原本に記載されている解剖学的位置および以下の情報をもとに追加記載した。

1）黒澤亮助，酒井保監修，1981，手技図解：家畜外科診療　増訂改版，養賢堂，東京．
2）小池壽男，2003，馬の経絡・経穴：一資料として，自費出版，札幌．
3）秋田県針麻酔研究会，1978，目で見る家畜の針麻酔方式の実践記録，東芝製薬株式会社，川崎．
4）第二次日本経穴委員会ホームページ point.umin.jp/

第20章

犬の麻酔処置とテクニック

"If dogs could talk it would take a lot of the fun out of owning one."

ANDY ROONEY

概要

犬の麻酔法や麻酔テクニックは，鎮静，鎮痛および無意識状態を安全に，有効に，かつ経済的に達成するために考案されている。近年では，単独の薬物のみを用いたテクニックはほとんど用いられなくなり，望ましくない副作用や毒性を軽減するため，異なる機序の薬物を低用量で組み合わせた方法が好まれるようになっている。複数の薬物を混合使用することで，単一薬物のみによる投与よりも，催眠，鎮痛，および筋弛緩の程度をより的確に操ることができる。複数の薬物の混合使用には，麻酔薬の薬理学，相互作用，および副作用に関する包括的な知識が要求される。

総論

Ⅰ．犬に安全な鎮静や麻酔処置を施すためには，様々な麻酔法や麻酔テクニックが使用できる。鎮痛効果を強化するため，局所麻酔法（第7章参照）の併用を考慮すべきである

Ⅱ．麻酔方法の選択には，以下の特徴が影響する：

A．犬種と大きさ（体重）

B．気性

C．健康状態と身体状態

D．処置内容（内科的または外科的）

E．麻酔時間

F．使用する薬物に関する習熟レベル

G．服用中の薬物

H．補助人員

Ⅲ．可能な限り，拮抗できる薬物を使用する

Ⅳ．可能な限り，気道確保のために気管挿管を実施する

Ⅴ．副作用の認識および対処のため，注意深いモニタリングが必須である

Ⅵ．超小型犬，超若齢犬，または身体状態の悪い犬を除き，外科手術前約4～6時間は絶食および絶水をさせる

麻酔前の評価（第2章参照）

Ⅰ．病歴および服用中の薬物の確認

Ⅱ．身体検査の実施

Ⅲ．各種検査結果の解析

Ⅳ．適切な麻酔計画の考案（**図20-1**）

A．追加すべき術前検査の必要性の検討

B．適切な薬物の選択

Ⅴ．静脈内カテーテルの留置を推奨する

A．血管確保のため

B．麻酔導入前に留置する

Ⅵ．適切な器材の準備

A．開口器またはバイトブロック

B．気管チューブ（第11章参照）

1．症例の大きさ，犬種，処置内容に応じて，カフ付き気管チューブの直径を選択する；短頭種の多くは，ほかの犬種に比べて気管径が小さい（**表20-1**）；頸部の極度の屈曲が必要な処置（例：眼科手術，脳脊髄液採取）の場合には，閉塞防止のためにスパイラル気管チューブを使用する

PREANESTHETIC EVALUATION

ANESTHETIST: ______________________
DATE: ______________________
CLINICIAN: ______________________
WARD/CAGE OR STALL #: ______________

PROCEDURE: ....

BODY WEIGHT: .... **AGE:** ....

TEMPERAMENT:

OBJECTIVE FINDINGS
Temp______ Pulse______ Resp.______
Cardiac auscultation______________
Pulse quality ______________
Mucous membrane color______________
Capillary refill time______________
Respiratory auscultation ______________

ASSESSMENT: Physical status I II III IV V E
Reasons:

CBC
WBC_____ TP_____ PCV_____
Fibrinogen ______________
SERUM CHEMISTRIES
BUN________ GLUCOSE______
AST(SGOT)______________
ALT(SGPT)______________
URINE SPECIFIC GRAVITY_____
OTHER RESULTS ____________
PRIOR ANESTHESIA ____________

COMPLICATIONS ANTICIPATED pre op, intra op, post op: consider age , body wt., breed, position, surgical procedure, physical status.

Plan Anesthesia regimen (include reasons as related to this animal)
(Include premeds, induction agent, inhalation agent, O_2 flow rate, post op analgesics)

DRUG	ROUTE	DOSE/#	MG	ML	REASONS OR JUSTIFICATION

MONITORING: Esophageal stethoscope, Doppler, ECG, Temp. Probe, Blood gas, Arterial Line, Other______________________

IV FLUID TYPE______________ Dose: MLS/HR______ DROPS/MIN______

ADMINISTRATION SET: MINI DRIP (60 drops/ml) MAXI DRIP (10 drops/ml)

Approved__________

図20-1 動物の麻酔前評価および麻酔プロトコールの作成は，各症例に応じて個々に遂行しなければならない。

2．カフを膨らまして漏れがないことを確認する；麻酔導入前にカフ内の空気を抜いておく
3．小径の気管チューブやスパイラル気管チューブを使用する際にはスタイレットを使用する

表20-1 犬の気管チューブサイズ

体重（kg）	気管チューブサイズ（mm，内径）
2	5
4	6
7	7
9	8
12	8
14	9
20	10
30	12
40	14

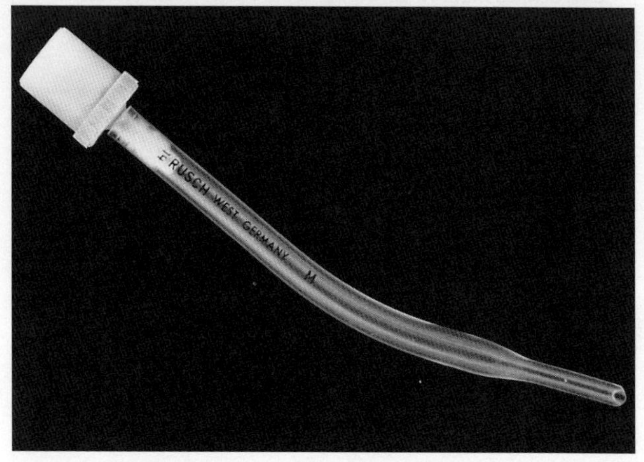

図20-2 極小動物用の先細のカフ無し気管チューブ（コールカテーテル）。

4．超小型犬にはカフ無し気管チューブを使用する（図20-2）

5．少量の滅菌潤滑剤を使用する

C．喉頭鏡（図20-3）

1．舌や喉頭組織の視認，照明，操作を可能にして，気管挿管を容易にする

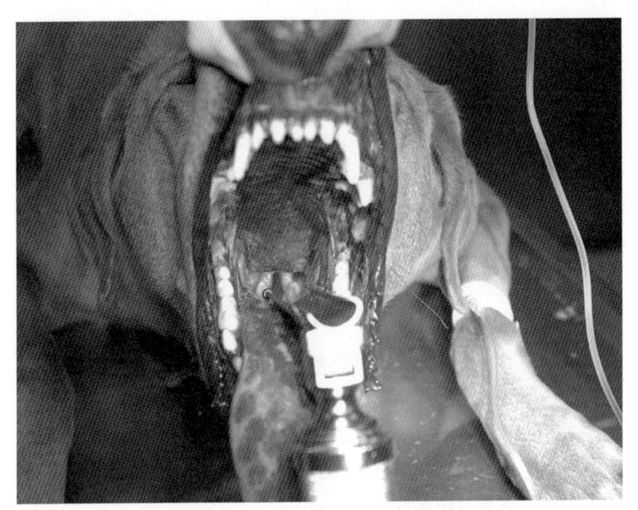

図20-3　喉頭鏡の使用により，気管挿管時の視認と照明を容易に行うことができる。

2．解剖学的構造や症例の大きさに応じて，その使用を検討する

D．麻酔器および呼吸回路

1．犬の大きさに応じて，回路の大きさや種類を選択する

a．小動物用麻酔器（成人用麻酔器）を使用する

（1）体重3kg以上の犬には，再呼吸回路を使用する

（2）体重3kg未満の犬には，非再呼吸回路を使用する

2．1回換気量の約5倍の大きさの再呼吸バッグを使用する。1回換気量（V_T）は10～15mL/kg（例：5kg×10mL/kg＝50mL V_T）

3．二酸化炭素吸収剤が消耗（変色または乾燥）している場合には交換する

4．麻酔器の機能を確認する（第12章参照）

a．気化器を満タンにし，作動性を検査する
b．流量計を開き，浮子の可動性を検査する
c．ポップオフ弁を閉め，酸素フラッシュ弁を使って回路内を20～30cmH_2Oに加圧して15秒間維持する；漏れがないことを確認する（図20-4）

5．余剰ガス排気装置を麻酔回路または非再呼吸回路に接続する

E．新鮮ガス

1．酸素
a．中央配管装置がある場合はシステムに接続する
b．小型のボンベ（Eシリンダー）を麻酔器に接続する；圧力ゲージが500psi（約35kg/cm^2＝3.4MPa）未満の場合にはボンベを交換する

2．笑気（鎮痛目的）
a．任意で使用できる
b．圧力ゲージが750psi（約53kg/cm^2＝5.2MPa）未満の場合にはボンベを交換する

F．静脈内投与に必要なもの

1．静脈内カテーテル（16～23G）
2．適切な静脈内輸液剤
3．輸液セット（成人用10滴/mL，小児用60滴/mL）；体重5kg未満の犬には小児用を使用する；投与速度5～10mL/kg/時
4．輸液ポンプ（図20-5）

G．薬物

1．適切な用量および投与量を計算する
2．あらかじめラベルを貼ったシリンジを使用する

H．モニタリング機器（第14章参照）

1．心電図
2．ドプラまたはオシロメトリック式血圧測定器
3．パルスオキシメータ
4．体温計

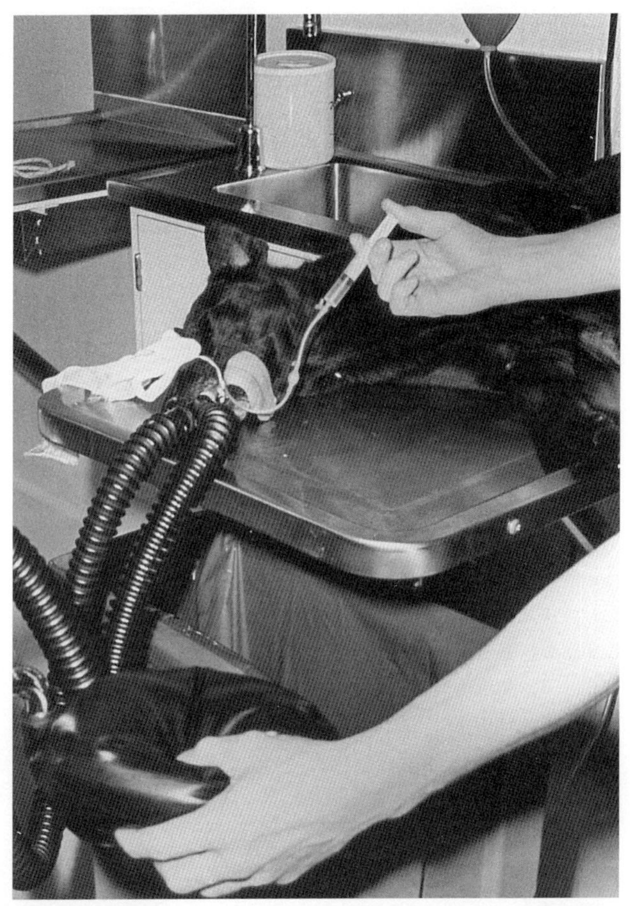

図20-4　再呼吸バッグを20～25cmH_2Oで圧迫して（左手），口からガスが漏れてこないようになるまで気管チューブのカフに空気を入れて膨らませる（右手）ことにより，気管チューブ周囲からの麻酔ガス漏れを防止できる。

5．食道聴診器

6．呼気ガスモニター（酸素，二酸化炭素，吸入麻酔薬）

I．その他

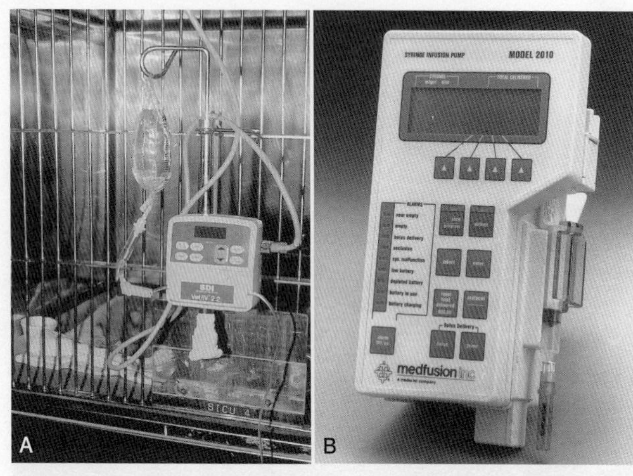

図20-5　A：輸液ポンプの一例。B：シリンジ用輸液ポンプは非常に正確な輸液投与を可能にし，とくに薬剤の持続投与に頻繁に使用される。

1．4インチ四方（約10cm四方）のガーゼ
2．粘着テープ
3．気管チューブを固定するための包帯
4．懐中電灯

麻酔前投薬（第3章参照）

Ⅰ．症例の術前状態および実施する処置を考慮して薬物を選択する

Ⅱ．筋肉内投与（IM）または皮下投与（SC）する薬物は，静脈内カテーテル留置や麻酔導入の10～20分前に投与する

Ⅲ．麻酔前投薬として使用される薬物

A．抗コリン作動薬
1．アトロピン20～40 μg/kg IM，IV，またはSC
2．グリコピロレート5～10 μg/kg IM，IV，またはSC

B．トランキライザ

1．アセプロマジン0.02〜0.10mg/kg IM，最大総投与量3mg；IVの場合は半量とする

2．ジアゼパムまたはミダゾラム0.2〜0.4mg/kg IV，最大総投与量5mg；通常はオピオイドと併用する；高齢犬や虚弱犬には単独投与が推奨される；若齢犬や健康犬では興奮性作用の可能性がある（抑制性行動からの解放）；ミダゾラムはIMでも吸収率が高い

C．オピオイド（通常はトランキライザと併用する）

1．モルヒネ0.1〜0.3mg/kg IM

a．硬膜外モルヒネ（0.1mg/kg/日，生理食塩液で1mL/5kgにメスアップ）

2．ヒドロモルホン0.05〜0.10mg/kg IM

3．オキシモルホン0.1〜0.3mg/kg IM

4．メサドン0.2〜0.6mg/kg IM

5．ブプレノルフィン5〜20μg/kg IM

6．ブトルファノール0.2〜0.4mg/kg IM

D．α_2-作動薬

1．キシラジン0.2〜1.0mg/kg IMまたはIV（IVの場合は最低用量を使用する）

2．メデトミジン5〜20μg/kg IMまたはIV

3．デクスメデトミジン2〜10μg//kg IMまたはIV（訳注：デクスメデトミジンはメデトミジンの有効異性体。米国ではメデトミジンの販売が終了し，現在はデクスメデトミジンが代替品として販売されている）

4．ロミフィジン20〜40μg/kg IMまたはIV

E．チレタミン－ゾラゼパム合剤（Telazol®，国内未販売）2〜10mg/kg IMまたはIV

1．凶暴犬；100mg/mLのケタミン4mLと100mg/mLのキシラジンまたは0.5mg/mLのデクスメデトミジン1mLをチレタミン－ゾラゼパム合剤の5mLバイアルに混入する（訳注：Telazol®－5mL容量のバイアル内にチレタミンとゾラゼパム粉末製剤各250mgが含

まれ販売されている［国内未販売］）

a．0.1mL/5～10kg IM

F．非ステロイド系抗炎症薬（NSAID）

1．カルプロフェン4mg/kg IM

2．メロキシカム0.2mg/kg IM

3．デラコキシブ0.5～1.0mg/kg PO

4．テポキサリン10mg/kg PO

5．フィロコキシブ5mg/kg PO

6．ロベナコキシブ1mg/kg PO

麻酔導入

状態の悪い犬や短頭種の場合，再呼吸回路または非再呼吸回路に接続したフェイスマスクを用いて高酸素濃度を3～5分間吸入させ，酸素化を行う

I．静脈内投与

A．静脈内カテーテルの留置（橈側皮静脈が一般的である）

1．大量出血の可能性がある場合や，麻酔中に何かしらの薬物の持続投与を行う予定がある場合，複数の静脈内カテーテル留置を考慮する

B．カテーテルの開存性を確認するために静脈内輸液を開始する

1．輸液バッグまたは輸液ボトルを犬の胸部より低い位置に下げてカテーテル内に血液を逆流させることで，カテーテルが静脈内に位置することを確認できる

C．導入薬を適切な速度で投与し，追加投与する前に薬物濃度が平衡状態に至るまで待つ（15～30秒）

D．静脈内麻酔導入薬（第8章参照）

1．プロポフォール4～10mg/kg IV（表20-2）

2．超短時間作用型バルビツレート

a．チオペンタール2～5%；8～20mg/kg IV

b．メトヘキシタール2%；3～8mg/kg IV

表20-2　静脈内点滴麻酔を用いた犬の注射麻酔法

	麻酔前投薬	導入薬	維持薬	備考
1	ヒドロモルホン－ジアゼパム 0.1-0.2mg/kg IM	プロポフォール 4mg/kg IV ＋フェンタニル 2μg/kg IV ＋アトロピン 40μg/kg IV	プロポフォール* 0.2-0.4mg/kg/分 IV ＋フェンタニル 0.1-0.5μg/kg/分 IV	覚醒時に鳴き声を立てたり遊泳運動を示す場合がある
2	－	プロポフォール 5mg/kg IV	プロポフォール* 0.4mg/kg/分 IV	浅麻酔。呼吸補助が推奨される
3	ヒドロモルホン－ジアゼパム 0.1-0.2mg/kg IM	プロポフォール 2-4mg/kg IV（グレイハウンド）	プロポフォール* 0.4mg/kg/分 IV	筋振戦が認められる場合がある

*代替の“導入方法”：アルファキサロン2mg/kg IV，その後0.07mg/kg/分で持続静脈内投与。

3．エトミデート0.5～2mg/kg IV

4．ケタミン5～10mg/kg IV

5．短時間作用型バルビツレート

a．ペントバルビタール10～30mg/kg IV

6．静脈内投与薬のコンビネーション

a．ジアゼパム（またはミダゾラム）－リドカイン－チオペンタール：ジアゼパム0.2mg/kg IV，リドカイン2mg/kg IV，チオペンタール4mg/kg IV；混合せずに投与する

(1) CNSや循環器障害のある症例に有用である

(2) 心筋を安定化する

(3) リドカインの併用により，チオペンタールの投与量を減少できる

b．ジアゼパム（またはミダゾラム）－プロポフォール：ジアゼパム0.2～0.5mg/kg IV，プロポフォール1～3mg/kg IV，“効果が出るまで(to effect)”(必ずしも全量を投与するのではなく，少しずつ投与

して必要量のみを投与する方法)

c. ジアゼパム（またはミダゾラム）－ケタミン：ジアゼパム0.25mg/kg IV，ケタミン5mg/kg IV。最大効果を認めるまで60～180秒かかる。ジアゼパムの代替としてミダゾラムが使用できる
  (1) 同体積のジアゼパム（5mg/mL）とケタミン（100mg/mL）を混合し，ジアゼパム2.5mg/mL－ケタミン50mg/mLの混合液を作製する
  (2) 体重10kgにつき1mLを投与する；メデトミジンまたはデクスメデトミジン0.1mLの併用で鎮痛と鎮静を増強できる

d. ケタミン－ミダゾラム－ブトルファノール／オキシモルホン：ケタミン（7.5mg/kg IV）とミダゾラム（0.375mg/kg IV）投与，ブトルファノール（0.2mg/kg IV）またはオキシモルホン（0.1mg/kg IV）の10分前投与を適宜追加する
  (1) ブトルファノールやオキシモルホンの追加によって導入が円滑化する

e. オキシモルホン／ヒドロモルホン－ジアゼパム：オキシモルホン（0.05mg/kg IV）／ヒドロモルホン（0.1mg/kg IV），ジアゼパム（0.2mg/kg IV）
  (1) 1分以内に導入効果が発現する
  (2) 気管挿管には，場合により同用量のオキシモルホン／ヒドロモルホン（IV）の追注が必要である

f. ハイリスク症例にはフェンタニル－ジアゼパム：ジアゼパム0.2～0.5mg/kg IV，フェンタニル5μg/kg IVを効果が認められるまで2～3回反復投与する
  (1) 1分以内に導入効果が発現する

(2) 気管挿管には，場合により同用量の追注が必要である；心拍数の低下が認められる場合もあるが，抗コリン作動薬により対応可能である（例：アトロピン）

Ⅱ．吸入麻酔薬

A．セボフルランやイソフルランで適切な深度の調節が可能である。セボフルランはイソフルランよりも臭気が弱く，導入も早い（血液－ガス分配係数が低いため）

1．フェイスマスク

a．嘔吐や誤嚥に注意する

b．確実に動物を保定する

c．環境汚染が顕著である

2．導入箱

a．凶暴な超小型犬に使用できる

b．高い新鮮ガス流量（4～5L/分）を使用する

c．立ち直り反射の消失を注意深く看視し，箱から出した後にマスクにて導入を完了させる

d．麻酔の調節性の低さと，おびただしい環境汚染のため，日常的な使用は推奨しない

気管挿管

Ⅰ．通常は胸骨坐位にて気管挿管する

Ⅱ．口を開き，気管チューブで舌を側方へ出す；ガーゼで舌をつかみ，犬の頭頸部をまっすぐに保定し，舌を左右の下顎犬歯の間に引き出して下顎を下げることで開口状態を維持する（図20-6，左上）

Ⅲ．喉頭の位置を確認し，気管チューブを挿入する

A．直視下

B．喉頭鏡を用いることで，喉頭の視覚化を改善し，また喉頭蓋を吻腹側へ倒す（図20-6，右上，左下）

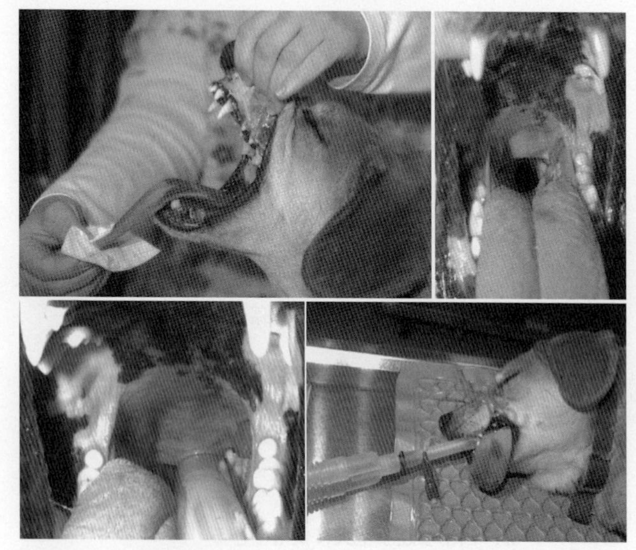

図20-6　犬の気管挿管（経口）においては，頭頸部の伸展，極度の開口，舌の引き出し，また喉頭の視認を行うことで適切に行うことができる。頭頸部を伸展させるべきである。

C．起こり得る障害

1．喉頭痙攣（リドカイン0.1mLを喉頭軟骨にスプレーすることで痙攣を軽減できる）

　a．喉頭感作

2．不十分な麻酔深度

3．軟口蓋の変位による喉頭蓋の吻腹側への運動妨害；軟口蓋を気管チューブで背側に押し上げ，喉頭蓋をよく見えるようにする

4．喉頭や咽頭に関連した腫瘤；より小径の気管チューブまたは気管切開の必要性を考慮する

D．酸素流量計を開く

E．気管チューブを犬に確実に固定し，呼吸回路に接続する（図20-6）

F．心拍数，脈，呼吸数を確認する

1．脈が触知可能であれば吸入麻酔を開始し，必要に応じて笑気も開始する

2．脈が弱い場合には，酸素を流したままでその原因を判断し対処する；吸入麻酔薬はまだ使用しない（第29章参照）

3．呼吸数が4～6回/分以上であることを確認する（必要であれば補助呼吸を行う）

4．無呼吸，呼吸困難

a．麻酔導入薬は動物の呼吸運動を抑制し得る；補助呼吸を開始する（2～4回/分）

b．気管チューブの閉塞または屈曲（呼吸困難の場合）

c．気管支挿管となっている場合には，チューブを気管内に引き戻す

d．気胸または気縦隔

（1）経皮的に針を刺入し，胸腔内の空気を吸引する

（2）循環状態を評価する

G．気化器を適切な維持濃度に設定し，必要に応じて調節する

H．モニター機器を接続する（例：ECG，パルスオキシメータ，血圧モニター）

麻酔維持

I．中～長時間（30分から数時間，第9章参照）の麻酔維持には，通常は吸入麻酔薬（イソフルラン，セボフルラン）が用いられる。1時間以内の短時間の麻酔には全静脈内麻酔（TIVA，**表20-2**参照）を含め，静脈内麻酔薬の使用が有用である

A．TIVAにはプロポフォール（0.25mg/kg/分）やアルファキサロン（0.07mg/kg/分）が使用できる

B．様々な鎮痛薬の追加により，麻酔薬要求量を減少させることができる；オピオイド薬やα_2-作動薬は多くの場合，持続静脈内投与の形で使用される

1．フェンタニル0.3〜0.7μg/kg/分

2．デクスメデトミジン0.10〜0.25μg/kg/分

Ⅱ．モニタリング（第14章参照）：薬物の投与量，投与時刻を記録する；動物の反応，麻酔深度，必要とされる鎮痛レベルによって投与量を再調整する

Ⅲ．気道の開存性を頻繁に確認する

A．チューブの閉塞や屈曲

B．気管分岐部へのチューブの衝突

C．肺の過膨張に注意する（P_I＝15〜20cmH_2O［P_I：最高気道内圧］；V_T＝10〜15mL/kg）

Ⅳ．気管チューブの屈曲を防ぐため，気管チューブ，頭部，頸部を少し曲げた自然な角度に保つ；過度な頸部の屈曲，肢の外転，胸部の圧迫は避ける

Ⅴ．必要な輸液量を計算し，輸液速度を調節する（5〜10mL/kg/時）；投与したすべての輸液剤（輸液速度，総輸液量），電解質，その他の薬物を記録する

Ⅵ．麻酔記録を完全に仕上げる（図20-7）

A．麻酔前の状態および投与薬剤への反応を記録する

B．麻酔の開始時刻および終了時刻を記録する

C．手術の開始時刻および終了時刻を記録する

D．主な外科的操作をすべて記録する（番号1から，順に番号をふっていく）

E．症例の状態，心肺系項目，麻酔方法の変更をすべて記録する

F．麻酔中の全検査データを記録する（例：pHおよび血液ガス分析，電解質，PCV，血漿タンパク濃度，ヘモグロビン濃度）

Ⅶ．心肺機能の突然かつ顕著な低下が認められた場合には，即座に気化器をOFFにする

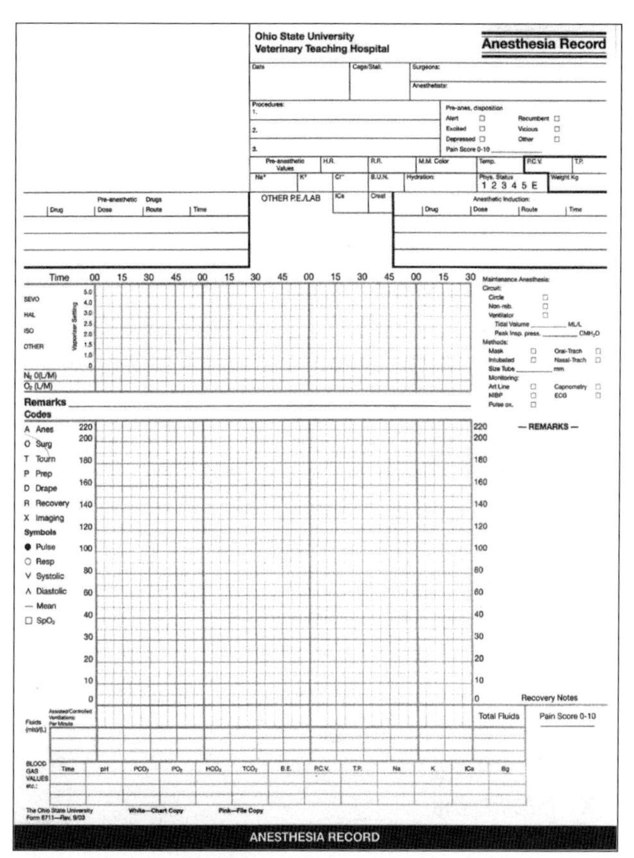

Ohio State University
Veterinary Teaching Hospital

Anesthesia Record

Date | Cage/Stall. | Surgeons: | Anesthetists:

Procedures:
1.
2.
3.

Pre-anes. disposition
Alert ☐ Recumbent ☐
Excited ☐ Vicious ☐
Depressed ☐ Other ☐
Pain Score 0-10 ______

Pre-anesthetic Values	H.R.	R.R.	M.M. Color	Temp.	P.C.V.	T.P.

Na⁺	K⁺	Cl⁻	B.U.N.	Hydration:	Phys. Status 1 2 3 4 5 E	Weight Kg

Pre-anesthetic Drugs

Drug	Dose	Route	Time

OTHER P.E./LAB | ICa | Creat

Anesthetic Induction:

Drug	Dose	Route	Time

Time 00 15 30 45 00 15 30 45 00 15 30 45 00 15 30

SEVO
HAL
ISO
OTHER
Vaporizer Setting 5.0 4.0 3.0 2.5 2.0 1.5 1.0 0
N_2O (L/M)
O_2 (L/M)

Maintanance Anesthesia:
Circuit:
Circle ☐
Non-reb. ☐
Ventilator ☐
Tidal Volume ______ ML/L
Peak Insp. press. ______ CMH_2O
Methods:
Mask ☐ Oral-Trach ☐
Intubated ☐ Nasal-Trach ☐
Size Tube ______ mm
Monitoring:
Art Line ☐ Capnometry ☐
NIBP ☐ ECG ☐
Pulse ox. ☐

Remarks ______

Codes
A Anes
O Surg
T Tourn
P Prep
D Drape
R Recovery
X Imaging

Symbols
● Pulse
○ Resp
V Systolic
Λ Diastolic
— Mean
☐ SpO_2

220 200 180 160 140 120 100 80 60 40 30 20 10 0

— REMARKS —

Recovery Notes

Assisted/Controlled Ventilations: Per Minute

Fluids (mls)/(L)

Total Fluids

Pain Score 0-10

BLOOD GAS VALUES etc.:

Time	pH	PCO_2	PO_2	HCO_3	TCO_2	B.E.	P.C.V.	T.P.	Na	K	ICa	Bg

The Ohio State University
Form 8711—Rev. 9/03
White—Chart Copy
Pink—File Copy

ANESTHESIA RECORD

図20-7　麻酔記録は法的書類の一つであり，すべての麻酔薬や外科手技に関連する事象の記録に使用される。

Ⅷ．笑気：麻酔終了の5～10分前に供給を停止し，覚醒の促進と拡散性無酸素症の防止を図る（第9章参照）

Ⅸ．麻酔深度によって，手術終了時またはそれ以前に吸入麻酔薬の供給を停止する

Ⅹ．酸素：覚醒期にも供給する（20mL/kg/分以上）；覚醒を促進するため，再呼吸バッグを空にして麻酔薬を排除する

麻酔回復期

Ⅰ. 気管チューブのカフの空気を脱去する；嚥下や咳，またはその両方が認められたら抜管する

Ⅱ. 舌を引き出すことで可視粘膜の色を頻繁に確認し，必要に応じて酸素供給を行うことで（気管チューブ，マスク，酸素ケージ），酸素化を維持する

Ⅲ. 伏臥位にし，頸部を伸展させる

Ⅳ. 伏臥位を維持できるようになるまで動物を観察し続ける

Ⅴ. 気道内の分泌物を取り除き，気道を維持する（体位ドレナージ，ガーゼ，吸引チューブ）

Ⅵ. 体温測定（>36℃）；タオル，加温マット，温風加温装置（第17章参照）を用いて体温を上げ，維持する

Ⅶ. 体位を頻繁に変更し，体のマッサージや左側または右側横臥位への横転，または四肢の屈伸を行って刺激する

Ⅷ. 犬が回復期に興奮，錯乱，疼痛を示す場合には，鎮静薬（低用量）や鎮痛薬の追加投与が必要なこともある

Ⅸ. 必要に応じて輸液を継続する
  A. 状況に応じて循環機能を補助する（第29章参照）
    1. ドパミン5～10μg/kg/分
    2. ドブタミン1～5μg/kg/分

Ⅹ. 拮抗薬の考慮
  A. オピオイド：ナロキソン
  B. α_2-作動薬：ヨヒンビン，トラゾリン，アチパメゾール
  C. ベンゾジアゼピン：フルマゼニル
  D. 呼吸抑制：ドキサプラム
  E. 徐脈：アトロピン，グリコピロレート

第21章

猫の麻酔処置とテクニック

“Again I must remind you that a dog's a dog-a cat's a cat.”

T.S. ELIOT

概 要

猫は小型犬ではない。麻酔前投薬のいくつか（アセプロマジン，ブトルファノール，ジアゼパム）の単独投与では，犬で通常認められるような一貫した鎮静作用や保定への従順性を得ることはできない。低用量での薬物の混合使用によって作用の確実性が向上し，副作用を減少させることができる。複数の薬物の混合使用には，麻酔薬の薬理学，相互作用，および潜在する副作用に関する包括的な知識が必要である。猫は非常に小型の動物であり，低体温に陥りやすいため，麻酔時間の短縮化と麻酔中の加温が重要となる。

総 論

Ⅰ．猫に安全な鎮静，鎮痛および麻酔処置を施すためには，様々な麻酔方法や麻酔テクニックが適用できる。鎮痛効果を強化するため，局所麻酔法の併用を考慮すべきである

Ⅱ．麻酔方法の選択には，以下の特徴が影響する：

A．年齢，猫種，大きさ（体重）

B．気性

C．健康状態と身体状態

D．処置内容

E．麻酔時間

F．使用する薬物に関する習熟レベル

G．服用中の薬物

H．補助人員

Ⅲ．可能な限り，拮抗できる薬物を使用する

Ⅳ．可能な限り，気道確保のために気管挿管を実施する

Ⅴ．薬物による作用を認識し，かつ対処するため，注意深いモニタリングが必須である

Ⅵ．超小型猫，超若齢猫，または病的な猫を除き，外科手術前には約6時間の絶食および約2時間の絶水を行う

麻酔前の評価（第2章参照）

Ⅰ．病歴および服用中の薬物の確認

Ⅱ．身体検査の実施

Ⅲ．各種検査結果の解析

Ⅳ．適切な麻酔計画の考案（図21-1）

A．追加すべき術前検査の必要性の検討

B．適切な薬物の選択

Ⅴ．緊急時を考慮し，静脈内カテーテルの留置が推奨される

Ⅵ．適切な器材の準備

A．気管チューブ（第11章参照）

1．猫の大きさに応じて，気管チューブの直径を選択する（通常は内径2～5mm，表21-1）

2．カフ付き気管チューブの使用の際は，カフを膨らまして漏れがないことを確認する；麻酔導入前にカフ内の空気を抜いておく

3．小径の気管チューブや柔らかい気管チューブを使用する際には，堅固かつ調整可能なスタイレットを使用する

4．超小型猫には，カフ無し気管チューブを使用する（図

PREANESTHETIC EVALUATION

ANESTHETIST:____________________
DATE:____________________
CLINICIAN:____________________
WARD/CAGE OR STALL #:____________

PROCEDURE: ....

BODY WEIGHT: .... **AGE:**..............

TEMPERAMENT:

OBJECTIVE FINDINGS
Temp______ Pulse______ Resp.______
Cardiac auscultation____________
Pulse quality____________
Mucous membrane color____________
Capillary refill time____________
Respiratory auscultation____________

ASSESSMENT: Physical status I II III IV V E
Reasons:

CBC
WBC_____ TP_____ PCV_____
Fibrinogen____________
SERUM CHEMISTRIES
BUN________ GLUCOSE______
AST(SGOT)____________
ALT(SGPT)____________
URINE SPECIFIC GRAVITY______
OTHER RESULTS____________
PRIOR ANESTHESIA____________

COMPLICATIONS ANTICIPATED pre op, intra op, post op: consider age, body wt., breed, position, surgical procedure, physical status.

Plan Anesthesia regimen (include reasons as related to this animal)
(Include premeds, induction agent, inhalation agent, O_2 flow rate, post op analgesics)

DRUG	ROUTE	DOSE/#	MG	ML	REASONS OR JUSTIFICATION

MONITORING: Esophageal stethoscope, Doppler, ECG, Temp. Probe, Blood gas, Arterial Line,
Other____________________

IV FLUID TYPE________________ Dose: MLS/HR______ DROPS/MIN______

ADMINISTRATION SET: MINI DRIP (60 drops/ml) MAXI DRIP (10 drops/ml)

Approved____________

図21-1 動物の麻酔前評価および麻酔プロトコールの作成は，各症例に応じて個々に遂行しなければならない。

表21-1 猫の気管チューブサイズ

体重（kg）	気管チューブサイズ（mm，内径）
1	3
2	4
5	5

20-2参照）

5．少量の滅菌潤滑剤を使用する

B．喉頭鏡（図20-3参照）

1．舌や喉頭組織の視認，照明，操作を可能にして，気管挿管を容易にする

C．麻酔器と呼吸回路

1．猫の体重に応じて，回路の大きさとタイプ（再呼吸または非再呼吸［第12章参照］）を選択する

a．小動物用麻酔器（成人用麻酔器）を使用する

（1）体重3kg以上の猫には，小児用再呼吸回路を使用する

（2）体重3kg未満の猫には，非再呼吸回路を使用する

2．1回換気量の3～5倍以上の大きさの再呼吸バッグを使用する。1回換気量（V_T）は通常10～15mL/kg（例：5kg×10mL/kg＝50mL V_T）

3．二酸化炭素吸収剤が消耗（変色または乾燥）している場合には交換する

4．麻酔器の機能を確認する（第12章参照）

a．気化器を満タンにし，作動性を検査する

b．流量計を開き，浮子の可動性を検査する

c．非再呼吸回路または再呼吸回路を麻酔器に接続し，安全弁（ポップオフ弁）を閉め，酸素を流すことで回路内を20～30cmH_2Oに加圧し，15秒間維持する；漏れがないことを確認する

5．余剰ガス排気装置を非再呼吸回路または再呼吸回路に接続する

D．新鮮ガス

1．酸素

a．中央配管装置がある場合はシステムに接続する

b．小型のボンベ（Eシリンダー）を麻酔器に接続する；圧力ゲージが500psi（約35kg/cm^2＝3.4MPa）

未満の場合にはボンベを交換する

2．笑気（鎮痛目的）

a．任意で使用できる

b．圧力ゲージが750psi（約53kg/cm^2＝5.2MPa）未満の場合にはボンベを交換する

E．静脈内投与に必要なもの

1．静脈内カテーテル（18～23G）

2．適切な投与量の静脈内輸液剤

a．複合電解質輸液剤（例：乳酸リンゲル液，プラズマライト［訳注：等張晶質液の一商品名］）

b．過剰投与を防ぐため，250mL以下の少量バッグを使用する

c．投与速度は5～10mL/kg/時

3．輸液セット（小児用60滴/mL）

4．輸液ポンプ（図20-5参照）

F．薬物

1．適切な用量および投与体積を計算する

2．あらかじめラベルを貼ったシリンジを使用する

G．モニタリング機器（第14章参照）

1．心電図

2．非侵襲的血圧測定器（ドプラ法，オシロメトリック式）

3．パルスオキシメータ

4．体温計

5．食道聴診器

6．呼気ガスモニター（酸素，二酸化炭素，吸入麻酔薬）

H．その他

1．4インチ四方（約10cm四方）のガーゼ

2．粘着テープ

3．気管チューブを固定するための包帯

4．温風加温装置

麻酔前投薬（第3章参照）

Ⅰ．症例の術前状態および実施する処置を考慮して薬物を選択する

Ⅱ．筋肉内投与（IM）または皮下投与（SC）する薬物は，静脈内カテーテル留置や麻酔導入の10～20分前に投与する

Ⅲ．麻酔前投薬として使用される薬物

A．抗コリン作動薬

1．アトロピン20～40μg/kg IM，IV，またはSC

2．グリコピロレート5～10μg/kg IM，IV，またはSC

3．通常は必要ないが，唾液量の減少目的に使用できる

4．多くの場合，麻酔中の徐脈の治療目的に使用される

B．トランキライザ

1．アセプロマジン0.025～0.2mg/kg IM

2．ジアゼパムまたはミダゾラム0.1～0.2mg/kg IV

a．単独で使用した場合，猫では落ち着きの無さ，不安，見当識障害を示してしまい，保定がより困難になる可能性がある

3．高齢猫や病的な猫には単回使用を推奨する

C．オピオイド（トランキライザと併用）

1．ブトルファノール0.2～0.4mg/kg IM

2．ブプレノルフィン0.005～0.02mg/kg IM

3．ヒドロモルホン0.05mg/kg IM

4．オキシモルホン0.1～0.3mg/kg IM

5．モルヒネ0.1～0.2mg/kg IM

6．フェンタニルパッチ 12.5～25μg/kg/時

D．α_2-作動薬

1．デクスメデトミジン5～40μg/kg IMまたはIV

2．メデトミジン 10～80μg/kg IMまたはIV

3．キシラジン0.2～1.0mg/kg IMまたはIV

4．ロミフィジン0.09～0.18mg/kg IMまたはIV

E．ケタミン5～10mg/kg IM（トランキライザまたはα_2-作

動薬と併用）

F．チレタミン－ゾラゼパム合剤（Telazol®，国内未販売）2～10mg/kg IMまたはIV

G．便利な麻酔前投薬のコンビネーション

1．デクスメデトミジン（6～40μg/kg），ケタミン（5mg/kg），ブトルファノール（0.2mg/kg）

2．アセプロマジン（0.2mg/kg），ヒドロモルホン（0.05～0.10mg/kg）

a．シリンジ内に混合しIMまたはSC

3．ミダゾラム（0.2mg/kg），ヒドロモルホン（0.05～0.10mg/kg）

a．シリンジ内に混合しIMまたはSC

H．非ステロイド系抗炎症薬（NSAID）

1．消化管障害や腎障害を起こす恐れがあるため，注意を払って使用する

2．メロキシカム0.3mg/kg SC，単回使用

3．カルプロフェン2mg/kg SC，単回使用

4．ロベナコクシブ 1mg/kg PO，1日1回 ×6日間

麻酔導入

I．静脈内投与

A．静脈内カテーテルの留置（一般的には橈側皮静脈または内側伏在静脈）

B．カテーテルの開存性を確認するために静脈内輸液を開始する

1．輸液バッグまたは輸液ボトルを猫の胸部より低い位置に下げてカテーテル内に血液を逆流させることで，カテーテルが静脈内に位置することを確認できる

C．導入薬をゆっくりと投与し（15～30秒），追加投与する前に薬物濃度が平衡状態に至るまで待つ

D．静脈内麻酔導入薬（第8章参照）

表21-2　静脈内点滴麻酔を用いた猫の注射麻酔法

	導入薬	維持薬	備考
1	"キティマジック"： デクスメデトミジン 10-30μg/kg IM ブトルファノール0.2-0.6mg/kg IM ケタミン2-8mg/kg IM		シリンジ内で混合する；深い鎮静または麻酔効果が最長1時間持続 アチパメゾールにて拮抗：100-300μg/kg
2	プロポフォール 3-6mg/kg IV	プロポフォール* 0.22mg/kg/分 CRI または プロポフォール* 0.14mg/kg/分CRI +ケタミン23μg/kg/分 CRI（負荷用量として2mg/kg IV）	安定した循環機能
3	プロポフォール 3-6mg/kg IV	プロポフォール*0.05-0.10mg/kg/分 CRI または プロポフォール* 0.025mg/kg/分 CRI +ケタミン23μg/kg/分または46μg/kg/分	

*代替法：アルファキサロン2mg/kg IV，その後0.07-0.1mg/kg/分で持続静脈内投与。

1．ケタミン2～6mg/kg IV
2．プロポフォール3～10mg/kg IV（**表21-2**）
3．超短時間作用型バルビツレート
　a．チオペンタール2～5%；6～14mg/kg IV
　b．メトヘキシタール2%；3～8mg/kg IV
4．エトミデート0.5～2.0mg/kg IV
5．短時間作用型バルビツレート
　a．ペントバルビタール25mg/kg IV
6．便利な静脈内投与薬のコンビネーション
　a．ジアゼパム－ケタミン：ジアゼパム0.2mg/kg IV，ケタミン5mg/kg IV
　　(1) 同体積のジアゼパム（5mg/mL）とケタミン

(100mg/mL) を混合し，ジアゼパム2.5mg/mL－ケタミン50mg/mLの混合液を作製する

(2) 健康な猫や凶暴な猫の場合，0.1mLのメデトミジン (10μg/kg) またはデクスメデトミジン (5μg/kg) を追加する

(3) 0.1mL/kg IV

(4) ジアゼパムの代替としてミダゾラムが使用できる

b. チレタミン (50mg/mL) －ゾラゼパム (50mg/mL)－ケタミン (80mg/mL)－キシラジン (20mg/mL)

(1) 混合後，1頭につき0.2～0.3mL IM

(2) 避妊・去勢手術であれば，単回投与のみでも実施可能である

c. フェンタニル2～3μg/kg IVを麻酔導入の1～2分前に投与することで，鎮痛効果の付加やハイリスク猫における静脈麻酔薬投与量の減少効果を得ることができる

注釈

凶暴な猫用のコンビネーション：TKM (またはTKD)

Telazol® 1バイアル (5mL) にケタミン4mL (100mg/mL) とメデトミジン1mL (1mg/mL) (または0.5mg/mLのデクスメデトミジン1mL) を混入する

用量：0.1～0.2mL/5～10kg IM

Ⅱ. 吸入麻酔薬

A. マスク導入や箱導入にはセボフルランやイソフルランを使用できる。セボフルランはイソフルランよりも臭気が弱く，導入も早い (血液－ガス分配係数が低いため)

1. フェイスマスク (図21-2)

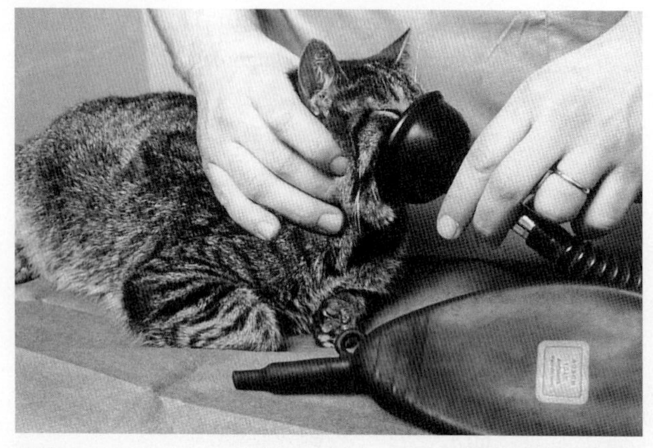

図21-2　フェイスマスクは順応性のある，または十分な鎮静下にある猫や小型犬の麻酔導入に使用できる。

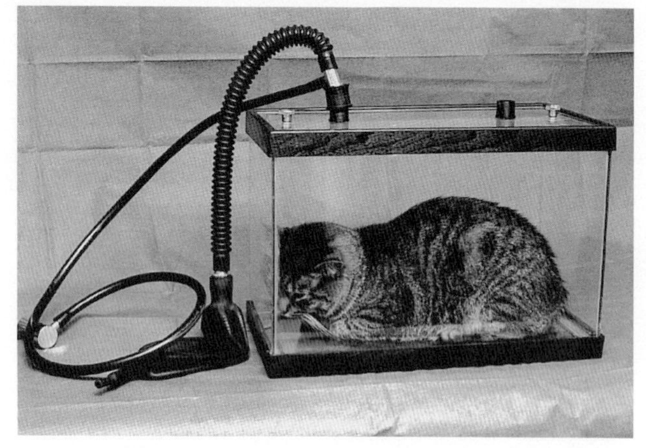

図21-3　凶暴な猫は，導入箱と吸入麻酔薬を用いて麻酔導入することができる。

a．嘔吐や誤嚥に注意する

b．確実に動物を保定する

2．導入箱（図21-3）

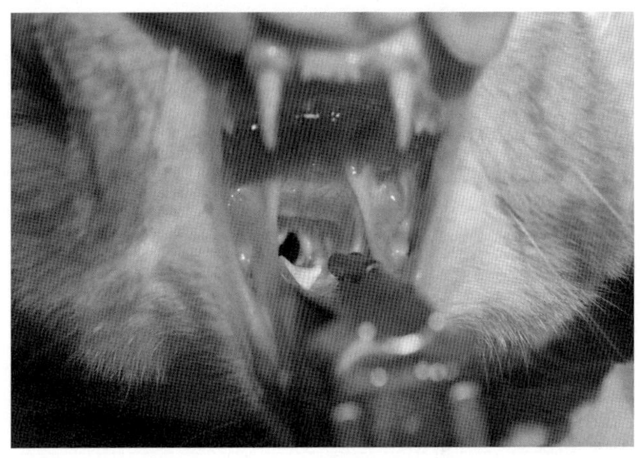

図21-4　調節可能なスタイレットを使用することにより，柔らかい気管チューブは扱いやすくなり，猫の気管挿管をよりスムーズに行うことができる。

a．高い新鮮ガス流量（4〜5L/分）を使用する
b．立ち直り反射の消失を注意深く看視し，箱から出した後にマスクにて導入を完了させる
c．おびただしい環境汚染のため，日常的な使用は推奨されない

気管挿管

Ⅰ．口を開き，気管チューブで舌を側方に出す（訳注：オハイオ州立大学では事故防止のため，麻酔導入時に手指を動物の口内へ挿入することが禁止されている）；ガーゼで舌をつかみ，猫の頭部と頸部をまっすぐに保定し，舌を左右の下顎犬歯の間に引き出して下顎を下げることで開口状態を維持する

Ⅱ．喉頭の位置を確認し，気管チューブを挿入する（第11章参照，図21-4）

A. 直視下
B. 喉頭鏡を用いることで，喉頭の視覚化を改善し，喉頭蓋を吻腹側に倒す
C. 起こり得る障害
 1. 喉頭痙攣(2%リドカイン0.1mLを喉頭軟骨にスプレーすることで痙攣を軽減できる)

注釈

ベンゾカイン（Cetacaine®※）は使用しない！（メトヘモグロビン血症を引き起こす恐れがある）

※訳注：Cetacaine®の主成分はベンゾカイン，他有効成分はアミノ安息香酸ブチルおよびテトラカインである

---

  a. 不十分な麻酔深度
  b. 喉頭感作
 2. 小径の気管チューブは柔らかすぎて挿管しにくいことがあるため，スタイレットを使用する
 3. 軟口蓋の変位による喉頭蓋の吻腹側への運動妨害；軟口蓋を気管チューブで背側に押し上げ，喉頭蓋をよく見えるようにする
 4. 喉頭や咽頭に関連した腫瘤；より小径の気管チューブまたは気管切開の必要性を考慮する
 5. 嘔吐，胃内容物の逆流
  a. 頭部を下げる
  b. 必要に応じて咽頭や気管の吐物を吸引する
  c. 早急に挿管してカフを膨らませることで，さらなる誤嚥を最小限に抑える
D. 酸素流量計を開く（肺の過膨張に注意する）
E. 気管チューブを呼吸回路（Yピースまたはエルボー）に接続し，さらにチューブを紐状ガーゼまたは使用済み輸液セットのチューブを用いて猫に確実に固定する
F. 心拍数，脈，呼吸数を確認する

1．正常範囲の心拍数および脈圧の場合：吸入麻酔を開始し，必要に応じて笑気も開始する
2．低い心拍数または弱い脈圧の場合：酸素を流したままでその原因を判断し対処する；吸入麻酔薬はまだ開始しない（第29章参照）
3．自発呼吸：最低4〜6回/分の呼吸数を維持する（必要であれば補助呼吸を行う）
4．無呼吸，呼吸困難
　a．麻酔導入薬は動物の呼吸運動を抑制し得る；補助呼吸を開始する（2〜4回/分）

注釈

肺を過膨張させないよう注意する：$P_I = 15〜20cmH_2O$（P_I：最高気道内圧）；$V_T = 10〜15mL/kg$；過膨張により気縦隔，気胸となる恐れがある

---

　b．気管チューブの閉塞または屈曲
　c．気管支挿管となっている場合には，チューブを気管内に引き戻す

G．気化器を適切な維持濃度に設定し，必要に応じて調節する

H．モニター機器を接続する（例：ドプラ，ECG，パルスオキシメータ，体温計）

局所麻酔（第7章参照）

Ⅰ．抜爪術
　A．0.2％ロピバカインまたは0.25％ブピバカインを使用する（総用量1mg/kg）
　B．手根関節のやや近位でリングブロックを実施する（図7-3参照）

Ⅱ．硬膜外麻酔

麻酔維持（第20章参照）

Ⅰ．麻酔薬要求量を減少させるため，様々な鎮痛薬を併用することができる；オピオイドやα_2-作動薬の持続静脈内投与は頻繁に使用される

A．フェンタニル0.1～0.5μg/kg/分

B．デクスメデトミジン0.10～0.25μg/kg/分

Ⅱ．体温管理（第11章参照）

A．低体温症を予防，治療する（温風加温機器）

B．高体温症を治療する（オピオイド拮抗薬，体外冷却法）

麻酔回復期（第20章参照）

Ⅰ．胸骨坐位を維持できるようになるまで，呼吸，脈，および体温（>36℃）を頻繁に確認する

第22章

馬の麻酔処置とテクニック（馬酔）

“The little neglect may breed mischief...for want of a nail the shoe was lost; for want of a shoe the horse was lost; and for want of a horse the rider was lost.”

BENJAMIN FRANKLIN

概要

安全に麻酔をかける上で最も難しい動物種は馬であるかもしれない。現在，馬の麻酔事故率は1～2%にも上り，約0.1%である犬や猫と比較して非常に高い。馬の気性は個体差が非常に大きく，このことが薬物の投与量や麻酔方法の選択に大きく影響する。馬における薬効をいかに適切に想定できるかが，安全かつ効果的な馬の麻酔を行う上で最も重要な点である。適切な麻酔前投薬を行った上で，麻酔薬の静脈内投与や持続投与（全静脈麻酔[TIVA]），さらに物理的保定を組み合わせることで，馬に麻酔導入を行うことができる。麻酔導入および覚醒を速やかに，かつ安全にするため，また適切な心肺機能を維持しつつ筋弛緩作用および鎮痛作用を最大限に得るために，様々な麻酔方法が考案されている。覚醒期には，起立動作や起立位の維持のために人為的補助が有益となる場合がほとんどである。

総論

Ⅰ．外科手術症例の馬の準備

A．子馬以外は手術前約4～8時間は絶食させる。飲水は自

由とする

1．絶水は行わない

B．心肺機能を重視したひと通りの身体検査を実施する

C．体重計または胸囲測定により体重を計測する

1．体型も記録する（例:細身／競走馬，調教馬，重種馬）

D．ブラシをかけた上で湿らせた布で拭き取り，鱗屑や汚れを除去する

E．麻酔導入前に蹄を清潔にする；外傷防止のため，蹄鉄を外すかパッドを装着する

F．可能な限り麻酔導入前に術野の準備（剪毛と洗浄）を行い，麻酔時間の短縮を試みる

1．術野の準備には鎮静が必要となる場合もある

G．麻酔導入前に頸静脈に静脈内カテーテルを設置する（図22-1A，B）

H．麻酔導入の5～30分前に麻酔前投薬（抗生物質，鎮痛薬）の投与を行う

I．麻酔導入前に口腔内を十分に水で洗い流す

Ⅱ．頭部，肩部，臀部の適切なポジショニングと十分なパッドを施し，神経障害および筋障害の発生を最小限にする

Ⅲ．麻酔中，自発呼吸にて管理されるすべての馬では，酸－塩基平衡障害，とくに呼吸性アシドーシス（$PaCO_2$の上昇）が認められ，また空気を吸入している場合は低酸素血症（PaO_2＜60mmHg）が認められる

Ⅳ．陽圧換気を用いることで$PaCO_2$を正常範囲に保ち，また，動脈血酸素分圧（PaO_2）を維持することができる

Ⅴ．低血圧と低酸素血症の防止は，筋障害を含む術後合併症の回避につながる

Ⅵ．麻酔回復期の馬を注意深く観察し，必要に応じて起立補助を行う

A．麻酔回復期にいびきや上部気道閉塞の症状を示す馬では，経鼻気管挿管を必要とする場合がある

B．代替法として，各鼻孔にフェニレフリンをスプレーする

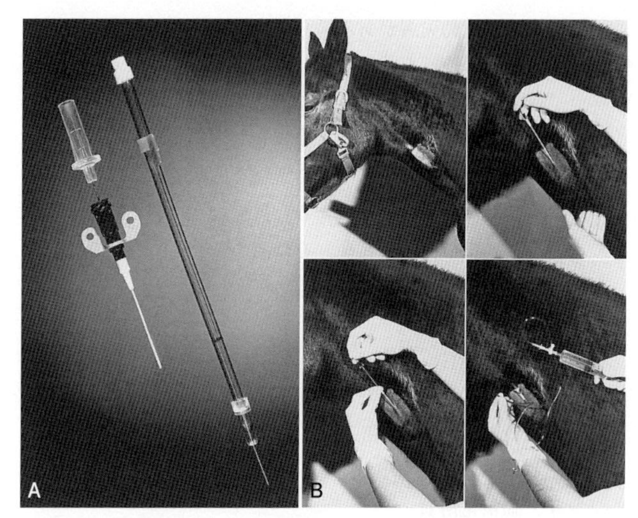

図22-1　A：静脈内カテーテルの種類：プラスチックカニューレ型（左）と径針型(右)。B:馬への静脈内留置方法。プラスチックカニューレ型を使用する場合，穿刺後一度スタイレット針から動かしたカテーテル部分をまた針へ戻そうとすることは避ける。これを行った場合，カテーテルの剪断や，剪断されたカテーテル先端部が馬の血流内で紛失してしまう場合がある。

ことで鼻部のうっ血を軽減できるが，この方法は多くの場合で効果が不十分である

麻酔前の評価

Ⅰ．症例の病歴の調査

Ⅱ．身体検査

A．年齢，体重，性別，体型，健康状態

B．馬の気性および罹患状態（第2章参照）

C．心肺機能に重点を置く；潜在性の呼吸器疾患の検査

1．大きいビニール袋で鼻孔部を覆った状態で呼吸させ，二酸化炭素を再呼吸させながら肺野の聴診を行う

D．跛行や運動失調がある場合は，その程度を確認する
1．重度の跛行を示す場合，事故予防のため導入室へ移動させるまで鎮静を行わない
2．鎮静後に補助が必要な場合もある
E．服用中や以前服用していた薬物を確認する
F．予定されている手術による合併症など（例：組織損傷，疼痛，出血，所要時間）を確認する
G．麻酔法を決定する

Ⅲ．血液検査
A．日常的項目
1．全血球計算（PCV，白血球数）
2．総タンパク（水和状態）
B．推奨される追加項目
1．血清電解質
2．血清化学（乳酸，筋酵素）
3．酸－塩基平衡（pH，PaO_2，$PaCO_2$）

麻酔前投薬（図22-2A）

Ⅰ．キシラジン（鎮静，鎮痛，筋弛緩目的）
A．投与量：0.4～1mg/kg IV，1～2mg/kg IM
B．作用発現：静脈内投与後2～3分以内，筋肉内投与後10～15分以内
C．作用時間：静脈内投与後30分間，筋肉内投与後60分間
D．洞性徐脈，第1度および第2度房室ブロックの発生の可能性がある
E．十分な筋弛緩に伴い，頭部下垂が認められる
1．個体により上部気道障害を発症し（鼾をかく），その程度も様々である
F．突然の動作や音に対して，覚醒したり過敏な反応を示す場合がある（驚愕反応）
1．しばしば脱抑制（興奮，攻撃）が生じる

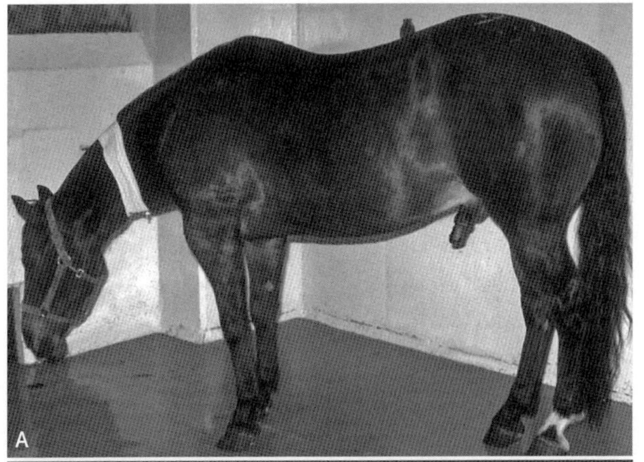
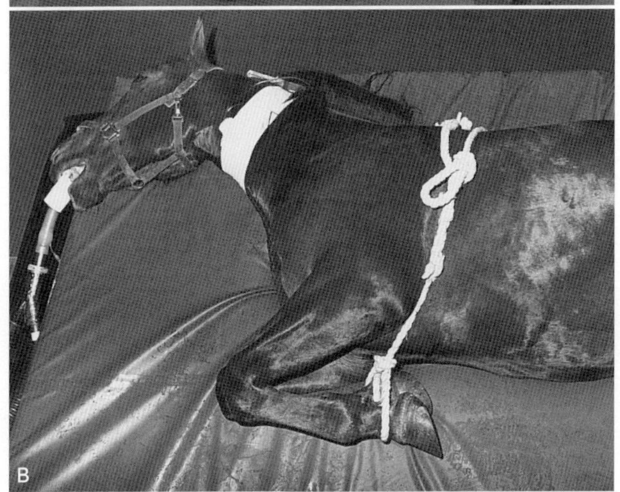

図22-2　麻酔導入前には必ず十分な鎮静を施し（A），全身麻酔下では通常，馬は大型のゴム製パッドまたはエアマットレスやウォーターマットレス上で前肢を保定した状態を維持する（B）。側臥位の場合，即座に頭絡を外して顔面神経麻痺を防ぐ。

Ⅱ．デトミジン（キシラジンに類似，国内未販売）

A．投与量：10〜20μg/kg IV，20〜40μg/kg IM，60μg/kg

口腔粘膜投与

B．作用時間はキシラジンの約2倍

C．少ない投与体積（キシラジン，ロミフィジンと比較して）

D．舌下投与後の作用発現時間は30～45分程度

E．十分な筋弛緩に伴い，頭部下垂が認められる

F．刺激により覚醒したり，脱抑制（攻撃性）を示す場合がある

Ⅲ．デクスメデトミジン（キシラジンに類似）

A．投与量：3～15μg/kg IV

B．短時間作用，作用維持のため，持続静脈内投与による使用も可能である

C．極度のふらつきを示す場合がある

Ⅳ．ロミフィジン（キシラジンに類似，国内未販売）

A．投与量：90～120μg/kg IV，80～120μg/kg IM

B．キシラジンより筋弛緩作用が弱く，頭部下垂の程度は少ないが，持続時間は長い

Ⅴ．アセプロマジン（鎮静効果のみ）

A．投与量：20～80μg/kg IM，10～40μg/kg IV

B．作用発現：静脈内投与後10～20分以内

C．作用時間：2～4時間

D．低血圧作用は12時間持続する場合がある

E．持続性陰茎麻痺を呈す可能性がある

F．軽度から中等度のふらつきを示し，鎮痛作用はもたないが，その他の鎮痛薬（オピオイド，α_2-作動薬）の鎮痛作用の増強効果を現す可能性がある

Ⅵ．抱水クロラール（鎮静作用，またはその増強のために稀に使用される）；20～80mg/kg IV（第8章参照）

麻酔器材

Ⅰ．馬の麻酔のために推奨される器材

A．サイズ10G，12G，または14Gで，長さ13cmの市販の

カテーテルを頸静脈に留置し，静脈内麻酔薬や輸液の投与経路として用いる（図22-1A）

B．気管チューブ

1．短時間（5〜15分）の麻酔の場合は必要でないこともある

2．できるだけ大きなサイズを選択する（内径30，26，20，または15mm）；気管チューブのサイズはその内径を示している

3．カフの漏れをチェックする

4．滅菌潤滑剤を気管チューブに塗布する

5．25〜60mLの注射シリンジでカフを膨らませる

a．気管の損傷や気管チューブの虚脱（閉塞）を最小限とするため，カフの過剰膨張に注意する

6．長さ10cm，直径5cmのポリ塩化ビニル製の配管パイプを開口器として使用する

C．輸液剤や薬剤（例：グアイフェネシン）を静脈内投与するための加圧バッグ

D．保定用綿ロープ（図22-2B）

E．適切なパッド（図22-2B）

F．モニタリング機器（第14，15章参照）

1．心電図

2．血圧測定器（観血的測定法が好ましい）

3．呼気ガスモニター（酸素濃度，呼気二酸化炭素分圧，呼気麻酔ガス濃度）

4．pHおよび血液ガス分析（PO_2，PCO_2）

G．併用薬剤の持続点滴投与用ポンプ（例：リドカイン，ドブタミン）

Ⅱ．吸入麻酔用器材

A．気化器内の麻酔薬が十分量であるか確認する；再呼吸回路の場合，漏れがないことを確認する

1．大動物の麻酔には，高い新鮮ガス流量のために吸入麻酔薬の使用量が多い。長時間に及ぶ処置の場合には，

麻酔中に気化器を再度満たすことが必要になることもある

2．Yピースを塞ぎ，ポップオフ弁を閉鎖し，さらに酸素フラッシュボタンを用いて麻酔回路の漏れの有無を検査する

3．回路内圧を約30cmH_2Oで維持できる状態でなければならない

B．酸素圧を確認する

1．酸素ボンベ圧500psi（約35kg/cm^2≒3.4MPa）であることを確認する

2．酸素駆動の人工呼吸器を使用する場合には複数の大型（H）ボンベが必要である

C．二酸化炭素吸収剤は6時間ごとに新しいものに交換する

D．新鮮ガス流量

1．酸素：5～10mL/kg；急速な吸入麻酔濃度上昇や脱窒素が必要となる麻酔導入時には高流量（20mL/kgまで）を使用する

E．排気システムを確認する

F．頭部や四肢保護用のヘルメットやプロテクター；床用マットやパッド（膨張式マットレス，スポンジ製パッド）

麻酔導入

I．ケタミン

A．ケタミン投与前に適度な鎮静および筋弛緩作用を得ることが必要である

B．用量：デトミジン，デクスメデトミジン，グアイフェネシン，ロミフィジン，またはキシラジン投与後に1.5～2.0mg/kg IV（第3章参照）

C．α_2-作動薬投与後，ジアゼパムまたはミダゾラム（0.05～0.1mg/kg IV）と同時に投与する

D．短時間作用（10～15分間）

E．無呼吸パターン（息こらえ）を誘発する場合がある

Ⅱ．グアイフェネシン：中枢作用性骨格筋弛緩薬

A．グアイフェネシンを投与する前に十分な鎮静を行う

B．用量：倒馬には50〜100mg/kg；筋弛緩および鎮静作用には50mg/kg

C．5〜10％溶液（50〜100mg/mL）：15％以上では溶血や蕁麻疹を引き起こす可能性がある

D．チオペンタールナトリウムやケタミンの投与前の単剤投与，またはこれらとの混合投与が可能である

E．作用時間：15〜25分間

F．中毒症状：

1．無呼吸パターン（吸気状態での息こらえ）または無呼吸

2．筋硬直

3．低血圧

Ⅲ．ジアゼパム（筋弛緩作用）

A．筋弛緩作用の増強

B．用量：0.04〜0.1mg/kg IV

C．鎮静後，チオペンタール投与前またはケタミンと混合投与

D．作用時間：5〜15分間

E．抗痙攣作用；鎮痛作用はなく，鎮静作用は最小限

Ⅳ．ミダゾラム（ジアゼパムに類似）

A．用量：0.04〜0.1mg/kg IV

B．水溶性，プラスチックによる吸収なし

Ⅴ．チオペンタール，プロポフォール

A．短時間作用型催眠薬（5〜10分間）

B．用量：2〜5mg/kg IV；鎮静後，グアイフェネシンとの混合液（5%のグアイフェネシンに混合して5mg/mLとする）を効果が得られるまで投与する

C．心肺抑制を引き起こし，一時的に無呼吸になることがある（用量依存性）

Ⅵ．チレタミン－ゾラゼパム合剤（Telazol®，国内未販売）
　A．ケタミン－ジアゼパムに類似する
　B．用量：0.5～1.5mg/kg IV
　C．ケタミン－ジアゼパムより強力な筋弛緩作用がある
　D．ケタミン－ジアゼパムより作用時間が長い
　E．ケタミン－ジアゼパムより顕著な呼吸抑制作用を有する
　F．ケタミン－ジアゼパムより長時間かつ不良な覚醒である
Ⅶ．イソフルラン，セボフルラン：子馬では，経鼻気管チューブまたはマスクを用い，高い酸素流量にて3～7%の濃度を投与することで麻酔導入が可能である
　A．麻酔導入前に鎮静することで麻酔のリスクを軽減することができる
　B．代謝機能は生後3カ月で成熟する

気管挿管

Ⅰ．2種類のサイズ（想定されるサイズと，ひと回り小さいサイズ）の気管チューブおよび開口器またはバイトブロックを準備する
Ⅱ．気管挿管は盲目的に行われる（図22-3）
　A．上下切歯の間にバイトブロックを噛ませる
　B．頭部および頸部を伸展させる
　C．舌根上に沿うようにして気管チューブを咽頭へ向け押し進める
　D．気管内に入る際，チューブを回転させながら進める
　E．うまくいかない場合にはこれを繰り返す
Ⅲ．気管チューブが食道内ではなく，気管内に入っていることを確認する；呼気ガス中の水蒸気による気管チューブの曇りや，呼吸に伴う空気の動きを手で感じることにより確認できる
Ⅳ．気管チューブを胸腔内まで届かないようにする
Ⅴ．成馬，子馬を問わず，経鼻気管挿管が可能である（図22-4）

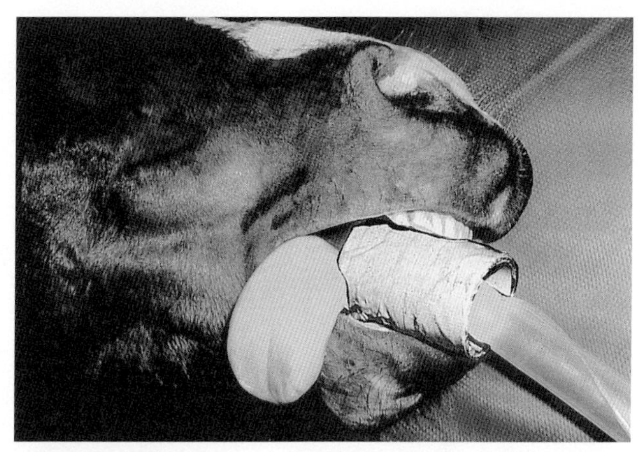

図22-3　成馬および子馬における気管挿管は盲目的に行われる。開口器やPVC製バイトブロックを使用することにより容易となる。

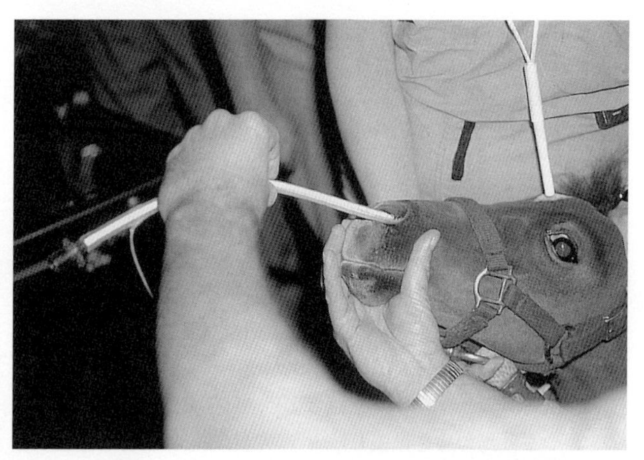

図22-4　成馬および子馬のいずれにおいても，経鼻気管挿管は簡単に実施できる。

A．チューブに潤滑剤を塗布し，腹側鼻道へと押し進める

B．経口気管チューブよりも1～2サイズ小さいものを使用

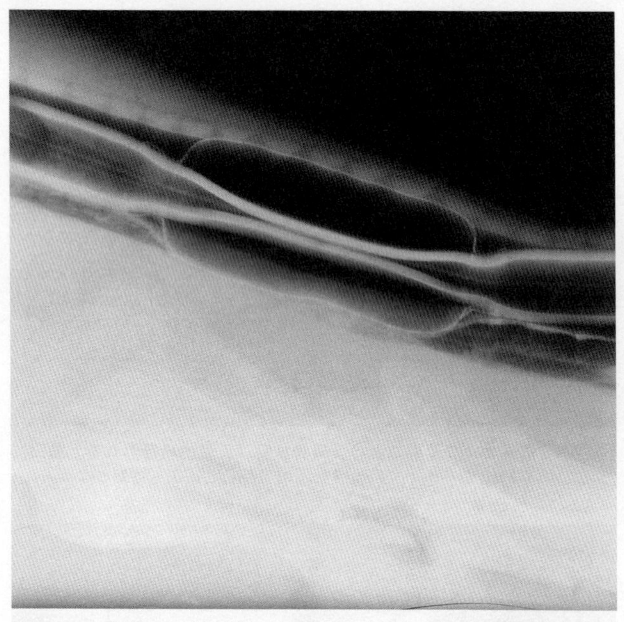

図22-5　気管チューブのカフの過膨張は，気管チューブの閉塞を引き起こしかねない。

する

Ⅵ. 気管チューブを麻酔器呼吸回路のYピースに接続する
　A. 再呼吸バッグの大きさは，1回換気量の5倍以上のものとする；15〜30Lのバッグが標準サイズである

Ⅶ. 気管チューブのカフを膨らませ，再呼吸バッグを圧迫する。つまり馬の肺を拡張し，カフの漏れがないことを確認する
　A. カフの過膨張に注意する；体重500kgの馬では，通常50〜75mLで十分に膨らませることができる（図22-5）

麻酔維持

Ⅰ. 四肢や頭頸部の過伸張を防ぐ

表22-1　馬の全静脈麻酔（TIVA）方法

薬物の組み合わせ	濃度（mg/mL）	投与速度
キシラジン グアイフェネシン ケタミン*	1 50 2	1-2mL/kg/時，効果が得られるまで投与
デトミジン グアイフェネシン ケタミン*	0.02 50 2	1-2mL/kg/時，効果が得られるまで投与
デクスメデトミジン グアイフェネシン ケタミン*	0.001 100 2	1-2mL/kg/時，効果が得られるまで投与
キシラジン ミダゾラム ケタミン*	1.0 0.1 4	0.5-1mL/kg/時，効果が得られるまで投与

ブトルファノール（20μg/kg）の併用で鎮痛効果を増強できる。
一般的にケタミンは，十分な筋弛緩の後に50-150μg/kg/分の速度で投与する。
*ケタミンの濃度を4mg/mLとするのであれば，注入速度を0.8mL/kg/時に低下させる。
プロポフォール（0.2-0.4mg/kg/分）の併用で麻酔効果を増強することができる。

A．下側肢の神経障害や筋障害を防ぐため，下側の前肢を頭側へ引き出して三頭筋への負担を最小限にする（側臥位の場合）

B．無口を外し，顔面神経麻痺を防ぐ

Ⅱ．全静脈麻酔（TIVA）：5%グアイフェネシン500mLとケタミン500mgの混合液，またはこの混合液にキシラジン250～500mgを添加することもある。十分な効果が得られるまで静脈内投与する（表22-1）

A．TIVAは最長1時間までとする

1．麻酔中は酸素を供給する

2．1時間以上の使用は覚醒期の延長を引き起こしかねない

B．グアイフェネシンの代替としてミダゾラムを使用できる；ミダゾラム0.002mg/kg/分，ケタミン0.03mg/kg/分，キシラジン0.016mg/kg/分（表22-1参照）

C．プロポフォールの持続静脈内投与（0.2～0.4mg/kg/分）を麻酔効果を補助する目的で使用することができる

Ⅲ．吸入麻酔

A．イソフルラン：1～3%

B．セボフルラン：2～5%

C．多くの場合で人工呼吸器による換気の補助やコントロールが必要となる

Ⅳ．鎮痛

A．モルヒネ0.04～0.10mg/kg IM

B．ブトルファノール0.01～0.04mg/kg IVまたはIM

C．α_2-作動薬（デトミジン2～3μg/kg IV）

Ⅴ．モニタリング（第14章，第15章参照）

A．体温

1．麻酔下の成馬では，ほとんど変化しないが，通常は低下する

2．子馬では低下する

3．筋弛緩作用が不十分であると，上昇することがある

B．麻酔処置，外科処置および動物の反応を麻酔記録上に記録する

C．すべてのバイタルサイン（例：心血管系，呼吸器系）と麻酔深度（例：意識レベル，眼球や眼瞼の反応）を観察する

1．水平眼振，流涙，自発的な閉眼は浅麻酔を意味する

2．眼球の前方回転，眼振，流涙，自発的な閉眼は，外科麻酔期ではあまり認められない

3．角膜反射（角膜を触ると閉眼する反射）は常に認められなければならない

D．動脈血圧を測定，維持し，さらに記録する；平均血圧を60mmHg以上に維持する；低血圧を認めた場合の治療法：

1．輸液剤を投与する

2．可能であれば麻酔深度を軽減する

3．ドブタミン（1～3μg/kg/分）またはエフェドリン（0.05～0.10mg/kg IV）を投与する

Ⅵ．輸液剤の投与（第16章参照）

Ⅶ．麻酔中に追加可能な注射薬剤

A．デトミジン持続静脈内投与：0.01～0.03μg/kg/時 IV

B．リドカイン持続静脈内投与：負荷用量2mg/kg後に40～60μg/kg/分

1．負荷用量として2mg/kg IVを投与する

2．吸入麻酔薬を20～40％減少できる

3．覚醒期のふらつきを最小限にするため，麻酔終了30分前に投与を終了する

C．ケタミン持続静脈内投与：0.5～1.0mg/kg/時

1．麻酔導入薬としてケタミンが使用された場合，負荷用量は必要ない

2．吸入麻酔薬を最高50％減少できる

D．グアイフェネシン混合液（GKX，表22-1参照）

1．吸入麻酔薬要求量の減少を目的として，必要量を投与する

麻酔回復期

Ⅰ．酸素を止める前に気化器をOFFにする

Ⅱ．可能であれば，馬が嚥下運動を始めるまで酸素吸入する；その後，抜管する

Ⅲ．通常，酸素を以下の方法で投与する：

A．酸素加湿器（最低流量15L/分）

B．酸素デマンドバルブ（図22-6）

Ⅳ．鎮静薬，ロープ，スリング，救急薬

A．気管チューブのカフの空気が抜いてあることを確認する

B．排液できるように馬の頭部と鼻鏡を下げておく

C．必要に応じて起立を補助する

D．成馬が以下のような徴候を示した場合には，鎮静薬（キ

図22-6 酸素デマンドバルブを用いることで，フェイスマスクや気管チューブへ高流量（50L/秒）の酸素を供給することができる。

シラジン50～100mg IVまたはデトミジン2～3mg IV）を投与する

1．過剰な眼球振盪や眼球運動

2．過剰な筋振戦

3．肢の不調和運動；パドリング，興奮

4．早期すぎる起立動作により起立不可能な場合

認められる可能性のある麻酔合併症

Ⅰ．低血圧（平均動脈血圧60mmHg未満）

Ⅱ．低換気（$PaCO_2$ 55mmHg以上）

Ⅲ．低酸素血症（PaO_2 60mmHg未満）

　A．100％酸素を吸入している場合，PaO_2は150mmHg以上であるべきである

Ⅳ．徐脈（心拍数25回/分未満）

　A．心不整脈：心房性または心室性期外収縮

Ⅴ．不適切な麻酔深度

Ⅵ．非呼吸性（代謝性）アシドーシス

Ⅶ. 鼻水および上部気道閉塞

Ⅷ. 覚醒不良または覚醒遅延

Ⅸ. 覚醒期の極度の筋衰弱

A. 神経障害および筋障害，またはそのいずれか

第23章

反芻獣の麻酔処置とテクニック

"Moo may represent an idea, but only the cow knows."

MASON COOLEY

概要

反芻獣において外科処置を行う際に，十分な不動化や鎮痛を得るためには，物理的保定と局所麻酔法や鎮静薬の併用が頻繁に用いられる。全身麻酔が必要となる場合，馬における方法と類似した方法を用いることができるが，反芻獣においては使用できる麻酔薬や鎮痛薬が規制により制限される場合がある。可能性のある危険性として，反芻や鼓腸（第一胃の膨張）が挙げられる。眼瞼反射などの眼反射，眼球の位置，瞳孔の大きさをもとに麻酔深度を観察することができる。麻酔からの覚醒は多くの場合で平静かつ穏やかであり，通常は補助する必要はない。

総論

I．反芻獣の麻酔と外科手術の準備

A．麻酔前に第一胃の内容物と内圧を減らしておく

1．大型の反芻獣では12～18時間絶食する

2．大型の反芻獣では可能であれば8～12時間絶水する

3．羊や山羊では12～18時間絶食する；飲水制限は行わない

4．子牛，子羊，子山羊では2～4時間絶食する；1カ月齢

未満の場合には本質的に単胃動物であり，麻酔中に第一胃内容の逆流が起こることはほとんどない

B．絶食による副作用はほとんどない

1．健康な動物においては，軽度の代謝性アシドーシスがみられる

2．成牛では迷走神経緊張の増加により徐脈が認められる

C．鼓腸や第一胃内容の誤嚥を防止するため，必要に応じて気管チューブと第一胃チューブを挿入する

Ⅱ．牛における外科処置の多くは，局所麻酔法または領域麻酔法が実施できる（第5章参照）

Ⅲ．局所麻酔法では不十分な場合や，仰臥位が求められる手技の場合には，全身麻酔が必要となることもある；不十分な麻酔深度は動物へのストレスとなり，その結果，頻脈や高血圧へとつながる場合もある

麻酔前の評価

Ⅰ．麻酔前の評価は馬の場合と同様である（第22章参照）

A．病歴

B．身体検査

C．基本的な血液検査

1．ヘマトクリット値または血漿ヘモグロビン値

2．血漿総タンパク

3．新生子の場合は血糖値

4．身体検査の結果に応じて追加検査を実施する

麻酔前投薬

Ⅰ．麻酔前投薬は，反芻獣の鎮静目的，またはより強力な静脈麻酔薬や吸入麻酔薬の要求量を減らす目的で投与される

Ⅱ．食用動物ではトランキライザの使用は許可されていない；乳製品や肉製品への薬物残留が問題となる。想定される残

表23-1　反芻獣における麻酔薬のおおよその残留時間

薬物	残留時間		備考
	肉	乳	
ジアゼパム	7日	3日	
ミダゾラム	7日	3日	
キシラジン	7日	3日	カナダで測定された値
アセプロマジン	7日	2日	カナダで測定された値
ブトルファノール	>3日	>3日	早く排泄されると考えられている
モルヒネ	>3日	>3日	早く排泄されると考えられている
オキシモルホン	>3日	>3日	早く排泄されると考えられている
リドカイン	3日	2日	羊では素早く排泄される
メピバカイン	3日	2日	羊では素早く排泄される
ケタミン	2日	2日	半減期が短く，反芻獣で1時間未満，豚で3時間未満
グアイフェネシン	>2日	>2日	反芻獣では排泄が早い
吸入麻酔薬			
イソフルラン	>3日	>3日	
セボフルラン	>3日	>3日	

留時間についての情報は，食用動物残留薬物回避および根絶プログラムによる食用動物残留薬物回避データバンク（FARAD）www.farad.orgで確認することができる（**表23-1**）

Ⅲ．麻酔前投薬には一般的に以下の薬物が用いられる（**表23-2**）：

A．キシラジン

1．馬の静脈内投与用量の1/10の用量：0.02～0.04mg/kgまたはそれ以下のIV；0.1～0.4mg/kg IM。低用量でも臥位になる場合がある

2．中等度の用量0.02～0.1mg/kg IVでは通常，臥位や抑うつが認められる。または咽頭反射や喉頭反射が抑制されるため，追加の薬剤投与をせずに容易に気管挿管を行うことができる

表23-2 反芻獣に使用される鎮静薬とその用量（mg/kg）*

薬物	牛		子牛		羊		山羊	
	IV	IM	IV	IM	IV	IM	IV	IM
アセプロマジン	0.03-0.05	0.05-0.1	0.03-0.05	0.05-0.1	0.03-0.05	0.05-0.1	0.03-0.05	0.05-0.1
ジアゼパム	0.2-0.5	0.5-1.0	0.2-0.5	0.5-1.0	0.2-0.5	0.5-1.0	0.2-0.5	0.5-1.0
α_2-作動薬								
キシラジン	0.02-0.1	0.02-0.5	0.02-0.1	0.1-0.2	0.02-0.1	0.1-0.3	0.02-0.1	0.1-0.3
デトミジン	0.01-0.02	0.02-0.05	0.01-0.02	0.03-0.05	0.01-0.02	0.02-0.05	0.01-0.02	0.02-0.05
メデトミジン		0.02-0.05		0.02-0.05		0.01-0.03		0.01-0.03
α_2-拮抗薬†								
ヨヒンビン	0.1-0.2		0.1-0.2		0.1-0.5		0.1-0.2	
トラゾリン	1.0-2.0		1.0-2.0		1.0-2.0		1.0-2.0	
アチパメゾール	0.02-0.05		0.02-0.05		0.02-0.05		0.02-0.05	

*アトロピン0.05-0.1mg/kg IVおよびグリコピロレート0.005-0.01mg/kg IVによって迷走神経誘発性徐脈を治療できるが，唾液分泌の減少効果は部分的であり，唾液の粘稠性が増加して気道からの除去がより困難になり，気道閉塞を生じやすくなる。

†ドキサプラム0.5-1.0mg/kgによって，α_2-作動薬の鎮静効果の拮抗効果と呼吸刺激効果を部分的に得られる。

3．羊では，キシラジン（またはその他のα_2-作動薬）は呼吸数を増加させ，また呼吸器の弾性を低下させる；肺水腫や低酸素血症を発症する場合がある

4．副作用

a．呼吸抑制

b．心血管機能抑制

c．鼓腸を伴う第一胃アトニー

d．唾液生産量の増加

e．血漿インスリンの減少による高血糖症

f．利尿

g．ヘマトクリット値の減少

h．妊娠後期の早産

5．拮抗薬

a．非特異的拮抗薬

(1) ドキサプラム0.1～0.5mg/kg IVは呼吸刺激薬として使用できる

b．特異的拮抗薬（IVでの使用の際は注意する）

(1) アチパメゾール20～60μg/kg IV，IM

(2) ヨヒンビン0.12mg/kg IV，IM

(3) トラゾリン0.5～2.0mg/kg IM

B．デトミジンまたはデクスメデトミジン

1．ほかの動物種と同様の用量：10～30μg/kg IM

2．キシラジンと同様の効果

3．拮抗薬：キシラジンの項を参照

C．アセプロマジン（鎮静目的）

1．排泄時間が長いため，頻繁には用いられない

2．用量：40～90μg/kg IM；10～20μg/kg IV

3．作用発現：10～20分以内

4．作用時間：2～4時間

D．アトロピン，グリコピロレート

1．あまり使用されない。アトロピンの作用時間は短い

2．抗コリン作動薬は唾液の粘稠性を高める（唾液量の減

少は軽度）

3．咽頭部が鼻よりも上になるように位置させる；唾液が口から排泄され，咽頭部で蓄積しない。カフ付き気管チューブを挿管する

4．抗コリン作動薬の投与により，腸管運動の減少やガスの蓄積が起こり，鼓腸の発生率が高くなる

麻酔導入（表23-3）

Ⅰ．グアイフェネシン

A．用量：50～100mg/kg IV，効果が得られるまで少量ずつ投与し，続いてケタミン（1～2mg/kg IV）を投与する

B．蒸留水または5％ブドウ糖液を用いた5％溶液（50mg/mL）；これ以上の濃度（7％以上）では溶血する場合がある

C．キシラジン，チオペンタール，ケタミン，またはチレタミン-ゾラゼパム合剤（Telazol®，国内未販売）と併用できる

Ⅱ．キシラジン－ケタミンの併用

A．用量：キシラジン40μg/kgとケタミン2mg/kg IV

1．両薬剤を同一の注射シリンジ内で混合できる

2．静脈内投与では約45～90秒で不動化でき，20～30分間の全身麻酔作用が得られる；起立するまでには最初の投与から2時間以上かかる

3．筋肉内投与では麻酔導入に3～10分かかる；麻酔時間と覚醒時間も延長する

4．心拍数，呼吸数，体温が低下する；無呼吸性呼吸パターンと唾液分泌が認められる場合がある

Ⅲ．グアイフェネシン－ケタミン－キシラジンの併用（「トリプルドリップ」）

A．用量：キシラジン30～50mgとケタミン500mgを5％グアイフェネシン溶液500mLに加えた混合液を効果が得

表23-3　反芻獣に使用される注射麻酔薬とその用量（mg/kg）[†]

薬物	牛	羊	山羊
プロポフォール[∝]	2-4	2-4	2-4
ケタミン	2-4	2-4	1-3
Telazol®	2-4	2-4	2-5
グアイフェネシン[§]	20-40		20-40
ケタミン	0.3-0.5		0.3-0.5
キシラジン[†]	0.04	0.04	0.02
ケタミン	1-2	1-2	1-3
キシラジン	0.05	0.05	0.04
Telazol®	1-3	1-3	1-3
ジアゼパム	0.2	0.2	0.2
ケタミン	2-4	2-4	2-4
キシラジン	25mg		
グアイフェネシン[§]	500mL 5%		
ケタミン	500mg		
Telazol®	500mg		
ケタミン	250mg（100mg/mL製剤を2.5mL）		
キシラジン	250mg（100mg/mL製剤を2.5mL）		

[∝]プロポフォールの持続静脈内投与0.1-0.3mg/kg/分の追加により，麻酔効果を増強できる。呼吸抑制，無呼吸，第一胃内容物の逆流の可能性があるため，対応できるよう準備しておく。
[§]牛，羊，山羊では低濃度（<6%）のグアイフェネシンを使用する。
[†]前投薬後に使用する。

られるまで少量ずつ追加する（約1～2mL/kg IV）；麻酔維持には2mL/kg/時を持続投与する

1．すべての薬剤は水溶性である
2．通常，徐々に穏やかに麻酔導入されるが，ある程度の物理的保定が必要な場合もある
3．最長60分間，全身麻酔を安全に行うことができる；呼吸補助が求められる場合がある
4．過剰投与により，無呼吸と低血圧が認められる
5．薬剤の混合率は馬と異なる（キシラジンが低量）

Ⅳ．ケタミン－グアイフェネシンの併用（「ダブルドリップ」）

A. 用量：ケタミン500mgを5％グアイフェネシン溶液500mLに加えた混合液を効果が得られるまで少量ずつ追加する（約1～2mL/kg IV）；麻酔維持には2mL/kg/時を持続投与する
  1. 両薬剤とも水溶性である
  2. 通常，徐々に穏やかに麻酔導入されるが，ある程度の物理的保定が必要な場合もある；混合液使用前のキシラジンを追加できる
  3. 30～90分間の麻酔に適している；呼吸補助が求められる場合がある
  4. 過剰投与により，無呼吸と低血圧が認められる
  5. 落ち着いた動物に使用できる

Ⅴ. ケタミン－ジアゼパムまたはケタミン－ミダゾラム
A. ケタミン（1mL；100mg/mL）とジアゼパム（1mL；5mg/mL）を1:1で混合した混合液；小型の反芻獣に0.05～0.1mL/kgを投与する
B. ケタミン（5mg/kg）とミダゾラム（0.2mg/kg）の混合液も使用できる

Ⅵ. ケタミンまたはチレタミン－ゾラゼパム合剤
A. 用量：ケタミン最高2mg/kg IVまたは2～7mg/kg IM；チレタミン－ゾラゼパム合剤1～4mg/kg IVまたは2～6mg/kg IM
B. キシラジン（0.1～0.2mg/kg IM）の事前投与により，ケタミンやチレタミン－ゾラゼパム合剤の必要量を半減できる
C. 非常に良好な短時間（20～30分）の外科麻酔が得られる
D. 眼反射，咽頭反射，喉頭反射が抑制される
E. 吸入麻酔薬と併用できる
F. 副作用
  1. 呼吸抑制
  2. 低血圧

Ⅶ. 吸入麻酔によるマスク導入は，反芻の可能性があるため推奨されない。マスクの使用は小型の反芻獣にのみ使用すべきである

気管挿管

Ⅰ. 気管挿管は麻酔導入後，速やかに行う

Ⅱ. 手順

A. 歯科用開口器またはバイトブロックを装着する

B. 方法1：成牛では，腕を口腔内に入れ，指で喉頭蓋を頭側に反転させ，喉頭内に気管チューブを誘導する

C. 方法2：動物の頭頸部を伸展し，吸気時に合わせて丁寧に気管チューブを気管内に挿入する（盲目的気管挿管）

1. 反芻獣の盲目的気管挿管は馬より難しい

D. 長いブレードの喉頭鏡や内視鏡による照明を用いることで容易に行うことができる（**図23-1**）

E. 小型の反芻獣では，まずアルミニウム製またはプラスチック製の細長いスタイレットを気管内に挿入する；続いてスタイレットが気管チューブを通り抜ける形で挿管する（**図23-2**）

F. 反芻や反芻物の誤嚥を防ぐため，挿管は速やかに行う

G. 必要に応じて気管切開を実施する

麻酔維持

Ⅰ. 全静脈麻酔（TIVA）（**表23-3**）

A. トリプルドリップ（ケタミン－グアイフェネシン－キシラジンの併用を参照）

Ⅱ. 吸入麻酔薬を用いることで効果的に全身麻酔が実施でき，とくに所持時間の長い外科手術に適している

Ⅲ. 鎮痛（**表23-4**）

A. ブトルファノール0.1mg/kg IM，0.05～0.1mg/kg IV

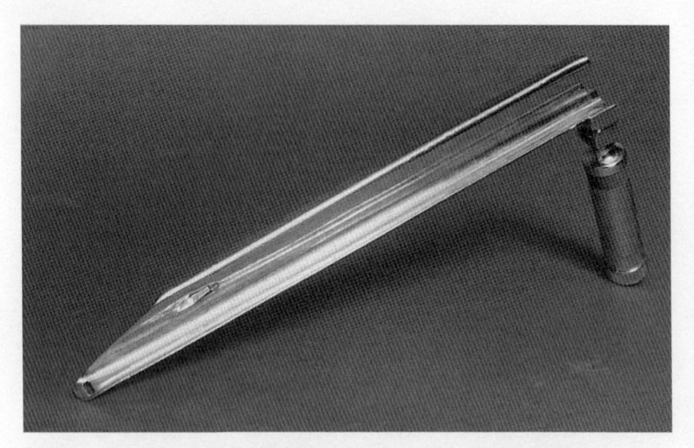

図23-1 牛，羊，山羊の気管挿管には，長いブレードの喉頭鏡を用いると容易に行うことができる。

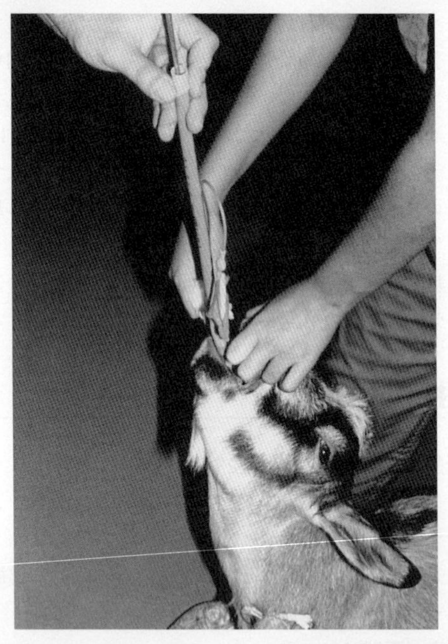

図23-2 アルミニウム製のスタイレットを気管に挿入し，それを介して気管チューブを挿管することで小型の反芻獣（羊，山羊）の気管挿管を容易に行うことができる。頭頸部は伸張させる。

表23-4　反芻獣の疼痛管理に使用される鎮痛薬（mg/kg）

薬物	牛	羊・山羊
アスピリン	100 PO 12時間ごと	100 PO 12時間ごと
フェニルブタゾン	NR	10 PO
フルニキシンメグルミン	1.0 IM	1.0 IM
ブトルファノール	0.005 IM	0.005 IM
ブプレノルフィン	NR	0.005 IM 12時間ごと
メペリジン	2.0 IM	0.5 IM
モルヒネ	NR	≦10mg IM 総投与量
オキシモルホン	0.005 IM	0.005 IM
キシラジン	0.1 IM	0.05-0.1 IM

NR：推奨されない。

B．モルヒネ0.04〜0.1mg/kg IM，0.04〜0.08mg/kg IV

Ⅳ．イソフルラン2〜4%，セボフルラン4〜6%で麻酔導入できる

Ⅴ．外科的麻酔深度はイソフルラン1〜2%，セボフルラン3〜4%で維持できる

Ⅵ．外科処置が1時間を超える場合，または動脈血二酸化炭素分圧が60mmHgを超える場合には，呼吸性アシドーシスを最小限にするために人工呼吸を実施する

モニタリング

Ⅰ．眼球の位置が麻酔深度の指標として有用である

A．眼反射は麻酔深度の良い指標となる；角膜反射は麻酔中，常に残存すべきである；吸入麻酔により眼瞼反射が抑制される

B．動物が浅い外科麻酔期にある場合には，眼球は通常，内腹側に回転する（図23-3）

C．虹彩や瞳孔は，深い外科麻酔下または覚醒時には中央に位置する

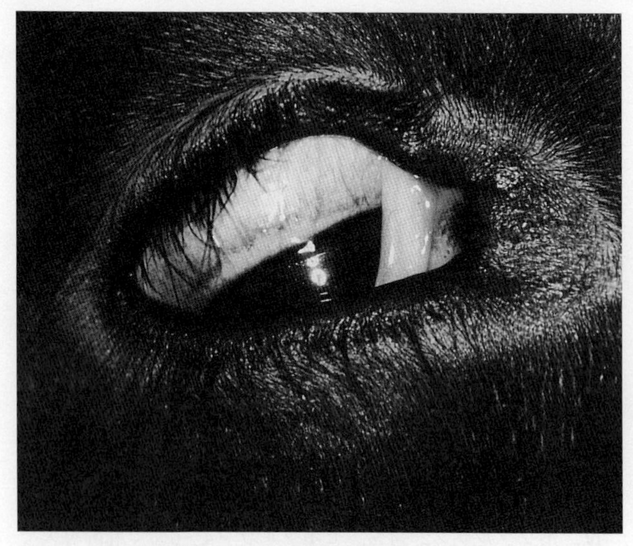

図23-3 浅い麻酔深度では，牛の眼球は内腹側に位置する。

D．吸入麻酔時の瞳孔散大は，麻酔薬の過剰投与を意味する

E．耳の背側面にある後耳介動脈にカテーテルを留置して動脈血圧を測定できる

Ⅱ．モニタリングの詳細については第14章および第15章を参照のこと

Ⅲ．輸液剤投与（第16章参照）

麻酔回復期

Ⅰ．麻酔器から外さなければならなくなるまで，5〜10分間100％酸素を吸入させる

Ⅱ．逆流した胃内容の誤嚥を予防するため，喉頭反射が戻るまでカフを膨らませたままで気管挿管状態を維持する

Ⅲ．気管チューブを抜管する前に，口からの排出が容易になるように頭部を位置させる（鼻孔を下げる）

Ⅳ. カフを膨らませたままで抜管する

Ⅴ. 第一胃鼓腸を示している場合には，気管チューブを抜管する前に胃チューブを挿入する

Ⅵ. 反芻獣は右側臥または伏臥位ではあまり胃内容物を逆流しない

Ⅶ. 吸入麻酔からの回復期に補助は通常必要ない

一般的な麻酔合併症

Ⅰ. 反芻獣の鎮静や全身麻酔に関連して最も頻繁に認められる合併症は，以下に示すとおりである：

A. 反芻，第一胃内容物の逆流

B. 鼓腸

C. 不十分な酸素化

D. 呼吸抑制および無呼吸

E. 第一胃内容物の誤嚥

F. 外傷

Ⅱ. 反芻は，第二胃の収縮，咽頭食道括約筋および胃食道括約筋における副交感神経性作用によって引き起こされる

A. 麻酔薬は以下の理由により，逆流の危険性を高める：

1. 咽頭食道括約筋の弛緩

2. 胃食道括約筋の弛緩

3. 嚥下反射の抑制

B. 側臥位は腹圧の増加により，反芻の危険性を高める

C. 誤嚥および鼓腸を防ぐため，第一胃チューブを挿入することもできる

第24章

豚の麻酔処置とテクニック

“I learned long ago, never to wrestle with a pig. You get dirty, and besides, the pig likes it.”

GEORGE BERNARD SHAW

概要

豚の麻酔はとても独特であり，挑戦ともいえる。米国にて豚においての使用が容認されている麻酔薬はない。豚には，耳の背側面以外に簡単にアプローチできる体表静脈がない；個体識別のためのタグ付け処置などにより，耳介静脈を適用することが困難なこともある。ほとんどの場合，鎮静薬は筋肉内投与（IM）される。豚は，口腔が小さい，舌が大きい，軟口蓋が長い，または咽頭憩室がある，といった理由から気管挿管が難しい。鎮静処置や全身麻酔により，呼吸抑制や体温上昇が起こる場合がある。呼吸抑制は，鎮静薬や麻酔薬による呼吸抑制作用および異常な体位と体脂肪による胸壁の拡張制限によって引き起こされる。体温上昇は，体重に対する体表面積の比が相対的に小さい，汗腺が比較的少ない，体温調節機能が未発達，といった理由により引き起こされる。異常高熱や悪性高熱は遺伝的素因をもった豚で発症し，ケタミンなどの静脈麻酔薬やイソフルランなどの吸入麻酔薬は引き金となる。通常，豚における簡単な外科処置には，物理的な保定と鎮静薬，トランキライザ，および局所麻酔法の組み合わせが用いられる。長時間の外科処置には，吸入麻酔を用いた全身麻酔法によって適切かつ安定した全身麻酔を実施することができる。

総論

Ⅰ．豚の外科処置の準備
  A．病歴の聴取，身体検査の実施；とくに呼吸器系に注意を払う
  B．成豚では6～10時間の絶食を行う
  C．飲水制限はしない
  D．ストレスを避ける：鎮静するまで，ほかの豚から隔離する
Ⅱ．麻酔前の評価（第2章参照）
  A．体重測定を含めた身体検査
  B．必要に応じて基本的な血液検査（血液像，白血球数）
Ⅲ．注射部位
  A．筋肉内投与は頸部に行う
  B．静脈内投与は耳静脈から行う
Ⅳ．薬物の残留時間
  A．豚に使用されるすべての麻酔薬は「表記目的外の利用」である
  B．薬物の想定される残留時間は，食用動物残留薬物回避および根絶プログラムによる食用動物残留薬物回避データバンク（FARAD）www.farad.orgで確認することができる

麻酔前投薬

Ⅰ．アザペロン（米国では入手に制限がある。国内動物用医薬品：アザペロン）
  A．ブチロフェノン系トランキライザ
  B．豚において最も効力の強いトランキライザ
  C．用量：2～6mg/kg IM，高齢豚には低用量を使用する
  D．作用発現が早い：筋肉内投与後5～10分
  E．作用時間：筋肉内投与後30分間

F．高用量では深い鎮静や低血圧が起こる可能性がある

Ⅱ．ジアゼパム

A．弱い鎮静および筋弛緩作用を示す

B．用量：0.2〜5mg/kg IM，0.2〜0.5mg/kg IV

Ⅲ．ミダゾラム（ジアゼパムと同様）

A．用量：0.1〜0.5mg/kg IVまたはIM；ジアゼパムの約2倍の効力があるとされている

Ⅳ．キシラジン

A．作用時間が短い。臥位になる場合もあるが，刺激により覚醒できる

B．用量：1〜2mg/kg IM

C．ケタミンとの併用で効果が増強され，さらにオピオイドを追加することもできる

Ⅴ．デクスメデトミジン

A．徐脈，高血圧，呼吸抑制作用がある

B．用量：0.005〜0.010mg/kg IVまたはIM

C．ケタミンとの併用で効果が増強され，さらにオピオイドを追加することもできる

D．高額である

Ⅵ．アセプロマジン

A．鎮静効果が弱い；キシラジンとの併用により効力が増強される

B．用量：0.1〜0.2mg/kg IVまたはIM

麻酔方法

Ⅰ．Telazol®（チレタミン－ゾラゼパム合剤，国内未販売）－ケタミン－キシラジン

A．組成：チレタミン－ゾラゼパム合剤（Telazol®，国内未販売）粉末500mgをキシラジン（100mg/mL）2.5mLとケタミン（100mg/mL）2.5mLで溶解する

B．混合液を1〜2mL/25kg IMで投与する；初回投与量は最

高3mLとする

C．有用な鎮静および短時間の全身麻酔作用を有する

D．気管挿管が可能である（必要に応じてマスクで吸入麻酔薬を追加する）

E．吸入麻酔と併用できる

F．作用時間20～30分間；60～90分で覚醒する

Ⅱ．デクスメデトミジン－ケタミン－ブトルファノール

A．良質の鎮静作用を有し，多くは臥位となる

B．用量：デクスメデトミジン0.02～0.04mg/kg IM；ケタミン4～10mg/kg IM；ブトルファノール0.1～0.2mg/kg IMまたはブプレノルフィン0.005～0.010mg/kg IM

Ⅲ．キシラジン－ケタミン

A．用量：キシラジン2～6mg/kg IM，その10分後にケタミン10mg/kg IM

B．投与体積が大きい場合がある

C．鎮痛および筋弛緩作用は5分以内に発現する；10～15分間作用が持続する

D．麻酔中に不随意性筋運動が起こる場合がある

Ⅳ．キシラジン－ケタミン－グアイフェネシン

A．キシラジン500mg，ケタミン500mgを500mLの5％グアイフェネシン溶液に混合する；効果が得られるまで少量ずつIV投与する（通常は1～2mL/kg IV）

B．利点

1．良質な麻酔導入が実施できる

2．安定した循環機能が得られる

3．良好な筋弛緩作用を有する

C．欠点

1．呼吸抑制により，補助呼吸が必要な場合がある

2．静脈の使用が必要である（ストレスになりやすい）

3．流涎が顕著な場合がある

Ⅴ．キシラジン－Telazol®（チレタミン－ゾラゼパム合剤，国内未販売）

A．用量：キシラジン0.2〜2mg/kg IM，その5分後にチレタミン－ゾラゼパム合剤2〜6mg/kg IM

B．利点

1．投与が容易である

2．適度な鎮痛と筋弛緩作用を有する

3．最小限の心血管抑制作用を有する

C．欠点

1．呼吸抑制が認められる場合がある

2．麻酔深度が浅い

3．短時間作用；他剤の併用が必要な場合がある

4．24時間にわたって眠気が続く場合がある

5．唾液分泌亢進作用を有する

Ⅵ．豚では，腰仙椎硬膜外麻酔または脊椎麻酔が一般的に用いられる（第5章参照）

A．全身作用および帝王切開術においての胎子への影響が最小限である

B．欠点として，意識消失作用がないために鎮静薬の投与または前肢の物理的保定が必要となることが挙げられる

C．3〜12cmの18Gスパイナル針を用いて2%塩酸リドカインを投与する

1．用量は0.04〜0.10mL/kgと幅があり，高用量では腰旁窩まで頭側に麻酔領域が拡大する；脊椎麻酔の投与量は硬膜外麻酔の半量とする

Ⅶ．吸入麻酔

A．動物がマスクに抵抗を示さない場合，短時間の処置に吸入麻酔薬（イソフルラン，セボフルラン）を使用できる

1．良好な筋弛緩作用および鎮痛作用が得られ，残留効果は最小限か，もしくは無い

2．ほとんどの豚で問題なく使用できる

B．ほかの麻酔薬で麻酔導入した後に維持麻酔薬として使用される

C．吸入麻酔薬（図24-1）：

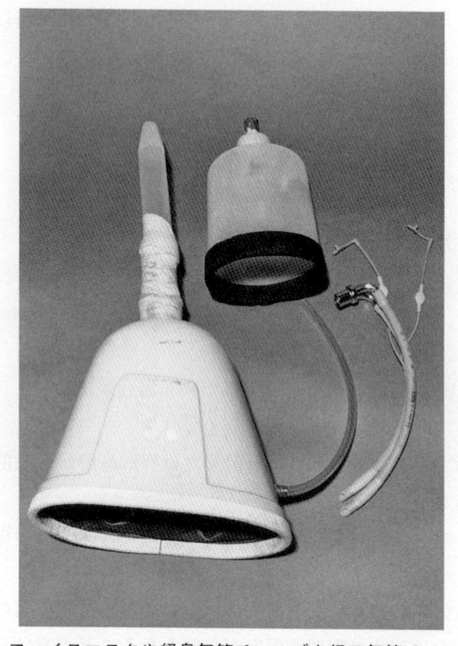

図24-1 フェイスマスクや経鼻気管チューブを経口気管チューブの代用品として用いることができる。

1．フェイスマスク
2．経口気管挿管（推奨される）；ほかの動物種よりも挿管が困難である；喉頭鏡または長く硬いスタイレットを用いることで気管挿管が行いやすくなる（図24-2，表24-1）
   a．開口する；ガーゼで舌を掴んで引き出す
   b．頭部の過伸展を避ける；過剰な伸展は披裂軟骨の視認を困難にし，また気道閉塞も起こしかねない
   c．喉頭鏡を用いてリドカインを噴霧し，喉頭を麻痺させる
   d．小径の鉄製またはプラスチック製のスタイレットを2cmほど気管内に挿入する

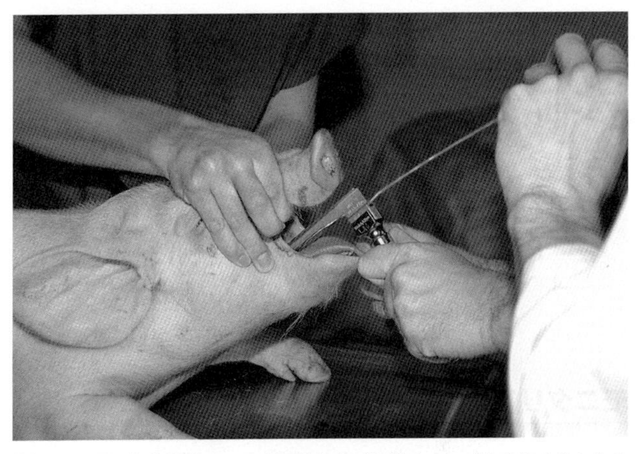

図24-2　豚の気管挿管には，喉頭鏡および気管チューブを支持するためのスタイレットが頻繁に使用される。スタイレットを気管内に2〜3cmほど挿入してから気管挿管を行うことで，気管チューブを気管内に確実に位置させることができる。

表24-1　豚の気管チューブサイズ

豚の体重（kg）	気管チューブ（mm，内径）
<10	3-5
10-15	5-7
20-50	8-10
100-200	10-14
>200	16-18

e．スタイレットを介して気管チューブを挿入する；抵抗を得た（チューブ先端が咽頭憩室に至った）時点でチューブを180度回転させる

D．利点

1．適切な麻酔深度を調節できる
2．すぐれた筋弛緩作用を有する
3．投与が容易である

E．欠点
1．高額な機器が必要となる
2．病院外での処置には通常，不適切である
3．豚では吸入麻酔薬により高体温症が引き起こされる場合がある

Ⅷ．鎮痛
A．ほとんどのオピオイドがすぐれた鎮痛作用を現す
1．ブトルファノール0.1～0.2mg/kg IM
2．モルヒネ0.05～0.1mg/kg IM

モニタリング

Ⅰ．豚の麻酔モニタリングは，ほかの動物種の場合と同様であるが，末梢の脈の触知は難しい場合もある（第14章参照）；耳の背側面に位置する耳介動脈にカテーテルを留置して動脈血圧のモニターに利用できる
A．動脈の検知にはドプラのプローブを使用できる（尾，前肢）
B．その他の可能なモニタリング内容として，心電図，カプノメトリ，パルスオキシメータ，体温計が挙げられる

Ⅱ．悪性高熱の徴候
A．極端な筋硬直
B．$PaCO_2$上昇に伴う頻呼吸
C．体温上昇（41.7℃以上）；触って熱い
D．頻脈，不整脈
E．低血圧
F．低酸素症，チアノーゼ
G．代謝性アシドーシス
H．腎障害の可能性を示唆するミオグロビン尿

Ⅲ．豚の悪性高熱の治療
A．ダントロレン：2～6mg/kg IV；20mg/kg PO
1．ストレスの感受性の高い豚には，予防策として1日2

回投与しておく

B．麻酔の中断

C．支持療法

1．冷えた輸液

2．重炭酸ナトリウム

3．ステロイド

4．酸素

5．過換気

6．体の冷却

7．麻酔回路の交換；とくに二酸化炭素吸着剤

麻酔回復期

Ⅰ．換気の良い静かな場所で覚醒させる

A．ほかの豚と同じケージには入れない。覚醒している豚は麻酔下の豚にカンニバリズムを行う場合がある

Ⅱ．伏臥位に保定する

Ⅲ．必要に応じて酸素吸入や補助呼吸を行う

Ⅳ．バイタルサイン，とくに体温を定期的に評価する

一般的な麻酔合併症

Ⅰ．豚では鎮静薬や麻酔薬の投与後にしばしば呼吸抑制が認められる

A．薬物投与前に豚の気管の大きさを見積もる；非常に細い場合がある

1．様々なサイズの気管チューブを準備しておく

B．呼吸器のエマージェンシーに対応できるよう準備しておく

1．気管切開の準備

a．No.10のメス刃とメス柄

b．止血鉗子

c．カフ付き気管切開用チューブ

2．呼吸刺激薬：ドキサプラム0.2～0.5mg/kg IV

Ⅱ．豚の麻酔中の体温上昇は，多くが吸入麻酔薬により引き起こされる

A．豚では体重に対して比較的体表面積が小さい

B．豚の体温調節機構は比較的乏しく，かつ汗腺が少ない

C．脱分極性筋弛緩薬や吸入麻酔薬は悪性高熱を引き起こすことがある

1．豚のいくつかの品種（例：ランドレース，ポーランドチャイナ）は悪性高熱の遺伝的素因をもつ

2．ダントロレン（2mg/kg IV）は悪性高熱に対する唯一の有効な治療薬である

a．静脈内投与用製剤は高額である

b．経口製剤は比較的安価であるが，予防薬として投与されなければならない

第25章

ラクダ類の麻酔処置とテクニック

“A camel is a horse designed by committee.”

SIR ALEC ISSIGONIS

概要

ラクダ類（ラマ，アルパカ，ラクダ）の多くは従順なため，不動化と鎮痛には物理的保定と局所麻酔薬が頻繁に用いられる。全身麻酔法は反芻獣や馬と同様の方法である。反芻獣と同様，第一胃内容の反芻，術後の鼻腔の浮腫と，これに伴う抜管後の呼吸不全が，可能性のある危険な麻酔の合併症として挙げられる。眼瞼反射などの眼反射，眼球の位置，および瞳孔の大きさの注意深いモニタリングをもとに麻酔深度を観察することができる。麻酔からの覚醒は多くの場合で平静かつ穏やかである。

総論

Ⅰ．ラクダ類の麻酔と外科手術の準備

A．麻酔前に第一胃の内容物と内圧を減らしておく

1．成獣では12～18時間絶食する

2．成獣では最長12時間絶水する

3．新生子では脱水や低血糖症の危険を減らすため，絶食や絶水は行わない

a．1カ月齢未満の場合には本質的に単胃動物であり，麻酔中に第一胃内容の逆流が起こることはほとん

どない

b．Cria（クリア）とは，ラマ，アルパカ，ビクーニャ，グアナコなどのラクダ類の赤ちゃんを意味する

B．鼓腸や第一胃内容の誤嚥を防止するため，必要に応じて食道内に第一胃チューブを挿入する

1．20分以上の手技には必ず経口気管挿管を行う

C．胃内容物の逆流を防ぐためには体位が重要となる

1．可能な限り，頭部を胃よりも高く維持する

2．気管挿管されていない場合には，麻酔下の動物を仰臥位にしない

3．逆流が起こった場合には，鼻先を下げて気道が開存していることを確認する；誤嚥を防止するため，食道内に第一胃チューブを挿入することもできる

D．頸静脈留置

1．ラクダ類には頸溝がない；駆血後に触知することで静脈の位置を確認するしかない

a．ラクダ類の雄の頸部皮膚は厚い

2．頸動脈は頸静脈の非常に近い位置を走行するため，ほかの動物種よりも容易に触知できる；薬剤を投与する前に静脈に留置されていることを確認する

E．正確な体重を測定する；体重を推定することは，できるだけ避ける

1．ラクダ類の体重は非常に幅広く，新生子では8～20kg，成熟したラマでは200kg，ラクダでは500kgにまで及ぶ

F．鎮静後や麻酔導入時の頭頸部の管理は非常に重要である

1．麻酔導入時や覚醒時には，頭頸部が覚醒時と同様な位置になるように管理する

2．眼球が大きく，かつ突出しているため，麻酔中は潤滑剤を使用して保護する

Ⅱ．ラクダ類の外科処置は，鎮静と局所麻酔の組み合わせで実施できるものもある（第5章参照）

Ⅲ．局所麻酔法や領域麻酔法では不十分な場合には全身麻酔となる；不十分な麻酔深度は動物へのストレスとなり，その結果，頻脈や高血圧へとつながる場合もある

麻酔前の評価

Ⅰ．麻酔前の評価は反芻獣の場合と同様である（第23章参照）（表25-1）

A．病歴

B．身体検査

C．基本的な血液検査

1．ヘマトクリット値または血漿ヘモグロビン値

2．血漿総タンパク

麻酔前投薬

Ⅰ．麻酔前投薬は，ラクダ類の鎮静目的，またはより強力な静脈麻酔薬や吸入麻酔薬の要求量を減らす目的で投与される

A．アルパカの鎮静薬の用量はほとんどの場合，ラマよりも2割増である

Ⅱ．食用動物ではトランキライザの使用は許可されていない；乳製品や肉製品への薬物残留が問題となる

Ⅲ．麻酔前投薬には以下の薬物が好まれて用いられる：

A．キシラジン

1．大型の動物には0.1～0.9mg/kg IVまたはIM，ラマには0.1～0.3mg/kg

2．低濃度（20mg/mL）のキシラジンを使用する

3．副作用

a．心血管系抑制作用（徐脈）

b．呼吸抑制

c．鼓腸を伴う胃アトニー

d．血漿インスリンの低下による高血糖値

表25-1 覚醒時および麻酔下のラクダ類の正常値

		心拍数（回/分）	呼吸数（回/分）	平均動脈血圧（mmHg）	体温（℃）	PCV（%）	血漿総タンパク質（g/dL）
ラマ，アルパカ	覚醒時	60-90	10-30	90-110	38.1-38.9	23-43	6.0-7.5
	麻酔下	＞35	＞6	＞60	＞35	＞20	＞4

e．利尿

f．PCVの低下

4．拮抗薬

a．非特異的拮抗薬

（1）ドキサプラム1～2mg/kg IVは呼吸刺激薬として使用できる

b．特異的拮抗薬（IVでの使用の際は注意する）

（1）アチパメゾール10～20μg/kg IV，20～40μg/kg IM

（2）ヨヒンビン0.12mg/kg IV

（3）トラゾリン0.5～1.0mg/kg IV

B．デトミジンまたはメデトミジン

1．ほかの動物種と同様の用量：10～40μg/kg IM

2．キシラジンと同様の効果がある

3．拮抗薬：キシラジンの項を参照

C．アセプロマジン（鎮静目的）

1．作用時間が長いため，頻繁には用いられない

2．用量：0.1mg/kg IM；0.025～0.050mg/kg IV

3．作用発現：10～20分以内

4．作用時間：2～4時間

D．ブトルファノール

1．用量：0.05～0.20mg/kg IVまたはIM

2．軽度の鎮静と鎮痛をもたらす

E．キシラジン－ブトルファノール－ケタミンの併用

1．攻撃的または扱いにくい動物に有用である；病的な動物では使用を控えるか，または低用量で使用する

2．すべての薬剤は水溶性であり，同一の注射シリンジ内で混合できる

3．キシラジン 100mg（1mL），ブトルファノール10mg（1mL），ケタミン1g（10mL）を混合する（訳注：これらの用量はあくまで米国で販売されている濃度での計算なので，手元の薬剤濃度を確認して用量を計算す

る必要がある）；アルパカでは1mL/18kg，ラマでは1mL/23kgを投与する

4．3〜5分で側臥位となる；持続時間は30〜40分

F．ベンゾジアゼピン

1．鎮静および筋弛緩作用をもたらす

2．ジアゼパム0.05〜0.1mg/kg IV

3．ミダゾラム0.05〜0.2mg/kg IVまたはIM

G．アトロピン，グリコピロレート

1．反芻獣と同様の理由で，あまり頻繁には使用されない（第23章参照）

a．分泌される唾液は粘稠性が増し，上部気道を閉塞する可能性がある

2．硫酸アトロピン：10〜40μg/kg IMまたはSCが内臓操作による徐脈や低血圧の予防に有用となる場合がある

3．グリコピロレート0.005〜0.010mg/kg IMまたは0.002〜0.005mg/kg IVをアトロピンの代替として使用できる

麻酔導入

I．キシラジン-ケタミンの併用

A．ケタミン4〜8mg/kg IMまたは3〜5mg/kg IV；キシラジン0.4〜0.8mg/kg

1．両薬剤を同一の注射シリンジ内で混合できる

2．静脈内投与では90秒以内に不動化できる

a．20〜30分間の全身麻酔作用が得られる；起立するまでには最初の投与から2時間以上かかる

3．筋肉内投与では導入に3〜10分かかる；麻酔時間と覚醒時間も延長する

4．心拍数，呼吸数，体温が低下する；無呼吸性呼吸パターンと唾液分泌が認められる場合がある

Ⅱ．ケタミン－グアイフェネシンの併用（「ダブルドリップ」）

A．ケタミン500mgを5％グアイフェネシン溶液500mLに加えた混合液を効果が得られるまで投与する。麻酔導入には約1～2mL/kg IV，麻酔維持には1～2mL/kg/時を持続投与する

1．両薬剤とも水溶性である

2．通常は徐々に穏やかに麻酔導入されるが，ある程度の物理的保定が必要な場合もある

3．過剰投与により，無呼吸と低血圧が認められる

4．落ち着いた動物に使用できる

Ⅲ．ケタミン－ジアゼパムまたはケタミン－ミダゾラム

A．ケタミン（1mL；100mg/mL）とジアゼパム（1mL；5mg/mL）を1：1で混合した混合液を0.05～0.1mL/kg投与する

1．良好な短時間（15～20分）の外科麻酔

2．ミダゾラムをジアゼパムの代替として使用できる（同用量）

B．副作用

1．流涎

2．低換気

3．低血圧

Ⅳ．チレタミン－ゾラゼパム合剤（Telazol®，国内未販売）

A．用量：0.75～1.5mg/kg IVまたは2～4mg/kg IM

1．良好な短時間（20～30分）の外科麻酔

2．筋肉内投与では覚醒が遅延し，ケタミンの単独投与からの覚醒よりも長い

B．副作用はケタミン－ジアゼパムと同様である

Ⅴ．プロポフォール

A．用量：1～3mg/kg

B．副作用

1．呼吸抑制，導入後の無呼吸を含む

a．経口気管挿管および換気の準備をしておく

2．低血圧

Ⅵ. 吸入麻酔薬によるマスク導入（イソフルラン，セボフルラン）

A．成獣ではその大きさと，ストレス下では唾を吐く傾向があるため，通常は使用されない

B．新生子ではイソフルラン2～3%，セボフルラン3～4%

気管挿管

Ⅰ．気管挿管は麻酔導入後，速やかに行う

Ⅱ．動物種と各動物の大きさにより，様々な方法が適用される

A．成熟したラクダ：牛と同様である（第23章参照，図25-1A～C）

1．歯科用開口器またはバイトブロックを装着する

2．腕を口腔内に入れ，指で喉頭蓋を頭側に反転させ，喉頭内に気管チューブを誘導する。歯弓が狭いため，気管チューブを保護しなければならない。軟口蓋は膨張性をもつため，成牛よりも挿管が困難な場合がある

B．小型のラクダ，ラマ，アルパカ：小型反芻獣と同様である（第23章参照，図25-2A，B）

1．経口気管挿管テクニックは小型反芻獣と同様である

2．ラマやアルパカは経鼻気管挿管も可能である。鼻腔をゆっくりと喉頭に向かって通す

a．喉頭鏡を用いて喉頭を視認することができる。喉頭内へと誘導するためには曲げたスタイレットの使用が有用な場合がある

b．経鼻気管チューブは覚醒が完了するまで，挿入したままの状態にしておくことができる

C．反芻とその誤嚥を防ぐため，経口気管挿管およびカフの膨張は速やかに行う

D．必要に応じて気管切開を実施する

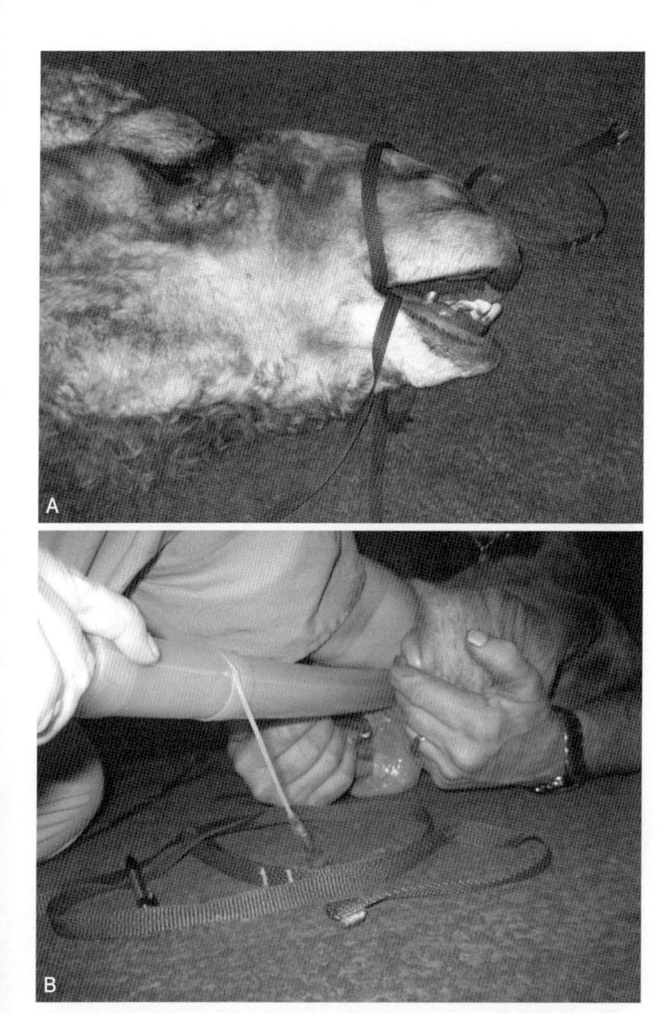

図25-1　成熟したラクダの経口気管挿管。A：バイトブロックのサイズが合わない場合，ロープやナイロン製の紐を使って開口を補助することができる。B：麻酔係が左手を使って喉頭を反転し，右手で気管チューブを挿入する。成牛で用いられる方法と同様である。

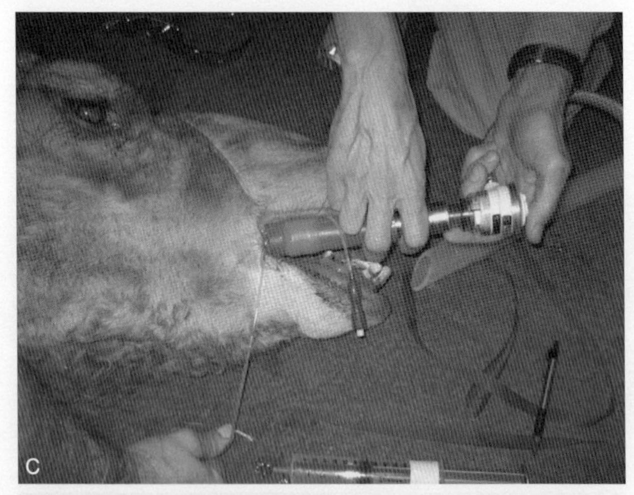

図25-1（続き） 成熟したラクダの経口気管挿管。C：挿管後，気管チューブを固定し，カフを膨らませた後にデマンドバルブを用いて酸素を供給する。

麻酔維持

Ⅰ．全静脈麻酔（TIVA）

A．トリプルドリップ（ケタミン－グアイフェネシン－キシラジンの併用を参照）

Ⅱ．吸入麻酔薬は所持時間の長い外科手術において効果的な全身麻酔をもたらす

Ⅲ．イソフルラン2～3%，セボフルラン4～5%で麻酔導入できる

Ⅳ．外科的深度はイソフルラン1～2%，セボフルラン3～4%で維持できる

A．ラクダ類のイソフルランの最小肺胞濃度（MAC）は1.05%である

B．ラクダ類のセボフルランの最小肺胞濃度（MAC）は2.3%である

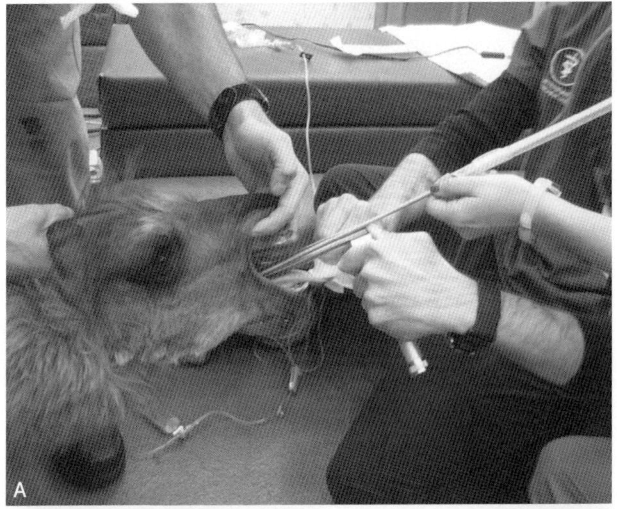

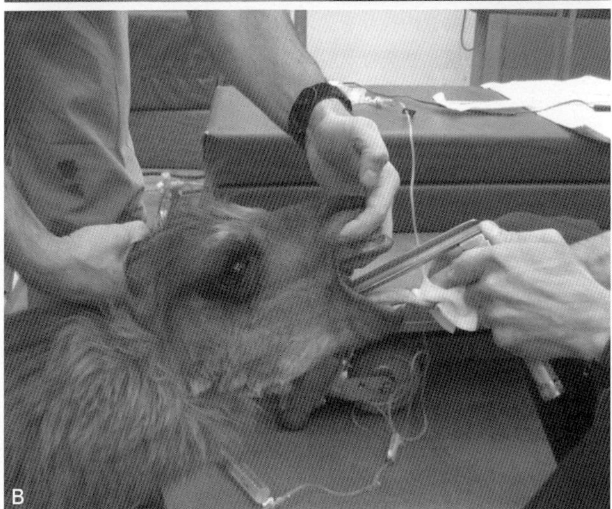

図25-2　ラクダ類の気管挿管。A：助手が片手で上唇を掴み，別の手で後頭部を軽く前方に押すことで頭頸部を保持する。B：鉄製のスタイレットを気管内に位置させ，これを介することで気管チューブの挿入が容易になる。

Ⅴ. 全身麻酔下のラクダ類では，一般的に反芻獣よりも良好な換気が保たれる

A. 外科処置が1時間を超える場合，または動脈血二酸化炭素分圧が60mmHgを超える場合には，補助呼吸または人工呼吸を実施する

Ⅵ. 鎮痛

A. オピオイド

1. ブトルファノール0.05～0.10mg/kg ゆっくりとIVまたはIM

2. モルヒネ0.04～0.10mg/kg ゆっくりとIVまたはIM

B. 非ステロイド系抗炎症薬（NSAID）

1. フェニルブタゾン2～4mg/kg PO sid；シメチジン2.2mg/kg の併用を考慮する

2. フルニキシンメグルミン1.1mg/kg IV sid

a. 動脈内投与を避ける

b. 潰瘍誘発性：シメチジンを併用する

3. アスピリン：25～50mg/kg PO bid

モニタリング

Ⅰ. 眼球の位置が麻酔深度の指標として有用である（第23章参照）

A. 眼瞼反射は吸入麻酔下では減弱化するが，ラクダ類ではほかの動物種よりも比較的強く残る

1. 浅い外科麻酔深度では，自発的な瞬目を時折認めることは珍しくない

B. 耳の背側面にある後耳介動脈にカテーテルを留置して動脈血圧を測定できる

1. 動物が十分な耳介をもたない場合は，背足動脈などの末梢動脈を使用できる

Ⅱ. モニタリング方法は，ほかの動物種と同様である（第14章参照）

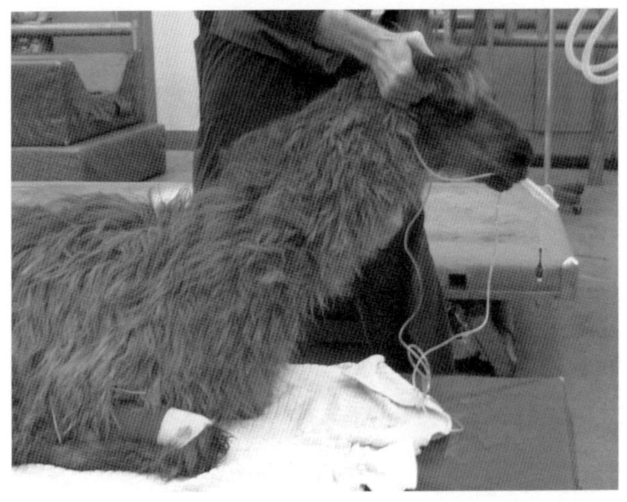

図25-3　ラクダ類は覚醒時に胸骨坐位にし，頭頸部を通常の位置に維持する。

Ⅲ．輸液剤投与も，ほかの動物種と同様である（第16章参照）

麻酔回復期

Ⅰ．麻酔器から外さなければならなくなるまで，しばらく100%酸素を吸入させる

Ⅱ．逆流した胃内容の誤嚥を予防するため，喉頭反射が戻るまでカフを部分的に膨らませたままで気管挿管状態を維持する

Ⅲ．胸骨坐位にし，頭頸部は通常の状態で維持する（図25-3）

　A．ラクダ類は麻酔中に鼻腔に浮腫を認める場合が多いため，頭部を上げた状態は頭部からの静脈の排液に役立つ

　B．第一胃にガスが蓄積している場合，胸骨坐位にすることで排除される

Ⅳ．抜管

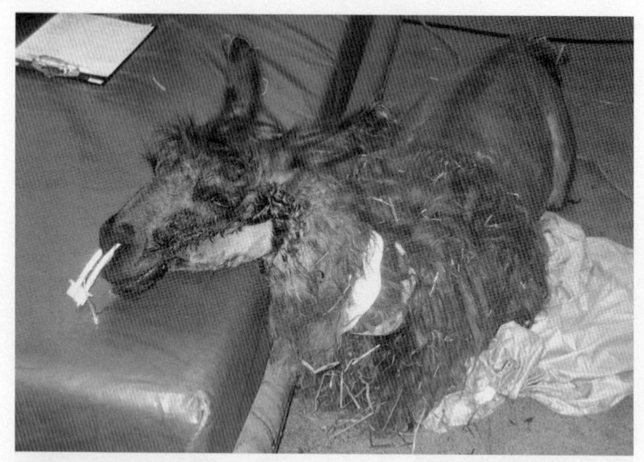

図25-4　両側に鼻チューブを挿入することにより，抜管後の鼻腔浮腫を緩和する。

A．抜管中もカフを部分的に膨らませたままにしておく

B．鼻孔から空気が出入りしていることを確認する。呼吸抑制（開口呼吸，呼吸困難，チアノーゼ）の場合は，フェイスマスクを用いて酸素を供給する

1．後鼻孔閉鎖症はアルパカ，ラマ，その他のラクダ類では比較的よく認められる（100頭に1頭）；遺伝性との見解が多い

a．気道確保するために，気道切開が必要となる場合がある（第28章参照）

2．後鼻孔閉鎖症とは，鼻部気道の組織による狭窄化または閉塞である。先天的疾患であるため，出生時から認められる

C．呼吸抑制が数分以上継続する場合，片側または両側に鼻チューブを挿入する（**図25-4**）

V．ラクダ類が覚醒時に鎮静薬を必要とすることはほとんどない

一般的な麻酔合併症

I．鎮静や全身麻酔に伴って最も頻繁に認められる合併症は以下のとおり：

A．反芻，第一胃内容物の逆流（第23章参照）

B．徐脈

C．呼吸抑制および無呼吸

D．術後の呼吸抑制

E．誤嚥

第26章

エキゾチックアニマルの麻酔

“ ‘The time has come, ’the Walrus said,‘to talk of many things.’ ”

LEWIS CARROLL

概 要

ペットとして，または経済目的で飼育されるエキゾチックアニマルの数や種類が増加している。これらの特殊な動物に対しても，多くの場合は一般的な飼育動物に適用されているものと同様のテクニックおよび薬剤を用いて麻酔を施すことができる。エキゾチックアニマルでは各動物種の特異性があり，薬物に対する感受性も大きく異なることから，しばしば麻酔法を修正する必要がある。本章では，一般の臨床獣医師が遭遇するであろうエキゾチックアニマルをうまく不動化するために必要な基本的な情報について概説する*。

*霊長類を含む実験動物の鎮静や麻酔に関する詳細な情報についての参考文献：Flecknell PA: *Laboratory Animal Anesthesia: a Practical Introduction for Research Workers and Technicians*, ed 2, San Diego, Academic Press, 1996; Kohn DF, Wixon SK, White WJ, Benson GJ, editors: *Anesthesia and Analgesia in Laboratory Animals (American College of Laboratory Animal Medicine Series)*, San Diego, Academic Press, 1997; Fox JG, Anderson LC, Loew FM, Quimby FW, editors: *Laboratory Animal Medicine (American College of Laboratory Animal Medicine)*, ed 2, San Diego, 2002, Academic Press; Heard D, editor: *Veterinary Clinics of North America: Exotic Animal Practice—Analgesia and Anesthesia*, 4(1), Philadelphia, Saunders, 2001; Longley L: *Anaesthesia of Exotic Pets*, Philadelphia, Saunders, 2008; Quesenberry KE, Carpenter JW, editors: *Ferrets, Rabbits and Rodents: Clinical Medicine and Surgery*, Philadelphia, Saunders, 2011.

総論

I．麻酔前の考慮

A．飼い主との話し合い

1．飼い主が現実的に起こり得ることを認識していることを確認する

2．予後とリスクの詳細；エキゾチックアニマルは不動化処置に対して，ほかの動物と異なった反応を示すことを飼い主が理解していない場合がある

3．施術後の世話を誰が行うのかを決めておく；飼い主ではエキゾチックペットに投薬できない場合がある

4．費用について話し合う

B．動物へのストレスを軽減する；エキゾチックアニマルは交感神経緊張が高い；過剰なストレスは不整脈，高血圧，高体温などの合併症を引き起こし，死を招く場合がある

C．術前評価と症例の選択

1．身体検査：

a．ケージ内の動物を静かに観察することで，有益な情報を得ることができる（例：周辺環境の認識およびそれに対する反応，身体の形態および姿勢，皮膚や羽毛の状態，呼吸数）

b．麻酔が禁忌となる症例

(1) 異常に遅い回復速度（2分間物理的に保定または追跡した後に通常の呼吸に戻るまでに要する時間）；正常では3〜5分以内

(2) ショック；敗血症；アシドーシス

(3) 貧血，チアノーゼ

(4) 血液凝固時間の延長

(5) 悪液質；肥満

(6) 絶食していない動物（胃内容の逆流が起こりやすい場合）

(7) 重度の衰弱またはCNS抑制

(8) 脱水

(9) 腹水

2．血液検査

a．採血量が動物の全血液量の10％を超えてはならない（例：体重30gのスナネズミの全血液量は2.3mL，全血液量の10％は0.2mL）

エキゾチックアニマルの血液量

動物	血液量（mL/kg）
ニワトリ	60
爬虫類	90.8
カエル	95
魚	17-28
マウス	50-60
ラット	60
スナネズミ	78
ゴールデン・ハムスター	78
モルモット	60-65
チンチラ	65
ウサギ	55-65
フェレット	60

b．麻酔が禁忌となる症例

(1) 赤血球沈殿容積（PCV）が低い場合は，輸血が必要なことがある

エキゾチックアニマルにおいて危険域とされる赤血球沈殿容積（PCV）の異常低値

動物	PCV（%）
鳥類	＜25
爬虫類	＜17-20
両生類	＜20
げっ歯類／ウサギ目	＜20
イタチ科	＜25
ネコ科	＜15
ブタ	＜20
ラクダ類	＜20

(2) 手術中には輸液 (3～5mL/kg/時) を投与する

エキゾチックアニマルにおいて危険域とされる赤血球沈殿容積(PCV) の異常高値

動物	PCV (%)
鳥類	>50-60
爬虫類	>50-60
両生類	>60
げっ歯類／ウサギ目	>55-60
イタチ科	>60
ネコ科	>50
ブタ	>50
ラクダ類	>50

(3) 総タンパク量が3g/dL未満の場合，アミノ酸または血漿の補足が必要な場合がある；哺乳類の血液検査に通常用いられる屈折計および比色分析は，非哺乳類のタンパク量を実際よりも低く計測する場合が多い；鳥類ではビュレット法が最も正確である

(4) 低血糖の場合，5%ブドウ糖溶液を投与するか，もしくは麻酔を延期する

(5) 低カルシウム血症の場合は8mg/dL以上に補正する

(6) 低カリウム血症の場合は3.5mg/dL以上に補正する

エキゾチックアニマルにおいて危険域とされる血糖値の異常低値

動物	血糖値 (mg/dL)
鳥類	<150
爬虫類	30-100
両生類	<50
げっ歯類／ウサギ目	<80-100
イタチ科	<70-100
ネコ科	<80
ブタ	<60
ラクダ類	<60

3．さらなる検査

a．非哺乳類動物の口腔標本／糞便標本のグラム染色

b．細菌培養と感受性試験

c．検便検査／尿検査

d．全血球計算／血清生化学検査

e．X線検査／超音波検査

f．血液凝固機能検査

g．心電図（ECG）／心エコー図検査

Ⅱ．麻酔前の絶食

A．非常に小型の哺乳類では，数時間の絶食で低血糖になる場合がある

エキゾチックアニマルにおける麻酔前の絶食時間

動物	絶食時間（時間）
鳥類（<100g）	0
大型オウム科	1-2
猛禽類，平胸類（訳注：ダチョウなど），家禽，水鳥（カモ類）	12-24
餌動物を丸飲みする肉食性爬虫類	>5日
爬虫類（<200g）	2-4
爬虫類（200-500g）	12
爬虫類（>500g）	24+
両生類	24
魚類	24
げっ歯類（<200g）	0-2
げっ歯類（>200g）	>6
モルモット	6-8
フェレット	3-6
ウサギ	0-24
ネコ科	24
ブタ	24
ラクダ類	24-48

Ⅲ．恒温性の維持

A．低体温により，呼吸制御システムが抑制される

1．小型の動物は低体温に陥りやすい；体表面積－体積比が高いため，急速に熱を失う

2．変温動物（爬虫類，魚類，両生類）は自ら熱産生しな

い；体温維持には外部からの熱源が必要となる；低体温は免疫機能を低下させ，治癒を遅延する

3．低体温は脳損傷，ショック，電解質不均衡，播種性血管内凝固を引き起こすことがある

　a．ウサギ，チンチラ，水鳥，冬羽毛の鳥など大量の羽毛で覆われた動物では高体温に陥りやすい

　b．有蹄類は悪性高熱に陥りやすい；不動化時のストレス，高い環境温度，高い相対湿度により，高体温の可能性が増大する

B．体の深部体温のモニタリング方法(皮温は信頼できない)

1．食道体温計

2．直腸／総排泄腔体温計

C．熱源と保温

1．常に熱源を看視して医原性火傷や高体温を防止する

　a．皮温

　b．動物の身体と熱源との接触部の表面温度

　c．インキュベータ内の温度

2．温水循環加温パッド

　a．非常に安全である

　b．穴が開くと補修費用が高い

3．電気コイル型加温パッド

　a．医原性火傷を起こしやすい

　b．安価である

　c．高温には絶対に設定しない

4．インキュベータ

　a．使用前の加温が必要である

　b．麻酔前や麻酔後に有用となる

　c．不慮の逃げ出しが起こらないようにする

5．温水瓶

　a．電子レンジで加温された場合は，とくに過剰加熱に注意する

　b．冷めると体温を奪う

6．温風加温装置

a．非常に安全である

b．温風毛布により，その接近部位が加温される

c．体温の看視が必要である

7．熱拡散の防止

a．ビニール袋またはアルミホイル

b．気泡シート（訳注：いわゆる“プチプチ”）

c．毛刈り面積を最小に抑える

d．温かい消毒液および手術用洗浄液を使用する

e．解放された体表をドレープで素早く覆う

f．麻酔時間を最小限に抑える

Ⅳ．輸液

A．術後合併症の発生率および死亡率を減少させるため，手術前の血液量減少は避ける

B．体重1kg未満の動物およびすべての変温動物は，あらかじめ26～35℃に加温しておく

1．インキュベータ

a．むらのない一定した温度に維持する

b．微生物が増殖する可能性がある

2．温水槽

a．むらのない一定した温度に維持する

b．常に水の加温が必要となる

3．電子レンジでの輸液加温

a．部分的に熱い箇所が発生する

b．加温後，十分に混和する

4．輸液セットの温水槽への浸漬

a．緊急時に輸液剤を急速に温める方法

b．温水槽後の輸液温度を注意して看視する

5．輸液剤加温装置（HOTLINE®，Level 1®；Smiths Medical inc.）

a．輸液剤を40℃以上に加温できる

C．投与（経路）（表26-1）

表26-1　鳥類と小型哺乳類における非経口的投与経路と注射経路

動物種	非経口的投与経路と注射経路	備考
鳥類	IM，IO，IV：尺側皮静脈，頸静脈，中足静脈	
ラット，マウス	SC，IM，IP，IO，IV：頸静脈，外側尾	静脈毛細管現象をしない限り，マウスの外側尾静脈からの採血は困難
スナネズミ	SC，IM，IP，IO，IV：外側尾静脈，伏在静脈，中足静脈	25G針
ハムスター	SC，IM，IP，IO（脛骨体前縁），IV：外側足根静脈，撓側皮静脈，舌静脈，背側陰茎静脈	IM：最高0.25mL IO：22Gスパイナル針を使用する IV：血管の使用は困難。27-30G針を使用する
チンチラ	SC，IM，IP，IO，IV：大腿静脈，撓側皮静脈，外側伏在静脈，頸静脈，耳静脈，背側陰茎静脈，外側腹腔静脈，尾静脈	IM：23G以下の針，最高0.3mL IV：25G以下の針
モルモット	SC，IM，IP，IO（転子窩），IV：外側耳静脈，内側伏在静脈，外側伏在静脈，頭側飛節静脈，背側陰茎静脈，頸静脈	IMにより自己損傷の可能性あり。短く可動性でもろい静脈のため，血管の使用は困難
ウサギ	SC，IM，IP，IO（転子窩），IV：外側耳静脈，外側伏在静脈，頸静脈	血液凝固が速い。外側頸静脈が主な頭部からの流出経路（カテーテルの残存は腫脹を起こす）
フェレット	SC，IM，IP，IO，IV：撓側皮静脈，頸静脈，外側伏在静脈，外側尾静脈	

SC：皮下投与，IM：筋肉内投与，IP：腹腔内投与，IO：骨内投与，IV：静脈内投与

1．静脈内投与または骨内投与が最善である；すべての鳥類の上腕骨および多くの鳥類の大腿骨は含気骨である；これらの含気骨への骨内カテーテル留置は医原性溺死を招く
2．皮下輸液（通常は体重の5～10%）は輸液剤吸収および血液量増加のため，麻酔導入前に投与する

3．腹腔内輸液

a．皮下輸液よりも吸収が早い

b．腹膜炎を招く可能性がある

c．輸液剤を体温に加温しなければならない

d．鳥類では実施しない

e．妊娠動物では実施しない

f．投与前に膀胱を空にしておく

4．直腸輸液

a．等張性の加温した液体を浣腸することができる

b．多くの場合，直腸粘膜を介して皮下輸液よりも急速に吸収される

D．輸液速度

1．標準投与速度：40～100mL/kg/24時間；新生子，鳥類，代謝率の高い動物には上限を用いる

2．術中：3～5mL/kg/時

3．ショック：20分間で5mL/kg投与し，再評価する

E．輸液速度の調整

1．正確に投与するため，10mL/時未満の投与速度の静脈内輸液では輸液ポンプを用いる

2．10～50mL/時の輸液速度であれば，輸液セットの流量調節器またはビュレット付き輸液セット（訳注：1mLごとの目盛付きのチャンバー付き輸液セット）で正確に投与できる

3．50mL/時以上の輸液速度は，輸液剤容器の目盛で正確に測定できる

F．輸液剤の選択（第16章参照）

G．輸血（第16章参照）

1．低カルシウム血症を防止するため，小型の動物にはエチレンジアミン4酢酸（EDTA）は用いない

2．鳥類では抗凝固薬にヘパリンを使用する

3．鳥類では同種血液が得られない場合は単回のみ異種間輸液または同属間輸血を行うことができるが，24時

間以上生存する赤血球数には制限がある；同種間，少なくとも同属間での輸血が望ましい

a．ハトが最も一般的なドナーである

b．輸血は少なくとも3週間は繰り返し実施してはならない

H．代用血液

1．Oxyglobin（Biopure社）は，ほとんどの動物種に代用血液として使用できる（10～30mL/kg）

V．麻酔前投薬

A．必要に応じて麻酔導入前に十分な血清濃度になるよう抗生物質を投与する

B．適切な麻酔前投薬の選択

C．鳥類（表26-2）

1．抗コリン作動薬は分泌物の粘稠性を高めるため，使用しない

2．手で保定可能な小型鳥類の場合には，ほとんどで麻酔前投薬は使用しない

a．覚醒遅延の可能性がある

b．呼吸抑制の可能性がある

c．ジアゼパムやミダゾラムは効果的かつ安全である；0.05～0.15mg/kg IV，0.2～0.5mg/kg IM，7.3mg/kg 鼻腔内投与

(1) フルマゼニル0.13mg/kgで拮抗できる

d．デトミジン12mg/kg鼻腔内投与

e．ミダゾラム（3.6mg/kg），キシラジン（10mg/kg），ケタミン（40～50mg/kg）混合薬の鼻腔内投与

3．平胸類，コウノトリ，および体重15kg以上の長い脚の渉禽類（訳注：ツル，サギなど）では，その長い脚を損傷しやすいため，捕獲前や保定前の鎮静が有用な場合がある

a．キシラジン：0.2～0.4mg/kg IM

表26-2　鳥類に使用される注射鎮静薬と鎮痛薬

薬物	用量（mg/kg）
アトロピン	0.01-0.02 IV，0.02-0.08 IM
グリコピロレート	0.01-0.02 IV，IM
アルファキサロン	10-14 IV
ブプレノルフィン	0.01-0.10 IM
ブトルファノール	0.1-4.0 IM
コデイン	30 IM
フェンタニル	0.2 IM
モルヒネ	0.1-3.0 IV，2.5-30 IM，SC
ジアゼパム	0.05-0.15 IV，0.2-0.5 IM
ミダゾラム	0.05-0.15 IV，0.1-0.5 IM 7.0 鼻腔内投与
デトミジン	12 鼻腔内投与
ケタミン　＞体重1kg	15-20 IM
＜体重1kg	30-40 IM
ケタミン／ミダゾラム	20-40 IM＋4 IM
ケタミン／キシラジン	10-30 IM＋2-6 IM
ケタミン／ミダゾラム／キシラジン	40-50＋3.65＋10 鼻腔内投与
プロポフォール	10 効果が認められるまで，ゆっくり持続静脈内投与 3 までを追加投与可能
エトミデート	10-20 IM
ベタメタゾン	0.1 IM
デキサメタゾン	2-4 IV，IM
メチルプレドニゾロン	0.5-1.0（投与経路不明）
コハク酸プレドニゾロンナトリウム	0.5-1.0 IV，IM
ケトプロフェン	5-10 IM，2 SC
フルニキシンメグルミン	1-10 IV，IM
フェニルブタゾン	3.5-7.0 IV
カルプロフェン	2-10 IM，1 SC

IV：静脈内投与，IM：筋肉内投与，SC：皮下投与

b．チレタミン－ゾラゼパム合剤（Telazol®，国内未販売）：2～5mg/kg IM

D．爬虫類

1．抗コリン作動薬は呼吸器分泌物の粘稠性を高める可能性がある

2．大型の攻撃的または有毒な爬虫類以外では，麻酔前投薬はほとんどの場合，使用しない

E．両生類：麻酔前投薬は通常，使用しない

F．魚類：麻酔前投薬は通常，使用しない

G．げっ歯，チンチラ，ウサギ

1．アトロピンまたはグリコピロレートは，気道分泌減少および心拍数維持に有用である

2．一部のウサギはアトロピナーゼをもつ－アトロピンの代わりにグリコピロレートを使用する（第3章参照）

3．アセプロマジンおよびジアゼパムは麻酔前投薬として効果的である

4．痙攣の可能性があるため，スナネズミへのアセプロマジンの使用は推奨されない

5．ハムスターはアセプロマジン5mg/kgまでの高用量を必要とする

6．フェンタニル－フルアニソン合剤（Hypnorm®，国内未販売）で約30～60分間の鎮静および不動化ができる；鎮痛効果は，より長時間作用の可能性がある

H．イタチ科（フェレット）

1．抗コリン作動薬は心拍数維持および気道分泌減少のため，必要に応じて使用できる

2．ジアゼパムやミダゾラムで軽い鎮静作用が得られるが，鎮痛作用はない

3．アセプロマジンで軽度～中等度の鎮静作用が得られるが，鎮痛作用はない；血液量減少状態の動物や重度の疾患を伴った動物には使用しない

4．キシラジンやデクスメデトミジンでは用量依存性の鎮

静，不動化，鎮痛作用を得られる

5．オピオイドは鎮静作用を増強しつつ鎮痛作用を現す；通常，ほかの鎮静薬やトランキライザと併用される

6．ケタミンは用量依存性の鎮静作用をもたらす；単独投与した場合，筋弛緩作用は弱い

I．ネコ科

1．麻酔前投薬は通常，使用しない

2．抗コリン作動薬は飼い猫の標準的用量を使用できる

a．アトロピン：0.02〜0.04mg/kg SC，IM，IV

b．グリコピロレート：0.005〜0.010mg/kg SC，IM，IV

J．ブタ（第24章参照）

K．ラクダ類（第25章参照）

Ⅵ．麻酔のモニタリング

A．概論

1．脈拍数とその性状：麻酔導入後に心拍数が平静時の80％未満に低下した場合，麻酔深度を浅くする必要がある

2．呼吸数，換気量，およびその特徴（例：持続性吸息）

a．呼吸数減少や持続性吸息または不規則な呼吸パターンが認められた場合，麻酔深度を浅くする必要がある

b．変温動物や鳥類では，外科的麻酔深度では通常，無呼吸となる；少なくとも2〜6回/分の陽圧換気を実施する

3．体温

a．15〜20分間で10℃低下してしまう可能性がある

4．麻酔深度

a．反射は麻酔深度の良い指標となる；反応は動物種により異なる

(1) ウサギでは耳の反射が有用である

B．器材

1．ECGの改良

a．繊細な皮膚の保護や厚い皮膚の穿孔のため，皮膚に縫合針や金属性注射針を穿刺し，それに電極クリップを取り付ける

b．通常の誘導部位にアルコールを染み込ませたパッドを置き，それを電極クリップで挟む

c．鳥類では，翼を前肢の誘導部位として使用する

d．脚のない動物では，心臓の頭側と尾側にそれぞれ一つのクリップを配置する

2．ドプラの設置

a．小型の動物では心臓の上に設置する

b．末梢動脈の上

(1) 鳥類：内側中足，上腕

(2) 爬虫類：尾

(3) げっ歯類／ウサギ目：耳，大腿，伏在，肉球（足の剪毛は行わない）

(4) イタチ科：尾，肉球，伏在

3．パルスオキシメータ

a．ヘモグロビンの酸素飽和度と心拍数を測定する

b．設置部位：舌，食道

(1) 色素沈着のない毛細血管床であれば，どこででも測定できる

(2) 最適な測定部位は可視粘膜：口腔粘膜または鼻粘膜，総排泄腔，外陰部

(3) 色素沈着のない部分の皮膚での測定；耳，羽板，脇腹や腹部の薄い皮膚

4．心拍数モニターはウサギでは350回/分まで，マウスでは600回/分以上の速い心拍数の測定が可能なものでなければならない

5．呼吸モニターは，小さな換気量でも検出できる感度をもたなければならない

鳥類の麻酔（体重15kg未満）

Ⅰ．外科麻酔深度の達成
　A．趾指，尾，総排泄腔をつねる
　B．ほとんどの鳥は，第三眼瞼のゆっくりとした眼瞼反射が残る；鳥でこの反射が消失した場合，麻酔深度を浅くしなければならない
　C．蝋膜（訳注：上嘴基部を覆う肉質の膜）の穿刺刺激への反応は通常，消失する
　D．呼吸はゆっくりで，深く，規則的である
Ⅱ．推奨される麻酔方法（**表26-2**，**表26-3**）
　A．必要であれば麻酔前投薬も投与できる
　B．注射麻酔よりも吸入麻酔が好ましい
　　1．注射麻酔薬の安全性と効果は，動物種や個体により様々である
　　2．注射麻酔薬の投与量の滴定は困難である；吸入麻酔薬が好ましい
　　3．注射麻酔薬は，診断的処置や小手術のための保定，吸入麻酔使用前の麻酔導入に用いられる
　C．酸素流量
　　1．小型の鳥類では200mL/kg/分以上
　　2．0.5〜2 L/分
　D．体重7kg未満のすべての鳥類に非再呼吸回路を使用する
　　1．手またはタオルを用いて鳥を保定する
　　2．YまたはTピースの端にテープで止めた透明なビニール袋またはフェイスマスクの中に鳥の頭を入れて，酸素と麻酔ガスを流す
　　3．鳥がリラックスするまで保持し，その後フェイスマスクまたは気管チューブを用いて麻酔を維持する
　E．すべての鳥類で気管挿管が推奨される
　　1．体重100g未満の鳥類に30分以上の処置または総排泄腔に関連した処置を行う場合は気管挿管する；小型の

第26章

表26-3 鳥類の麻酔

動物	薬物	用量（IM，mg/kg）
＞体重250gの鳥	ケタミン	20-40
	ジアゼパム	1-1.5
＜体重250gの鳥	ケタミン	30
小〜中型のインコ	ケタミン	30
	キシラジン	6.5
オカメインコ	ケタミン	25
	キシラジン	2.5
ボウシインコ属	ケタミン	10-20
	キシラジン	1-2
ヨウム	ケタミン	15-20
	キシラジン	1.5
バタンインコ	ケタミン	20-30
	キシラジン	2.5-3.5
コンゴウインコ	ケタミン	15
	キシラジン	1.5-2
タカ	ケタミン	25-30
	キシラジン	2
フクロウ	ケタミン	10-15
	キシラジン	2
アメリカワシミミズク	プロポフォール	4.5（麻酔導入） 0.48mg/kg/分（麻酔維持）

IM：筋肉内投与

フェイスマスクが市販されているが，35〜60mLの注射シリンジケース（訳注：米国製の注射シリンジは個包装がビニール袋ではなく，固いプラスチック製ケースも一般的である）とゴム手袋でも作製できる

a．内径1.0mmおよび1.5mmの非常に小径なシリコン製気管チューブが有用である（noncuffed endotracheal tubes-silicone V-PAT-10, V-PAT-15; Cook Veterinary Products）

2．声門は舌根部にあり，容易に目視できる

a．気管は非拡張性で，完全な気管輪を構成する；カフの使用は推奨されない

b．気管チューブ誘発性気管炎によって二次的に発生した組織浮腫により，気管閉塞が生じることがある

c．小型の気管チューブは，留置針，翼状針のチューブ部分，または赤ゴム製のフィーディングチューブで作製できる；これらは市販の3.5〜4.5mm気管チューブ用のアダプターに接続できる

d．死腔を最小限にするため，チューブは必要以上の長さにならないようにする

e．過敏性蝋膜を防止するため，チューブを嘴にテープで固定する

f．チューブが閉塞していないか看視する；粘液塞栓やチューブの屈曲が起こりやすい；常に代わりのチューブをすぐに使用できるよう準備しておく

3．気管が閉塞した場合には，後胸気嚢を穿刺できる

a．横腹背側部の外科的性鑑別に用いられる部位から2〜5cmの長さに切った赤ゴム製フィーディングチューブまたはカフ無し気管チューブを使用する；チューブを縫合固定する；気管チューブと同様に使用する；致死的な気嚢炎を防止するため，無菌的テクニックを用いて行う

4．鳥類は無呼吸に不耐性である

a．少なくとも2回/分は陽圧換気をする必要がある；無呼吸の鳥では8〜25回/分で換気，小型品種ではさらに多い回数（30〜40回/分）が必要になる場合がある

b．1回換気量は約15mL/kg；吸気圧は15〜20cmH_2Oを超えてはならない

c．鳥類には肺予備力が全くない；空気は気嚢に溜められるが，気嚢はガス交換機能をもたない

第26章

表26-4 各種吸入麻酔薬の最小肺胞濃度（MAC）

動物種	吸入麻酔薬	MAC（%）
アヒル	ハロタン	1.04
	イソフルラン	1.3
ニワトリ	セボフルラン	2.21
ウサギ	ハロタン	0.8
フェレット	エンフルラン	1.99
	ハロタン	1.01
	イソフルラン	1.52
アルパカ	セボフルラン	2.33
ラマ	イソフルラン	1.05
	セボフルラン	2.29

F．鳥類の麻酔には，イソフルランやセボフルランが有用である（表26-4）

1．麻酔導入：イソフルラン3〜4%；セボフルラン4〜5%

2．麻酔維持：イソフルラン0.5〜2.5%；セボフルラン3〜4%

3．通常は5分以内で麻酔導入できる

a．鳥類では，肺の表面積比が大きいことに加えて血液と空気毛細管の対向流システムにより，哺乳類よりも急速に麻酔導入される；このシステムのため，鳥類では哺乳類よりもガス交換効率が良い

b．気化器の設定の若干の変更でも，麻酔深度に急速かつ急激な変化を及ぼしかねない；麻酔深度のモニタリングは非常に重要である

c．麻酔回復は非常に急速である（45分以内の処置では通常5分以内に覚醒する）；鳥が歩行可能になるまでタオルで保持する

d．無呼吸を認めた場合は即座に麻酔深度を浅くする；無呼吸発生直後に心停止に至る場合がある；気管チューブの閉塞には常に注意を払う

4．気嚢は閉塞性臓器ではないため，笑気は多くの鳥類で使用できる

a．生理学的皮下気嚢をもつ鳥類には使用しない（例：ペリカン）

G．注射麻酔薬（**表26-3**）

1．グラム単位で正確に体重を測定することは必須である

2．注射麻酔薬の作用は，動物種や個体により非常に多様である

3．推奨用量はあくまでガイドラインである

4．筋肉内投与には胸筋にのみ投与する

5．ケタミンの単独投与では筋弛緩が不十分であり，覚醒時に暴れる；ベンゾジアゼピン（ジアゼパム，ミダゾラム）と併用しなければならない；水鳥，フクロウ，タカの多くでは，ケタミンでは十分な全身麻酔作用が認められない

6．キシラジン，デトミジン，デクスメデトミジンにより，非常に良い筋弛緩と静かな麻酔覚醒を得られるが，重度の呼吸抑制が生じる；病気の鳥への使用は避ける；飼い鳥における使用は推奨されない

a．トラゾリン15mg/kg，ヨヒンビン0.1～1.0mg/kg，アチパメゾール5～10μg/kgで拮抗できる

7．ベンゾジアゼピンによる効果は非常に多様である；（訳注：ストレスなどにより）覆されなければ，安全な鎮静と筋弛緩を得られる；導入時のストレス起因性心血管系変化を減少させる

a．フルマゼニル0.05mg/kg（半量IV，半量IMまたはSC）で拮抗できる

8．プロポフォールも使用できる

a．重度の呼吸抑制や無呼吸を招く可能性がある

b．麻酔導入には20mg/kg；麻酔維持には3mg/kgの反復投与

9．ケタミンとキシラジンまたはベンゾジアゼピンの混合

IMにより，通常，小手術に十分な麻酔効果が得られる

a．ジアゼパム：0.5～1mg/kg；ケタミン：10～50mg/kg IM；小型の鳥類には高用量を使用する

b．キシラジンとケタミン

c．チレタミン－ゾラゼパム合剤（国内未販売）：4～25mg/kg IM

（1）小～中型インコ：15～20mg/kg IM

（2）アヒル：5～10mg/kg IM

d．より深い麻酔が必要な場合

（1）10分間待ち，1/4～1/2の用量のケタミンを追加投与する

e．それでも麻酔深度が不十分な場合，麻酔を24時間以上経過後に再度実施する

10. 注射麻酔からの麻酔回復は多様であるが，45分間の処置では通常は覚醒に45分以上必要となる

11. 静脈内投与する場合には，筋肉内投与量の1/4～1/2を使用する

H．麻酔中のエマージェンシー

1．無呼吸

a．陽圧換気；気管チューブが使用できない場合は，持ち上げて胸骨部を圧迫する

b．呼吸回路を純酸素を用いてフラッシュして麻酔ガスを含まない状態にする；100％酸素を投与する

c．ドキサプラム：5mg/kg IV，IM，IO

d．α_2-作動薬とベンゾジアゼピン化合物を拮抗する

2．心停止

a．エピネフリン5～10μg/kg IV，IO，または気管内投与

b．持ち上げて胸骨部を迅速に圧迫する

c．麻酔中のエマージェンシーの詳細情報については，第28章と第29章を参照のこと

I．麻酔回復期

1．症例が覚醒するまでモニタリングを継続する

2．保温；必要に応じて覚醒後も継続するが，決して高体温にならないようにする

3．温かく，暗く，静かな環境に置く

4．水和状態とエネルギーの必要性を看視する

5．自己損傷の発生に注意し，重度の損傷を防ぐ

a．翼を制御するためにタオルで包む

b．混乱状態に陥った場合には，完全に覚醒するまで保定し続ける

J．鎮痛法（表26-2）

1．家畜と異なり鳥類は明らかな疼痛反応を示さず，獣医師にとって解釈の難しい「戦闘または逃亡反応」や「維持－撤退反応」をもって侵害刺激に反応しがちである

2．疼痛に関連した行動

a．急性疼痛：発声を伴う，または伴わない翼のはばたき，頭部運動の減少，心拍数および呼吸数の増加，血圧上昇

b．慢性疼痛：食欲不振，不活動性，膨らんで見える外観

鳥類の麻酔（体重15kg以上；長脚種）

Ⅰ．一般的な原則は小型の鳥類と同様である

Ⅱ．衰弱していない限り，これらの大きさの鳥類では吸入麻酔の麻酔導入前に薬物による鎮静が必要となる

A．大型の平胸類（ダチョウ）は非常に危険である；決して前方から近づかない；前方向の蹴りは人間の腹部に開放性裂傷を与えることもある

B．木製の薄板を盾にして大型の平胸類を隅に集めるか，横や後ろから囲いへと追い詰める（頭部を先とする）

C．コウノトリやアオサギなどの長い嘴の鳥類は，その嘴で

素早くつついてくる；眼のプロテクターの使用は必須である；まず後方から翼と頸部を抱えて保定する；次に別の人が脚を掴んで保護する；高体温になる可能性が低い場合，上下嘴の先端の間と先端周囲にパッドを当て，そこにテープを巻くことで嘴を部分的に閉鎖する

D．頭を安全に確保でき次第，鳥を落ち着かせ，かつ保定するために頭に柔らかい材質の布で覆う；高体温を防止するため，口と鼻孔が開放していることを確認する

E．大型かつ脚長の鳥類の麻酔では，激しい覚醒による捕獲性筋疾患，筋区画症候群，高体温，および脚の骨折などの合併症を伴う場合がある

1．麻酔中には適切なパッド，血圧の維持，酸素化が非常に重要である

2．長脚の鳥類では，とくに外科中や覚醒時に脚を屈曲した状態で長時間維持された場合などに，労作性筋障害が起こることがある

3．鎮静薬投与時の保定を最小限とする；麻酔導入および覚醒のための場所は，できるだけ静かで暗い環境を保つ

4．麻酔導入および覚醒の場所には，良好なパッドが施されていることが望ましい；横臥状態の鳥よりも若干広い場所を覚醒室として準備することで，鳥に安心感を与えることができる；鳥が完全に覚醒したら，頭へ被せてあった布を取り除き，放鳥するためにケージを開放する；自力で起立できるまで待つ；完全に覚醒する前に興奮した場合は，ジアゼパム0.1〜0.2mg/kg IMを投与する

F．絶食していない場合には，誤嚥防止のため気管チューブのカフを注意しながら膨らませる；絶食していない鳥では胃内容の逆流が起こりやすい

Ⅲ．注射麻酔薬は短時間の処置や麻酔導入に有用である

A．起立状態の鳥類（例：ダチョウ，エミュー）では，上腕

静脈を介して静脈内投与が可能である；おとなしい鳥であれば頸静脈からも投与できる；レア（アメリカダチョウ）では上腕静脈が非常に細いが，体格が小さいため鎮静薬の筋肉内投与後に物理的保定にて吸入麻酔を投与できる

B．上腕静脈，頸静脈，内側中足静脈は，静脈内カテーテルの留置に適する

C．平胸類（ダチョウ，エミュー，モア，キーウィ）

1．キシラジン0.5〜1mg/kg IM，15分後にケタミン2〜4mg/kg IV

2．キシラジン0.25mg/kg＋ケタミン2.2mg/kg IV

3．チレタミン－ゾラゼパム合剤4〜10mg/kg IM

4．チレタミン－ゾラゼパム合剤2〜6mg/kg IV

5．ジアゼパム0.2〜0.3mg/kg＋ケタミン2.2mg/kg IV

爬虫類の麻酔

Ⅰ．低体温麻酔（冷蔵）

注釈：低体温麻酔は，“麻酔”効果の調節性が非常に低いため推奨されない

A．免疫機能を含む身体機能を抑制し，創傷治癒を延長する

B．鎮痛作用を十分に獲得できるかどうか確証はない

C．麻酔からの覚醒を遅延させる

D．麻酔前および麻酔覚醒期の適温

1．温帯および水生の爬虫類：25〜30℃

2．熱帯の爬虫類：30℃以上

Ⅱ．麻酔前投薬（**表26-5**）

A．フェノチアジン系は排泄時間が長いため使用を避ける

B．α_2-作動薬の単独投与は最低限の鎮静作用のみか，または全く鎮静作用をもたず，保定効果とは言い難い；解離性麻酔薬との併用は化学的鎮静作用を導く

C．ミダゾラム

表26-5 爬虫類に使用される麻酔前投薬と鎮痛薬

薬物	投与経路	用量（mg/kg）
麻酔前投薬		
グリコピロレート	SC，IM，IV	0.01-0.04
アセプロマジン	IM	0.1-0.5
メデトミジン	IM，IV	0.05-0.1（リクガメ） 0.15-0.3（ウミガメ）
アチパメゾール	IM，IV	0.5
ミダゾラム	IM	1.5-2
ケタミン	IM，IV	5-20（α_2-作動薬またはベンゾジアゼピンと併用）
チレタミン・ゾラゼパム合剤	IM	3.5-10
イソフルラン*	吸入	2-3%（気化器の設定）
セボフルラン	吸入	4-5%（気化器の設定）
鎮痛薬		
ブトルファノール*	IM	1
ブプレノルフィン*	SC，IM，IV	0.4-1
ケタミン	SC，IM，IV	10-100
メロキシカム*	IM，IV，PO	0.1-0.2，24時間ごと
カルプロフェン*	SC，IM，IV	2-4，その後24-72時間ごとに1-2
リドカイン（2%）*	局所浸潤	中毒量は未知，5未満が推奨される
ブピバカイン（0.5%）*	局所浸潤	中毒量は未知，2未満が推奨される

IM：筋肉内投与，IV：静脈内投与，PO：経口投与，SC：皮下投与
*不確定用量または他動物種からの外挿。

1．ミダゾラム1.5mg/kg IMは，ミシシッピアカミミガメの多くを十分に筋弛緩させ，頭頸部の伸展や開口を抵抗なしに行うことができる
2．ミダゾラムの単独投与では，カミツキガメやニシキガメでは弱い鎮静のみか，全く鎮静されない
3．ケタミンとの併用で，より信頼できる鎮静作用や麻酔作用が得られる

Ⅲ. 麻酔導入

A．興奮の後に運動制御喪失が起こる；立ち直り反射喪失の後に筋弛緩が発生する；趾，尾，肛門をつねっても引っ込めなければ，外科麻酔が得られていることを示す

B．第三眼瞼のある爬虫類の多くは第三眼瞼反射を維持する；心拍数が安定時の80％未満に低下した場合は，麻酔深度を浅くする必要がある；爬虫類では多くの場合，心拍数のみが信頼できる麻酔深度の指標となる；心拍数の注意深いモニタリングが必須である

C．ほとんどの爬虫類（体重500g未満）はイソフルラン2～4％を用いたマスクまたは導入箱で麻酔導入が可能である；大型の爬虫類ではプロポフォールのIVまたはIOで麻酔導入する；その後，イソフルラン吸入麻酔で維持する；麻酔導入や覚醒の迅速化および鎮痛作用を目的として，笑気を使用することもできる。イグアナやその他の顎力の強い爬虫類では麻酔前投薬が有用である

1．無呼吸に注意する

2．カメ，水生有鱗類，ワニは長時間呼吸を止めることが可能である；カメの頭を甲羅から引き出して口を開けるのは非常に困難な場合がある；吸入麻酔で維持するための気管挿管と陽圧換気を可能にするためには，多くの場合，注射鎮静薬の投与が必要である；有毒の爬虫類や大型で攻撃的な爬虫類の場合，安全に取り扱うために注射麻酔薬の投与が必要なことがある

a．デクスメデトミジン10～40μg/kg

b．プロポフォール：ナミヘビ科5～7mg/kg；鳥類10～12mg/kg；カメ12～15mg/kg；トカゲ5～14mg/kg

c．ケタミン20～60mg/kg IM

d．ケタミン5～15mg/kg IV，IO

e．チレタミン－ゾラゼパム合剤：有鱗類10～40mg/kg IM；カメ，ワニ5～15mg/kg IM

第26章

f．サクシニルコリン：気管挿管の目的のみに使用する

(1) 鎮痛作用はない

(2) 呼吸筋を含む筋肉を麻痺させる

(3) 注射後約1時間，時にはそれ以上にわたって，気管挿管および呼吸補助が必要である

(4) 24時間以内は反復投与しない

(5) カメ，ワニの前半身に0.25～1.50mg/kg IM

D．気管挿管（鳥類と同様）

1．声門は舌根部にあり，披裂軟骨間に裂目状に開放している

2．カメでは声門を視認しにくい

3．ワニには咽頭膜があり，口腔内が食物や水で満たされていても呼吸できる；声門を確認するためには，この咽頭膜を押し上げなくてはならない

4．一部のワニの気管は湾曲している；このため，想定したほど気管チューブを挿入できない場合がある

5．カメやワニは完全な気管輪をもつ；気管が短い；気管支挿管防止のため，非常に短い気管チューブを使用する

6．爬虫類で外科麻酔が必要な場合には，必ず気管挿管する；体重100g未満の爬虫類では，気管チューブによる気管炎防止のための注意が非常に重要である

E．麻酔維持

1．イソフルラン（1～2%）またはセボフルラン（2～4%）を使用する

2．酸素流量：1L/0.3～1kg；大型の爬虫類では1L/5～10kg

3．少なくとも3～6回/分，換気する

4．体温維持が不可欠である

5．麻酔深度の評価が困難である

a．外科麻酔；筋緊張の低下，眼瞼反射および角膜反

射の鈍化，規則的な呼吸パターン

F．鎮痛法（表26-5）

G．麻酔回復期

1．1時間以内のイソフルラン麻酔での処置では，通常は20分以内に覚醒する

2．注射麻酔薬では覚醒に数時間〜数日かかる場合がある

3．動物が規則的な自発呼吸を持続するようになるまで，陽圧換気を続ける

a．一部の爬虫類では，刺激すると呼吸するが，自発的ではしない場合がある

b．覚醒時には換気回数を2回/分に減少する；室内の空気や呼気を吸入させて二酸化炭素濃度を増加し，呼吸を刺激することもできる；酸素欠乏症に注意して行う

4．加温や輸液による覚醒を短縮化できる

H．エマージェンシー

1．呼吸停止

a．無呼吸は頻繁に発生する；動物が安定している場合には陽圧換気を実施する

b．カメでは，気管挿管を完了するまでの間，前肢を屈伸させることにより，一時的に呼吸を補助することができる

c．キシラジンの拮抗：ヨヒンビン1mg/kg IV

d．ドキサプラム：5mg/kg IV，IO，IM

2．心停止

a．100%酸素を投与する

b．甲羅のない爬虫類では胸部圧迫を行う

c．エピネフリン：5〜10mg/kg IV，IO，IC，気管内投与

d．詳細については第28章，第29章を参照のこと

両生類の麻酔

Ⅰ．用途

A．疼痛を伴う処置

B．画像診断

Ⅱ．麻酔前の考慮

A．本章の総論を参照

B．両生類は獣医学文献では爬虫類と同類に扱われることも多いが，麻酔に関しては魚類として考慮する方がより適切である

C．皮膚の湿潤を保つことで，両生類を長時間，水の外に保つことができる

D．呼吸のほとんどが湿潤した皮膚を介して行われる

1．皮膚を完全に乾かさない

2．湿ったラテックス製手袋または手を用いて動物の取り扱いを行う

3．外科手術が吸入麻酔を必要とする場合以外は，気管挿管は必ずしも必要ない

E．両生類の皮膚は半透膜のように機能し，皮膚呼吸を行うだけでなく，接触する物質の吸収も行う

F．一部の両生類は皮膚から毒物を分泌する；人間への毒性の報告は非常に少ないが，手袋を使用することが推奨される

G．麻酔前は24時間絶食とする

H．麻酔前投薬は一般的に用いられない

I．変温動物

1．外部加温装置で適切な体温に維持する

2．低体温は覚醒を延長し，免疫機能を抑制する

J．体重100g以上の動物では気管挿管しなければならない（鳥類の麻酔を参照）

Ⅲ．麻酔深度

A．哺乳類と同様である

表26-6　両生類に使用される麻酔薬

薬物	濃度	備考
MS-222*	250-500mg/L 1-2g/L 2-3g/L	オタマジャクシ，イモリ カエル，サンショウウオ ヒキガエル
イソフルラン†	3mL/L	ヒキガエル槽
イソフルラン／KYゼリー／水‡	0.025-0.035mL/体重（g）	背部への局所適応

*1g/L以上の濃度の溶液には重炭酸ナトリウムを緩衝薬として使用する。
†25G針を用いて水中（水面下）にイソフルランを噴霧する。
‡3mLのイソフルラン，1.5mLの水，3.5mLのKYゼリーを混合する。混合液を十分に振り，均一なゼリーになるまで撹拌する。麻酔が導入されたら，湿ったガーゼでゼリーを拭き取る。

B．麻酔導入時に腹側腹部が紅斑する

C．重度の鎮静で腹式呼吸が止まるが，咽頭（咽喉）呼吸は持続する

1．両生類の皮膚呼吸は，麻酔中の臨床的低酸素症を防止するに十分である

D．屈筋反射の消失の前に角膜反射が消失する

E．心拍数および血中酸素の正常値に関する報告はまだない

Ⅳ．麻酔薬（**表26-6**）

A．トリカイン・メタンサルフォネート，MS-222（Finquel MS-222）

1．投与経路

a．薬浴；麻酔覚醒用に水のみ用水槽を別に準備しておく

b．非経口投与－IMまたはSC；滅菌溶液を使用する

2．投与量は種依存性である

a．薬浴：250mg～3g/L

b．100mg/kg SCまたはIM（1％溶液を0.1mL/10gで投与する）

3．5～20分で麻酔導入できる

4．薬理学
 a．鰓を介して急速に吸収される
 b．主に肝臓で急速に代謝するが，腎臓，血液，筋肉でも代謝される
5．10～30分で覚醒する；薬剤を含まない水で皮膚を常に湿潤に保ち，体温を維持する
6．安全域が広い
7．供給会社
 a．Argent Chemical Laboratories
 8702 152nd Ave NE
 Redmond, WA 98052
 1-800-426-6258
 www.argent-labs.com/
 b．Crescent Research Chemicals
 2810 S. 24th St. Suite #110
 Phoenix, AZ 85044
 1-480-893-9234
 www.aqualogy.com/crescent/

B．イソフルラン
1．気化前の液体の状態で使用する
 a．直接水槽に注入する
 b．水溶性潤滑剤（KYゼリー，Johnson & Johnson）と水を混合した粘稠性の溶液に混ぜ込み，局所投与する
2．マスク導入の後，気管挿管して換気する
 a．麻酔導入には3～4％で5～15分間かかる
 b．1～2.5％で麻酔維持を行う
 c．皮膚の湿潤を保ち，正常な体温を維持する
 d．イソフルランには呼吸抑制作用がある；間欠的陽圧換気を使用する
 e．10～30分で覚醒する；保温と湿潤を継続する
3．導入箱を用いた麻酔導入後，水中へ気化した麻酔ガス

を吹き込む

4．イソフルランは両生類の皮膚に刺激性がある可能性がある

C．ケタミン

1．診断手技には有用であるが，外科手術には不適切である

2．100～200mg/kg SCまたはIM

3．反射は正常に維持される

4．10～20分で麻酔導入される

5．20～60分で覚醒する

V．麻酔回復期

A．両生類の全身麻酔からの覚醒は魚類よりも長時間かかる

B．変温動物であるため，体温を上昇させることで覚醒を促進できる

魚類の麻酔

Ⅰ．用途

A．疼痛を伴う処置

B．輸送時の鎮静

C．画像診断

D．魚精（卵）の採取

Ⅱ．麻酔前の考慮

A．本章の総論を参照

B．水中でのみ呼吸できる

1．血液を酸素化するため，酸素化された水が鰓を移動しなければならない

2．正常な水流パターンとは，口から入り，鰓を通り，鰓蓋から出る形である

3．麻酔中には頻回の水浴または小型の再循環ポンプとエアストーンを用いて水流を供給する；ポンプチューブを魚の口に入れ，水流が鰓を通るように配置する

C．外部粘液層は外皮の重要な部分である
 1．物理的な保定は最小限に控える
 2．粘液層の損傷を最小限にするため，魚を取り扱う場合は湿ったラテックス製手袋を使用する
D．麻酔前には12〜24時間絶食させる
E．覚醒用水槽として，麻酔前と同じ環境の水を用いた水槽を準備しておく
F．麻酔前投薬は通常は用いられない
G．変温動物
 1．外部加温装置で適切な体温に維持する
 2．低体温は麻酔覚醒を遅延し，免疫機能を抑制する
Ⅲ．麻酔深度

魚類の麻酔深度

期	相	分類	魚の反応
0		正常	正常
Ⅰ	1	軽い鎮静	視覚刺激に対する反応性低下
Ⅰ	2	深い鎮静	自発的遊泳停止，正常な姿勢，外部刺激に無反応
Ⅱ	1	軽い昏睡	興奮，平衡失調
Ⅱ	2	深い昏睡	平衡喪失，正常な呼吸数，疼痛刺激に反応
Ⅲ	1	浅い麻酔	呼吸数減少，深部痛覚あり
Ⅲ	2	外科麻酔	呼吸数減少，心拍数低下
Ⅳ		延髄虚脱	心肺停止

Ⅳ．麻酔薬（表26-7）
A．トリカイン・メタンサルフォネート，MS-222；Finquel MS-222
 1．米国内で魚類に許可されている唯一の麻酔薬である
 2．通常は薬浴を用いて使用される；薬物を含まない水を用いた覚醒用水槽を準備しておく
 3．投与量は種依存性である；通常，鎮静には20〜50mg/L，

表26-7　魚類に使用される麻酔薬

薬物	濃度	備考
MS-222*	75-125mg/L 50-75mg/L	麻酔導入用量 麻酔維持用量
エトミデート	2-4mg/L 7-20mg/L	最低有効用量 最高安全用量
クローブオイル	40-100mg/L	100mg/mLの在庫溶液の作製には95%エタノールを使用
イソフルラン†	0.4-0.75mL/L 0.25-0.4mL/L	麻酔導入用量 麻酔維持用量

*溶液は重炭酸ナトリウムを用いて緩衝薬として使用する。若齢の魚や疾患のある魚には低用量の使用が推奨される。
†25G針を用いて水中（水面下）にイソフルランを噴霧する。

麻酔導入には75～125mg/L，麻酔維持には50～75mg/Lが使用される；麻酔深度は魚を麻酔薬の入った水槽と麻酔薬の入っていない水槽との間で入れ替えることで調節する

4．酸性溶液：イミダゾールや水酸化ナトリウムで水槽内のpHを正常値に緩衝しておく
5．1～5分の急速導入
6．10～15分の急速覚醒；低酸素症を防止するため，鰓部分の水の移動を維持する
7．安全域が広い
8．供給会社（両生類の項を参照）

B．エトミデート

1．最低有効用量2～4mg/L；最高安全用量7～20mg/L
2．4mg/Lで通常90秒以内に麻酔導入され，40分以内に覚醒する
3．アルカリ性の水や温かい水温でより効果的であるが，水の硬度では左右されない

C．クローブオイル

1．コイやマスで好んで使用される
2．有効成分はオイゲノールである

3．40～100mg/Lになるように導入槽に混入する

D．イソフルラン

1．麻酔薬としては好ましくない

2．液体のイソフルランを水に混入できる

V．麻酔薬の過剰投与に対する治療法

A．魚を麻酔薬の含まない酸素化した水槽へ移動する

B．鰓への水流の量を若干増量する

C．2分以内に自発呼吸が戻らない場合は，呼吸の補助を行う

1．魚を水の中でやさしく動かす

2．酸素化した水をポンプでゆっくりと魚の口の中に流し込み，鰓に流す

ウサギとげっ歯類の麻酔

I．総論

A．ウサギ，モルモット，チンチラは，マスクや導入箱で麻酔導入すると，呼吸を止めた後に深く速い呼吸をすることが多い；麻酔濃度が高いと，この行動によって死を招くことがある；この危険を軽減するために以下を実施する

1．麻酔前投薬（ジアゼパムまたはミダゾラム）とケタミンを併用する

2．まずは笑気で処置した後に吸入麻酔薬を使用する

3．導入濃度を低く設定する

B．麻酔深度

1．興奮期

2．協調性の喪失

3．筋弛緩

4．趾，耳，尾をつまんでも屈曲反応を示さなければ（反応なし，または鈍い反射），外科麻酔に達していることを示唆する

表26-8　気管挿管：必要とされる器材

動物種	体重	気管チューブ径
ウサギ	1-3kg 3-7kg	2-3mm 外径 3-6mm 外径
ラット	200-400g	18-12G留置針
マウス	25-35g	1.0mm
モルモット	400-1,000g	16-12G留置針
ハムスター	120g	1.5mm
霊長類	<0.5kg 0.5-20kg	報告なし 2-8mm 外径
豚	1-10kg 0.5-20kg	2-6mm 外径 6-15mm 外径

5．角膜反射の喪失は個体や麻酔薬により非常に多様である；反応のあった反射が消失した場合には，麻酔深度を浅くする必要がある

6．呼吸数や心拍数の減少または異常な呼吸パターンが認められた場合も，麻酔深度を浅くする必要がある

Ⅱ．気管挿管（**表26-8**）

A．げっ歯類やウサギ目では，小さく細長い口腔のために気管挿管が困難である；ラリンジアルマスクの方が容易な場合がある

B．短時間の処置にはマスクでの使用が効果的である（**図26-1**）

C．気管挿管の方法と考慮点（**図26-2**）

1．小径の気管チューブは塞栓しやすく屈曲しやすい

a．少なくとも2分ごとに陽圧換気を実施することでチューブの開存性を確認する

b．予備のチューブを常に準備しておく

c．チューブが塞栓した場合，位置の変更または吸引を試みる；それでも塞栓が解消されない場合は，マスクまたは注射麻酔薬で麻酔維持するか，新し

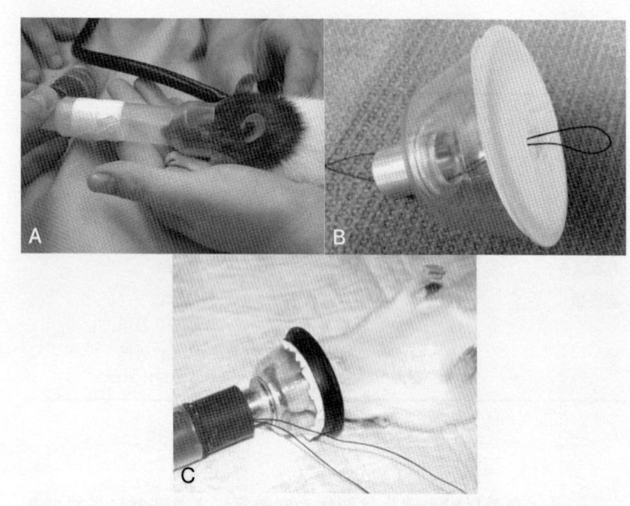

図26-1 A：麻酔導入や麻酔維持に使用するための適切な大きさのマスクは購入可能であるが，シリンジケースやほかの素材を用いて製作することができる。マスク内の死腔は最小限であるべきであり，動物の鼻や顎を密閉するための膜をもたせる（B)。マスクに取り付けた縫合糸を上顎切歯に引っ掛けることで，マスクと呼吸回路の接続を確実にすることができる（B，C)。

いチューブに交換する

2．医原性気管炎を起こさないように注意する

3．長時間の処置，口腔内処置，胸部の処置では，気管挿管が必要である

4．酸素流量

a．最低500mL/分

b．0.5～2L/kg/分；最高3～4L/分

c．5～10kgごとに1L

D．経口気管挿管：練習と技術が必要である（図26-3)

1．鎮静または軽く麻酔され，咀嚼運動の消失した状態で行うことが最善である

2．仰臥，横臥，または伏臥で行う

3．頭頸部を伸展させる

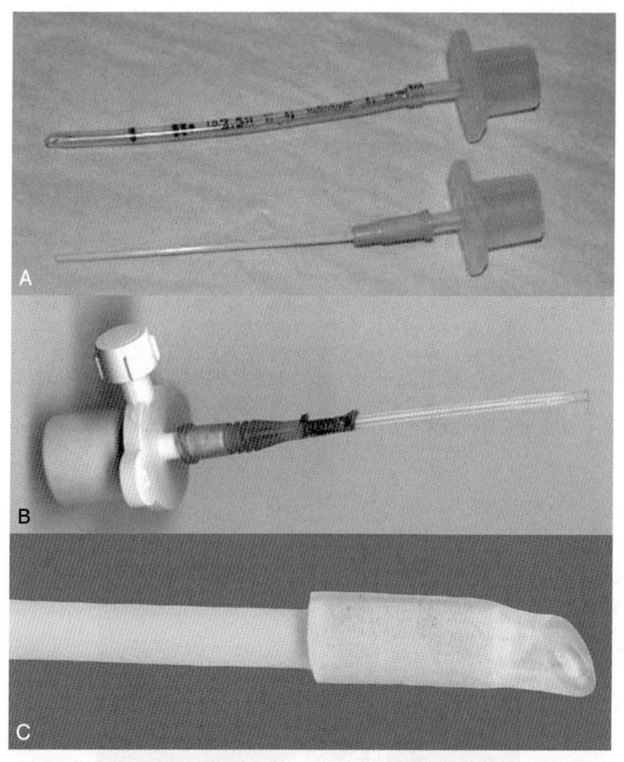

図26-2　A：一般的に販売されている気管チューブは大型の哺乳類に便利であり，極小型の哺乳類の経口気管挿管にはテフロン製の留置針，赤色ゴムチューブ，または尿道カテーテルを使用することができる（A，B）。小さいシリコン製チューブを留置針の先端に接着することで，先端の鋭さを最小限にすることができる（B，C）。

4．動物をまっすぐに保定する
5．舌を掴み，前方または切歯の横に引き出す
6．スタイレットまたはチューブを口腔内に切歯の横から挿入し，喉頭へと進める。呼気中にチューブ内が曇ったら，さらに押し進める
7．大型の動物では喉頭鏡が有用である（**図26-4**）

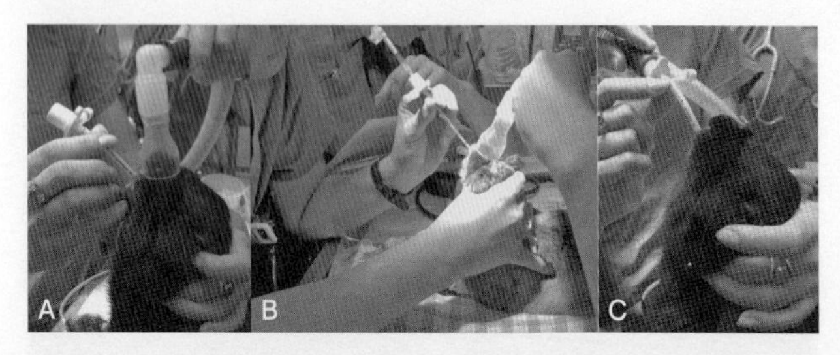

図26-3　ウサギの盲目的気管挿管方法。挿管中には鼻マスクを使用して酸素や麻酔ガスの供給を継続する。より大きな呼吸音や気管チューブ内の曇りを頼りにチューブを喉頭へ誘導し（A），気管チューブ内に通したトムキャットカテーテルを利用して2%リドカインを喉頭へ滴下する（B）。60秒待ち，同様の方法を用いて挿管する（C）。気管チューブ内の水蒸気を含んだガスの出入り，咳，呼吸音の聴診で正しい位置を確認できるが，カプノグラムを接続して特徴的な波形を確認する方法が最も確実である。

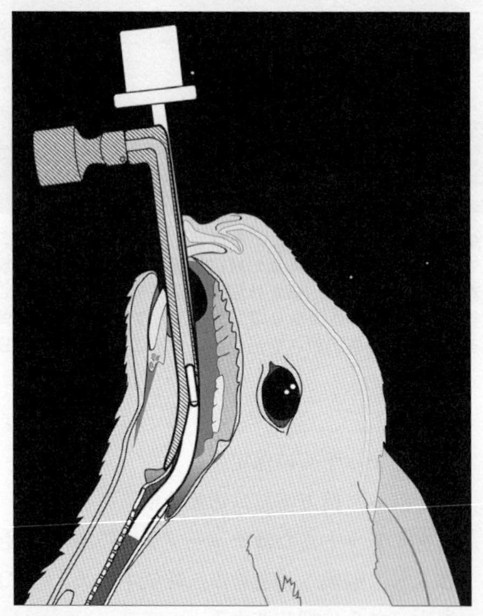

図26-4　喉頭鏡および気管チューブを支持するためのスタイレットは，大型のウサギの経口気管挿管に頻繁に用いられる。

8．ウサギでは，小型で硬い関節鏡または耳鏡を口腔内に挿入し，声門を観察できる；しかし，臼歯で関節鏡を傷つける可能性がある

9．リドカインの局所投与で喉頭痙攣を抑制できる

10．気管挿管の反復的な試みにより，致死的な出血や腫脹を誘発する可能性がある

E．逆向的挿管法

1．頸部腹側面を無菌消毒する

2．気管内に内針付き留置カテーテルを刺入する

3．カテーテルを喉頭に向かって逆行性に挿入する

4．カテーテルをスタイレットとして気管チューブを挿管する

5．カテーテルを除去する

6．頸部の太った動物では，切開して気管を露出させることが必要になる場合がある

7．通常は実験動物にのみ使用される

F．麻酔導入

1．イソフルラン2〜3%

2．セボフルラン3〜5%

G．麻酔維持

1．イソフルラン0.25〜2%

2．セボフルラン2〜3%

3．笑気の使用については，ほかの家畜と同様である

H．麻酔回復期

1．イソフルランやセボフルランを用いた1時間以内の手術では，5〜15分で覚醒する

2．保温を継続する

3．水和状態とエネルギーの必要性を看視する

I．鎮痛法（**表26-9**）

J．注射麻酔薬（**表26-10**）

1．効果は個体により非常に異なる

2．不十分な筋弛緩や鎮痛効果が，最も頻繁に認められる

表26-9　ウサギとげっ歯類に使用される麻酔前投薬と鎮痛薬

薬物	ウサギ（mg/kg）	ラット（mg/kg）	マウス（mg/kg）	スナネズミ（mg/kg）	ハムスター（mg/kg）	モルモット（mg/kg）
アトロピン	0.08 SC，IM，IV	0.05 SC，IM	0.05 SC，IM	0.05 SC，IM	0.05 SC，IM	0.05 SC，IM
グリコピロレート	0.01-0.1 SC，IM，IV	0.01-0.02 SC，IM	0.01-0.02 SC，IM	0.01-0.02 SC，IM	0.01-0.02 SC，IM	
アセプロマジン	0.2-0.75 SC，IM，IV	0.5-2.5 SC，IM			5 IM，SC	5 SC，IP
ジアゼパム	0.5-5 SC，IV	3-5 SC，IM	3-5 SC，IM	3-5 SC，IM	3-5 SC，IM	2-5 SC，IP
ミダゾラム	0.5-5 IV，IM	3-5 SC，IM	3-5 SC，IM	3-5 SC，IM	3-5 SC，IM	2-5 SC，IP
キシラジン	1-5 IV，IM	5-10 IM，IP	5-10 IM，IP	5-10 IM，IP	5-10 IM，IP	5-10 SC，IP
メデトミジン	0.1-0.5 IM，IV	0.03-1 SC	0.03-1 SC	0.1-0.2 SC	0.1 SC	0.5 SC
アスピリン	100 PO	100 PO	120 PO	—	—	87 PO
カルプロフェン	1.5 PO bid	5 SC	—	—	—	—
フルニキシン	1.1 SC，IM，12時間ごと	2.5 SC，IM，12時間ごと	2.5 SC，IM，12時間ごと	—	—	—

ケトプロフェン	3 IM	−	−	−	−	−
ブプレノルフィン	0.01-0.05 SC, IM, IV, 8-12時間ごと	0.01-0.05 SC, IVもしくは 0.1-0.25 PO, 8-12時間ごと	0.05-0.1 SC, 12時間ごと	−	−	0.05 SC, 8-12時間ごと
ブトルファノール	0.1-0.5 IM, IV, 4時間ごと	2 SC, 4時間ごと	1-5 SC, 4時間ごと	−	−	
モルヒネ	2-5 SC, IM, 2-4時間ごと	2.5 SC, 2-4時間ごと	2.5, SC, 2-4時間ごと	−	−	2-5 SC, IM, 4時間ごと
オキシモルホン	0.1-0.2 IM, IV	−	0.01mL/30g IP	0.5mL/kg IM, IP	0.5mL/kg IM, IP	1mL/kg IM
メペリジン	5-10 IM	−	−	−	−	−
フェンタニル・フルアニソン合剤（ヒプノルム）	0.5mL/kg IM	0.4mL/kg IM, IP	−	−	−	−
フェンタニル・ドロペリドール合剤	0.22mL/kg IM		−	−	−	−

IM：筋肉内投与，IP：腹腔内投与，IV：静脈内投与，PO：経口投与，SC：皮下投与
個体や種によって反応に極めて多様性があることに注意する：個々の動物の鎮痛効果を評価することがとても重要である。

表26-10　ウサギとげっ歯類に使用される麻酔

薬物	ウサギ（mg/kg）	げっ歯類（mg/kg）
ケタミン	15-30 IM	50-100 鎮静薬と併用
ケタミン－キシラジン	35＋5 IM	
ケタミン－キシラジン－ブトルファノール	35＋5＋0.2 IM	
ケタミン－メデトミジン	15-25＋0.25-0.5 SC, IM	
ケタミン－アセプロマジン	15-30＋0.2 IM	
ケタミン－ジアゼパム	10-20＋0.5 IV	50＋2.5 IP
ケタミン－ミダゾラム	同上	同上
チレタミン・ゾラゼパム合剤	5-25 IM	10-30 鎮静薬と併用
フェンタニル・ドロペリドール合剤		0.01-0.33mL/kg SC, IP
フェンタニル・フルアニソン合剤（ヒプノルム）－ジアゼパム	0.3mL/kg IM＋2mg/kg IV, IP	0.3mL/kg IM＋2.5mg/kg IP
フェンタニル・フルアニソン合剤（ヒプノルム）－ミダゾラム*	0.3mL/kg IM＋2mg/kg IP	2.7mL/kg IP
アルファキサロン	6-9 IV	10-12 IV
プロポフォール	8-10 IV	10 IV

*ミダゾラム1.25mg/mL，フェンタニル0.079mg/mL，フルアニソン2.5mg/mLの混合薬。ミダゾラムとフルアニソンは混合前にそれぞれ同量の水で希釈しておく。
IM：筋肉内投与，IP：腹腔内投与，IV：静脈内投与，SC：皮下投与

問題点である

3．注射麻酔薬は診断的検査や簡易な外科処置に最も有用である

4．提示した用量は，あくまでガイドラインとして考慮する（表26-9，表26-10）

5．バルビツレートはすぐれた筋弛緩作用をもたらす

　a．安全域は非常に低い

　b．ペットでの使用は推奨されない

　c．バルビツレートは安楽死に有用である

d．ペントバルビタール：10mg/mL未満に希釈して使用する

K．エマージェンシー（第28章，第29章参照）

フェレットの麻酔

Ⅰ．フェレットには第8章と第21章が適用できる；フェレットの麻酔は猫の麻酔に類似する

Ⅱ．概論

A．ジアゼパムまたはミダゾラムとケタミンで鎮静する

B．非常に病状の悪いフェレットにおいて注射麻酔薬に関連した副作用を避けたい場合や短時間の診断処置では，マスク導入が用いられる；この方法では動物をすぐに飼い主の手元に戻せる

C．麻酔深度のモニタリング（表26-9）

1．屈曲反射の消失および筋緊張の程度が麻酔深度の指標となる

2．外科麻酔では眼瞼反射および角膜反射は消失する

D．体格が小さいため，フェレットには非再呼吸システムが必要である；酸素流量は動物の分時換気量の2～3倍（約200～350mL/kg/分）が必要である

E．フェレットは容易に気管挿管できる

1．内径2.0～3.5mmのカフ付き気管チューブを使用する

2．喉頭鏡が有用となる

Ⅲ．吸入麻酔薬（表26-4）

A．イソフルランまたはセボフルラン

1．麻酔導入には2.5～4％

2．麻酔維持には 1～3％

3．覚醒時間は猫と同様である

Ⅳ．注射麻酔薬（表26-11）

Ⅴ．鎮痛法（表26-12）

Ⅵ．エマージェンシー（第28章，第29章参照）

表26-11 フェレットに使用される麻酔

薬物	用量（mg/kg）
アルファキサロン	8-12 IV，12-15 IM
ケタミン－アセプロマジン	25+0.25 IM
ケタミン－ジアゼパム	5-25+0.5-2 IM
ケタミン－メデトミジン	5-8+0.08-0.1 IM
ケタミン－キシラジン	25+1-2 IM
ケタミン－ブトルファノール	15+0.2 IM
ケタミン－ブトルファノール－ジアゼパム	15+0.2+3 IM
ケタミン－ブトルファノール－アセプロマジン	15+0.2+0.1 IM
チレタミン・ゾラゼパム合剤	5-22 IM
チレタミン・ゾラゼパム合剤－キシラジン－ブトルファノール	1.5-3+1.5-3+0.2 IM
ペントバルビタール	25-30 IV，36 IP
プロポフォール	5-8 IV
ウレタン	1,500 IV

IM：筋肉内投与，IP：腹腔内投与，IV：静脈内投与

野生のネコ科動物の麻酔

Ⅰ．麻酔前の考慮

A．本章の総論を参照

B．24時間の絶食；12時間の絶水

C．動物の力の強さを理解する

D．人間の安全確保のため，しばしば薬剤の遠隔投与（ポールシリンジ［訳注：長い柄を付けたシリンジ］，投射装置）が必要となる

E．麻酔前投薬は飼い猫と同様であるが，多くの場合，不必要となる

F．大型猫は通常，小型家猫よりも少ない麻酔薬用量（mg/kg）で十分である

G．興奮した動物では高い用量が必要である；麻酔導入には静かで落ち着いた環境を準備する

表26-12　フェレットに使用される麻酔前投薬と鎮痛薬

薬物	用量（mg/kg）
アトロピン	0.02-0.05 SC，IM，IV
グリコピロレート	0.01 IV，SC，IM
アセプロマジン	0.1-0.3 IM，IV
ジアゼパム	0.5-3 SC，IM
ミダゾラム	0.5-3 SC，IM
キシラジン	1-2 SC，IM
メデトミジン	0.08-0.2 SC，IM
ケタミン	5-15 IM
アスピリン	200 PO
フルニキシン	0.5-2 SC；12-24時間ごと
ブプレノルフィン	0.01-0.03 SC，IM，IV；8-12時間ごと
ブトルファノール	0.4 IM；4-6時間ごと 0.1-0.5 SC，IM，IV
モルヒネ	0.5 SC，IM；6時間ごと 0.2-2 SC，IM
オキシモルホン	0.05-0.2 SC，IM，IV
ペチジン（メペリジン）	5-10 SC，IM；2-4時間ごと
フェンタニル／ドロペリドール	0.15mL/kg IM

個体や種によって反応に極めて多様性があることに注意する；個々の動物の鎮痛効果を評価することが非常に重要である。
IM：筋肉内投与，IV：静脈内投与，SC：皮下投与

Ⅱ．麻酔深度

A．ほかの哺乳動物と同様である

B．キシラジン単独またはデクスメデトミジンとケタミンで鎮静された動物では，突然覚醒することがある；追加投与が必要なことがある

Ⅲ．麻酔薬

A．キシラジン

1．突然覚醒することがあるため，単独投与はほとんど用いられない

2．重度の呼吸抑制

B．ケタミン

1．小型の猫では，短時間の処置に単独投与を適用する；5～20mg/kg IM

2．単独投与では流涎や筋硬化を引き起こすことが多い

3．一部の野生ネコ科動物では，ケタミン麻酔やケタミンと他剤を併用した麻酔からの覚醒時の痙攣が報告されている；ジアゼパムまたはミダゾラムで抑制する

C．デクスメデトミジン－ケタミン IM

1．デクスメデトミジン：10～50μg/kg

2．ケタミン：2～4mg/kg

3．20分を超える処置では，挿管してイソフルラン麻酔を実施するか，またはケタミン1～2mg/kg IVの追加投与を準備しておく

4．処置が終わった時点または20分後（いずれか先に起こった方）に使用したデクスメデトミジンの5倍量のアチパメゾールIMまたはIVで拮抗する

5．デクスメデトミジン使用下では，徐脈が一般的に認められる；これが臨床的な問題になることは稀であるが，酸素の供給は実施すべきである；この組み合わせは重度に衰弱したネコ科動物には不適当である

D．ケタミン－キシラジン併用 IV

1．ケタミン8～10mg/kg

2．キシラジン0.6～1mg/kg

3．20分を超える処置では，気管挿管してイソフルラン吸入麻酔を実施する

E．ケタミン－ジアゼパム併用 IV

1．ケタミン5～8mg/kg

2．ジアゼパム0.1mg/kg

3．20分を超える処置では，気管挿管してイソフルラン吸入麻酔を実施する

F．チレタミン－ゾラゼパム合剤（国内未販売）

1．500mg入りのバイアルを希釈溶液の量（1～5mL）を

調節して100～500mg/mLとし，投射装置用に使用する

2．用量：ほとんどの種で1.5～5mg/kg IM
   a．気管挿管が可能である
   b．大型のネコ科動物では2～5分で麻酔導入される
   c．20分を超える処置では，気管挿管してイソフルラン吸入麻酔を実施する
   d．ユキヒョウでは高用量が必要となる
   e．過剰な流涎を示す品種もある；この予防策としてアトロピンを併用できる
   f．麻酔回復は円滑であるが，ケタミン単独またはケタミン併用法に比較すると延長する
   g．シベリアタイガーやホワイトタイガーでは遅延型（使用後3～10日）の副作用を示す場合がある

G．吸入麻酔薬にはイソフルランやセボフルランを使用できる
   1．小型のネコ科動物は導入箱を用いて麻酔できる
   2．他剤投与後，補助薬としてフェイスマスクで投与できる
   3．用量
      a．麻酔導入には3～4％
      b．麻酔維持にはイソフルラン1～2％；セボフルラン2～3％
      c．酸素流量は1～6L/分
   4．20分を超える処置では気管挿管する

Ⅳ．麻酔薬の過剰投与に対する治療法

A．飼い猫の場合と同様に治療できるが，動物が覚醒することへの準備が必要である

B．キシラジンは，ヨヒンビン0.1mg/kg IMまたはIV，またはアチパメゾール50μg/kg IMで拮抗可能であるが，ほかの動物種ほど効果的ではない

C．トラにおけるチレタミン－ゾラゼパム合剤による副作用

第26章

は，ジアゼパムとデキサメタゾンで治療された報告がある

D．デクスメデトミジンはその投与量の半量（訳注：用量ではなく体積），または50μg/kgのアチパメゾール IMまたはIVで拮抗できる

E．チレタミン－ゾラゼパム合剤は，フルマゼニルで部分的に拮抗できる

ラクダ類の麻酔（ラマ，ラクダ，アルパカ）（第25章参照）

ポットベリーピッグ（ミニブタ）の麻酔

Ⅰ．麻酔前の考慮

A．本章の総論を参照

B．24時間の絶食

C．豚を保定すると，悲鳴をあげて鳴く場合があることを飼い主や病院スタッフに警告する－耳栓の使用を推奨する

D．デクスメデトミジン0.02mg/kg，ケタミン3～7mg/kg，ブトルファノール0.1～0.2mg/kgの混注IMで鎮静する

E．気管挿管は難しい場合がある（第23章参照）

F．他種の豚に比較してポットベリーでは問題となることは少ないが，高体温に注意する

Ⅱ．麻酔深度はほかの哺乳類と同様である（第9章参照）

Ⅲ．麻酔薬

A．イソフルランまたはセボフルラン

1．小型の動物では単独使用で麻酔できる

2．吸入麻酔薬の選択肢として，これらが挙げられる

3．フェイスマスクまたは気管挿管し，精密型の気化器で投与する

a．麻酔導入：イソフルラン3～4％；セボフルラン3～5％

b．麻酔維持：イソフルラン1～2%；セボフルラン2～4%

c．酸素流量：2～3L/分

B．チレタミン－ゾラゼパム－ケタミン－キシラジンの併用

1．チレタミン－ゾラゼパム合剤のバイアル500mgを10%ケタミン2.5mLと10%キシラジン2.5mLで溶解する

2．混合液1mLの組成

a．チレタミン50mg

b．ケタミン50mg

c．ゾラゼパム50mg

d．キシラジン50mg

3．用量

a．鎮静：0.006～0.01mL/kg IM

b．外科麻酔と気管挿管：0.018～0.024mL/kg IM

c．作用発現には20～40分かかる

d．耳介静脈からの0.1～0.5mLボーラス投与を追加できる

C．ミダゾラム－デクスメデトミジン－ブトルファノールの併用

1．ミダゾラム0.3mg/kg IM

2．デクスメデトミジン20～40μg/kg IM

3．ブトルファノール0.3mg/kg IM

4．追加薬物

a．気管挿管してイソフルランで維持する

b．プロポフォール1mg/kg IV

c．ケタミン1mg/kg IV

5．拮抗薬

a．アチパメゾール0.08mg/kg IMまたはIV

b．ナルトレキソン0.05～0.1mg/kg IMまたはIV

c．協調性が回復するまで，動物を保定し続ける

D．チレタミン－ゾラゼパム合剤－デクスメデトミジン－ブ

トルファノールの併用

1．チレタミン－ゾラゼパム合剤0.5mg/kg IM

2．デクスメデトミジン20～40μg/kg IM

3．ブトルファノール0.3mg/kg IM

4．追加薬物（前述，Cの4．の項を参照）

5．拮抗薬（前述，Cの5．の項を参照）

E．不動化したすべての豚に経鼻チューブを介して酸素5L/分を供給する

Ⅵ．麻酔薬の過剰投与に対する治療法

A．イソフルランを使用している場合には，気化器をOFFにして回路を酸素でフラッシュする

B．酸素供給

C．キシラジンまたはデクスメデトミジンを投与した場合は，ヨヒンビン0.125mg/kg IV，またはアチパメゾール0.08mg/kg IMまたはIVで拮抗する

D．麻薬を投与した場合は，ナロキソンまたはナルトレキソン0.1mg/kg IMまたはIVで拮抗する

E．ほかの哺乳類と同様の心肺蘇生を実施する

第27章

帝王切開術の麻酔

“The hand that rocks the cradle is the hand that rules the world.”

WILLIAM ROSS WALLACE

概要

妊娠動物に投与した麻酔薬は胎子にも抑制効果を及ぼす。一般的に麻酔薬の影響は母体よりも胎子で大きく，かつより長く持続する。胎盤の通過がゆっくりの，または全く胎盤を通過しない薬物を用いることが好ましい。麻酔薬は子宮平滑筋の緊張度を変化させるため，分娩を誘起または阻害することがある。本章では，妊娠中の母体に生じる生理学的変化，および妊娠した動物における麻酔薬の影響について説明する。

総論

I．妊娠中，とくに分娩直前期の母体には，顕著な生理学的変化が生じる

A．薬物動態学的および薬力学的変化

B．血行力学的変化

1．心拍数の増加

2．心拍出量の増加

3．血液量の増加

4．妊娠子宮の重さにより，仰臥位では大動静脈の圧迫が生じる；心仕事量の増加による心臓予備力の低下

5．中心静脈圧や末梢血圧は比較的変化しないが，分娩時に増加する場合がある

C．呼吸の変化

1．妊娠子宮により横隔膜が頭側に変位し，呼吸運動が制限される場合がある

2．呼吸数の増加

3．機能的残気量（FRC）の減少

Ⅱ．麻酔への考慮

A．外科手術に適切な鎮痛を供給する

B．母体の低酸素血症や低血圧を予防する

C．胎子の低酸素症や抑うつを最小限に留める

D．術後の母体の抑うつを最小限に留める

妊娠後期の母体における生理学的変化

Ⅰ．中枢神経系（CNS）

A．増加したプロジェステロン濃度によって，吸入麻酔薬の要求量が減少する

B．血管のうっ血により，硬膜外腔が狭小化する；硬膜外麻酔に使用する薬物の投与体積を減少しなければならない

Ⅱ．呼吸器系

A．プロジェステロンによって呼吸中枢のCO_2感受性が高まり，肺胞換気が増加する

1．呼吸数や肺胞換気の増加，または機能的残気量の減少の結果，吸入麻酔薬の肺胞濃度は急速に上昇する

a．機能的残気量の減少は横隔膜の頭側移動による

B．高い肺気量時には小径の気道が収縮する

1．気道閉鎖と機能的残気量の低下は，さらなる換気灌流比の不均衡を引き起こし，酸素化の低下へとつながる

Ⅲ．心血管系

A．母体の血液量は約30％増加する

B．赤血球沈殿容積と血漿タンパク濃度は減少する

1．妊娠動物は相対的貧血状態にあるため，非妊娠動物よりも出血に弱い

C．1回拍出量と心拍数の増加により，心拍出量は30～50%増加する

1．心疾患歴のある動物では，心不全に陥る場合がある

Ⅳ．胃腸管系

A．胎盤からのガストリン分泌によって胃の酸性度が増加する

B．胃が頭側に変位し，下部食道括約筋の緊張性が変化する

1．胃内容逆流と誤嚥性肺炎の危険性が増加する

a．カフ付き気管チューブの適切な使用は必須である

Ⅴ．その他の変化：血漿コリンエステラーゼ（偽コリンエステラーゼ）の減少

A．サクシニルコリンの作用延長

B．エステル型局所麻酔薬（プロカイン）の作用延長

薬物の胎盤通過

Ⅰ．薬物の胎盤通過に影響する因子

A．胎盤の表面積と拡散性

1．いずれの動物種でも胎盤の表面積は広く，拡散距離は短い

B．薬物の拡散性

1．脂溶性が高いほど拡散性が高い（例：バルビツレート，吸入麻酔薬）

2．低分子量であるほど拡散性が高い

3．イオン化の程度やタンパク結合性が少ないほど拡散性が高い

C．母体と胎子の相対的な薬物濃度

1．薬物をボーラス投与すると，薬物が急速に胎子へと移動し，母体の薬物濃度は急激に低下する

2．持続静脈内投与や繰り返しのボーラス投与および吸入

麻酔薬では，母体の薬物濃度が高く維持され，胎子への薬物移動も持続される

子宮胎盤循環と胎子の生存力

Ⅰ．母体の血液量の減少は胎盤灌流の減少を招き，胎子の低酸素症やアシドーシスへとつながる；母体の脱水，出血（血液量減少），薬物による低血圧が，このような状態の要因として挙げられる

A．脱水

1．分娩時間の延長

2．罹患している疾患

B．出血とショック

1．仰臥位：静脈還流量の減少

2．外科処置による出血

3．敗血症性ショックまたはエンドトキシンショック

C．麻酔薬によって末梢血管拡張や低血圧が引き起こされる

帝王切開術時の麻酔薬による影響

Ⅰ．抗コリン作動薬－薬物の影響

A．アトロピンは胎盤を急速に通過する

1．母体に投与後10～15分以内で胎子の頻脈が認められる

2．アトロピンの中枢作用により，胎子が見当識障害または興奮を引き起こす可能性がある

B．グリコピロレートはその分子量の大きさおよび荷電性のため，胎盤を通過しにくい

C．抗コリン作動薬は胎盤活性を低下させる

Ⅱ．局所麻酔薬

A．投与経路に関わらず，局所麻酔薬は胎盤を通過する

1．薬物による影響は，総投与量，最後の投薬から娩出ま

での時間，およびエピネフリンの併用の有無によって異なる

2．臨床的に用いられている局所麻酔薬の用量では，通常，胎子に重度の抑制作用は認められない

B．リドカイン

1．毒性が比較的低いため，帝王切開の局所麻酔にはリドカインが好まれる

2．投与後2〜3分以内で，胎子の臍帯静脈血中で検知される

3．新生子の抑制程度と臍帯静脈血中のリドカイン濃度との間には相関性は認められない

Ⅲ．麻酔前投薬の影響

A．薬物の影響：麻酔前投薬を使用することで，より危険性の高い可能性のある麻酔薬の必要量を減少できる

1．フェノチアジン（アセプロマジン）

a．胎子血中に急速に出現する

b．臨床的な用量では，新生子に明らかな影響を認めることはほとんどないか，全くない

c．α-アドレナリン拮抗薬の使用は低血圧を示すことがあり，その結果，子宮の血流減少と胎子の低酸素症に陥る

d．子宮の緊張性低下

2．ベンゾジアゼピン（ジアゼパム，ミダゾラム）

a．胎子の血中濃度が母体の血中濃度よりも高くなる

b．胎子および母体ともにおいて，呼吸抑制と心血管機能抑制は最小限である

c．作用時間はCNSからの再分布に依存する

3．α_2-作動薬（キシラジン，デトミジン，デクスメデトミジン，ロミフィジン）

a．母体，胎子のいずれにおいても顕著な呼吸抑制を現す

b．低用量で使用し，拮抗薬（ヨヒンビン，トラゾリ

ン，アチパメゾール）を準備しておく

c．牛ではα_2-作動薬によって子宮筋緊張と子宮内圧の上昇を示す；堕胎薬となる可能性がある；ほかの動物種における影響は不確定である

4．オピオイド

a．鎮静および鎮痛の目的のため，麻酔前投薬として頻繁に用いられる；薬物により硬膜外に投与される（例：モルヒネ）

b．急速に胎盤を通過する

c．胎子血中濃度が母体血中濃度より高くなる場合がある

d．母体への中等度用量の投与では，胎子に深刻なCNS抑制は認められない；影響はオピオイド拮抗薬（ナロキソン）で拮抗できる

e．ナロキソンの作用時間はほとんどのオピオイドよりも短いため，必要に応じて新生子には再投与を行う

f．各種オピオイド

(1) メペリジン

(a)急速に胎子循環に到達する

(b)投与後1時間以内に分娩されても，顕著な抑制は認められない

(2) モルヒネ

(a)新生子において明らかな臨床的CNS抑制が認められる

(b)胎盤血管における直接的な血管収縮作用がある

(3) オキシモルホン，ヒドロモルホン

(a)鎮痛および鎮静作用はメペリジンやモルヒネよりも良好である

(b)新生子抑制の可能性がある

(4) フェンタニル

(a)強力な鎮痛作用を有する

(b)短時間の呼吸抑制を現す

Ⅳ．注射麻酔薬

A．解離性麻酔薬（ケタミン，チレタミン）

1．不動化および鎮痛作用を示す

2．筋弛緩作用は弱い

3．胎盤を急速に通過し，5～10分以内に胎子に抑制が認められる

4．各種解離性麻酔薬

a．ケタミン

(1) 雌猫では低用量の静脈内投与または筋肉内投与（2mg/kg IV；10mg/kg IM）により，最小限の胎子抑制で良好な鎮静効果が得られる

(2) 筋弛緩に乏しい

(3) 子宮緊張の増加や子宮血流の減少を伴う場合があり，この場合，胎子の低酸素症を誘発する

(4) 胎子の血中濃度は母体の70％に達する

(5) 新生子の臨床的CNS抑制作用は最小限である

b．チレタミン－ゾラゼパム合剤（Telazol®，国内未販売）

(1) ケタミンと同様だが，筋弛緩は良好である

(2) ケタミンよりも顕著な呼吸抑制を現す

(3) ケタミンよりも長時間作用を有する

B．プロポフォール

1．分娩時の麻酔導入に使用される

a．単回投与後（2～5mg/kg IV），吸入麻酔にて維持する

2．容易かつ急速に胎盤を通過するが，胎子への影響は短時間である

a．分布容積が大きいため，血漿濃度は急激に低下する

3．胎子に呼吸抑制を起こす

C．アルファキサロン

1．麻酔導入に使用される

2．単回投与（2mg/kg IV）；子犬の生存力はプロポフォールと同様である

3．プロポフォールと同様の呼吸抑制作用を有する

D．バルビツレート

1．容易に胎盤を通過し，胎子循環に至る

2．フェノバルビタールは胎子のCNS抑制が長時間に及び，胎子の薬物代謝能を低下させるため，使用を避ける

a．母体に麻酔作用を生じない用量でも，胎子の呼吸運動を完全に抑制し得る

3．超短時間作用型バルビツレート（チオペンタール）

a．チオバルビツレートは容易に胎盤を通過する

b．麻酔導入目的の3～6mg/kgの単独投与では，胎盤を通過する量は非常に少なく，正常な胎子には危険性がない

(1) 作用時間は再分布に依存しているため，少量の超短時間作用型バルビツレートは胎子に顕著なCNS抑制を引き起こさない

(2) 再投与は控える

V．末梢性神経筋弛緩薬：サクシニルコリン，パンクロニウム，アトラクリウム，ベクロニウム（第10章参照）

A．強くイオン化し，かつ高分子量なため，胎盤通過は最小限に留まる

B．鎮痛作用はない：必ずほかの鎮痛薬と併用しなければならない

C．新生子に対する明らかな影響はない

D．偽コリンエステラーゼ減少のため，サクシニルコリンの代謝は低下し，作用が延長する

Ⅵ．吸入麻酔薬（イソフルラン，セボフルラン）

A．低分子量で脂溶性が高いため，いずれの吸入麻酔薬も容易に胎盤を通過する

B．胎子のCNS抑制程度は，母体の麻酔深度と麻酔時間に依存する

C．各種吸入麻酔薬

1．笑気

a．急速に胎盤を通過する

b．15分以上の投与により，胎子のCNS抑制を招く

c．胎子の低酸素症や拡散性低酸素症は，酸素治療で最小限にできる

2．イソフルラン

a．胎子循環内に急速に到達する

b．急速かつ顕著な子宮弛緩作用を有する

c．帝王切開に使用する場合には，手術時間を極力短縮しなければならない

(1) 胎子のCNS抑制の程度は，母体の血中吸入麻酔薬濃度に相関しない

(2) 新生子の呼吸抑制が重度となる可能性があり，その場合，娩出後の人工換気が必要となる

d．換気によって急速に排泄できることは，注射麻酔薬と比較して利点である

3．デスフルランの急速な作用発現と排泄により，母体および胎子のCNS抑制を最小限にできる

麻酔方法

Ⅰ．一般的な原則

A．麻酔方法は，過剰な胎子のCNS抑制や呼吸循環抑制を回避することだけでなく，その方法や薬物に関する精通度も考慮して選択しなければならない

B．気管挿管が推奨される

C．局所麻酔法や領域麻酔法によって手術を円滑化する
D．麻酔薬を投与する前に術前準備と酸素化を完了させる。可能であれば，術野の消毒を側臥位で行う
E．過剰な物理的保定を行って母体や胎子にストレスを与えるよりも，拮抗可能な鎮静薬，トランキライザ，およびその他の薬物を用いる方法が好ましい
F．横隔膜への圧を最小限とするため，仰臥位の時間を最短にする

Ⅱ．各動物種における麻酔方法（表27-1）

Ⅲ．鎮痛方法（表27-2，表27-3）

表27-1　各動物種における麻酔方法

動物種	薬物／テクニック	用量	備考
犬，猫			
局所麻酔法			
	2%リドカイン硬膜外投与	0.3mL/kg	物理的保定が必要；非常に従順な動物以外では鎮静薬／トランキライザを使用する
	2%リドカインラインブロック	犬で5mg/kgまで 猫で2.0mg/kgまで	ほとんどの場合で全身麻酔と併用される
全身麻酔法（従順な動物の場合）			
	プロポフォール	4.0-6.0mg/kg IV	鎮静薬／トランキライザを使用した場合は用量を減らす
	ジアゼパムまたはミダゾラム－ケタミン導入	ジアゼパム0.25mg/kg＋ケタミン5mg/kg IV	単回投与では胎子の抑制作用は最小限である ジアゼパム－ケタミンは抑うつした，またはショック状態の動物には適する
	Telazol®導入	0.5-2.0mg/kg IV	単回投与では胎子のCNS作用は最小限；母体の覚醒遅延

アルファキサロン	1.5-2.0mg/kg IV	鎮静薬／トランキライザを使用した場合は用量を減らす
麻酔維持法		
イソフルラン；セボフルラン；デスフルラン	第9，10，11章参照	吸入麻酔薬の投与開始は手技中，遅ければ遅いほどよい
従順でない動物の場合		
前投薬：アセプロマジン－オキシモルホン；メサドン；ヒドロモルホン	アセプロマジン 0.05mg/kg IM＋オピオイド	導入前に投与し，維持は従順な動物と同様に行う
馬		
前投薬：アセプロマジン，キシラジン；デトミジン；ロミフィジン	アセプロマジン：0.02-0.04mg/kg IV	牝馬の全身状態によって用量を調整する；ケタミンの用量を減少するためにグアイフェネシンまたはジアゼパムを使用する
	キシラジン：0.2-0.7mg/kg IV	
	デトミジン：10-20μg/kg	
	ロミフィジン：80-160μg/kg	
麻酔導入：グアイフェネシン＋ケタミン	グアイフェネシン：50-100mg/kg；ケタミン1.5-2.0mg/kg	
麻酔維持：セボフルラン；イソフルラン		
牛		
局所麻酔法		
立位での傍脊髄鎮痛；ラインブロック；逆L字ブロック	2%リドカイン（手技は第5章参照）	従順な動物や全身状態の良好な動物に適する
前方硬膜外麻酔	2%リドカイン，Co_1-Co_2間に0.2mL/kg	臍より尾側の下腹部の運動・知覚神経ブロックのため臥位となる；動脈血圧を看視する
全身麻酔法		

	グアイフェネシン－ケタミン－キシラジン	ケタミン500mg キシラジン25mg 5%グアイフェネシン500mL＋0.5-1.0mg/kg 維持に必要なだけ投与	
羊，山羊			
	グアイフェネシン－ケタミン	500mgのケタミンを混合した5%グアイフェネシン500mL 0.5-2.0mg/kgを導入，維持に必要なだけ投与	気管挿管；多量の唾液；中等度から軽度の筋弛緩作用を有する キシラジン25mgを追加できるが，胎子の抑うつが顕著になる
	グアイフェネシン－ケタミンで導入；セボフルラン，イソフルラン	グアイフェネシン50mg/kg	グアイフェネシンにケタミン2mg/kgの少量投与を必要に応じて追加する
	ジアゼパム－ケタミン	ジアゼパム1mL＋ケタミン1mL：1mL/15kg投与	
	イソフルランまたはセボフルランのマスク導入	効果が得られるまで	病的，中毒状態の動物で，胎子の生存力を考慮しない場合に有用である
麻酔維持法			
	イソフルランまたはセボフルラン		
豚			
	硬膜外／脊髄麻酔法	2%リドカイン（手技は第5章参照）	雌豚の頭部と前肢の保定が必要となる
	注射麻酔法	第26章参照	

CNS：中枢神経系，IM：筋肉内投与，IV：静脈内投与

表27-2　妊娠犬と妊娠猫における鎮痛薬用量

オピオイド	用量（mg/kg）	投与経路	投与間隔（時間）
モルヒネ	犬		
	0.5-1.0	SC，IM	4-6
	0.1-0.3	硬膜外投与	単回のみ
	猫		
	0.1-0.2	SC，IM	4-6
ヒドロモルホン	犬		
	0.04-0.2	IM，IV	4-6
	猫		
	0.02-0.10	SC，IM，IV	4-6
メサドン	犬，猫		
	0.1-0.5	SC，IM，IV	4-6
ブプレノルフィン	0.005-0.02	SC，IM，IV，PO	6-8

IM：筋肉内投与，IV：静脈内投与，PO：経口投与，SC：皮下投与

表27-3　授乳中の雌犬と雌猫の鎮痛薬用量

オピオイド作動薬（催眠薬）	用量（mg/kg）	投与経路	投与間隔（時間）
モルヒネ	犬		
	0.1-0.5	IV/時	CRI
	0.5-1.0	SC，IM	1-4
	0.1-0.3	硬膜外投与	8-12
	0.5-2.0	PO，効果が得られるまで投与	4-6
	猫		
	0.1-0.2	SC，IM	
	0.5-1.0	PO，効果が得られるまで投与	8-12
ヒドロモルホン	犬		
	0.04-0.20	IV	4-6
	0.05-0.20	SC，IM	4-6
	猫		
	0.04-0.10	IV	4-6
	0.05-0.10	IM，SC	4-6

メサドン	犬，猫		
	0.1-0.5	SC，IM，IV	2-4
フェンタニル	犬，猫		
	1-5＋μg/kg	負荷用量IV	0.5-1.0
	1-5μg/kg	IV/20-60分	CRI
	麻酔下では50μg/kg	IV 60分	CRI
コデイン	犬		
	1-2	PO，効果が得られるまで投与	6-8
	猫		
	0.5-1.0	PO，効果が得られるまで投与	12

CRI：定量持続静脈内投与，IM：筋肉内投与，IV：静脈内投，PO：経口投与，SC：皮下投与

第28章

呼吸エマージェンシー

“Each person is born to one possession which out values all his others—his last breath.”

MARK TWAIN

概要

いかなる全身麻酔でも呼吸抑制が生じる。中枢神経系（CNS）抑制により，低換気（$PaCO_2$の上昇），低酸素血症（PaO_2の低下），および無呼吸を招きかねない。低換気は胸郭の動きを目視して認識できるとは限らないが，動脈血液ガス分析やカプノグラフィを使用することで評価できる。呼吸抑制は生死に関わるような状態に陥る可能性を秘めているが，早期に発見すれば気道を確保して肺を十分に膨らませ，適切なガス交換を確実に行うことにより，容易に治療することができる。

Ⅰ. 呼吸パターン

A. 正常呼吸：通常の呼吸回数およびリズム

B. 頻呼吸：呼吸回数が増加した状態；発熱，低酸素症，高二酸化炭素血症，肺炎，CNS呼吸中枢病変により起こる

C. 緩徐呼吸：ゆっくりだが一定した呼吸；睡眠，麻酔，オピオイド，低体温，腫瘍，呼吸性代償反応により起こる

D. 無呼吸：呼吸の欠如；定期的の場合もある；薬物による抑制，筋麻痺，過換気，閉塞，ショック，頭蓋内圧上昇，外科手技による迷走神経や内臓神経の操作により起こる

E．過呼吸：大きな呼吸（1回換気量の増加）；回数は正常；興奮，疼痛，外科的刺激，低酸素症，高二酸化炭素血症，高温，低温により起こる

F．チェーン・ストークス呼吸：呼吸が速く大きくなり，その後ゆっくりとなり，無呼吸性停止となる；頭部外傷や腫瘍による頭蓋内圧上昇，髄膜炎，腎不全，重度の低酸素症，麻酔薬の過剰投与，高地により起こる

G．ビオー呼吸：呼吸が速く深くなり，その後正常になるが，その間に突然の停止は認められない；各呼吸の1回換気量はほぼ同量；麻酔下の健康馬，競技馬やグレイハウンドで認められる；脊髄膜炎，CNS全般を抑制する薬物によっても起こる

H．クスマウル呼吸：停止のない一定の深い呼吸；呼吸音は通常，ため息のように努力性に聞こえる；腎不全，代謝性アシドーシス，糖尿病性ケトアシドーシスにより起こる

I．持続性吸息：長く続く喘ぎ呼吸のような吸気，その後ごく短い非効率的呼気を伴う；高用量の薬物（例：猫や馬でのケタミン，馬での高用量のグアイフェネシン），橋や視床の病変により起こる

総論

Ⅰ．定義：呼吸エマージェンシーとは，組織の酸素化や酸－塩基平衡に障害をもたらすような，十分な換気状態（酸素［O_2］；二酸化炭素［CO_2］）を維持できない状態である

Ⅱ．臨床的原因

A．換気不全の原因となり得るもの

1．前投薬や麻酔薬による低換気

2．不適切に位置された気管チューブ（例：食道）

3．実質性肺疾患や肺水腫（拡散障害）

4．胸膜腔疾患（気胸，肋骨骨折）

5．気道閉塞
   a．気管内異物
      (1) ゴムボール
      (2) 骨
      (3) おもちゃ
      (4) 嘔吐物
   b．喉頭疾患
      (1) 喉頭麻痺
      (2) 気管挿管に伴う喉頭痙攣
   c．気管チューブの過小または閉塞。カフを膨らませすぎない
   d．胸壁拡張障害；不適切な保定または手術体位，不適切なバンデージ
   e．鼻腔閉塞または浮腫（短頭種）
   f．軟口蓋変位
6．低吸気酸素濃度（FiO_2）
   a．麻酔器からの酸素供給停止
   b．70％以上の笑気の供給
7．ポップオフ弁の閉鎖
   a．麻酔回路内圧の上昇によって呼気が障害または妨害される。気道内圧の上昇は胸腔内圧の上昇につながり，静脈還流量および心拍出量の減少，さらには心血管系の破綻に陥る。気道破裂によって気胸となる場合もある

Ⅲ． 動物種，年齢，大きさ，罹患中の肺病変状況により，呼吸回数，肺の膨張速度，膨張圧，1回換気量が異なる；一般的に大動物では，よりゆっくりとした膨張速度，低い呼吸頻度，または大きな換気量が要求される。注釈：100％酸素による3〜4分の酸素化により，ヘモグロビンの酸素解離，低酸素血症，チアノーゼに至るまでの時間を著しく延ばすことができる

A． 適切な肺の拡張を確実にし，そして緊張性気胸を回避す

るため，気胸はただちに治療する

1．「ごく軽度の気胸」は決して良いことではない

B．胸腔内の空気や液体を除去する

Ⅳ．低換気と無呼吸の対応法

A．呼吸が浅い，または無呼吸状態の場合，気道を確保し，空気または酸素を用いて人工呼吸を開始する；空気よりも酸素が好まれる

1．気管チューブまたは気管切開チューブを介して酸素を供給する

2．経鼻挿管を行い，酸素供給する

3．フェイスマスクによる酸素供給を行う

4．口－鼻呼吸を行う

5．口－口呼吸を行う

B．無呼吸の場合は呼吸数を調節する；呼吸している場合は呼吸補助を行う

1．呼吸数：6〜15回/分

2．吸気時間：1〜3秒，動物の大きさによる

3．適切な吸気/呼気時間比は，1：2，1：3，または1：4を維持する

4．胸腔が閉鎖している場合は15〜20cmH_2Oまで肺を膨らませる（大動物では20〜30cmH_2Oまで）。注釈：胸水，胸部腫瘤，または拘束性の肺疾患のある動物では，さらに高い圧が必要になる場合もある

5．開胸しているか，または無気肺が起こってしまっている場合には20〜30cmH_2Oまで肺を膨張する（大動物の場合は40cmH_2Oまで）

6．1回換気量（正常な呼吸1回で吸うまたは吐く量）

a．約10〜15mL/kg

キーポイント

- 麻酔導入前の酸素化
- 気道確保！
- 100%酸素供給

V. 十分な換気量，十分な換気状態（O_2；CO_2），正常な可視粘膜色，およびヘモグロビンの酸素化（SpO_2；モニタリング参照）を維持できるようにまで，換気を補助または管理する

A. 人工呼吸器の使用法を把握しておく（第13章参照）

呼吸抑制の臨床徴候

I. ゆっくりとした，または切迫した浅呼吸，無呼吸，呼吸困難

II. 呼吸数の増加；一般的に呼吸抑制や呼吸疾患のある動物では，呼吸回数および努力性が増加する

III. 気道閉塞に伴う咳，喘鳴，またはいびき音。嘔吐する場合もある

IV. チアノーゼ：可視粘膜の青みがかった変色

A. 重度貧血（ヘモグロビン5g/dL未満）の動物では，チアノーゼを示さないこともある

V. 異常姿勢

A. 開口呼吸

B. 頭頸部の伸展

C. 前肢の外転

呼吸抑制の治療

I. 原因を治療し，酸素を供給する

II. 必要に応じて調節呼吸または補助呼吸を行う

A. アンビューバッグ

B. 縦型のベローズを用いた従量式人工呼吸器を使用する（第13章参照）

III. 必要に応じて呼吸刺激薬を投与する

A. ドキサプラム：1～4mg/kg IV；必要に応じて反復投与；または5～10μg/kg/分 持続静脈内投与

B．必要に応じて呼吸抑制作用のある薬物を拮抗する

気道閉塞

Ⅰ．呼吸器疾患や気管チューブの閉塞，屈曲により，部分的な気道閉塞が生じることがある

Ⅱ．気道閉塞を生じやすい動物

A．外鼻孔の狭窄

B．鼻甲介の浮腫

C．軟口蓋の過長または変位

1．短頭種

2．ビーグル，コッカー・スパニエル

3．馬

D．披裂軟骨の虚脱

1．ブービエ・デ・フランダース，ブル・テリア，シベリアン・ハスキーで先天的に認められる

2．超大型犬では後天的に認められる（例：セント・バーナード）

E．喉頭室の外転

1．短頭種

2．イングリッシュ・ブルドッグ

3．甲状腺機能低下症に関連して発生する場合がある

F．気管虚脱

1．中齢から老齢，過肥のトイ犬種，とくにミニチュア・プードル，ヨークシャー・テリア，チワワ

2．子牛

G．喉頭片麻痺，喉頭麻痺

1．馬

a．自然発生性

b．術後麻痺

2．とくにブービエ・デ・フランダース，ブル・テリア，シベリアン・ハスキーで先天的に認められる

3．超大型犬，とくにラブラドール・レトリバーやゴールデン・レトリバーでは後天的に認められる

H．気管の低形成

1．短頭種で先天的に認められる

Ⅲ．その他の気道閉塞の原因

A．異物

B．鼻の疾患（例：腫瘍，真菌，寄生虫）

C．気道内または気管チューブ内の粘液や血液

D．不適切な管理や屈曲による経口気管チューブや麻酔回路の閉塞

E．臨床症状

1．大きな喘鳴音を伴う，または努力性呼吸（いびき）

a．上部気道閉塞では，喉頭や咽頭で最大音量となる

b．気管虚脱では，低音の笛の音のような音

2．窒息，悪心，嘔吐

3．前掻き，顔や喉を掻く動作

4．異常姿勢

Ⅳ．気道閉塞の治療法

A．気道確保と酸素供給

1．気管挿管

2．摂子，吸引，または体位によるドレナージ法を用いて，口腔内，鼻腔内，または気管内の異物や血液を除去する

3．必要に応じて経鼻気管挿管または気管切開で閉塞を解除またはバイパスする（**図28-1**）

4．喉頭痙攣を予防するため，局所麻酔クリーム（リドカイン）を使用する

B．疼痛管理

C．支持療法

1．酸素ケージ

2．静脈内輸液

3．気管支拡張薬（アルブテロール，クレンブテロール）

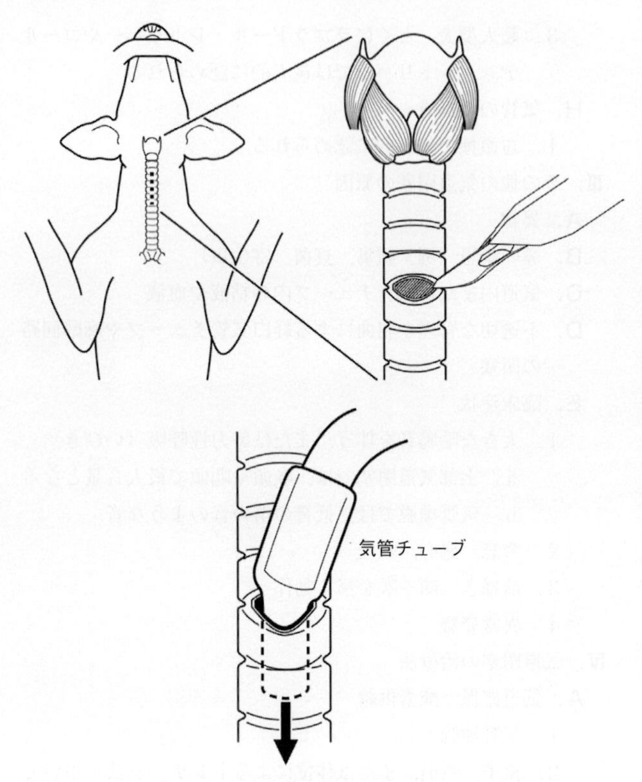

図28-1 気管切開は多くの犬と猫で容易に実施することができる。

4．必要であれば呼吸刺激薬
5．鎮静薬，鎮痛薬
6．抗生物質
7．コルチコステロイド
8．正常体温の維持

D．併発疾患の治療；外科手術の準備

1．異物または腫瘤物の除去
2．呼吸器系の骨折や創傷の治療
3．胸腔内の液体や空気の除去

E．気管切開チューブの管理

1．2時間おきに無菌的に吸引を行う

2．気道の乾燥を防ぐため，生理食塩液で希釈したアセチルシステインをネブライザで噴霧する

3．正常な水和状態の維持

4．体温の看視

呼吸器疾患

Ⅰ．分類

A．致死的な疾患

1．急性，劇症性気管支肺炎

2．煙りの吸入

3．誤嚥性肺炎

B．外傷：肺挫傷

C．肺水腫

D．肺動脈栓塞

Ⅱ．診断

A．呼吸回数の増加，チアノーゼ，呼吸困難，抑うつ

B．胸部X線検査

C．検査室検査

1．全血球算定

2．経気管吸引，気管支洗浄

3．気管支鏡検査

4．血液ガス分析

5．PaO_2，$PaCO_2$，$ETCO_2$

Ⅲ．治療

A．誤飲物の除去

B．気道の開存性と機能の維持

C．酸素供給

D．感染症治療

E．支持療法

1．以下の方法で酸素供給（40％以上）を行う：
   a．フェイスマスク
   b．鼻カテーテル
   c．小児用保育器
   d．酸素ケージ
   e．気管切開と陽圧換気（喉頭痙攣または気道閉塞が継続する場合）
2．分泌物の除去を促進するため，生理食塩液をネブライザで噴霧し，空気を加湿する
3．静脈内または皮下輸液によって身体を正常な水和状態に維持し，気道の乾燥や分泌物の濃厚化を防ぐ
4．定期的にクーペイジ（胸部を叩くこと）を実施する
5．深呼吸を用いた理学療法；分泌物の除去，肺のリンパ性排泄の増加，サーファクタントの活性化が促進される
6．気管支拡張薬は気管支痙攣や狭搾の改善に役立つ（例：アミノフィリン，クレンブテロール）
7．肺動脈塞栓の動物では，抗凝固薬と酸素を投与する
8．症例によっては，疼痛や不安に対して鎮痛薬を投与する
   a．呼吸抑制を看視するために血液ガスを看視する
9．肺水腫に対する内科治療
   a．動物をケージに収容して心臓の運動負荷を軽減する；必要に応じて酸素，鎮静薬（低用量のオピオイド），利尿薬（フロセミド）を投与する
   b．気管内吸引を行い，換気を改善する
   c．40％アルコールをネブライザで噴霧する
   d．静脈内輸液を注意深く看視する

胸膜腔疾患

I． 定義：胸膜腔の疾患には，胸腔内の体液，腫瘤または炎症，

または胸壁損傷によって肺の機能的容量を減少させるものが含まれる

Ⅱ. 一般的な胸膜腔疾患

A. 気胸

1. 開放性（外傷）
2. 閉鎖性（通常，外傷後）
3. 自然気胸（原因不明）
4. 緊張性気胸（肺の収縮，大血管への圧力）

B. 胸水

1. 乳び胸
2. 膿胸
3. 水胸
4. 血胸
5. 腫瘍性滲出
6. 感染，炎症性滲出

C. 横隔膜ヘルニア（先天的または後天的）

D. 外傷：動揺胸郭（肋骨骨折片の遊離）

Ⅲ. 原因

A. 気胸：胸膜腔への空気の蓄積

1. 最も一般的な気胸の原因は，外傷による胸膜または肺実質の裂傷や気管気管支の破裂である
2. アフガン・ハウンドでは気胸が自然発生することがある（**図28-2A**）
3. 緊張性気胸：吸気時に空気が胸膜腔に蓄積され，呼気時に排泄されない；胸膜腔内圧が上昇し，肺と大血管の虚脱を招く（**図28-2B**）
4. その他の原因
   a. 咬傷や銃弾による穿孔性の外傷
   b. 先天性嚢胞性肺気腫や肉芽腫性肺病変（水疱）の破裂
   c. 寄生虫性嚢胞（肺吸虫）の破裂；腫瘍
   d. 胸膜炎

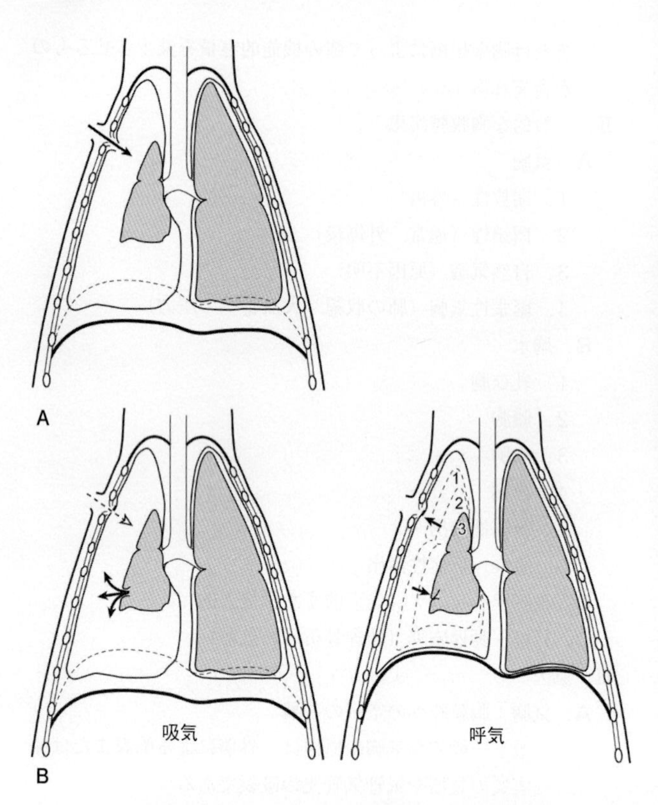

図28-2 A：開放性気胸。空気が胸腔内へ移動する。陰圧の喪失によって肺は虚脱する。B：緊張性気胸。吸気中，空気は胸腔内へ一方方向性に動き，徐々に胸腔内圧が上昇するため，肺は虚脱する。圧の増加に伴い，大血管が虚脱して静脈還流量が減少する。注釈：縦隔は多くの動物種で不完全なため，この作用は通常，両側性に発生する。

e．医原性の原因

(1) 過剰な間欠的陽圧換気（とくに猫）；肺性気圧障害や気縦隔，皮下気腫を招きかねない

(2) 胸腔内の外科処置

B．胸水：胸膜腔内の異常な体液貯留

1．血胸

a．外傷性の心臓血管や胸腔内血管の破裂

b．凝固障害

c．出血性腫瘍（例：血管肉腫）

d．肺葉捻転

e．胸膜炎

2．乳び胸

a．胸膜腔へのリンパ液の貯留

(1) 胸管の破裂

(2) 特発性リンパ閉塞

3．水胸

a．低タンパク血症

b．心不全や心筋症

4．膿胸（胸膜炎）

a．胸郭や食道の穿孔性創傷

b．異物の移動

c．肺感染症や胸膜炎の拡大

d．生物体：大腸菌，ブドウ球菌，β-連鎖球菌，パスツレラ，ノカルジア

C．胸壁の異常

1．横隔膜ヘルニアによって腹腔内臓器が肺を変位させる

2．連続した複数の近位および遠位の肋骨骨折によって生じた動揺胸郭

a．胸壁は呼気時に内側に引き込まれ，吸気時に外側に張り出す（逆説運動［図28-2B］）

b．肺挫傷と血気胸が併発していると，急性呼吸困難に陥りやすい

Ⅳ．診断

A．聴診と打診

B．胸部X線検査

C．CT検査

D．超音波検査

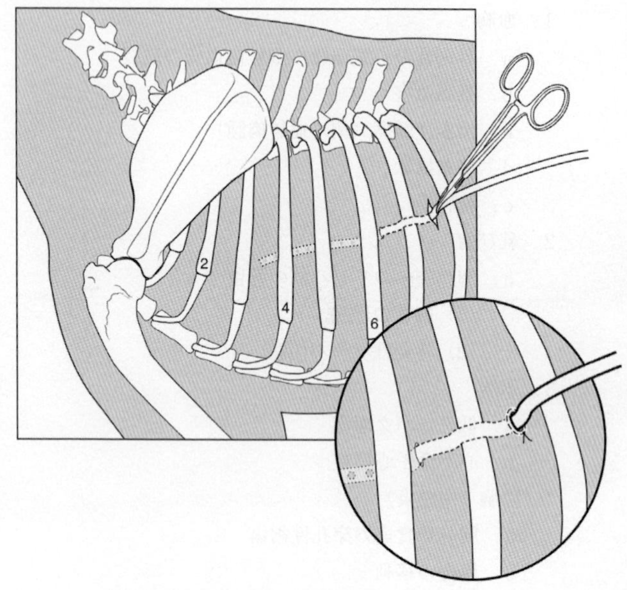

図28-3　胸腔内陰圧を回復するための胸腔ドレーン。ハインリッヒ弁（図28-4）または3本の瓶を用いた陰圧装置（図28-5）に接続する。

E．胸腔穿刺

V．治療

A．気道確保

B．酸素の供給

C．原因の排除

1．針吸引（空気または液体）

2．胸腔ドレーン（図28-3）

a．適応症

（1）急性の重症気胸

（2）緊張性気胸

（3）肋骨骨折，肺気腫，または血胸に伴った気胸

（4）体液の貯留

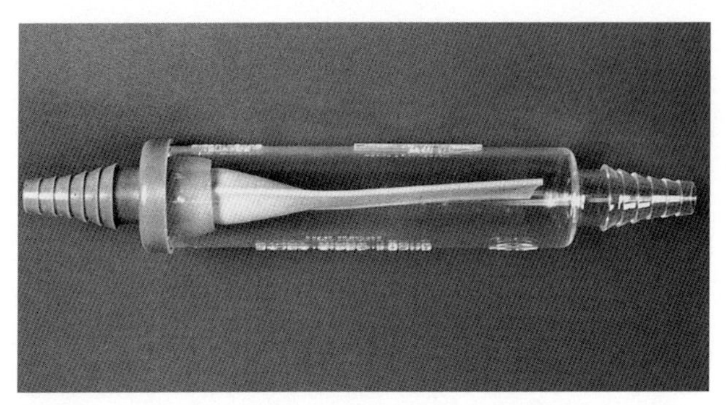

図28-4 一方向（ハインリッヒ）弁は，胸腔内の空気を抜くために胸腔ドレーンの先端に取り付ける。

(5) 針吸引を反復する必要がある場合

b．ドレナージ方法

(1) 注射シリンジと三方活栓を用いて間欠的に吸引する

(2) 一方向（ハインリッヒ）弁（**図28-4**）

(3) 胸腔ドレーンを吸引器に接続する（10～15cmH_2Oの陰圧）

(4) 胸腔ドレーンを水封部付き胸腔吸引装置に連結する（**図28-5**）。胸腔ドレーンセットが販売されている

3．合併症

a．フィブリンや血液の蓄積

b．チューブの外れ

c．チューブの屈曲

d．皮下気腫

e．強く吸引しすぎることによる肺組織の吸引や梗塞

f．感染

g．疼痛

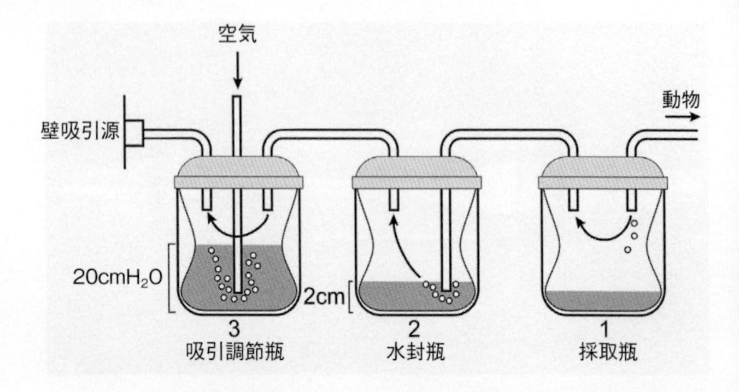

図28-5　水封部付き胸腔吸引装置（3本瓶）を胸腔ドレーンに接続し，胸腔内を陰圧にする。すべての連結部は空気を通さないよう密閉されていなければならない。

医原性呼吸エマージェンシーの原因

Ⅰ．動物の不十分な評価

Ⅱ．不適切な麻酔手技

A．麻酔薬の過剰投与（例：プロポフォール）

B．麻酔器中の過大な死腔，非再呼吸弁機能不全

C．酸素供給不足

1．笑気の使用；酸素の停止

2．過剰な笑気濃度（70％以上）

3．酸素供給源の枯渇

4．不適切な麻酔回路の接続

5．小さすぎる気管チューブ

6．気管チューブのカフの過膨張

a．カフ内での気管チューブの圧迫

b．術後の気管狭搾

7．不適切な気管チューブの位置

a．食道内

b．咽頭内

c．気管分岐部あるいはさらに尾側

D．麻酔ガスを供給するホースやチューブの屈曲または閉塞

E．人工呼吸時の肺の過膨張

F．換気補助なしでの横隔膜や肋間筋の神経筋遮断

Ⅲ．制限的な胸部バンデージ

Ⅳ．不十分なモニタリング

肺不全を引き起こすその他の原因

Ⅰ．換気－灌流比不均衡

A．心拍出量の減少

B．無気肺

1．吸収：閉塞部よりも遠位の小気道からの酸素吸収

2．圧迫：拡張した腹腔内臓器が横隔膜を介して肺を圧迫する（馬の疝痛；牛，羊，および山羊の第一胃；犬の胃拡張）

3．重力による作用

Ⅱ．静脈混合の増加（シャント）

A．肺動静脈シャント

B．気管支血管シャント

C．無気肺（生理学的シャント）

D．肺腫瘍

E．先天的心疾患（ファロー四徴症）

呼吸停止

Ⅰ．前述した原因のいずれかによる呼吸の停止

Ⅱ．治療法

A．気道確保

1．閉塞や異物の除去

2．気管挿管

3．経口気管挿管が困難な場合には，気管切開を考慮す

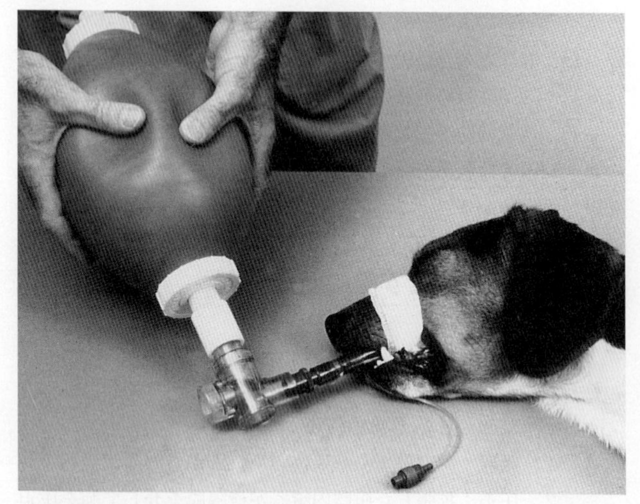

図28-6　アンビューバッグを用いた換気。アンビューバッグは自動膨張式である。

る（図28-1参照）

B．補助呼吸や調節呼吸の実施
  1．アンビューバッグを用いた空気の供給（図28-6）
  2．麻酔器を用いた100％酸素供給
  3．経気管O_2供給：犬では3～6L/分

C．必要であれば心肺蘇生に移行する（第29章参照）

D．救急治療では刺鍼蘇生法も有効的に用いられている
  1．25～28G，長さ25～50mmの皮下針
  2．鼻中隔の，鼻孔下角レベルの上唇溝の正中に沿ったGV26のポイントに針を10～20mm刺入する
  3．針を強く捻り回し，上下に動かす
  4．通常の蘇生法の代替法としてではなく，補助方法として使用する

呼吸エマージェンシーの予防法

Ⅰ．麻酔前の適切な評価と診断的検査（超音波検査，X線検査）
　A．身体検査
　B．聴診
　C．X線検査
　D．血液ガス分析
Ⅱ．適切な麻酔器とモニター機器の使用（第14章参照）
Ⅲ．麻酔器の適切な検査
Ⅳ．麻酔前酸素化：麻酔導入前に3〜5分間酸素を供給する
Ⅴ．適切な麻酔前投薬と麻酔薬およびその用量の選択
Ⅵ．麻酔中の注意深いモニタリングの継続
Ⅶ．起こり得る問題の認識

呼吸刺激薬，重炭酸ナトリウム，気管支拡張薬の使用

Ⅰ．ドキサプラム（小動物では1〜4mg/kg IV；大動物では0.2〜0.6mg/kg IV）は一般的なCNSおよび呼吸中枢刺激薬であり，効果が得られるまで静脈内に持続投与（5〜10 μg/kg/分）することもできる；中枢性作用呼吸刺激薬；1回換気量を増大し，高用量では呼吸数も増加する；動脈血圧および心拍数の軽度の増加を示し，このため麻酔からの覚醒を引き起こす場合もある；脳代謝率を増加する。使用に関しては賛否両論ある
Ⅱ．重炭酸ナトリウム（1〜2mEq/kg IV）；低酸素症，完全な呼吸停止，心停止の際に生じる代謝性（非呼吸性）アシドーシスの補正に投与される；過剰投与は低カリウム性代謝性アシドーシスや奇異性脳脊髄液アシドーシスを招きかねない。使用に関しては賛否両論ある：血液pHおよび重炭酸値を測定できず，代謝性アシドーシスが疑われる場合に使用する

Ⅲ．アミノフィリン：最高4mg/kgを30分かけてゆっくりIV，2～4mg/kg IM；気管支平滑筋を拡張し，喘息や気管支痙攣に有効な可能性がある；心臓に対して変力作用がある

Ⅳ．特異的拮抗薬（第3章参照）

A．麻薬拮抗薬（ナロキソン，ナロルフィン，レバロルファン）；オピオイド受容体や非オピオイド受容体から麻薬性鎮痛薬を競合的に置換する

B．ネオスチグミン，エドロホニウム：非脱分極性筋弛緩薬の拮抗（第10章参照）

C．α_2-拮抗薬（ヨヒンビン，トラゾリン，アチパメゾール）（第3章参照）

D．ベンゾジアゼピン拮抗薬（フルマゼニル）

肺水腫の治療法

Ⅰ．換気，ガス交換の改善方法

A．酸素供給（FiO_2 40～50％）

B．酸素要求量減少のため運動制限（ケージレスト）

C．鎮静，不安の除去

1．モルヒネ（犬）：0.2～0.5mg/kg SC，IM，IV

2．アセプロマジン：0.1～0.2mg/kg SC，IM（最高4mg）

3．低用量α_2-作動薬（例：デクスメデトミジン，デトミジン）IM

D．重症例では，気管内吸引で気道の泡沫を除去する

E．酸素を用いたエチルアルコール（40％）のネブライザ噴霧（気道内の泡沫形成予防）

F．陽圧換気

1．用手または人工呼吸器

a．換気の判定基準：PaO_2 60mmHg未満，$PaCO_2$ 50～60mmHg以上，チアノーゼの持続，呼吸困難，頻呼吸（いずれも60％酸素吸入下を前提とする）

2．硬い肺（例：肺水腫，肺炎）の換気には，終末呼気陽

圧換気5～10cmH_2Oを使用する

Ⅱ．毛細血管静水圧と肺水腫を減少する方法

A．酸素供給

B．循環血液量の減少

1．利尿薬：フロセミド2～4mg/kg IV，IM，SC，PO，6～8時間ごと

C．肺血流の他循環床への再分布

1．モルヒネ；鎮静作用に加え，全身性静脈容量を増加させる

2．フロセミド；利尿作用に加え，全身性静脈容量を増加することによって肺血流を再分配させる

3．血管拡張薬（注意して使用する）

a．ニトロプロシッドナトリウムやニトログリセリン

b．末梢血管の拡張は肺血管床（非心原性）から血液を再分布させ，左心室から流出する血流の抵抗（後負荷；心原性）を減少させる

D．心機能（心拍出量）の改善；主に心原性肺水腫の場合に使用する

1．陽性変力作用薬（ドパミン，ドブタミン）

2．不整脈があれば，そのコントロールに抗不整脈薬（リドカイン）を投与する

Ⅲ．その他の治療法

A．コルチコステロイド（例：コハク酸メチルプレドニゾロンナトリウム：20～30mg/kg IV）

Ⅳ．治療に対する反応のモニタリング

A．身体検査（呼吸数と呼吸の深さ，聴診，可視粘膜の色調など）

B．一連の動脈血液ガス分析（第15章参照）

C．胸部X線検査；超音波検査

D．パルスオキシメトリ（SpO_2）；カプノグラフィ（呼気終末二酸化炭素；$ETCO_2$），血液ガス分析（O_2，CO_2）

第29章

心血管エマージェンシー

"It is by presence of mind in untried emergencies that the native metal of a man is tested."

JAMES RUSSELL LOWELL

概要

麻酔に用いられる多くの薬物は低血圧を引き起こす。ショック状態につながるような低血圧，心不整脈（徐脈，心室頻脈），および末梢灌流量減少（低心拍出量）が，鎮静薬や麻酔薬の投与によって引き起こされることがある。心血管エマージェンシーに至る可能性は，重度なストレス下の動物，衰弱した動物，または外傷を受けた動物で高い。循環機能の劣悪化の防止や機能回復，および正常な血行力学を回復させるため，様々な物理学的，薬理学的方法が考案されている。心肺蘇生法を成功に導くには，物理学的，技術的，および手技や薬物投与の経験的知識が必要不可欠である。蘇生に成功した場合，引き続き集中治療および注意深いモニタリングを少なくとも3〜7日間続けなければならない（acvecc-recover.org参照）。

総論

Ⅰ. 定義：心血管エマージェンシーとは，心臓や脈管構造が何らかの要因によって十分な血流，組織灌流および酸素化を維持できなくなった状態のことである

Ⅱ. 一般的な原因

A．呼吸不全（低酸素症）
　1．低換気（高二酸化炭素血症，$PaCO_2$の増加）
　2．低酸素血症（PaO_2の減少）
　3．換気－灌流障害
　4．心内または肺内シャント
　5．拡散障害
B．酸－塩基不均衡
　1．呼吸性アシドーシス（$PaCO_2$＞60mmHg）
　2．代謝性アシドーシス（通常は乳酸性）
　3．呼吸性アルカローシス（$PaCO_2$＜35mmHg）
　4．代謝性および呼吸性のアルカローシスまたはアシドーシスの混合
C．電解質異常
　1．高カリウム血症（徐脈；低心収縮力，血管拡張）
　2．低カリウム血症（頻脈）
　3．低カルシウム血症（低心収縮性，低血圧）
　4．高カルシウム血症（心不整脈）
D．自律神経失調
　1．交感神経緊張の増大；心筋の自動性の増加と過敏化
　2．副交感神経緊張の増大；徐脈や様々な心ブロックの素因となる；心房細動を含む心房性不整脈の素因となる
　3．交感神経緊張，副交感神経緊張の両方の増大；心室性不整脈の素因となる
E．低体温（35℃；第17章参照）
F．空気塞栓
G．薬物の急速投与，過剰投与または不適切な投与
　1．薬物の投与速度および投与量によって二次的に生じる急激な低血圧といった，薬物過敏症または薬物の過剰投与
　　a．静脈内投与後に最も多く認められる
　　b．輸液，ステロイド薬，時には血管収縮薬（例：エピネフリン）を用いて治療する

表29-1　いくつかのタイプの心不全または心停止の鑑別的特徴

原因	末梢脈拍	心音の聴診	心電図	肉眼的観察
徐脈	ゆっくり；不整な可能性がある	ゆっくり	低頻度または不規則なQRS群	低頻度の調和のとれた心室収縮
心室性頻拍	早い；整または不整，脈拍欠損	強さにムラがある；聞こえにくい場合がある	幅広く異様なQRS群の場合がある；P-QRSの関連性欠如	無秩序，速い心拍動
心室細動	なし	なし	QRST群欠如；細動波形	細かい～粗い小波状の心室筋活動
心室収縮不全	なし	なし	QRST群欠損；直線的ECG	心臓活動なし
無脈性電気活動（PEA）	極弱の脈圧	極弱または不可聴音	正常PQRST群（収縮期血圧<50mmHg）	極弱な，または欠如した心収縮

ECG：心電図

c．吸入麻酔時のカテコールアミン投与（心室性不整脈，頻脈）

2．偶発的な薬物の動脈内投与（例：馬や牛での麻酔前投薬［フェノチアジン，キシラジン］の不慮の頸動脈内投与）；適切なバンデージ，抗痙攣薬（ジアゼパム），輸液，および糖質コルチコイドで治療する

3．虚血性臓器（例：膵臓）による心筋抑制因子の産生

4．動物種特有の素因：麻酔薬による副作用が時折報告される。最も重要なものは，ボクサーにおけるアセプロマジン投与に関連するとされる心停止である。その発生率や原因は不明である

H．心疾患または心不整脈（**表29-1**，**図29-1**）

1．心血管系の虚脱：治療に反応しない心不全

a．主に重度の心疾患を伴う動物や，不注意によって過剰な薬物を急速に投与された動物に認められる

2．徐脈：許容範囲以下の心拍数

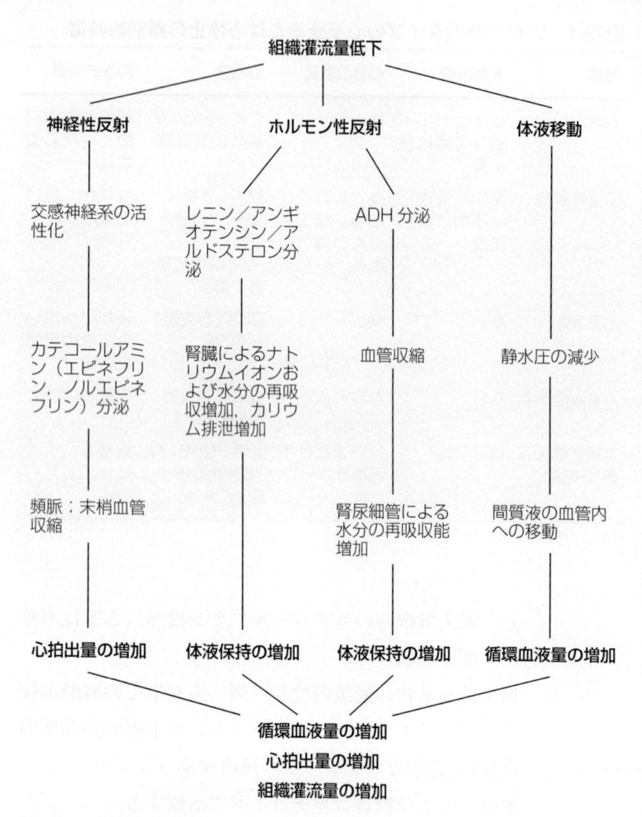

図29-1　組織灌流量低下に伴う反応。

a．副交感神経緊張の増加
b．低体温
c．高カリウム血症
d．特定の薬物投与（オピオイド，α_2-作動薬）
e．心疾患（例：心筋症，洞不全症候群，房室間線維症）
f．薬物の過剰投与

3．頻脈：許容範囲以上の心拍数

a．交感神経緊張の増大

(1) 不十分な鎮痛または麻酔深度

(2) 疼痛，ストレス

(3) 低血圧

(4) 低酸素症

(5) 低カリウム血症

b．特定の薬物投与（カテコールアミン，アトロピン，ケタミン）

4．心房性または心室性不整脈（心房性頻拍，心室性頻拍）；虚血，低酸素症，低血圧，高二酸化炭素血症，代謝性アシドーシスまたはアルカローシス，高カリウム血症，低マグネシウム血症，低体温，低血圧によって引き起こされる；外科的操作，麻酔薬，および心カテーテルによっても心不整脈が発生する

a．心房細動

(1) 不均一な強さの心音

(2) 不均一な強さの脈および脈拍の欠如

(3) 定期的に乱れる心拍数

b．心室細動

(1) 不安定な自律神経反射と内因性カテコールアミン放出のため，低酸素症で最も生じやすい

(2) 注射麻酔薬や吸入麻酔薬の投与によって発生することはほとんどない

(3) 重度の高二酸化炭素血症，低酸素症，血液量減少，アシドーシス，または高カリウム血症およびその併発に続発する可能性がある

c．心室収縮不全（心室収縮の欠損）

(1) 通常は麻酔薬の過剰投与に関連する

(2) ショック状態または中毒症の動物で認められる

d．無脈性電気活動（PEA）：心電図（ECG）は存在するが，心収縮が不十分で動脈血圧が低い（平均血圧＜50mmHg）。電気収縮解離（EMD）とは特定の種類のPEAであり，心室収縮が電気活動と関連性をもたないもののこと
(1) 低酸素症および虚血
(2) 薬物の過剰投与

不十分な心機能の指標

Ⅰ．末梢の脈拍の脆弱化または欠如
A．弱い心尖拍動
Ⅱ．不規則な脈拍または心音
Ⅲ．チアノーゼ：貧血（ヘモグロビン＜5g/dL）を伴う動物では薄い青色，または灰色
Ⅳ．不十分な灌流；再充填時間（CRT）の延長（2秒以上）
Ⅴ．心不整脈
Ⅵ．異常な呼吸パターンまたは無呼吸（末期呼吸）
Ⅶ．瞳孔散大
Ⅷ．抑うつ，体重減少，浮腫
Ⅸ．切開面からの出血欠如
Ⅹ．ショックの徴候（第27章参照）

心血管エマージェンシー時に必要な機器

Ⅰ．機器は，心血管系虚脱が発生した際に，すぐに使えるようにしておかなければならない。タイミングは生死に関わる
A．カフ付き気管チューブとスタイレット（小型の犬や猫用）
1．小
2．中
3．大
B．照明付き喉頭鏡，長短両サイズのブレード

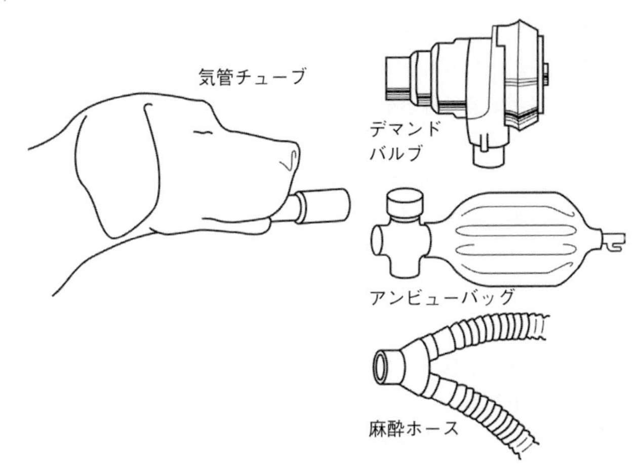

図29-2 無呼吸の動物に補助換気を行う方法。

C．アンビューバッグ，デマンドバルブ，または麻酔器（図29-2）

D．舌圧子

E．シリンジ

1．1mLシリンジ5本

2．3mLシリンジ5本

3．6mLシリンジ5本

4．12mLシリンジ5本

5．35mLシリンジ5本

F．三方活栓

G．2.5cm幅の粘着テープ1本

H．5cm幅の包帯1本

I．10×10cmの大きさの滅菌ガーゼ1パック

J．伸縮包帯1本

K．輸血セット

L．適切なサイズの注射針をひと通り

M．翼状針

N．静脈留置セット
O．静脈内輸液セットおよびシリンジポンプ
P．滅菌緊急外科手術パック
1．メス柄
2．メス刃：No.10とNo.15を各2枚
3．小止血鉗子2組
4．母指摂子
5．メッツェンバウム鋏1挺
6．曲鉗子1組
7．縫合糸数パック
8．把針器
9．中型の肋骨開創器
Q．胸腔ドレーン：ハインリッヒ弁
R．除細動器／心電図
S．インピーダンス閾値装置：吸気抵抗を増加することで静脈還流量を増加する。CPR中の動物において有効とされている

治療（表29-2，表29-3，図29-3，図29-4）

キーポイント（http://acvecc-recover.org）

即座に胸部圧迫を開始することが成功への鍵である

胸部圧迫をすぐに始めよう！

Ⅰ．気道（第28章参照）
Ⅱ．呼吸（表29-2）
Ⅲ．循環（表29-3，表29-4）
Ⅳ．薬物（表29-5）
Ⅴ．ECG
Ⅵ．除細動（表29-4）

訳注：心肺蘇生法の詳細についてはRECOVER（獣医蘇生術再評価運動）の最終章（Part 7）を読むことを強く推奨する。RECOVERの心肺蘇生法ガイドライン（2012）の全章をJournal of Veterinary Emergency and Critical（http://onlinelibrary.wiley.com/doi/10.1111/vec.2012.22.issue-s1/issuetoc）にて無料でダウンロードできる

表29-2　換気のガイドライン

項目	ガイドライン
呼吸数	6-18回/分
1回換気量	12-20mL/kg
吸気時間	＜1.5秒
吸気/呼気比	1：2～1：3
最大吸気圧	15-25cmH_2O
終末呼気陽圧（PEEP）	3-5cmH_2O
深い換気（5-10分ごと）	30cmH_2O
換気状態の評価	1. 胸郭の動きを観察する
	2. 血液ガスをモニターする；好ましい方法（$PaCO_2$ 35-50mmHgを維持）

第29章

表29-3 強心薬と血管作動薬の受容体活性

	α_1	α_2	β_1	β_2	ドパミン
イソプロテレノール	0	0	＋＋＋＋	＋＋＋＋	0
ドブタミン	＋＋/＋＋＋	?	＋＋＋＋	＋＋	0
ドパミン	＋	＋	＋＋＋＋	＋＋	＋＋＋＋
エフェドリン	＋	?	＋＋	＋	
エピネフリン	＋＋＋＋	＋＋＋＋	＋＋＋＋	＋＋＋	0
ノルエピネフリン	＋＋＋	＋＋＋	＋/＋＋	＋/＋＋	0
フェニレフリン	＋＋/＋＋＋	＋	?	0	0

表29-4 心室細動の治療法

直流除細動器	化学的除細動
・開胸時0.5-2Ws/kg ・非開胸時5-10Ws/kg ・小型の動物（<7kg）開胸時5-15Ws，非開胸時50-100Ws ・大型の動物（>10kg）開胸時20-80 Ws，非開胸時100-400Ws 交流除細動器 小型の動物 ・開胸時30-50V ・非開胸時50-100V	塩化カリウム1mgおよびアセチルコリン6mg/kg，その後10%塩化カルシウム1mL/10kg 無反応な心室細動 ・換気の評価 ・胸郭圧迫や心マッサージの評価 ・エピネフリンの反復投与および塩化カルシウム投与の考慮 ・重炭酸ナトリウム投与 ・リドカイン投与 ・電気的除細動の反復

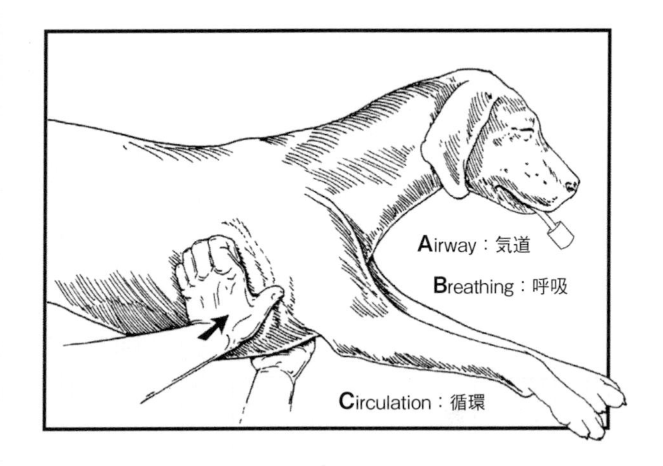

図29-3　犬と猫の胸部圧迫（約100回/分）は，肋骨骨折を伴う動物での実施は避ける；直接的な心臓圧迫が必要となる。

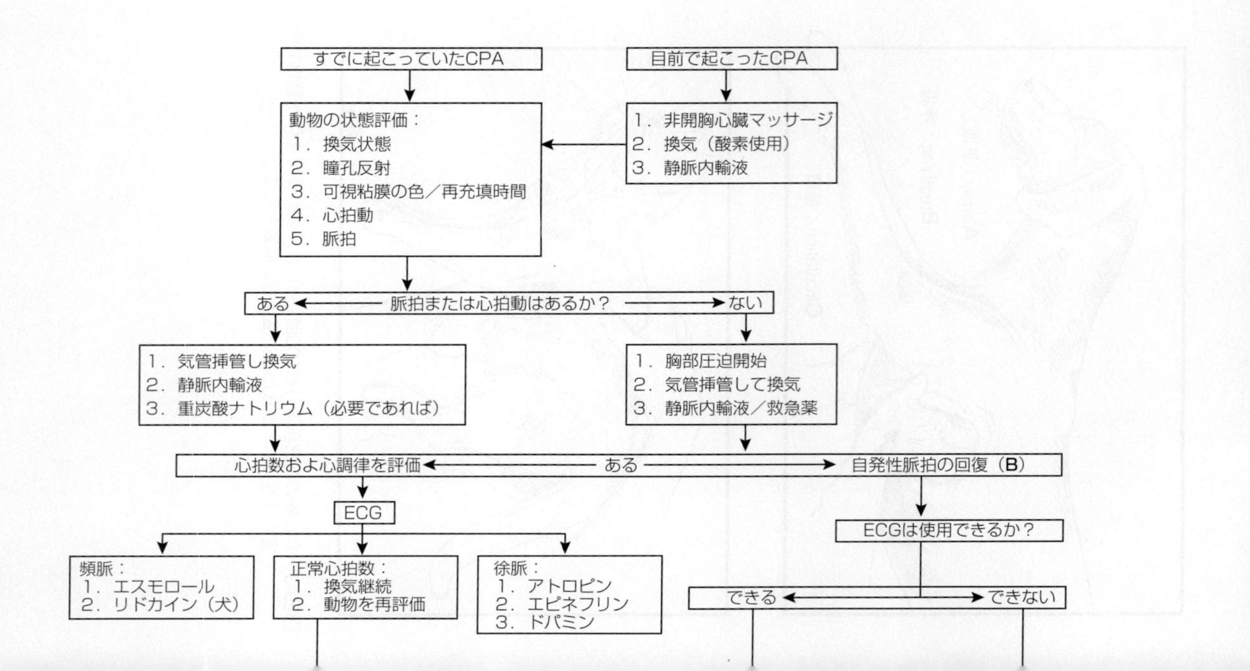
すでに起こっていたCPA
目前で起こったCPA
動物の状態評価：
1．換気状態
2．瞳孔反射
3．可視粘膜の色／再充填時間
4．心拍動
5．脈拍
1．非開胸心臓マッサージ
2．換気（酸素使用）
3．静脈内輸液
ある
脈拍または心拍動はあるか？
ない
1．気管挿管し換気
2．静脈内輸液
3．重炭酸ナトリウム（必要であれば）
1．胸部圧迫開始
2．気管挿管して換気
3．静脈内輸液／救急薬
心拍数およ心調律を評価
ある
自発性脈拍の回復（B）
ECG
ECGは使用できるか？
頻脈：
1．エスモロール
2．リドカイン（犬）
正常心拍数：
1．換気継続
2．動物を再評価
徐脈：
1．アトロピン
2．エピネフリン
3．ドパミン
できる
できない

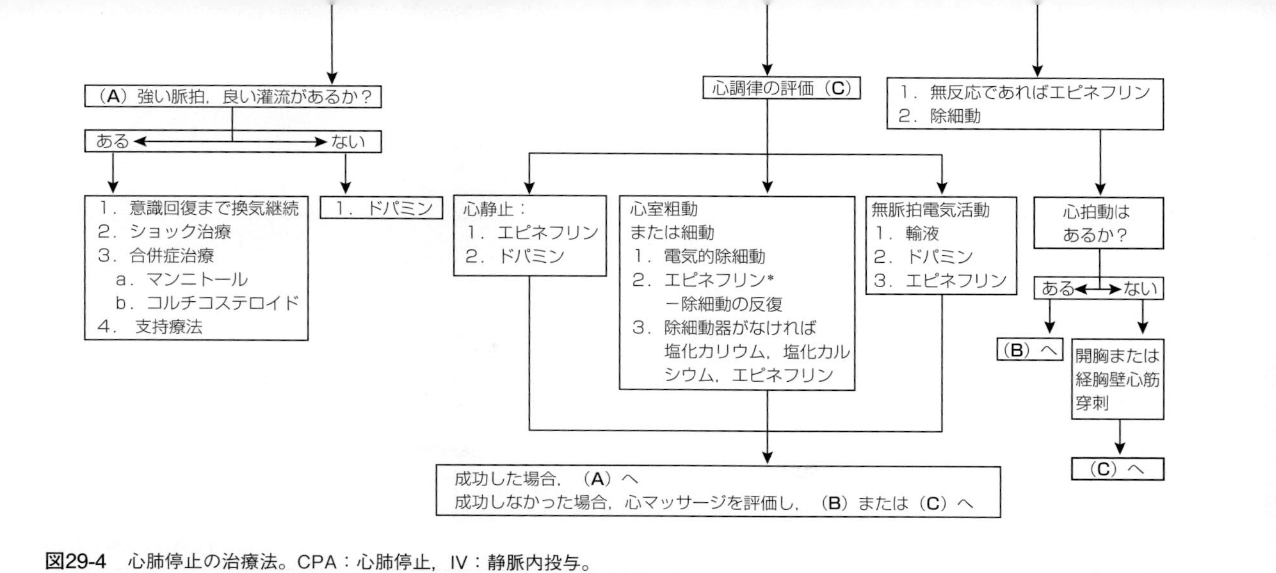

図29-4　心肺停止の治療法。CPA：心肺停止，IV：静脈内投与。
*バゾプレッシン（0.8 IU/kg）もエピネフリンの代替として使用されている。
（訳注：RECOVER［獣医蘇生術再評価運動］によるガイドラインと一部異なるため，http://acvecc-recover.org/Charts/CPR_Algorithm3.pdf での確認を推奨する。）

表29-5　心肺停止への対応に不可欠な薬剤

一般名	商品名（国内）	効能（推奨される使用法）	副作用	用量と投与経路
血管作動薬と心刺激薬				
塩酸エピネフリン [1：1,000]	Adrenaline（ボスミン）	陽性変力作用；心拍動の開始；心拍数と心拍出量の増加；平均動脈圧と冠血流が増加後に減少	腎血管と内臓血管の強い収縮；これらの組織灌流減少；心筋酸素消費量および仕事量の増加；不整脈惹起性，心室細動を生じる可能性がある	5-10μg/kg IC 10-30μg/kg IV 小動物：0.1-0.2mL/20kg IV 大動物：1-3mL/450kg IV，[1：1,000]
ノルエピネフリン	Levophed（ノルアドレナリン）	血管収縮作用と陽性変力作用；心拍数と心拍出量は低下または増加する；平均血圧と冠血流の増加	腎血管と内臓血管の強い収縮；これらの組織灌流の減少の可能性がある；心筋酸素消費量および仕事量の増加；不整脈惹起性。注釈：敗血症症例ではバゾプレッシン（0.0005-0.0010μg/kg/分）と同時に投与する	0.01-0.4μg/kg/分 IV
塩酸ドパミン	Intropin（イノバン）	陽性変力作用：心拍数，心拍出量，平均動脈血圧の増加；冠血流量，腎および腸間膜血流の改善	急速投与すると重度の頻脈を引き起こす可能性がある；不整脈惹起性；高用量で血管収縮	効果が得られるまで増量し，その後最小限の投与速度へと調節する；250mLの5%ブドウ糖溶液に6mg追加；2-15μg/kg/分 IV でゆっくり投与

塩酸ドブタミン	Dobutrex (ドブトレックス)	陽性変力作用；ドパミンよりも変時作用と血管収縮作用が弱い	高用量では，頻拍性不整脈，血管収縮，不整脈	1-10μg/kg/分 IV，効果が得られるまで投与
硫酸エフェドリン	Ephedrine (エフェドリン)	昇圧剤；陽性の変力，変時，血管収縮作用	頻脈，高血圧	5-10μg/kg IV，効果が得られるまで投与
フェニレフリン	Neosynephrine (ネオシネジン)	血管収縮薬	高血圧，徐脈，心不整脈	0.1-1.000μg/kg/分 IV
バゾプレッシン	Pitressin (ピトレシン)	血管収縮薬	高血圧，心不整脈	0.8 IU/kg IV，1～2回投与
心収縮性のみを増加させる薬剤				
塩化カルシウム (塩化カルシウム)		陽性変力作用；麻酔薬の過剰投与，高カリウム血症，PEAの治療に使用	心停止を引き起こす可能性がある；心筋カルシウム過負荷；"石" の心臓	10％溶液を0.05-0.10mL/kg IV，IC
ジゴキシン	Lanoxin (ジゴキシン)	陽性変力作用；迷走神経緊張の増加；うっ血性心不全による心肺停止症例に使用；上室性頻拍の治療	不整脈惹起性；酸素消費量増加；IVでは血管収縮を引き起こす	0.005-0.010mg/kg IV；4回に分けて投与；効果が得られるまで1時間おきに投与；ECGをモニター
アシドーシス治療薬				
重炭酸ナトリウム (メイロン)		アシドーシスの緩衝；除細動の効果を増加	過剰投与によりアルカローシス，高浸透圧，奇異性脳脊髄液アシドーシスを生じる可能性がある	1-2mEq/kg IV，効果が得られるまで投与

急性心不整脈治療薬				
硫酸アトロピン（硫酸アトロピン）		副交感神経遮断作用；上室性ペースメーカーの刺激により，上室性徐脈や遅い心室調律を修正	過剰な頻脈の可能性がある；心筋酸素消費量増加；心室細動の閾値低下；交感神経由来の不整脈の過敏性を高める可能性がある	0.1-0.2mg/kg IV
グリコピロレート	Robinul-V（国内未販売）	副交感神経遮断作用（抗コリン作用）；上室性徐脈を修正	過剰な頻脈の可能性がある	0.005-0.010mg/kg IV
エスモロール	Brevibloc（ブレビブロック）	β_1-遮断薬；上室性および心室性頻拍の治療	高血圧，徐脈，心不全	10-50μg/kg/分 IV
塩酸プロプラノロール	Inderal（インデラル）	β-遮断薬；抗不整脈薬；上室性および心室性頻拍を治療できる可能性がある	重要な副作用は心収縮力の低下；気道抵抗の上昇の可能性がある	1mLの生理食塩液に1mgを希釈；効果が得られるまで0.05-0.10mL IV，ボーラス投与
リドカイン	Xylocaine（キシロカイン）	心室性不整脈	猫では非常に少ない用量を使用	犬：2-6mg/kg IV 猫：0.5-1.0mg/kg IV
ジルチアゼム	Cardizem（ヘルベッサー）	カルシウムチャネル遮断薬；上室性不整脈の治療	徐脈，低血圧	1-2mg/kg PO
ソタロール	Betapace（ソタコール）	心室性不整脈	低血圧，前不整脈状態	1.0-3.0mg/kg IV（国内では錠剤のみ）
アセチルコリン＋塩化カリウム混合薬		化学的除細動	副交感神経作動性の副作用	アセチルコリン6mg/kg＋塩化カリウム1mEq/kg IC

呼吸刺激薬				
塩酸ドキサプラム	Dopram（ドプラム）	延髄呼吸中枢への直接作用	呼吸性アルカローシス，高カリウム血症	1-4mg/kg IV，10μg/kg/分，効果が得られるまで投与
脳浮腫治療薬				
酸素		血管拡張の防止	長期投与では肺水腫を引き起こすことがある；換気動因を抑制する可能性がある	小動物：2-4L/分 大動物：15L/分
マンニトール	20% Osmitrol（マンニトール）	浸透圧利尿；脳浮腫の軽減	循環系の血液量が過剰になり，浮腫を起こす可能性がある	1-2g/kg IV
デキサメタゾン	Azium（コルソン）	（ショックの項目を参照）		
急性肺水腫治療薬				
フロセミド	Lasix（ラシックス）	強力なループ利尿薬，Na^+，Cl^-，H_2Oの喪失を促進	過剰投与では脱水または低カリウム性代謝性アルカローシスを引き起こす可能性がある	1-2mg/kg IV，2-4mg/kg IM
ステロイド				
プレドニゾロンナトリウム	Solu-Delta-Cortef（プリドール）	リソソーム膜の安定化：血管拡張：体液と電解質のホメオスタシスを調整		30mg/kg IV

デキサメタゾン	Azium SP（コルソン）	心拍出量の増加	うっ血性心不全の猫では浮腫を悪化させる可能性がある；輸液速度は通常90mL/kg/時未満とする；静脈還流量の改善のため，初期には高速で投与する	8mg/kg IV 20-40mg/kg/時；効果を得られるまで投与
等張静脈内輸液				
乳酸リンゲル液，0.9%生理食塩液	（ソルラクト，生理食塩液）	血液量の増加，低血圧，組織灌流量の増加	過剰輸液；血液希釈	必要量投与
薬物拮抗薬				
ナロキソン	Narcan（塩酸ナロキソン）	麻薬拮抗薬	なし	50μg/kg 0.02mg/kg
ネオスチグミン	Prostigimine, Stiglyn（ワゴスチグミン）	コリンエステラーゼ阻害薬；非脱分極性筋弛緩薬の拮抗に使用	コリン作動性作用；投与前に副交感神経遮断薬を投与しなくてはならない（例：アトロピン，グリコピロレート）	
ピリドスチグミン	Regonol（メスチノン）	コリンエステラーゼ阻害薬；非脱分極性筋弛緩薬の拮抗に使用	コリン作動性作用；投与前に副交感神経遮断薬を投与しなくてはならない（例：アトロピン，グリコピロレート）	0.1mg/kg IV （国内では錠剤のみ）
エドロホニウム	Tensilon（アンチレックス）	コリンエステラーゼ阻害薬；非脱分極性筋弛緩薬の拮抗に使用	ネオスチグミンと同様	0.2-1.0mg/kg IV

アチパメゾール	Antisedan （アンチセダン）	α_2-拮抗薬；α_2-作動薬の拮抗に用いる	興奮，見当識障害	0.05-0.10mg/kg IV
トラゾリン	Tolazine （イミダリン）	ヨヒンビンと同様であるが，α_2受容体への選択性は高い	興奮	2-4mg/kg IV
アチパメゾール	Antisedan （アンチセダン）			0.1-0.2mg/kg IV
フルマゼニル	Romazicon （アネキセート）	ベンゾジアゼピン拮抗薬	―	0.1mg/kg IV

ECG：心電図，IC：心臓内投与，IM：筋肉内投与，IV：静脈内投与，PEA：無脈性電気活動，PO：経口投与

第30章

安楽死

"Sweet is true love though given in vain, and sweet is death that puts an end to pain."

ALFRED LORD TENNYSON

概要

安楽死の決断は，不治の疾患やコントロールできない疼痛に直面した際にしばしば下される。こういった決断は感情的かつ個人的なものである。麻酔に用いられるほとんどの薬物は，十分な量を用いれば死を引き起こす能力がある。麻酔薬には心肺停止や脳の電気的活性の喪失前に完全な無意識状態を引き起こす利点がある。米国獣医学会による安楽死ガイドライン（www.avma.org）を参照されたい。

総論

I．安楽死とは，動物に痛み，ストレス，不安，懸念を与えずに無意識状態と死をもたらす行為である。心肺停止および脳機能の喪失を導く方法でなければならない

A．死とは，心拍，呼吸，脳活動を含む体のあらゆる生命機能の停止と定義される

B．安楽死を実施するには，動物の鎮静または物理的な保定が必要になることが多い

C．安楽死法

1．安楽死として容認できる方法は，単独で用いられた際

に常に人道的な（同情や慈愛を表す；痛みを最小限とする）死をもたらすべきである

2．技術そのものの特性，または施用者による誤用の可能性が高いことにより人道的な死を常にもたらすとは限らないものは，状況に応じて容認される

a．これらの方法の一部は施用者への危険性が大きいものが含まれる

b．状況に応じて容認される方法は，安全かつ人道的に行われるようトレーニングが必要とされる

3．いかなる状況下においても，非人道的と判断でき得る方法，および施用者にとって容認できない危険性のあるものは容認されない

D．多くの動物種において，安楽死を目的とした捕獲や不動化の際に審美的に不快な反応を認める場合がある

1．発声

2．回避行動や攻撃行動

3．不動化（恐怖感による動物の硬直）

a．一部の動物（ウサギや鶏）は“擬死”行動を示す場合がある（無力感の学習）

4．排尿や排便，肛門腺液の放出

5．発汗，流涎

6．骨格筋の振戦，痙攣，または震え

7．散瞳

8．頻脈

E．安楽死法は以下の内容によって選択する

1．動物

a．動物種

b．大きさ，体重

c．性格，気性

2．使用可能な保定方法

a．麻酔下または無意識状態の動物は保定が必要ない場合もある

b．動物の居場所によって一部の方法が使用できない場合もある

c．動物を個室や適切な器材の伴った施設に移動することも考慮すべきである

3．飼い主の趣向，公の認識

4．経験，技術，熟練した人員の人数，危険性の度合い

5．安楽死する動物の頭数

6．薬剤や器材の価格

7．遺体の処理方法

F．安楽死薬の投与の前に鎮静薬や抑制薬（例：α_2-作動薬，オピオイド）の投与を行うことが推奨される

1．安楽死の審美性が改善される

2．動物が興奮しやすい場合や攻撃的な場合でとくに施用者の安全性が向上される

3．多くの大動物の安楽死では臥位にする必要がある

a．覚醒状態の馬のペントバルビタールを用いた安楽死は，鎮静なしで行うと突然に凶暴性をもつことがあり，危険な場合がある

b．ペントバルビタールの投与前にキシラジンとケタミンでの麻酔導入を行うことができる

G．痛みの知覚には機能的な大脳皮質および皮質下構造が必要である；疼痛を誘発する刺激は無意識の動物においても運動神経反射や交感神経反射を引き起こす場合があるが，動物は痛みを認識しない

H．ストレスとは，動物の恒常性機能や順応性機能に影響をもたらすような身体的，生理的，または心理的要素（ストレッサー）の効果と定義される

I．安楽死における疼痛とストレスを確実に最小限に留めるため，安楽死を頻繁に実施する者は適切な認証および訓練を受け，安楽死される動物種の人道的保定の経験を経ていなければならない

実際の安楽死方法

Ⅰ. 安楽死方法にはガス法，化学的方法，物理的方法（例：機械的方法，電気的方法）がある（表30-1）

Ⅱ. 安楽死法は，次の三つのメカニズムのいずれかによって死をもたらす

A. 低酸素症；直接的または間接的

B. 中枢神経系の直接的抑制（麻酔薬の過剰投与）

C. 脳活動の物理的破壊および生命維持に必要な神経の破壊（例：頭部の銃射撃）

Ⅲ. 犬，猫，馬，および牛の安楽死に用いられる最も一般的な薬物は，ペントバルビタールナトリウム100mg/kgである

Ⅳ. 大動物における銃射撃および空気銃

A. 正しい方法で用いられた場合，脳組織破壊および死が瞬時に導かれる（www.vetmed.ucdavis.edu/vetext/inf-an/inf-an_emergeuth-horses.html）

1. 装置（銃，空気銃）は両眼の間に目掛け，頭蓋骨に直角になるように向けることで発射物が脊髄へ直接届く

B. 訓練され，熟練した者のみにより，行われなければならない

Ⅴ. いずれの方法を用いた場合でも，意識喪失後に動物が筋肉の活動（筋痙攣，末期呼吸）を現すことがある

A. これは反射によるものであり，動物による随意的なものではない

B. 脳活動の物理的破壊を引き起こす低酸素症による安楽死方法を使用した場合に，より頻繁に認められる

評価基準

Ⅰ. 容認できる安楽死法の評価基準

A. 疼痛，ストレス，不安，および懸念を伴わずに，意識の消失および死をもたらすことが可能であること

B．安楽死法の開始から意識消失に至るまでの時間が短時間であること

C．死に至る形式が一定で予期可能であること

D．不可逆性でなければならない

E．施用者にとって安全でなければならない

　1．施用者や傍観者の感情への影響も考慮されなければならない

F．必要性と目的とが適合しなければならない

　1．死後評価，検屍，および組織の使用を考慮しなければならない

G．使用される薬剤は管理および記録されなければならない

　1．人間による濫用の可能性を考慮しなければならない

　2．記録管理の必要性は非常に重要である

H．様々な動物種，年齢，健康状態に適合しなければならない

I．何らかの機器が使用される場合，その性能維持は容易であるべきである

J．薬剤を投与された屠体の捕食動物による摂取を避けなければならない

　1．ペントバルビタールが主に懸念される

　2．薬剤を投与された絶滅危機品種の屠体の摂取は，罰金や禁固刑を処される場合もある

容認されない薬物および方法

I．容認されない薬物：脱分極性および非脱分極性神経筋遮断薬，ストリキニーネ，硫酸マグネシウム，およびニコチンなどの静脈内投与薬は，現在では安楽死薬としては推奨されない；これらの薬物を安楽死に単独で用いることは絶対に正当と認められない

A．ストリキニーネは，非常に強い痛みを伴う激しい筋収縮を引き起こす

表30-1 動物種別の容認可能な安楽死薬および方法

動物種	薬物および方法	用量
犬	バルビツレート*	100mg/kg IV
	吸入麻酔薬†	効果が出るまで過剰投与
猫	バルビツレート*	100mg/kg IV
	吸入麻酔薬†	
馬	バルビツレート*	100mg/kg IV
	吸入麻酔薬と塩化カリウムまたは硫酸マグネシウムの併用	1-2mmol/kg急速IVまたは心臓内投与
反芻獣	バルビツレート*	100mg/kg IV
	吸入麻酔薬と塩化カリウムまたは硫酸マグネシウムの併用	1-2mmol/kg急速IVまたは心臓内投与
豚	バルビツレート*	100mg/kg IV
	二酸化炭素	30%
ラクダ類	バルビツレート*	100mg/kg IV
ウサギ	バルビツレート*	100mg/kg IV
	吸入麻酔薬†	効果が出るまで過剰投与
げっ歯類，その他小動物	バルビツレート*	100mg/kg IV，必要に応じてIP
	吸入麻酔薬†	効果が出るまで過剰投与
鳥	バルビツレート*	100mg/kg IV，IP
	吸入麻酔薬†	

ミンク，狐，その他の毛皮動物	バルビツレート* 吸入麻酔薬†	100mg/kg IV，IP 効果が出るまで過剰投与
爬虫類	バルビツレート* 吸入麻酔薬†（適した動物種のみ‡）	ペントバルビタールナトリウム60-100mg/kg IV，IP 効果が出るまで過剰投与
両生類	バルビツレート* 吸入麻酔薬†（適した動物種のみ‡）	ペントバルビタールナトリウム 60-100mg/kg IV，IP 効果が出るまで過剰投与
動物園動物	バルビツレート* 吸入麻酔薬†	100mg/kg IV
魚	バルビツレート* MS-222	ペントバルビタールナトリウム 60-100mg/kg IV，IP >250mg/L
野生動物	バルビツレート* 吸入麻酔薬†	100mg/kg IV，IP 効果が出るまで過剰投与

*ペントバルビタールナトリウムは安楽死に最も適しており，獣医療で最も頻繁に使われている。用量は100mg/kg IV。機械的安楽死法（銃射撃；空気銃）はそれが適切となる状況下では使用できるが，推奨はされない。
†吸入麻酔薬の単独使用は，16週齢未満の動物においては意識消失効果目的以外に用いるべきでなく，動物を死に至らすほかの方法を続けて用いるべきである。
‡カメを含む多くの爬虫類および両生類は，呼吸を止めて嫌気性代謝へ変換することができる。無酸素状態にて長時間生存し続けることができる；長時間に及ぶ吸入麻酔薬の投与を行っても死に至らない場合がある。
IP：腹腔内投与，IV：静脈内投与

B．硫酸マグネシウムは，窒息と心血管抑制によって死をもたらす。これらは麻酔下の動物を死に至らせる方法としては用いることができる

C．ニコチンは死に至る前に痙攣を引き起こし，人間にとって非常に危険である

D．神経筋遮断薬（例：サクシニルコリン，アトラクリウム）は，麻酔作用なしで麻痺（無呼吸）を引き起こす

E．以下の特徴をもつ薬物を単独で使用してはならない：

1．意識消失作用がない

2．鎮痛作用がない

3．麻酔作用がない

Ⅱ．覚醒状態の動物では容認されない方法

A．人間の手による頭部への鈍性外傷や窒息

B．放血殺

C．急速凍結

D．空気塞栓

E．減圧（遅く信頼性がない）

F．溺死

G．感電死（気絶）

死の確認方法

Ⅰ．死の確定は安楽死を行う者にとって最も重要なことである

A．複数の方法を用いなければならない

B．確認作業は5～10分間繰り返さなければならない

Ⅱ．バイタルサインの停止を確認する

A．心血管系機能

1．触知可能な脈の喪失または胸部“先”の拍動

2．心音の喪失

3．心筋の電気的活動（心電図的）の喪失

a．心収縮を伴わない電気的活動の場合もある

b．心収縮の停止後に電気的活動がしばらく継続する

場合もある

4．可視粘膜色の悪化

B．呼吸器機能

1．5分以上の呼吸停止（動物種による）

C．中枢神経系機能

1．眼反射（眼瞼，角膜）の喪失

2．光に対する瞳孔反射の喪失

3．脳波的活動の喪失

参考資料：

www.avma.org/KB/Policies/Documents/euthanasia.pdf

付録 I

麻酔に関連する物理学的原理

I. 法則

A. ボイルの法則

$$体積 = \frac{k}{圧} ; V \times P = k$$

$$P_1V_1 = P_2V_2$$

B. シャルルの法則

$V = k + T$　　T = ケルビン温度（K）

$$\frac{V_1}{V_2} = \frac{T_1}{T_2}$$

C. ゲー・リュサックの法則

$P = k \times T$　　T = ケルビン温度（K）

$$\frac{P_1}{P_2} = \frac{T_1}{T_2}$$

したがって,

$$\frac{P_1V_1}{T_1} = \frac{P_2V_2}{T_2}$$

D. 理想気体の法則

$$\frac{PV}{T} = n\frac{(1気圧)(22.412)}{273K}$$

$PV = nRT$　　$R = 0.08206$　　1気圧/ケルビン温度

$n = g\ moles$

E．ヘンリーの法則

$V = \alpha P$　　V＝解離した気体の体積

α＝溶解係数

P＝分圧

温度の上昇とともにガスまたは蒸気の液体への溶解度（α）は低下する

F．分圧の法則（ドルトンの法則）：混合ガスに含まれる個々の気体の圧力は，同じ温度においてそれぞれが単独で同体積を占拠する場合と同じである；混合気体中の各気体の圧力を直接測定することはできないが，この値はその組成の分子量に比例するため，分圧として計算することができる

G．グレアムの法則：2種類の気体の相対的拡散速度は，その密度の平方根に反比例する

Ⅱ．学術用語

A．気化圧：

1．液体の蒸発しやすさ

2．液体とその蒸気が平衡に達した際に蒸気によって生じる分圧

B．気化熱：液体が蒸発する際に必要な熱

C．蒸気の体積：

$$\frac{\text{蒸気圧}}{\text{大気圧}} \times 100 = \text{Vol\%}$$

D．液体の沸点：液体の飽和蒸気圧が周囲の大気圧に等しいときの温度；一般的に760mmHgとされる

E．臨界温度：液体が強固な容器内に存在する場合に，圧力をどんなに大きくしても気体が液化しなくなる限界の温度

F．臨界圧力：臨界温度で気体が液化するのに必要な圧力；液体の体積を重量で換算する式：体積（mL）×濃度（g/mL）＝液体の重量（g）

G．気化潜熱：液体から気体へ変わるときに，温度の変化なしに物質が吸収する熱量；カロリー/g（液体の重量）で示される；この熱は蒸気に蓄積される

Ⅲ．分配係数；溶解係数は以下のように表現される：

A．ブンゼン吸収係数：一定温度で分圧1気圧の気体が単位体積の液体に溶ける体積を標準状態（0℃，1気圧）に換算したもの

B．オストワルド溶解度係数：分圧1気圧の気体が単位体積の液体に溶ける体積，気体の体積は実験時温度によって表現される

C．分配係数

1．気体相と液体層にある物質の濃度の割合で表現される（例：mg/mL）

2．平衡状態にあるいかなる二つの相についても，その濃度の比率を表現するために用いることができる

a．液体－液体（油－水）

b．液体－固体

c．気体－固体

Ⅳ．有用な表（**表1～表3**）

Ⅴ．体重（kg）から体表面積（m^2）への換算式

A．犬

およその体表面積（BSA；m^2）

$$= \frac{10.1 \times (\text{体重}\ [g])^{\frac{2}{3}}}{10000}$$

B．猫

$$\text{BSA}\ (m^2) = \frac{10.0 \times (\text{体重}\ [g])^{\frac{2}{3}}}{10000}$$

C．馬

$$\text{BSA}\ (m^2) = \frac{10.5 \times (\text{体重}\ [g])^{\frac{2}{3}}}{10000}$$

表1　標準値換算表*

重量	
1グラム（g）	=4℃での水1mLの重さ
1,000g	=1キログラム（kg）
0.1g	=1デシグラム（dg）
0.01g	=1センチグラム（cg）
0.001g	=1ミリグラム（mg）
0.001mg	=1マイクログラム（μg）
28.4g	=1オンス（oz）
453.6g	=1ポンド（lb）
16oz	=1lb
体積	
1リットル（L）	=1立方デシメートル（dm^3），1,000立方センチメートル（cm^3），または1,000ミリリットル（mL）
0.1L	=1デシリットル（dL）
0.001L	=1ミリリットル（mL）
距離	
1メートル（m）	=100センチメートル（cm）
1cm	=10ミリメートル（mm）
2.54cm	=1インチ（in）
30.48cm	=1フィート（ft）
0.91m	=1ヤード（yd）
濃度	
1%	=1g/100mL（10mg/mL）

*国際単位系（SI）

表2　換算係数

SI単位	旧単位	換算係数	
		旧単位からSIへ（正確値）	SIから旧単位へ（近似値）
kPa	mmHg	0.133	7.5
kPa	1標準大気圧（約1バール）	101.3	0.01
kPa	cmH_2O	0.0981	10
kPa	Lb/sq inch	6.89	0.145

測定項目	SI単位	旧単位	換算係数	
			旧単位からSIへ（正確値）	SIから旧単位へ（近似値）
血液				
酸－塩基平衡				
PCO_2	kPa	mmHg	0.133	7.5
PO_2	kPa	mmHg	0.133	7.5
ベースエクセス	mmol/L	mEq/L	（同値）	
血漿				
ナトリウム	mmol/L	mEq/L	（同値）	
カリウム	mmol/L	mEq/L	（同値）	
マグネシウム	mmol/L	mEq/L	0.5	2.0
塩素	mmol/L	mEq/L	（同値）	
リン酸（無機）	mmol/L	mEq/L	0.323	3.0
クレアチニン	μmol/L	mg/100mL	88.4	0.01
尿素	mmol/L	mg/100mL	0.166	6.0
血清				
カルシウム	mmol/L	mg/100mL	0.25	4.0
ビリルビン	μmol/L	mg/100mL	17.1	0.06
総タンパク	g/L	g/100mL	10.0	0.1
アルブミン	g/L	g/100mL	10.0	0.1
グロブリン	g/L	g/100mL	10.0	0.1

表3　健康な動物における海抜別肺胞と動脈血液ガス分圧

海抜（フィート）	大気圧（mmHg）	PIO_2（mmHg）	海面FIO_2	肺胞ガス分圧（mmHg）				血液ガス分圧（mmHg）			海面レベルのPIO_2を得るために必要となるFIO_2
				H_2O	CO_2	N_2	O_2	CO_2	O_2	SpO_2	
海面レベル	760	149	20.9	47	37	574	102	40	95	97	20.9
6,000	609	118	16.6	47	36	452	74	—	—	—	26.5
8,000	565	108	15.1	47	37	416	65	38	56	89	28.8
10,000	523	100	14.0	47	36	379	61	—	—	—	31.3

PIO_2：吸入酸素分圧，FIO_2：吸入酸素濃度分画

付録Ⅱ

法規制を受けている薬物*

法規制を受けている薬物を得るためには処方箋が必要であり，合法的な医学的目的のために使用されなくてはならない。規制薬物を処方するためには適切な法権威，すなわち規制物質法（the Controlled Substances Act：CSA）により発行される免許を取得しなければならない。規制物質法は薬物およびその他物質の濫用を防ぐための政府による法的機関である。登録されたすべての個人および企業は，規制物質の安全な管理と同様，全取り扱いに関する完全かつ正確な在庫管理および記録の管理が求められる。

合衆国法律にて管理されているすべての物質は，その医学的価値，危険性，濫用および依存の可能性により，規制物質法下の五つの条目（スケジュールⅠ～Ⅴ）に分類される（**表1**）。規制物質法の規制物質条目には基礎／母体となる化学物質についての記述はあるが，規制物質となり得る塩，異性体，異性体塩，エステル，エーテルおよび誘導体についての記述はない。

スケジュールⅠ

- 濫用の可能性が高い薬物および他物質
- 現時点において米国で医学的治療目的の使用が容認されていない薬物および他物質

*訳注：米国での規制についてのみの記載である。

表1　規制物質

スケジュール	標識	解説	例
Ⅰ	CⅠまたはC-Ⅰ	•米国での医療目的の使用不認可 •高い濫用の可能性 •使用上の安全性不十分	ヘロイン，ジヒドロモルヒネ，エトルフィン（塩化塩を除く）
Ⅱ	CⅡまたはC-Ⅱ	•米国での医療目的の使用認可（厳格な制限下の場合を含む） •高い濫用の可能性，深刻な精神的または肉体的依存の可能性	モルヒネ，メペリジン，メサドン，オキシモルホン，ヒドロモルホン，塩化エトルフィン，フェンタニル，ペントバルビタール
Ⅲ	CⅢまたはC-Ⅲ	•米国での医療目的の使用認可 •スケジュールⅠやⅡに比較して低い濫用の可能性 •濫用により中等度から軽度の肉体的依存または高い精神的依存の可能性	チオペンタール，チレタミン／ゾラゼパム，ケタミン，ブプレノルフィン，タンパク同化ステロイド
Ⅳ	CⅣまたはC-Ⅳ	•米国での医療目的の使用認可 •スケジュールⅢより低い濫用の可能性 •濫用により限定した肉体的または精神的依存の可能性	抱水クロラール，ジアゼパム，ミダゾラム，ペンタゾシン，フェノバルビタール，ブトルファノール
Ⅴ	CⅤまたはC-Ⅴ	•米国での医療目的の使用認可 •スケジュールⅣより低い濫用の可能性 •濫用により限定した肉体的または精神的依存の可能性	

塩，異性体および異性体の塩，エステル，エーテル，およびこれらの誘導体も規制物質となり得る。

• 医学的管理下の使用における安全性が不十分な薬物および他物質

スケジュールⅡ

• 濫用の可能性が高い薬物および他物質
• 現時点において米国で医学的治療目的の使用が容認されている，または厳重な制限下で容認されている薬物および他物質
• 濫用により重度の精神的または肉体的依存の可能性がある薬物および他物質

スケジュールⅢ

• 濫用の可能性はあるが，スケジュールⅠおよびⅡに比較して低い薬物および他物質
• 現時点において米国で医学的治療目的の使用が容認されている薬物および他物質
• 濫用により中等度または軽度の肉体的依存，もしくは重度の精神的依存の可能性のある薬物および他物質

スケジュールⅣ

• 濫用の可能性がスケジュールⅢに比較して低い薬物および他物質
• 現時点において米国で医学的治療目的の使用が容認されている薬物および他物質
• 濫用による肉体的または精神的依存の程度がスケジュールⅢに比較して軽度な薬物および他物質

スケジュールⅤ

• 濫用の可能性がスケジュールⅣに比較して低い薬物および他物

質

- 現時点において米国で医学的治療目的の使用が容認されている薬物および他物質
- 濫用による肉体的または精神的依存の程度がスケジュールⅣに比較して軽度な薬物および他物質

処方箋の再補充（スケジュールⅢ，Ⅳ）

スケジュールⅢおよびⅣの薬物の処方は，最初の処方箋期日から6カ月以上経過した場合の処方や再補充は認められない。再補充は5回まで可能である。再補充を行うたびに処方箋原本の裏またはその他の適切な文書（薬物治療記録）に記載しなければならない。

処方箋の再補充を行うには，次の情報が必要である：規制物質名およびその用量，処方または再補充の期日，調剤量，各再補充時の登録薬剤師の頭文字，およびその時点での再補充回数。

代替法として，スケジュールⅢおよびⅣの規制物質の保管および再補充のための情報収集には自動情報処理システムを使用することもできる。

口述での再補充（スケジュールⅢ，Ⅳ）

スケジュールⅢまたはⅣの規制物質は，処方箋原本への追加再補充を薬剤師へ口述で認可することができる。初回処方量を含めた総処方量（回数）は，5回以内または初回処方期日より6カ月以内でなければならない。

A．5回の再補充または6カ月を超過した場合，新規の処方箋の発行が必要となる

B．口述による認可を受けた薬剤師は，処方箋原本の裏に再補充の期日，用量，追加された再補充の回数，および処方箋原本を発行した医師により認可を受けた薬剤師の頭文字を明記しなければならない

C．再補充の用量は，初回処方量と同用量，またはそれ以下でなければならない

一部処方（スケジュールⅢ，Ⅳ，Ⅴ）

- 一部処方においても，再補充と同様の内容を記録しなければならない
- 一部処方の総用量が処方量の総量を超過してはならない
- スケジュールⅢ，Ⅳ，およびⅤの薬物は，初回処方期日から6カ月以上経過した場合，調剤してはならない

標識

スケジュールⅡの規制物質は，薬局の名称および住所，製造番号および調剤期日，患者および医師の氏名，使用方法，および使用に際する注意事項が明記されなければならない

処理

規制物質を所有し，それを処理したい，または処理する必要のあるいかなる者も，その物質の処理の認可およびその方法指導のため，支局担当特別捜査官に出向くことを要請することができる。

A．登録者であれば，規制物質を麻薬取締局（Drug Enforcement Administration：DEA）書式41（登録者用薬物引渡目録）に記入し，支局担当特別捜査官に複写3部を提出する

B．非登録者であれば，その氏名および住所，処理する各規制物質の名称および量，入手方法，支局担当特別捜査官の氏名，住所，登録番号を記した文書を提出する

スケジュールⅡの規制物質を譲渡する必要がある場合，譲渡を受ける登録者がDEA書式222（公式申込用紙－スケジュールⅠ

およびⅡ）を引き渡す側の登録者に提出しなければならない。スケジュールⅢ～Ⅴの規制物質の譲渡は，その薬物の名称，用量，力価，量，および譲渡期日を記した文書を作成しなければならない。

参考文献：

http://www.dea.gov

http://www.deadiversion.usdoj.gov

付録Ⅲ

動物および人を用いた研究の原則に関するガイドライン

ヘルシンキ宣言による勧告（2008年改訂）

Ⅰ．基本原則

A．臨床実験は，医学的研究を正当とする倫理および科学的原則に従わなければならず，また，実験室実験および動物実験，またはほかの科学的に確立した事実に基づいて行われなければならない

B．臨床実験は，医学的資格を取得した者の監督の下で，科学的資格を取得した者によってのみ行われなければならない

C．臨床実験は，その目的の重要性が研究に伴う被験者の危険と釣り合う場合にのみ合法的に行うことができる

D．すべての臨床実験は，被験者やほかの誰にとっても期待される利得と危険性の比較評価を実施した上で行わなければならない

E．実験薬や実験手技によって被験者の人格に影響が及ぶような臨床実験を行う場合には，医師による細心の注意が施されなければならない

F．いかなる生物医学的実験においても「3R（Reduction：削減，Refinement：改善，Replacement：代替）」を考慮しなければならない

Ⅱ．治療行為に関連した臨床実験

A．患者の治療において，新しい治療法によって患者の生命

が救われる，健康状態が回復される，あるいは苦痛が緩和される望みがあると医師が判断した場合には，その治療法を自由に使用できる。可能であれば，患者の心理状態と矛盾しないよう，医師による十分な説明の後の自由意志の下の同意を取得しなければならない。法的無能力者の場合，法的保護者による同意を獲得しなければならない；身体的無能力者の場合，法的保護者による許諾が患者の同意の代替とされる

B．医師による臨床実験と治療行為との併用は，被験者が新しい治療法について理解し，その患者におけるその治療法の効果が正当と見なされる場合のみ行うことができる

Ⅲ．治療行為と関連しない臨床実験

A．被験者の生命および健康を守り続けることは，人体を使用した臨床実験に携わる医師の責務である

B．被験者に対してのその実験の本質，目的，起こり得る危険性についての説明は，医師によって行われなければならない

C．人体を使用した臨床実験は，被験者が説明を受けた後の自由意志での同意なしでは行われてはならない；被験者が法的無能力者の場合，その法的保護者の同意を獲得しなければならない

D．臨床実験被験者には精神的，肉体的，および法的に意思変更を行う権利がある

E．同意書は原則的に書面で記されなければならない。しかしながら，臨床実験の責任は常に実験実施者にある；同意書が作成された後であっても，責任が被験者に転嫁されることはない

F．被験者が研究員と従属関係にある場合はとくに，研究員は各個人の健全性の保護権を尊重しなければならない

G．実験のいかなる段階においても，被験者またはその保護

者は，実験の継続を自由に中止することができなければならない。被験者に危険が及ぶ可能性がある，または実験を継続し続けると被験者に危険が及ぶ可能性があると判断した場合，研究員または研究団体は実験を中断しなければならない

参考文献：http://history.nih.gov/laws/pdf/helsinki.pdf

動物実験に関する指針

米国生理学会評議会*により承認

動物実験は，知識の進歩を目的とする場合にのみ実施されるものである。実験計画，使用する動物種，および必要とする動物の数が適切であるかどうかを考慮する必要がある。

合法的に入手された動物のみを実験室実験に用いることができ，すべての場合の実験動物の飼養と使用について，連邦，州，および地方の法律や規定，および実験動物協会（Institution for Laboratory Animal Research：ILAR）で定められた「動物実験指針」（Guide for the Care and Use of Laboratory Animals）[†]に従わなければならない。

研究や教育に使用する動物のすべては，それらの快適性を十分考慮されなければならない；適切に飼養され，飼育環境が衛生的に保たれていなければならない。

実験動物の使用は，ILARによる動物実験指針に従って実施されなければならない。いずれの外科処置においても，疼痛を排除

*The Guiding Principles for the Care and Use of Animals are based on principles formulated by Walter B. Cannon in 1909. The APS Council first adopted them in 1953. Latest revision approved July 2000.

[†] Institute for Laboratory Animal Research（ILAR）. *Guide for the Care and Use of Laboratory Animals.* Washington, D.C.: National Academy Press, 1996.

するため，適切な麻酔処置が実施されなければならない。筋弛緩薬は麻酔薬ではないため，外科的保定のために単独で用いてはならないが，適切な麻酔作用をもたらす薬物と併用することはできる。動物の世話および使用は，不快感や疼痛が最小限となるように行われなければならない。疼痛およびストレスを最小限にするため，実験結果に影響を及ぼさないあらゆる手段が用いられなければならない。

実験の遂行のために動物を殺処分する必要がある場合には，研究に反しない最も人道的な安楽死法を用いなければならない。

動物を学生の教育または科学の振興を目的として使用する場合には，熟練した教員や研究者による監督下で実施されなければならない。

参考文献：http://www.the-aps.org/pa/humane/pa_aps_guiding.htm

索引

え

お

か

き

索引

く

け

こ

さ

し

す

せ

と

な

に

ね

の

は

ひ

ふ

索引

へ

ほ

ま

み

索引

■訳者略歴

山下 和人（やました かずと）

1987年　鳥取大学農学部獣医学科卒業

1989年　同大学院農学研究科修士課程修了

1992年　北海道大学大学院獣医学研究科博士課程単位取得退学

1992年　酪農学園大学酪農学部獣医学科獣医外科学教室助手

1994年　獣医学博士（北海道大学）

1995年　酪農学園大学酪農学部獣医学科獣医外科学教室講師

2002年　同助教授

2004年　酪農学園大学獣医学部獣医学科伴侶動物医療部門助教授

2007年　酪農学園大学獣医学部獣医学科伴侶動物医療教育群教授（獣医麻酔学）

（現在に至る）

久代-バンカー 季子（くしろ-ばんかー ときこ）

2001年　酪農学園大学酪農学部獣医学科卒業

2005年　同大学院獣医学研究科博士課程修了

2005-2006年　オハイオ州立大学獣医学部麻酔学研究室研究助手

2009年　ワシントン州立大学獣医学部麻酔科レジデント修了

同大学院獣医学修士課程修了

2009-2012年　バージニア・メリーランド地域獣医科大学 マリオン・デュポン・スコット イクワイン・メディカル・センター非常勤麻酔科医

2012-2013年　ノースカロライナ州立大学獣医学部麻酔科クリニカル・インストラクター

2013-2014年　ペンシルベニア大学獣医学部ニューボルトンセンター麻酔科講師

2015年　パーデュー大学獣医学部麻酔科助教授

（現在に至る）

獣医臨床
麻酔オペレーション・ハンドブック 第5版

2016年 4 月 8 日　第 1 版第 1 刷発行

著　者　William W. Muir, Ⅲ，John A. E. Hubbell 他
訳　者　山下和人，久代-バンカー 季子
発行所　エルゼビア・ジャパン株式会社
編集・販売元　株式会社インターズー
〒150-0002
東京都渋谷区渋谷1-3-9　東海堂渋谷ビル7階
Tel. 03-6427-4571（代表）／Fax. 03-6427-4577
業務部（受注専用）Tel. 0120-80-1906／Fax. 0120-80-1872
振替口座　00140-2-721535
E-mail：info@interzoo.co.jp
Web Site：http://www.interzoo.co.jp/
編集協力　青山エディックス スタジオ
組　版　有限会社アーム
印刷・製本　小宮山印刷工業株式会社

ISBN 978-4-89995-921-2 C3047（日本語版翻訳出版権保有者）